KB185248

셀프트래블

독 일

상상출판

셀프트래블

독일

개정 3판 1쇄 | 2024년 12월 24일

글과 사진 | 김주희

발행인 | 유철상
편집 | 김정민, 김수현
디자인 | 주인지, 노세희
마케팅 | 조종삼, 김소희
콘텐츠 | 강한나

펴낸 곳 | 상상출판
주소 | 서울특별시 성동구 뚝섬로17가길 48, 성수에이원센터 1205호(성수동 2가)
구입 · 내용 문의 | **전화** 02-963-9891(편집), 070-7727-6853(마케팅)
팩스 02-963-9892 **이메일** sangsang9892@gmail.com
등록 | 2009년 9월 22일(제305-2010-02호)
찍은 곳 | 다라니
종이 | ㈜월드페이퍼

※ 가격은 뒤표지에 있습니다.

ISBN 979-11-6782-213-0 (14980)
ISBN 979-11-86517-10-9 (SET)

© 2024 김주희

※ 이 책은 상상출판이 저작권자와의 계약에 따라 발행한 것이므로
　본사의 서면 허락 없이는 어떠한 형태나 수단으로도 이용하지 못합니다.
※ 잘못된 책은 구입하신 곳에서 바꿔 드립니다.

www.esangsang.co.kr

셀프트래블

독일
Germany

김주희 지음

상상출판

Prologue

삶은 여행이니까
언젠가 끝나니까
강해지지 않으면 더 걸을 수 없으니
수많은 저 불빛에 하나가 되기 위해
걸어가는 사람들 바라봐
『삶은… 여행 이상은 in Berlin』 중에서

2015년 『독일 셀프트래블』이 세상에 첫 선을 보이고 10년이 지났다. 강산도 변한다는 10년 동안 많은 변화와 사건들이 있었다. 아마도 전 세계에서 가장 변화가 빠른 나라 톱을 달릴 것 같은 대한민국에 사는 나로서는 독일의 변화가 미미한 것일 수도 있지만, 10년 동안 정말 많은 것들이 사라지고 생기고 달라졌다. 마지막 교정을 넘기고 이 글을 쓰면서 10년 전 초심으로 돌아가 본다.

2013년 여름 나를 베를린으로 이끌었던 건 『삶은… 여행 이상은 in Berlin』이라는 책이었다. 당시 한국에서는 보기 어려웠던 '유럽 책' 필 나는 판형과 내지에 보헤미안 아티스트 이상은의 이름은 폼 나는 코디 아이템이었고, 이상은의 이미지와 닮아 있는 글과 사진은 나를 베를린에 가라고 꼬시기에 충분했다. 하지만 베를린은 나를 반기지 않았다('지상이지만 지하 같은 이상한 잿빛 도시…'라고 첫 번째 프롤로그에 적어 놓았다). 나를 거부하는 최초의 여행지에서 3일을 보내고, 태양과 함께 반전이 왔다. 햇살 아래 베를린 돔은 훌리한 잘생김과 함께 총천연색으로 베를린을 물들였고 그 순간의 감동과 전율은 평생 잊지 못할 것 같다. 그 짜릿함이 『독일 셀프트래블』로 이어진 것 같다.

독일과 함께하는 동안 많이 행복했다. 특별한 의미가 되는 무언가 혹은 누군가는 삶을 지탱하고 발열의 원동력이 되기 충분했다. 이 책을 탄생시킨 책임으로 순수 여행자의 시간을 즐기지 못한 부작용이 있었지만 '나의 독일'이 되어주어서 고맙다고 말하고 싶다.

삶은 여행이니까, 삶은 계속되니까,
나의 여행과 나의 음악과 나란히 걸으며 오늘도 웃어야겠다.

독자 여러분께

독일 여행을 계획 중인 독자 여러분, 먼저 이 책을 선택해 주셔서 감사합니다. 이 한 권의 종이책이 뉴미디어와 소셜 미디어의 정보력과 참신함을 따라잡기 어려운 시대입니다만, 즐거운 여행지 독일의 개괄적인 미리 보기가 되고 여행에 조금이나마 보탬이 되었으면 좋겠습니다.

이 책이 독일의 모든 지역을 담지는 못했지만 한국인 여행자들이 궁금해하는 도시들을 여행자의 시선으로 소개하고 있습니다. 독일을 처음 가시는 분들은 책 앞쪽에 소개된 독일 여행의 개요와 뒤쪽의 「Special Chapter」를 꼭 챙겨보시기 바랍니다. 여행의 시행착오를 줄일 수 있는 정보들로 알차게 준비해 두었습니다. 여러분의 여행 시점과 책에 소개된 정보들이 다를 경우도 있을 거예요. 방문지 정보를 사전에 체크해 보시기를 추천 드립니다. 여행 관련 궁금한 점이나 문의 사항이 있다면 언제든지 이메일로 보내주세요. 여러분과의 소통이 저에겐 또 하나의 행복입니다. 모두 즐겁고 안전한 여행 되세요!

p.s. 한국 선수들의 활약에 난리 난 분데스리가(p.34) 경기의 직관을 강추 드립니다!!!

Email_ judypink@naver.com   Insta_ @dallunni

Special Thanks to.

사랑하는 가족에게 이 책을 바칩니다. 성수동 최 여사님, 하늘동 아빠, 사회인으로 엄마로도 바쁜데 부족한 언니까지 챙기느라 ┌쁜 동생 현신이, 숙정이 그리고 존재만으로도 든든한 제부 경복, 인일, 지금보다 더 건강하고 행복합시다. 엄청 커버렸지만 여전히 눈에 넣어도 안 아플 거 같은 내 강아지들, 태훈, 지훈, 시윤, 시은이~ 무한대로 사랑해! 이모랑 독일 여행 가는 약속 꼭 지키기!!!

10년째 인연을 이어가는 상상콘텐츠그룹 식구들, 여행 작가로 만들어 주셔서 감사합니다! 편집과 디자인의 달인들, 이번에도 잘 부탁드려요. 편집팀의 김정민 주임님, 김수현님, 디자인 주인지 차장님, 노세희 과장님. ^^ 항상 열일하시는 마케팅팀 조종삼 이사님, 김소희님, 콘텐츠 팀 강한나 팀장님, 그리고 상상의 대장, 유철상 대표님 더 대박 나세요. 모두 모두 감사합니다!!!

2024년 12월의 끝에 달언니 겸 여행자 김주희

CONTENTS

목차

Mission in Germany • 26

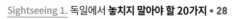

Enjoy Germany • 54

Special Chapter • 430

Step to Germany • 456

일러두기

❶ 주요 지역 소개

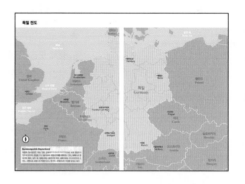

『독일 셀프트래블』은 독일의 대표적인 도시 베를린, 함부르크, 프랑크푸르트, 슈투트가르트, 뮌헨 등 크게 5개 도시와 동북부와 북부, 라인 강 주변, 바덴뷔르템베르크 지역, 바이에른 지역을 다룹니다. 지역별 주요 스폿은 관광명소, 식당, 쇼핑, 숙소 순으로 소개하고 있습니다.

❷ 철저한 여행 준비

Mission in Germany 독일에서 놓치지 말아야 할 볼거리와 먹거리, 독일을 대표하는 키워드인 축구와 맥주, 독일 여행 시 꼭 사와야 할 쇼핑 아이템 등을 테마별로 한눈에 보여줍니다. 여행의 설렘을 높이고, 필요한 정보만 쏙쏙! 골라보세요.

Special Chapter 철도 시스템과 교통 패스를 포함한 독일의 교통 정보와 식당이나 호텔 이용 시 알아두면 유용한 정보를 얻을 수 있습니다. 여기에 더해 독일의 역사와 그들이 자랑하는 유명인사, 건축 양식 용어 등의 재미난 이야깃거리도 전부 다 담았습니다.

Step to Germany 독일의 수도나 기후, 긴급 연락처 등의 일반 정보부터 여행 계획 짜는 법, 짐 싸는 법 등 독일로 떠나기 전 알아두면 유용한 여행 정보를 모두 모았습니다. 출입국 수속부터 차근차근 설명해 처음으로 독일에 가는 사람들도 어렵지 않게 준비할 수 있습니다.

❸ 알차디알찬 여행 핵심 정보

Enjoy Germany 본격적인 스폿 소개에 앞서 각 도시의 매력과 관광안내소, 여행 Tip을 알려줍니다. 이후 주요 지역 및 시내 이동과 추천 일정, 지도 등을 한눈에 알 수 있도록 배치했습니다. 다음으로 주요 명소와 음식점, 숙소 등을 주소, 위치, 홈페이지 등의 상세 정보와 함께 수록했습니다. 여행이 더 즐거워지는 Special Page와 재미있는 이야기가 담긴 Story 박스도 가득합니다.

❹ 원어 표기 및 상세 정보

본문의 내용은 최대한 외래어 표기법을 기준으로 표기했으나 일부 명사나 관광명소 및 식당 등의 업소는 현지에서 사용 중인 한국어 안내와 여행자에게 익숙한 이름을 택했습니다.

❺ 정보 업데이트

이 책에 실린 모든 정보는 2024년 12월까지 취재한 내용을 기준으로 하고 있습니다. 현지 사정에 따라 요금과 운영시간 등이 변동될 수 있으니 여행 전 한 번 더 확인하시길 바랍니다. 잘못되거나 바뀐 정보는 증쇄 시 업데이트하겠습니다.

❻ 지도 활용법

이 책의 지도에는 아래와 같은 부호를 사용하고 있습니다.

주요 아이콘
- ● 관광명소, 기타 명소
- Ⓡ 레스토랑과 카페 및 클럽 등의 나이트라이프
- Ⓢ 쇼핑몰 등 쇼핑 장소
- Ⓗ 호텔, 호스텔, 게스트하우스 등 숙소
- Ⓢ S반
- Ⓤ U반
- 🚋 트램
- DB 철도
- 🅘 관광안내소
- ⚡ 경찰서

독일 전도

북해
North Sea

덴마크
Denma

영국
United Kingdom

도버 해협
Strait of Dover

•런던
London

영국 해협
English Channel

암스테르담
•Amsterdam

네덜란드
Netherlands

브뤼셀
Brussels•

벨기에
Belgium

프랑크푸르트
Frankfurt am Main

룩셈부르크
Luxembourg

파리
Paris
•

프랑스
France

N

슈투트가르트
Stuttgar

•취리히
Zurich

스위스
Switzerland

Bundesrepublik Deutschland

독일의 정식명칭은 독일 연방 공화국Bundesrepublik Deutschland으로 16개 연방주가 각자의 정부와 헌법을 두고 통치하며 의원내각제를 채택하고 있다. 북쪽으로 덴마크와 북해, 발트 해, 동쪽으로는 폴란드와 체코, 남쪽으로는 오스트리아와 스위스, 서쪽으로 프랑스와 룩셈부르크, 벨기에, 네덜란드와 국경을 맞대고 있다.

도움이 될 만한 독일 여행 일정

베를린, 뮌헨, 함부르크, 슈투트가르트를 제외한 다른 도시들은 중앙역과 멀지 않은 곳에 관광지가 모여 있어 하루 일정이면 충분히 돌아볼 수 있는 소도시 여행이 가능하다. 이들 도시에서는 걸어서 둘러보기를 권장하고 단기권이나 1회권의 교통권을 추가로 사용하는 게 효과적이다.

방학을 이용한 장기여행을 제외하고 대부분의 독자들의 휴가 기간이 일주일 이내로 짧을 것을 염두에 두고 5일에서 20일까지의 일정을 짜보았다.

✚ 알찬 일정을 위한 Tip

이 책에서 제시된 일정은 방문할 도시나 시간배분에 대해 감이 안 잡히는 분들을 위한 예시다. 각자의 시간과 취향에 맞는 일정을 정하고 궁금한 사항은 친절한 작가에게 문의하자. *judypink@naver.com*

1 ｜ 이동 시간과 왕복 교통요금을 고려하여 정한 거점 도시에서 숙박을 하며 주변 도시로 당일 여행을 다녀오는 일정이다.

2 ｜ 지도의 소요시간은 고속열차 ICE 기준이고 일부 구간은 지역열차(RB/RE)의 소요시간이다.

3 ｜ 연결 도시에서는 중앙역 코인로커에 짐을 넣고 관광을 마친 뒤 다음 도시로 이동해도 좋다.

4 ｜ 점선은 당일 여행으로 다녀올 수 있는 주변 도시이므로 여기서 제시한 일정에 추가할 수 있다.

5 ｜ 바이에른 티켓을 포함하여 각 주에서 자유롭게 사용할 수 있는 랜더 티켓을 사용해 보자. *p.198, p.339, p.434* 참고.

6 ｜ 박물관, 궁전 내부까지 관람 예정이라면 바이에른의 메어타기스 티켓, 베를린의 웰컴카드, 박물관 패스 등 지역 관광 티켓을 고려해 보자.

✚ 독일 경유 일정 3일

유럽 여행 중이라면 나라별로 3일 이상을 넘지 않는 것이 일반적이므로 여기서는 뮌헨, 베를린, 프랑크푸르트, 함부르크를 거점 도시로 두고 하루나 반나절 일정으로 다녀올 수 있는 주변 도시를 소개한다.

1 ｜ **프랑크푸르트 찍고 가기**
  · 프랑크푸르트 → (ICE 1시간~1시간 20분) → **하이델베르크, 쾰른, 뷔르츠부르크, 슈투트가르트**
  · 프랑크푸르트 → (S반, RE 40분 내외) → **마인츠, 비스바덴**

2 ｜ **뮌헨 찍고 가기**
  · 뮌헨 → (RE 2시간) → **퓌센**
  · 뮌헨 → (ICE 1시간 10분, RE 1시간 40분) → **뉘른베르크**
  · 뮌헨 → (RE, 산악열차 3시간) → **추크슈피체**

3 ｜ **베를린 찍고 가기**
  · 베를린 → (RE 25분) → **포츠담**
  · 베를린 → (ICE 1시간 10분) → **라이프치히**
  · 베를린 → (EC 2시간 10분) → **드레스덴**

4 ｜ **함부르크 찍고 가기**
  · 함부르크 → (ICE 1시간 20분, ME · RB 2시간 20분) → **하노버**
  · 함부르크 → (ICE · ME 1시간 내외) → **브레멘**

✚ 짧지만 알차게 5일 일정

프랑크푸르트 In 베를린 Out

직항이 있는 프랑크푸르트와 주변 도시를 포함하여 수도 베를린까지 돌아보는 일정이다. 프랑크푸르트 주변 도시 대신 베를린은 거점으로 드레스덴 등을 다녀와도 좋다.

1일 | **프랑크푸르트 In** (프랑크푸르트 1박)
2일 | **하이델베르크 or 슈투트가르트** 일일 여행
      (프랑크푸르트 2박)
3일 | **쾰른 대성당+베를린** (베를린 1박)
4일 | **베를린** (베를린 2박)
5일 | **베를린 Out**

✚ 독일 박물관 투어 7일

뮌헨 In 베를린 Out

1일 | **뮌헨 In** (뮌헨 1박)
2일 | [일요일] **뮌헨** 박물관과 미술관 (뮌헨 2박)
3일 | **로열 캐슬 투어** (뮌헨 3박)
4일 | **뉘른베르크** 반나절 여행 ⋯▶ **베를린** 이스트사이드 갤러리
      (베를린 1박)
5일 | **베를린** 박물관 섬 외 (베를린 2박)
6일 | **드레스덴** 일일 여행 (베를린 3박)
7일 | **베를린 Out**

✚ 스타일리시 독일 북부 7일

Theme | 문화예술

베를린 In 함부르크 Out

1일 | 베를린 In (베를린 1박)
2일 | **베를린** 박물관 섬, 베를린 필하모니
 (베를린 2박)
3일 | **드레스덴** 일일 여행 (베를린 3박)
4일 | **하노버** 빨간 선 가이드 (하노버 1박)
5일 | **브레멘** 일일 여행 ⋯ **함부르크** 엘프 필하모니
 (함부르크 1박)
6일 | **함부르크** 하펜시티, 박물관 외 (함부르크 2박)
7일 | **함부르크** Out

✚ 로맨틱 독일 남부 14일

Theme | 궁전 & 대성당

프랑크푸르트 In/Out

1일 | **프랑크푸르트** In (프랑크푸르트 1박)
2일 | **하이델베르크** 일일 여행 (프랑크푸르트 2박)
3일 | **쾰른** 일일 여행 (프랑크푸르트 3박)
4일 | **마인츠** 반나절 여행+**프랑크푸르트** (프랑크푸르트 4박)
5일 | **뉘른베르크** (뉘른베르크 1박)
6일 | **뷔르츠부르크** 일일 여행 (뉘른베르크 2박)
7일 | **로텐부르크** 일일 여행 (뉘른베르크 3박)
8일 | **밤베르크** 반나절 여행+**뮌헨** (뮌헨 1박)
9일 | **퓌센** 일일 여행 or **로열 캐슬** 투어 (뮌헨 2박)
10일 | **뮌헨** 마리엔 광장, 호프브로이하우스 외 (뮌헨 3박)
11일 | **추크슈피체** 일일 여행 (뮌헨 4박)
12일 | **슈투트가르트** 벤츠 박물관 외 (슈투트가르트 1박)
13일 | **슈투트가르트** 메칭엔 아웃렛시티 (슈투트가르트 2박)
14일 | **프랑크푸르트** Out

✛ 베이직 독일 14일 일정

뮌헨 In 프랑크푸르트 Out

1일 | **뮌헨 In** 마리엔 광장, 레지덴츠 (뮌헨 1박)
2일 | **뮌헨** 님펜부르크 궁전, 영국 정원, 박물관 (뮌헨 2박)
3일 | **로열 캐슬 투어** (뮌헨 3박)
4일 | **뉘른베르크** (뉘른베르크 1박)
5일 | **뷔르츠부르크** 레지덴츠, 마리엔베르크 요새
(뷔르츠부르크 1박)
6일 | **로텐부르크** 일일 여행 (뷔르츠부르크 2박)
7일 | **라이프치히** (라이프치히 1박)
8일 | **드레스덴** (드레스덴 1박)
9일 | **베를린** 브란덴부르크 문, 운터 덴 린덴, 박물관 섬
(베를린 1박)
10일 | **베를린** 마우어파크 벼룩시장, 체크포인트 찰리,
이스트 사이드 갤러리 (베를린 2박)
11일 | **쾰른** (쾰른 1박)
12일 | **프랑크푸르트** (프랑크푸르트 1박)
13일 | **하이델베르크** 일일 여행 (프랑크푸르트 2박)
14일 | **오전 마인츠 or 비스바덴** 반나절 여행
오후 프랑크루프트 Out

Berliner Kindl

✛ 부지런히 돌아보는 20일 일정

1일 | **베를린 In** 브란덴부르크 문 등 미테 지역 (베를린 1박)
2일 | **포츠담** 반나절 여행+**베를린** 체크포인트 찰리,
이스트사이드 갤러리 외 (베를린 2박)
3일 | **드레스덴** (드레스덴 1박)
4일 | **라이프치히** 반나절 여행+**함부르크** 시청사 주변
(함부르크 1박)
5일 | **함부르크** 하펜시티 외 (함부르크 2박)
6일 | **브레멘** 반나절 여행+**하노버** (하노버 1박)
7일 | **하노버** 빨간 선 가이드+**뉘른베르크** (뉘른베르크 1박)
8일 | **밤베르크** 반나절 여행+**뉘른베르크** (뉘른베르크 2박)
9일 | **뮌헨** 마리엔 광장, 레지덴츠 외 (뮌헨 1박)
10일 | **퓌센** 일일 여행 or **로열 캐슬 투어** (뮌헨 2박)
11일 | **추크슈피체** 일일 여행 (뮌헨 3박)
12일 | **뷔르츠부르크** (뷔르츠부르크 1박)
13일 | **로텐부르크** 일일 여행 (뷔르츠부르크 2박)
14일 | **슈투트가르트** 벤츠 박물관 외 (슈투트가르트 1박)
15일 | **슈투트가르트** 메칭엔 아웃렛시티 외 (슈투트가르트 2박)
16일 | **하이델베르크** 일일 여행 (슈투트가르트 3박)
17일 | **프랑크푸르트** 뢰머 광장 외 (프랑크푸르트 1박)
18일 | **쾰른** 일일 여행 (프랑크푸르트 2박)
19일 | **마인츠** 반나절 여행 ⋯ **비스바덴** 반나절 온천여행
(프랑크푸르트 3박)
20일 | **프랑크푸르트 Out**

Mission in Germany

독일에서 꼭 해봐야 할 모든 것

독일에서 놓치지 말아야 할 **20**가지

오랜 역사를 배경으로 하는 문화유산과 유적지, 아름다운 궁전, 자연환경으로 빛나는 독일. 각 연방
주와 주요 도시마다 뚜렷한 개성과 매력이 넘치는 독일이 이제는 관광지로서 인정받을 때가 온 듯하
다. 동유럽과 서유럽의 매력을 고루 갖춘 독일의 대표 관광지 20곳을 소개한다.

✦ 로맨틱 독일

로맨틱과 독일은 언뜻 잘 어울리지 않는 조합 같지만 유서 깊은 고성에 담긴 이야기와 동화 같은 아기자기한 구시가지에서 예상
외의 로맨틱한 매력을 발견할 수 있다.

1 │ 노이슈반슈타인 성
Schloss Neuschwanstein *p.421*
보고 있어도 실감이 나지 않을 정도로 아름답고 신비롭
다. 디즈니랜드 신데렐라 성의 모티브가 된 동화적 상상
이 넘치는 성.

2 │ 로텐부르크의 구시가지
Altstadt of Rothenburg ob der Tauber *p.404*
로맨틱 가도의 하이라이트. 중세의 성벽에 둘러싸여 아직
도 21세기에 오지 못한 듯한 착각이 들 정도로 아름다운 동
화마을로의 완벽한 시간여행이 된다. 밤이면 더욱 반짝거
리는 이곳에서 하룻밤을 보내도 좋겠다.

3 │ 하이델베르크 성
Schloss Heidelberg *p.326*
수차례 전쟁에 휩쓸린 성은 폐허가 되어 잊혀져 갔다. 하
지만 얼마의 시간이 흐른 뒤에 사람들은 이끼와 녹음이 짙
어진 폐허가 된 성에 매료되기 시작했다. 로맨틱한 상상과
마주하는 곳이다.

4 │ 하펜시티
Hafencity *p.207*
유서 깊은 건물, 첨단의 디자인과 기술이 조화를 이루며 오
늘도 개발 중인 하펜시티를 가장 빛나게 하는 건 역시 항
구의 낭만과 멋이다.

✚ 유네스코 세계문화유산

인류를 위해 보호해야 할 가치가 있는 유산으로 인정받은 유네스코 세계문화유산. 역사적, 문화적, 예술적으로 가치를 지닌 이들 유산을 돌아보는 것만으로도 여행의 질은 한층 높아질 것이다. 2024년 12월 기준, 독일은 47건의 문화유산과 3건의 자연유산이 등재되어 있으며 이탈리아, 중국에 이어 세 번째로 많은 세계유산 보유국이다.

5 │ 상수시 궁전 Schloss Sanssouci p.162

프로이센의 프리드리히 대왕이 지은 독특하고 아름다운 여름 별궁. 한없이 평화로워 보이는 포츠담에서도 가장 풍요롭고 여유로운 상수시 궁전과 푸르른 정원에서 그야말로 '근심이 없어지는' 힐링의 시간을 가져보자. 1990년 세계문화유산에 등재되었다.

6 │ 쾰른 대성당
Kölner Dom p.291

하늘을 찌를 듯 엄청난 위용의 쾰른 대성당. 고딕 양식 건축의 걸작으로 1996년 세계문화유산에 등재되었다.

7 │ 레지덴츠
Residenz p.398

유럽에서 가장 아름다운 궁전 중 하나. 바로크 궁전의 걸작이다. 1981년에 등재되었다.

8 │ 박물관 섬 Museumsinsel p.88

유일무이한 박물관 섬으로, 당대 최고의 건축가가 설계한 유서 깊은 박물관과 소장된 역사적 보물 덕에 무한한 가치가 있다. 세계문화유산에는 1999년 등재되었다. 슈프레 강을 둘러싼 작은 섬에 모여 있는 다섯 개의 박물관에는 런던의 대영 박물관, 파리의 루브르 박물관 못지않은 역사적, 세계적 보물들이 전시되어 있다. 현재 진행 중인 박물관 섬 마스터플랜이 완공되면 제임스 시몬 갤러리를 시작으로 박물관 섬의 6개 박물관이 연결되어 세계 최대 박물관 지구로 탄생할 것이다.

9 | **창고 거리, 슈파이허슈타트 Speicherstadt** *p.206, p.207*
엘베 강의 작은 운하를 따라 붉은 벽돌로 지어진 세계 최대의 항구 창고 단지다. 2015년 칠레하우스와 함께 함부르크의 세계문화유산으로 등재되었다.

10 | **시청사와 롤란트 Bremer Rathaus & Roland** *p.236*
독일에서 가장 아름다운 시청사 중 하나로 '베저 르네상스 양식'의 중세 건물이다. 한자도시 브레멘의 상징으로 롤란트와 함께 2004년 등재되었다.

11 | **밤베르크 구시가지 Bamberg Alte Stadt** *p.382*
강 한가운데 세워진 아름다운 시청사를 비롯해, 중세 가톨릭의 역사를 간직한 대성당과 수도원이 그대로 보존된 구시가지는 중세로의 시간여행을 보장한다. 1993년 구시가지 전체가 등재되었다.

✚ 건축물

정확하고 투철한 장인정신으로 똘똘 뭉친 독일인의 성정은 건축물에서도 그대로 나타난다. 튼튼하고 견고한 건축물에 창의적인 디자인까지 합쳐 놓은 개성 강한 건물들을 소개한다.

12 | **라이히슈타크(국회의사당) Reichstag** *p.81*
독일 의회 민주주의의 상징인 독일의 '국회의사당'은 아름다운 유리돔과 함께 내부 모습이 더욱 놀랍다. 친환경 에너지 시스템으로 더욱 유명한 이곳은 사전 예약을 통해 국회 회의장부터 돔까지 방문할 수 있다.

13 | **알리안츠 아레나 Allianz Arena** *p.361*
경기마다 다른 빛깔로 변신하는 개성만점의 스타디움. 2006년 독일 월드컵 개막전이 열렸던 곳이다. 하얀색일 때는 마치 구름처럼 보이기도 한다.

14 | **엘프 필하모니 Elbphilharmonie** *p.208*
하펜시티 프로젝트의 하이라이트이자 함부르크를 대표하는 랜드마크, 엘프 필하모니가 2017년 1월 무사히 완공되어 문을 열었다. 범선 위에 파도를 얹은 듯한 외관은 360도 어느 방향에서 보아도 빛이 난다. 최고 시설의 콘서트 홀에서 공연도 감상해 보자.

✚ 역사적 장소
두 차례의 세계대전과 이어진 분단, 통일 등 세계에서 가장 역동적인 독일 현대사의 흔적을 따라가 보자.

15 │ 베를린 장벽 Berliner Mauer *p.131*
역사와 이념으로 갈라진 장벽은 유혈이 낭자하고 터질 듯한 긴장감이 감도는 세상에서 가장 차가운 벽이었다. 이제 무너진 장벽 길 위에는 평화와 화합, 추모의 장이 펼쳐져 있다.

16 │ 브란덴부르크 문 Brandenburger Tor *p.80*
전쟁의 승리를 알리던 독일의 개선문은 동서 냉전의 상징에서 화합의 상징으로 오늘날 가장 유명한 관광명소가 되었다. 백만 번 쓰러져도 다시 일어설 것 같은 '승리의 콰드리가'에게 건승의 기운을 듬뿍 받아오자.

17 │ 프라우엔 교회 Frauenkirche *p.186*
전후 복구 사업의 대표적인 예로 독일 전 국민의 염원을 담아 재건된 드레스덴의 자랑이자 독일의 자랑이다. 폭격으로 폐허가 된 거리에서 교회의 파편들을 주워 담았을 절박했던 심정이 느껴져 마음이 아프다.

✚ 유대인 추모
과거사로 반성과 사과를 거듭하는 독일의 역사의식에 전 세계는 감동한다. 하지만 그뿐 누구도 본받으려 하지 않는다. 같은 전범국인 일본인과 무자비한 폭격의 주인공 영국인은 이곳에서 무슨 생각을 할까? 역사의 과오에 대해 과연 우리는 자유로울까?

18 │ 홀로코스트 메모리얼 Denkmal für die ermordeten Juden Europa *p.82*
작가는 어떤 설명도 의미도 부여하지 않았다. 미로처럼 이어진 직사각형의 벽 사이사이를 걷다가 혹은 벽 위에 걸터앉거나 올라서서 바라보고 그저 느낄 뿐이다. 정확한 명칭 해석은 '살해된 유대인을 위한 기념비'다. 이곳의 의미와 비극적인 현대사에 대해 더 알고 싶다면 '지하 방문자 센터'를 둘러보도록 하자.

19 │ 유대인 박물관 Jüdisches Museum Berlin *p.134*
놀라운 현대 건축의 미학이 있는 곳. 역사에 대한 이해가 부족한 상태에서 유대인의 감정을 공유하기는 어렵겠지만, 유대인 박물관에서는 누구나 소름 돋는 체험을 하게 된다.

20 │ 테러의 토포그래피 박물관 Topographie des Terrors *p.132*
한때 나치의 핵심 본부였다. 장벽으로 도시가 갈린 상처가 있는 곳에 잔혹한 나치의 맨 얼굴이 전시되어 있다. 아직도 독재자를 영웅으로 표현하고 싶은 이들이 있는 한 역사는 반복되겠지만, 적어도 독일에서는 아닐 것 같다.

〈눈물의 여왕〉 독일 촬영지는 어디?

K-POP의 열풍을 시작으로 다양한 K-콘텐츠가 전 세계적으로 큰 사랑을 받고 있다. 그중에서도 K-드라마와 영화는 대중성과 작품성을 인정받으며 위상을 높여가고 있다. 넷플릭스 오리지널 시리즈 〈오징어 게임〉이 세계적으로 열풍을 일으킨 것을 비롯해 한국의 영상 콘텐츠가 글로벌 OTT에서 흥행 몰이를 하는 가운데 2024년 상반기 최고의 인기를 끈 K-드라마가 있었으니 바로 〈눈물의 여왕〉이다. 독일은 김수현, 김지원 배우가 열연한 〈눈물의 여왕〉의 주요 로케이션으로, 시청자들에게 웃음과 눈물을 선사한 주요 촬영지를 알아보자.

✚ 눈물의 여왕

2024년 3월 9일 첫 방송을 시작한 tvN 드라마 〈눈물의 여왕〉은 재벌 3세 홍해인(김지원)과 용두리 출신의 백현우(김수현)이 세기의 결혼 후 이혼 위기를 극복하고 사랑을 확인하는 로맨틱 코미디

아이젤너 다리를 배경으로 한 드라마 포스터

1 | 상수시 궁전 Schloss Sanssouci p.162
'근심이 없는 궁전' 상수시 궁전과 공원은 〈눈물의 여왕〉에서 가장 중요하고 상징적인 장소로 등장한다. 부부의 신혼여행지이자 극적인 재회, 가족의 행복한 시절을 보낸 곳이고, 최종회에는 할아버지가 된 백현우(김수현 분)가 홀로 겨울의 상수시 궁전으로 향하는 장면이 긴 여운을 남기며 엔딩을 장식한다. 유네스코 세계문화유산에 등재되어 있으며 베를린 중앙역에서 지하철로 약 40여 분 거리인 포츠담에 위치해 있다.

2 │ 아이젤너 다리 Eiserner Steg *p.259*
두 사람이 사랑의 열쇠를 걸어놓은 다리로 실제로 다리 난
간에 연인들이 걸어놓은 사랑의 열쇠가 가득하다. 프랑크
푸르트 마인강을 가로지르는 보행자 전용 다리로 뢰머 광
장 옆에 있다.

3 │ 베를린 돔 Berliner Dom *p.89*
신혼여행의 추억과 삶에 대한 간절한 기도의 배경이 된 곳
으로 간절한 기도만큼 눈물을 쏙 빼는 장면이 연출된 곳이
다. 슈프레강변에서 보이는 베를린 돔의 모습도 아름답게
그려졌다.

4 │ 넵튠 분수 Neptunbrunnen *p.99*
& 파리저 광장 Pariser Platz *p.80*
두 사람의 행복했던 신혼여행 회상 장
면에 등장하는 곳으로 넵튠 분수는 TV
타워 근처 공원에 있고 파리저 광장은
브란덴부르크 문 앞의 광장이다.

5 │ 니콜라스제 역 Nikolassee
잘생긴 남편을 둔 해인의 사랑스러운
질투로 두 사람이 투닥거리던 곳으로
베를린에서 S반(S1, S7)을 타고 갈 수 있
다. S7을 타고 포츠담으로 가는 길이라
면 잠깐 내려봐도 좋겠다.

6 │ 두프트가르텐(식물원) Botanischer Duftgarten in Lage
'향기로운 정원'이라는 뜻의 식물원. 두프트가르텐은 일반 관광객에게 많이 알려진 곳은 아니지만 아름답고 신비로운 라벤
더 꽃밭은 비중 있는 장면의 배경으로 등장한다. 라게Lage라는 소도시에 위치해 있다. 드라마 속 라벤더 꽃밭을 보고 싶다면
6~9월에 방문하는 게 좋다.
Address *Am Duftgarten 1, 32791 Lage* **Web** *taoasis.com*

독일의 프로축구 리그, 분데스리가

프리미어리그, 프리메라리그, 세리에A, 리그앙과 더불어 유럽 축구 5대 리그에 속하는 독일의 프로 축구 리그다. 명실상부 유럽 최고의 리그로 서포터의 열기와 클럽 운영 노하우도 최고 수준이다. 우리에게는 차범근, 손흥민 등 축구 전설들이 활약해 온 친숙한 리그이고, 김민재(FC 바이에른 뮌헨), 이재성, 홍현석(FSV 마인츠 05), 정우영(FC 우니온 베를린), 이현주(하노버96) 등 한국 선수들이 맹활약하고 있다.

분데스리가는 1부와 2부 리그에 각각 18개의 클럽이 소속되어 있다. 시즌 종료 후 1부 리그 최하위 두 팀은 2부로 강등되고 2부 리그 1, 2위 팀이 1부 리그로 승격되어 다음 시즌을 치르며, 1부 16위 팀은 2부 3위 팀과 승강 플레이오프를 치르는 시스템이다.

최다 우승팀은 바이에른 뮌헨(총 32회)으로 12/13시즌부터는 우승을 놓친 적이 없는 무적의 팀이었으나, 지난 23/24 시즌에는 레버쿠젠이 창단 120년 만에 첫 우승이자 분데스리가 역사상 첫 무패 우승을 차지하며 파란을 일으켰다. 시즌은 보통 8월부터 12월 초까지 전기 리그가 열리고 후기 리그는 다음 해 2월부터 5월까지 열린다.

Web *www.bundesliga.com*

✚ 티켓 예매하기

빅리그에서 뛰는 한국 선수들이 늘어나면서 직관을 원하는 여행객들도 늘어나고 있다. 티켓은 각 구단의 홈페이지에서 구입하는 게 가장 저렴하며 회원가입 후 예매가 가능하다. 빅매치의 경우는 시즌권 구매자와 유료 회원의 선점으로 구매가 어려울 수도 있어서 대행업체를 통하는 편이 나을 수도 있다. 티켓 가격은 보통 €80~120인데, 경기에 따라 차이가 크다. 원정석은 따로 표시되어 있으므로 확인하고 구매하도록 하자.

Web 티켓가이드 *www.ticketguide.co.kr* / 티켓365 *www.tickets365.co.kr*

김민재(바이에른 뮌헨)

이재성(FSV 마인츠 05)

✚ 분데스리가 24/25 시즌 1부 리그(2023/24 시즌 순위 순서. 괄호는 주경기장)

❶ 바이엘 04 레버쿠젠 *Bayer 04 Leverkusen* (BayArena)
❷ VfB 슈투트가르트 *VfB Stuttgart* (Mercedes-Benz Arena)
❸ 바이에른 뮌헨 *FC Bayern München* (Allianz Arena)
❹ RB 라이프치히 *RB Leipzig* (Red Bull Arena)
❺ 보루시아 도르트문트
　Borussia Dortmund (Signal Iduna Park)
❻ 아인트라호트 프랑크푸르트
　Eintracht Frankfurt (Deutsche Bank Park)
❼ TSG 호펜하임 *TSG Hoffenheim* (PreZero Arena)
❽ FC 하이덴하임 1846 *FC Heidenheim 1846* (Voith-Arena)
❾ SV 베르더 브레멘 *SV Werder Bremen* (Weserstadion)

❿ SC 프라이부르크 *SC Freiburg* (Europa-Park Stadion)
⓫ FC 아우크스부르크 *FC Augsburg* (WWK Arena)
⓬ VfL 볼프스부르크 *VfL Wolfsburg* (Volkswagen Arena)
⓭ FSV 마인츠 05 *FSV Mainz 05* (MEWA Arena)
⓮ 보루시아 묀헨글라트바흐
　Borussia Mönchengladbach (Borussia-Park)
⓯ FC 우니온 베를린 *FC Union Berlin* (An der Alten Försterei)
⓰ VfL 보훔 1848 *VfL Bochum 1848* (Vonovia Ruhrstadion)
⓱ FC 장크트파울리 *FC St. Pauli* (Millerntor-Stadion)
⓲ FC 홀슈타인 킬 *FC Holstein Kiel* (Holstein-Stadion)

맛있는 나라 독일 **Guten Appetit!**

'맛있는 나라 독일'이 말은 2/3쯤 맞는 말인 것 같다. 독일 전통 음식으로 우리가 알고 있는 대표 음식 슈바인스학세와 소시지는 정말 맛있다. 오래 정성을 들여 만드는 음식인 데다가 본고장에서 먹으면 더욱 특별하다. 맥주를 많이 마시기 때문에 전체적으로 음식의 간이 센 편인데 유기농과 건강식 바람에 편승해 담백하게 요리하는 곳이 늘고 있다. 독일 요리에서 빠지지 않는 재료는 돼지고기와 감자다. 돼지고기는 학세와 소시지의 일부 재료가 되며 감자는 튀김, 조림, 으깸, 찜 등 다양한 조리방법으로 메인 요리에 곁들여 먹는다.

✚ 독일 빵 *Brot*

빵은 독일인의 주식으로 아마도 여행 중 빵으로 끼니를 때울 일이 많을 것이다. 독일의 빵은 버터를 사용하지 않고 밀가루보다는 호밀, 통밀 등을 사용해 만든다. 일반 빵보다는 다소 거친 식감이지만 고소하고 담백한 맛이 일품이고 건강에도 좋다. 보통 빵에 소시지나 채소, 치즈 등을 끼워 먹는다.

1 | 브뢰트헨 Brötchen
둥근 모양의 작은 빵으로 아침 식사에 빠지지 않고 나온다. 주로 야채나 치즈, 소시지 등을 끼워 먹으며 바게트보다 조금 더 딱딱한 편이다.

2 | 브레첼 Bretzel
브뢰트헨과 더불어 독일의 대표 전통 빵. 우리나라에서 먹는 것보다 딱딱하고 담백한 맛이다. 일반 빵집에서 €1 내외로 구입할 수 있고 버터를 빵 사이에 바른 부터브레첼*Butterbretzel*도 맛있다.

✚ 디저트 *Dessert*

빵이 주식인 만큼 다양한 종류의 달달 혹은 담백한 디저트를 맛볼 수 있다. '쿠헨*Kuchen*'은 독일어로 '케이크'라는 뜻으로 환상적인 달달함을 맛볼 수 있는 초콜릿케이크나 와플도 인기 디저트 메뉴다. 여기서는 독일 전통 디저트를 소개한다.

1 | 아이어쉐케 Eierscheke
드레스덴을 비롯한 작센 주의 대표 디저트로 부드러운 식감에 커피와 어울리는 케이크다.

2 | 슈니발렌 Schneeballen
'눈덩이'라는 뜻을 지닌 달달한 슈니발렌은 딱딱한 과자 덩어리를 망치로 깨먹는 방법으로 우리나라에서도 꽤 인기를 모은 독일의 전통 과자다.

3 | 바움쿠헨 Baumkuchen
독일의 전통 케이크로 '나무 케이크'라는 뜻이다. 겹겹이 레이어 된 모양이 마치 나무의 나이테 같다.

슈바인스학세 *Schweinshaxe*
독일의 대표 돼지고기 요리.
돼지고기*Schwein*와 돼지발목*Haxe*이 합쳐진 말로
우리네 '족발' 같은 모양이다. 겉은 바삭하고 속은 부드러운
맛이 특징으로 지역의 맛집에서 꼭 맛보도록 하자.
슈바이네 학세*Schweine Haxe*라고도 하며 복수형은
학센*Haxen*이다. 영어 메뉴판에서는
'Pork Kruckle'을 주문하면 된다.

부어스트 *Wurst*
독일 음식의 대표선수 격으로
너무도 유명한 소시지. 지역별로 대표 부어스트가
있을 정도로 큰 사랑을 받는 음식이다.
고기의 부위와 조리법에 따라 맛이 달라지는데 크게
구워서 만든 브라트부어스트*Bratwurst*, 삶아 만든
보크부어스트*Bockwurst*로 구분되고, 소스가 얹어
나오는 커리부어스트*Currywurst*도 있다.

슈니첼 *Schnitzel*
돈가스의 원조 격인 요리로
같은 문화권인 오스트리아에서 처음
만들어졌다. 다양한 소스를
곁들여 먹을 수 있다.

리프헨 *Rippchen*
돼지고기 갈비에 간을 해
삶거나 훈제 또는 구운 요리.
특히 프랑크푸르트 리프헨이
유명하다.

자우어브라텐 *Sauerbraten*
소고기를 와인과 식초,
향신료 등에 재워서 구운 다음,
소스에 끓인 요리로 감자와 야채
등이 곁들여 나온다.

자우어크라우트 *Sauerkraut*
'신 양배추'라는 뜻으로,
양배추와 소금, 향신료를 넣어
절인 후 발효시킨 음식이다. 주로 메인
음식에 곁들여 나오는 '김치나 피클'
같은 역할을 해 메인 요리의
느끼함을 싹 잡아준다.

아이스바인 *Eisbein*
소금에 절인 돼지 정강이 고기를
각종 야채 및 향신료와 함께 몇 시간
동안 끓여서 만든 요리. 부드러운
고기맛이 일품으로 성인 남자가
좋아할 만한 맛이다. 콜라겐이
풍부해 피부에도 좋다.

스페어 립 *Spare Rib*
독일 전통 요리는 아니지만
돼지고기 요리가 맛있는 독일에서
저렴하고 푸짐하게 먹을 수 있는
요리다. 세 곳에서 먹어봤는데 손에
묻은 양념까지 쪽쪽 빨아먹을
정도로 맛있다.

맛있게 즐기는 독일 **Es Ist Lecker!**

미식가가 아니더라도 여행에서 맛있는 현지 음식을 먹고 싶은 건 인지상정이다. 그곳이 독일이라면
'독일스럽게 맥주 즐기기'는 위시 리스트의 우선순위일 것이다. 또 특별한 검색 없이도 일정 수준 이상
의 음식과 서비스를 제공하고 접근도 쉬운 레스토랑 체인이 있다면 여행 준비가 훨씬 수월할 것이다.

✚ 비어가르텐 *Biergarten*

맥주*Bier*와 정원*Garten*이 합쳐진 비어
가르텐은 우리식으로 표현하면 '야외
호프집' 정도가 된다. 독일은 거의 모
든 지역에 양조장을 겸한 레스토랑
이 있는데 실내는 비어홀, 실외는 비
어가르텐으로 부른다. 나무가 울창
한 넓은 정원에서 즐기는 맥주와 식
사는 마치 캠핑을 온 듯한 분위기여
서 가족 단위의 손님이 많은 편이며,
놀이터가 있는 곳도 흔히 볼 수 있
다. 주문은 보통 셀프 형식이고
자유롭게 자리를 잡고 맥주
와 식사를 즐긴다. 비
어가르텐이 처음
시작된 바이에
른 지역에서
이 문화의 찐
바이브를 느껴보
자. 야외공간인 만큼
여름에만 운영한다.

✚ 라츠켈러 *Rathskeller* p.366, p.403

'시청사의 지하실'을 뜻하는 라츠켈러는 주요 도시의 시청사 건물에서 흔히 볼 수 있는 레스토랑이다. 원래
는 와인 저장고였던 지하 공간을 맥줏집 겸 레스토랑으로 개조한 것이다. 가격도 저렴한 편이고 맛과 서
비스도 만족할 수준이다.

믿고 찾는 독일 프랜차이즈 레스토랑

독일의 주요 도시에서 마주치게 되는 프랜차이즈 레스토랑과 카페 중, 현지인들에게도 인기가 높으며 맛과 품질이 보장되는 곳을 소개한다. 대중적인 맛과 함께 각 브랜드의 개성을 확인할 수 있다.

✚ 한스 임 글뤽 *HANS IM GLÜCK*

호불호 없는 MZ 취향의 수제버거 체인점. 맛과 서비스, 분위기 모두 최고점을 주고 싶다. 다양한 버거류도 맛있지만 곁들이는 감자튀김도 만점이다. 케첩, 마요네즈 등이 기본으로 제공되며 양도 푸짐하다. 버거+사이드(샐러드 or 감자튀김)+음료의 세트 구성으로 주문할 수 있다. 독일 전역에 지점을 두고 있다.

Web *www.hansimglueck-burgergrill.de*

✚ 로스테리아 *L'osteria*

남녀노소 유쾌하게 식사를 즐길 수 친근한 분위기의 이탈리안 레스토랑 체인점이다. 합리적인 가격에 피자와 파스타를 제공한다. 독일 주요 도시와 유럽에 많은 지점이 있다.

Web *www.losteria.net*

✚ 블록 하우스 *Block House* *p.126*

합리적인 가격에 품질과 맛을 보장할 만한 스테이크 하우스 체인으로 1968년 처음 문을 열었다. 클래식한 인테리어로 독일 내에 46개를 비롯해 유럽 전역에 58개의 매장이 있다. 런치 메뉴가 저렴하다.

Web *www.block-house.de*

✚ 알렉스 카페 & 펍 *ALEX* *p.284*

카페, 레스토랑, 비스트로, 바의 모든 역할을 하는 젊은 감각의 요리 체인으로 가족 친화적이고 캐주얼한 분위기다. 매장의 규모가 크고 주종목이 뭔지 모를 정도로 다국적 음식 메뉴를 제공한다. 독일 내 39개의 지점이 있다.

Web *www.dein-alex.de*

독일의 커피

커피야말로 전 세계에서 가장 인기 있는 음료가 아닐까? 독일에서도 예외는 아니어서 언제 어디서나 커피를 즐길 수 있고 매장이 없으면 원두커피 자판기라도 있다. 스타벅스를 제외한 대부분의 카페 메뉴에는 '아메리카노'와 '아이스 아메리카노'가 없어서, 아메리카노를 원하면 카페*Kaffee*를 주문하면 된다. 최근에는 '아메리카노'와 '아이스 아메리카노'가 메뉴에 들어가는 카페가 늘고 있다. 크기는 큰 사이즈인 '그로스*groß*'와 작은 사이즈인 '클라인*Klein*' 중에서 고를 수 있다.

✚ 커피 펠로우즈 *Coffee Fellows*
스타벅스만큼이나 독일에서 자주 볼 수 있는 커피 체인점이자 베이글 전문 카페다. 가격은 스타벅스보다 저렴한 수준이고 커피는 물론 신선한 채소와 치즈가 들어 있는 베이글 샌드위치를 판매한다. 가볍게 조식을 즐기기도 좋고 와이파이를 이용하기에도 좋다.

Web www.coffee-fellows.com

✚ 아인슈타인 커피하우스 *EINSTEIN KAFFEEHAUS* *p.94*
1978년 정통 비엔나 커피하우스를 표방하며 베를린에 문을 연 커피 체인점으로 베를린의 여러 지역과 포츠담에 지점이 있다. 대체로 클래식한 인테리어에 샐러드, 샌드위치 등 간단한 식사 메뉴도 있다.

Web www.einstein-kaffee.de

베를린 커피 Top 4

2000년대 중후반부터 시작된 커피의 고급화와 개인 취향 맞춤의 트렌드는 3세대 커피 문화를 이끌었고, 힙한 분위기의 핸드드립과 로스터리 카페들이 생겨나면서 베를린은 커피의 메카가 되었다. 그중 꾸준히 좋은 평가를 받고 있는 카페 4곳을 선정해 보았다.

✚ 더 반 카페 *The Barn* p.108
2000년 미테에 처음 문을 연 고품질의 스페셜티 커피숍. 베를린 최고의 에스프레소로 인정 받고 있다. 베를린 외에 뮌헨에도 지점이 있고 한국에도 매장을 열었다.

Web *www.coffee-fellows.com*

✚ 파이브 엘리펀트 *5 Elephant* p.108
베를린 3세대 커피 트렌드를 개척한 브랜드 중 하나로 커피뿐 아니라 케이크 등 베이커리류도 훌륭하다. 매장이 작은 편이라 오래 머물기 적합하지는 않다.

Web *www.fiveelephant.com*

✚ 보난자 커피 *Bonanza coffee* p.152
전 세계 유명 매체에서 최고의 커피로 인정받는 로스터리 카페로 과일 향이 나는 원두로 유명하다. 베를린 최고의 플랫 화이트를 제공한다. 프라하와 한국에도 매장이 있다.

Web *www.bonanzacoffee.de*

✚ 디스트릭트 커피 *Distrikt coffee*
번화가는 아니지만 고품질의 커피와 맛있고 신선한 식사 메뉴를 제공한다. 피오르 커피 로스터스 *Fjord Coffee Roasters* 원두를 사용하며 에스프레소는 강한 쓴맛으로 인기가 있다.

Web *www.distriktcoffee.de*

✚ 역에서 만나는 체인 빵집
저렴한 가격에 맛있는 빵과 커피를 즐길 수 있는 체인 빵집으로 독일 여행 중이라면 주요 기차역과 지하철역에서 자주 마주치게 된다. 맛에는 호불호가 있지만 음료와 간단하게 허기를 채워줄 베이커리와 한 끼 식사로도 든든한 샌드위치를 판매한다.

1 | 쿠치스 *Cuccis*
베를린과 뮌헨 등 거의 모든 지하철 역사와 플랫폼에 자리 잡고 있는 쿠치스. 저렴한 커피와 빵류를 판매하는데 커피 사이즈를 S부터 XL까지 고를 수 있다.
Web 🅾 *@cuccisfood*

2 | 디취 *Ditsch*
1919년 브레첼 베이커리로 문을 연 100년이 넘는 역사를 자랑하는 브레첼 전문 체인점이다. 저렴한 가격 대비 맛과 품질이 좋아 인기가 좋다.
Web *www.ditsch.de*

3 | 르 크로백 *Le Crobag*
크루아상과 바게트 등 프랑스식 빵을 판매한다. 다른 곳보다 가격은 좀 비싸지만 푸짐하고 맛있어서 인기가 있다. 신선한 재료의 샌드위치가 인기 메뉴.
Web *www.lecrobag.de*

4 | 캄푸스 백슈투베 *Kamps Backstube*
유명한 제과 체인점으로 저렴하고 맛있는 독일 전통 빵과 파이 등을 맛볼 수 있다.
Web *www.kamps.de*

맥주의 나라 독일

독일을 대표하는 몇 가지 키워드 중에서도 단연 으뜸은 누가 뭐래도 맥주*Bier*다. 맥주를 물처럼 마신다고 알려진 독일에서 실제로 아침부터 마치 테이크아웃 커피처럼 맥주병을 손에 들고 다니는 이들을 많이 볼 수 있다. 세계 1위의 맥주 소비국답게 독일 대부분 지역에 양조장이 있고 각 양조장마다 특색 있는 맥주를 만들어 낸다. 약 1,300개의 양조장에서 만드는 맥주의 종류만도 5,000여 종에 이른다고 한다. 맥주의 리더라면 바이에른의 뮌헨을 꼽을 수 있지만 최대 생산도시는 도르트문트다.

맥주는 발효방식에 따라 크게 상면발효맥주인 **에일**과 하면발효맥주인 **라거**로 나뉜다.

상면발효맥주는 전통적인 맥주 양조방법으로 발효과정에서 위로 떠오르는 효모를 상온에서 발효시킨 맥주로 깊고 진한 맛이 특징이다. 영국, 아일랜드, 벨기에 등에서 아직도 전통방식을 고수하고 있다. 쾰쉬와 알트, 바이스/바이첸 비어 등이 여기에 속한다.

하면발효맥주는 발효 중 밑으로 가라앉는 효모를 저온에서 발효시킨 맥주로 주로 밝은 황금색을 띠며 탄산이 많고 청량감이 느껴진다. 19세기 중반에 만들어져 냉장기술의 발전과 함께 세계적으로 상업화되었다. 라거*Larger*는 독일어로 '저장하다'라는 뜻이며 가장 흔한 필스너, 독일의 전통 흑맥주인 둔켈 등이 여기에 속한다.

에일*Ale*	라거*Larger*
상면발효	하면발효
· 향과 맛이 진하고 깊다. · 탄산이 적은 편. · 양조장마다 개성이 강해 맛을 하나로 단정 짓기는 어렵다.	· 깔끔한 뒷맛과 시원한 목 넘김으로 가볍게 마실 수 있다. · 한국에서 마시는 대부분의 맥주다.
· 바이첸 비어 · 헤페바이첸 · 알트 비어 · 쾰쉬 비어 · 베를리너 바이세 · 고제 비어	· 필스너 · 도르트문더 엑스포트 · 벡스 · 크롬바커 · 둔켈

✚ 맥주의 종류

필스너 *Pilsener*
독일에서 가장 많이 볼 수 있는
맥주로 줄여서 필스*Pils*라고도 한다.
체코의 필젠*Pilsen* 지방에서 유래한
맥주로 부드러운 거품에 담백하고
깔끔한 뒷맛이 특징.

바이첸 비어 *Weizenbier*
독일 남부, 특히 바이에른 주를
중심으로 즐기는 맥주로 '밀맥주'라는
뜻이고 '바이스 비어*Weiß Bier*'라고도
부른다. 순하고 달달한 맛의
'헤페 바이스*Hefe Weiß*'는 여성들에게
추천할 만하다.

둔켈 *Dunkel*
바이에른 지역에서 많이
소비되는 흑맥주로 맥아 향이 짙은
맛이다. 바이첸 비어의 흑맥주 버전인
둔켈 바이첸*Dunkel Weizen(Dunkel Weiß)*은
향신료나 바나나 향이 나는 가볍고
크리미한 맥주다.

✚ 지역 맥주

베를리너 바이세 *Berliner Weiße*
베를린 지역의 전통 맥주로
붉은 라즈베리나 녹색의
우드러프 시럽을 첨가해 마신다.
샴페인처럼 가볍게 즐긴다.

쾰쉬 비어 *Kölsch Bier* *p.296*
쾰른 지방에서 생산되는 맥주로
상면발효로 생산되지만
맛은 라거에 가까우며
가볍고 청량감이 있다.

라우흐비어 *Rauchbier* *p.391*
밤베르크 지역의 전통 맥주로
훈제맥주로 불린다.
짙은 갈색과 스모키한 풍미가
일품이다.

**도르트문더 엑스포트
*Dortmunder Export***
도르트문트 지역에서 발달한 맥주.
밝은 색깔에 맥아 향이 강하고
쓴맛이 적다.

고제 비어 *Gose Bier*
작센 주의 라이프치히에서
생산되는 밀맥주로 고수*Coriander*나
소금을 곁들여 마신다. '고슬라*Goslar*'
지역에서 유래한 맥주다.

알트 비어 *Alt Bier*
뒤셀도르프에서 발달된 맥주로
역사가 오래되어 'Old'라는 뜻의
알트 비어라는 이름이 붙여졌다.
독일의 대표적인 상면발효맥주.

+ 독일 맥주 브랜드

벡스 *Beck's*
브레멘의 대표 맥주 브랜드.
라임과 민트가 첨가된 벡스 아이스
(알코올 2.5%)는 여성에게 강추!

베를리너 킨들 *Berliner Kindl*
어린이 캐릭터가 귀여운
베를린 대표 브랜드 베를리너 킨들.
왠지 취하지 않을 것 같다.

펠트슐뢰센 *Feldschlößchen*
드레스덴의 대표 맥주 브랜드
펠트슐뢰센의 필스너. 여기에도
어린이 캐릭터가….

파울라너 *Paulaner*
독일 정통 밀맥주 브랜드,
뮌헨의 파울라너 맥주.

호프브로이 *Hofbräu*
뮌헨의 대표 양조장의 맥주.
흥겨움이 넘치는 호프브로이하우스는
필수 관광지이기도 하다.

투허 *Tucher*
뉘른베르크 대표 맥주.
뉘른베르크 소시지와 찰떡궁합.

+ 무알코올 맥주

1 | 무알코올 맥주 Alkoholfreies Bier
술은 못 마셔도 맥주는 즐길 수 있다. 맥주의 맛과 향이 그대로인 무알코올 맥주(알코올 0.5% 이내)가 독일 어디에나 있다.

2 | 라들러 Radler
'Rad'는 '자전거'를 뜻하는 말로 알코올 함량이 낮아 마신 후에도 자전거를 무리 없이 탈 수 있다는 뜻이다. 라거 맥주에 레모네이드(오렌지, 자몽) 등을 6:4 정도의 비율로 혼합한 음료에 가까운 맥주다. 독일 남부와 오스트리아에서 즐겨 마신다.

화이트 와인 강국, 독일의 와인

프랑스와 이탈리아가 유럽의 와인 강국으로 알려져 있지만, 화이트 와인이라면 독일이 최고급으로 인정받는다. 알코올 도수가 낮고 산도가 높은 와인이 많은 독일 와인은 풍부한 향과 산뜻한 맛으로 한국에서도 인기다. 대표 와인 산지는 모젤 강과 라인 강 유역으로, 맛과 색도 각각 다르다.

1 | 모젤 와인 Mosel Wein
프랑스와 가까운 모젤 강 주변에서 생산되는 와인을 말한다. 달콤하고 풍부한 향의 고급 리즐링 와인이 유명하다. 크리스마스트리 모양의 와인도 있다.

2 | 프랑켄 와인 Franken Wein *p.402*
독일 와인 중 가장 남성적인 와인으로 꼽힌다. 깊으면서도 떫은맛이 특징이다. 와인의 개성을 나타내기 위해 복스보이텔*Bocksbeutel*이라는 병에 담겨 나온다. 본연의 맛을 즐기려면 '질바너 트로켄*Silvaner Trocken*'을 마셔보자.

3 | 라인가우 와인 Rheingau Wein
모젤 와인과 더불어 최고급 화이트 와인으로 유명하다. 모젤 와인보다 알코올 함량이 높고 원숙한 맛이 난다.

4 | 바덴 와인 Baden Wine
화이트 와인이 강세인 독일에서는 드물게 레드 와인을 생산한다.

5 | 글뤼바인 Glühwein
오렌지류나 사과, 계피 등을 넣어 끓여 먹는 와인이다.

✚ VDP 마크 *Verband Deutscher Naturweinversteigerer*
독일 와인 협회가 인증하는 우수와인마크로 엄격한 심사기준을 통과한 양조장에서 생산된 와인에만 독수리가 그려진 VDP 마크를 붙일 수 있다. 역사와 양조시설, 와이너리 등이 심사기준이 된다. *www.deutscheweine.de*

✚ 독일의 와인 등급
독일 와인 등급은 포도의 수확시기 및 당도에 의해 분류된다. 최상급인 쿠엠페*QmP*부터 가장 생산량이 많은 등급인 쿠베아*QbA*, 중급 수준의 란트바인*Landwein*, 그리고 하급인 도이치 타펠바인*Deutscher Tafelwein*과 최하급의 타펠바인*Tafelwein*으로 분류된다. 최상급의 쿠엠페 등급은 포도 수확 시 숙성도(당도)가 높은 순으로 다시 6단계로 나뉜다.

✚ 와인 용어

1 | 리즐링 Riesling
'사랑을 부르는 황금빛 와인'으로 불리며 달콤하고 풍부한 향이 특징이다.

2 | 로트바인 Rotwein
'레드 와인'을 뜻한다. 독일은 기후적 특징으로 화이트 와인이 주를 이룬다.

3 | 바이스바인 Weisswein
화이트 와인.

4 | 로제바인 Rosewein
로제 와인.

5 | 트로켄 Trocken
단맛이 없는 드라이한 타입으로 잔당이 0.4%를 넘지 않는 와인이다.

6 | 할프트로켄 Halbtrocken
'Half Dry'라는 뜻. 약간의 단맛이 있다.

7 | 트로켄베렌아우스레제 Trockenbeerenauslese
최고급 와인으로 불리는 '귀부 와인'으로 달콤하고 향긋한 맛이 일품이다.

8 | 젝트 Sekt
스파클링 와인.

9 | 쥐스 Süss
'Sweet'와 같은 뜻으로 단맛이 아주 많은 와인.

10 | 밀트 Mild, 비틀리히 Lieblich
단맛이 많은 와인.

크리스마스 마켓

독일의 크리스마스 마켓은 유럽에서도 가장 유명하다. 독일어로 '바이흐나흐트마르크트*Weihnachtsmarkt*' 라고 하며 독일 주요 도시의 광장에서 열린다. 대부분의 시장이 11월 마지막 주부터 크리스마스이브 인 12월 24일까지 열리며 몇몇 시장은 1월 초까지도 열린다. 전통 크리스마스 공예품을 비롯해 지역 별 크리스마스 장식을 판매하고 각종 먹거리가 넘쳐난다. 눈앞에서 직접 만드는 크리스마스 막대사 탕도 맛볼 수 있다. 남녀노소 즐길 수 있는 놀이기구와 스케이트장, 눈썰매장이 설치돼 더욱 풍성한 겨울축제를 만들어 준다. 크리스마스 대표 음료인 뜨거운 글뤼바인으로 몸을 녹이며 즐기는 독일의 크리스마스 마켓을 만나보자.

Web *www.christmasmarkets.com*

1 | 뉘른베르크 크리스마스 마켓
Nürnberger Christkindlesmarkt

독일에서도 가장 유명한 크리스마스 마켓으로 '아기예수 시장' 이라는 뜻의 '크리스트킨들레스마르크트'로 불린다. 수백 년의 전통을 이어온 마켓의 특별한 상징이 바로 천사의 날개를 단 금발의 작은 예수인 '크리스트킨트*Christkind*'다. 매년 까다로운 조건을 통과하여 선발되는 크리스트킨트는 시장의 개막을 알 리는 대회사를 낭독하고 뉘른베르크 크리스마스 마켓의 마스 코트로 활동한다. 하우프트마르크트 광장에서 열린다.

Open 11월 마지막 주 금요일~12월 23일 10:00~21:00,
12월 24일 10:00~14:00
Web www.christkindlesmarkt.de

2 | 잔다르망 마르크트 크리스마스 마켓
Weihnachtsmarkt am Gendarmenmarkt

베를린에서 가장 아름다운 광장에 펼쳐지는 환상적인 풍경의 마켓이다. 입장료가 아깝지 않다.

Open 월~목 · 일 12:00~22:00, 금 · 토 12:00~23:00,
12월 24일 12:00~18:00
Cost 입장료 €2, 월~금 12:00~14:00 무료
(12월 24~26 · 31일 제외), 12세 이하 무료
Web www.weihnachteninberlin.de

3 | 드레스덴 슈트리첼 마켓
Dresdner Striezelmarkt

구동독 지역에서 가장 유명했던 크리스마스 마켓으로 1434년 부터 이어져 온 전통 있는 마켓이다. 2022년에 588주년을 맞 이했다. 엄청난 크기의 피라미드가 마켓 중심에 세워지고, 수 톤이 넘는 거대 슈톨렌의 행렬인 '슈톨렌페스트*Stollenfest*'가 축 제의 하이라이트로 거대한 슈톨렌을 자르는 거대한 칼도 무척 흥미롭다. 알트마르크트 광장에서 열린다.

Open 11월 마지막 주~12월 23일 10:00~21:00,
12월 24일 10:00~14:00
Web striezelmarkt.dresden.de

4 | 베를린 크리스마스 마켓
Weihnachtsmärkte in Berlin

베를린 전역에 40개가 넘는 크고 작은 크리스마스 마켓이 열 린다. 가장 유명한 곳은 유일하게 입장료가 있는 잔다르망 마 르크트의 크리스마스 마켓이고, 샤를로텐부르크 궁전과 알 렉산더 광장, 포츠담 광장 등에도 큰 규모의 크리스마스 마 켓이 열린다.

Open 11월 마지막 주 금요일~12월 23일 10:00~21:00,
12월 24일 10:00~14:00
Web www.weihnachteninberlin.de

1 | 크리스마스 피라미드
Christmas Pyramid

가장 인기 있는 크리스마스 장식. 여러 층으로 이루어진 탑 위에 프로펠러가 달려 있고 층별로 성경 이야기나 다양한 삶의 모습이 장식되어 있다. 크리스마스 마켓에는 대형 피라미드가 등장하며 가정에서는 초를 끼워 환상적인 분위기를 연출하는 조명으로 이용된다.

2 | 향대 인형 Räuchermännchen

독일 에르츠 산맥*Erzgebirge*의 자이펜*Seiffen* 지역에서 1850년경 만들어진 수공예 목각 인형으로 향을 피우면 입에서 연기가 나는 향초 인형이다. 그 모습이 담배를 피우는 것처럼 보여서 '담배 피우는 사람'이라는 뜻의 '로이셔맨쉔*Räuchermännchen*' 또는 그냥 '스모커*Smoker*'라고 부른다. 독일 전역에서 구입할 수 있는 자이펜 제품은 품질이 좋은 만큼 비싼 편이다.

3 | 슈톨렌 Stollen

크리스마스에 먹는 케이크로 견과류와 여러 가지 말린 과일을 넣고 구워서 슈거파우더를 듬뿍 뿌려 얇게 썰어 먹는다. 아기 예수가 모포에 싸여 있는 모양을 본떠 만든 것이라고 한다. 중세 시대에는 금식 기간에 먹는 빵으로 버터와 우유는 넣지 않았다고 한다. 드레스덴의 슈톨렌이 유명하다.

4 | 글뤼바인 Glühwein

따뜻하게 먹는 와인으로 추운 겨울에 감기예방을 위해 마시기 시작한 것이 겨울 음료의 하나로 자리 잡게 되었다. 크리스마스 마켓의 대표 음료이기도 하다. 레드 와인에 오렌지나 레몬, 사과와 계피, 설탕 등을 넣어 끓인 것이다. 프랑스에서는 '뱅쇼*Vin Chaud*'라고 부른다.

Tip. 크리스마스 마켓에서는 예쁜 머그잔에 와인을 따라주는데 와인 가격에 머그잔(€3.5)도 포함된다. 잔을 반환하면 보증금을 돌려주는데 매년 특별하게 제작되는 머그잔이니 기념으로 소장할 만하다.

5 | 캐테 볼파르트 Kathe Wohlfahrt *p.412*

로텐부르크에 본점이 있는 유명한 크리스마스 상점이다. 동화 속 크리스마스 마을에 온 듯 환상적인 곳이다. 상점 내에 크리스마스 박물관도 따로 있다.

메이드 인 독일

세계적인 기술력과 장인정신으로 만들어지는 독일 제품에 대한 신뢰도는 전 세계적으로 매우 높은 편이다. 기능과 실용성을 중시하는 생필품과 전통 있는 수공예품, 그리고 친환경 재료들로 만들어지는 유기농 화장품과 식료품도 꼭 사야 할 쇼핑 아이템이다.

1 | 헹켈 쌍둥이 칼 Zwilling J.A. Henckels

전통적으로 독일 여행에서 가장 많이 사오는 쇼핑 아이템이다. 낱개나 세트로 구매 가능하고 개당 €10~60 정도의 가격대다(예로부터 칼은 '악귀를 쫓고 내 사람을 지킨다'는 의미로 지인 선물용으로도 많이 구매한다). 가정용 칼은 신고 없이 세관을 통과할 수 있다. 주방용품을 구매하고 싶다면 실용적인 디자인과 합리적인 가격의 '베엠에프WMF' 제품도 고려할 만하다.

2 | 라미 만년필 LAMY

독일 하이델베르크에서 생산되는 필기구 명품 브랜드로 캘리그래피 열풍을 타고 LAMY의 만년필이 국내에서도 인기를 끌고 있다. 국내보다 조금 저렴한 가격이고 다양한 디자인의 제품이 있다.

3 | 호두까기 인형 Nussknacker

독일 어디에서나 찾아볼 수 있는 호두까기 인형. '캐테 볼파르트' 등의 전문숍에서 파는 호두까기 인형은 꼼꼼하고 섬세하게 제작되어 독일의 장인정신을 엿볼 수 있다. 품질과 크기에 따라 가격 차가 심하다.

4 | 테디베어 Teddy Bear

명품 핸드메이드 테디베어 브랜드인 슈타이프Steiff와 헤르만Hermann의 본고장으로 로텐부르크의 숍에서는 박물관에서나 만날 수 있는 한정판 테디베어를 구매할 수 있다.

5 | 암펠만 Ampelmann

구동독의 신호등 모양을 캐릭터로 하는 디자인숍으로 다양한 종류의 캐릭터 상품을 판매한다. 다른 기념품에 비하면 비싼 편이지만 기발한 아이디어의 깜찍한 제품들이 많다.

6 | 레데커 브러시 Redecker

80년이 넘는 역사를 지닌 수공예 브러시. 청소용부터 바디케어까지 다양한 브러시를 판매한다.

7 | 맥주잔

각 지역마다 지역 명물을 새겨 놓은 전통방식의 맥주잔을 판매한다. 뚜껑이 있는 것도 있고 일반 머그잔도 있다. 크기와 품질에 따라 가격도 달라진다.

8 | 축구 기념품

독일의 축구 리그 분데스리가는 구단별로 팬숍을 운영한다. 바이에른 뮌헨이 단연 최고 팬숍이고 한국인 선수가 소속된 구단의 팬숍에 대한 관심도 나날이 높아지고 있다. 독일 국가대표 유니폼도 쉽게 만날 수 있다.

✚ 믿고 사는 독일 브랜드

자동차 | BMW, 벤츠, 아우디, 폭스바겐 등
전기전자제품 | 지멘스, 드롱기
주방용품 | WMF, 헹켈, 휘슬러
명품의류 | 에스까다, 아이그너, 휴고보스, 질 샌더
스포츠 · 아웃도어 | 아디다스, 잭 울프스킨
음향기기 | Neumann, AKG, Sennheiser
유기농 화장품 | Logona, Lavera, Sant, SenaMed, Weleda 등
필기구 | 몽블랑, LAMY, 트로이카

지극히 개인적인 독일 쇼핑 리스트

은근히 궁금한 남의 여행 쇼핑 리스트. 우리나라에서는 구하기 어려운 것들이라 더욱 소중하네요. 취재하느라 이동이 많아 무게와 부피의 제약이 컸던 저자의 나름 알찬 기념품 쇼핑 리스트를 공개합니다. 엄청 데려오고 싶었던 프랑켄 와인은 다 마셔버리고 와야 했어요.^^

4711 향수
종류별로 하나씩. 오리지널+누보코롱
50ml 2개 세트, €22.95
쾰른

미니 맥주잔
€14.9
하이델베르크 성 아래
기념품숍

선물용으로 Good!
웰컴카드로
할인받았어요!

여행가방용 네임택
€4
베를린 관광청 기념품숍

6월 말 베를린이
추워서 샀어요.

암펠만 후드티
€39.9
베를린 쿠담 암펠만숍

이것도
웰컴카드로
할인받았어요!

털모자
€13
베를린 관광청 기념품숍

린데자 벌꿀 핸드크림
50ml, €2.6
뮌헨 빅투알리엔 시장

암펠만 에코백
€9.95
베를린

원두
€6.9/250g
함부르크 로스터리 카페

천사 조각상
각 €4
베를린 샤를로텐부르크
기념품숍

중세 기사 장식
€12.9
퓌센 노이슈반슈타인 성
기념품숍

수제 사탕
€5.5
브레멘 봉봉

마그네틱
€4
프랑크푸르트
뢰머 광장 기념품숍

독일 여행의 머스트 바이 아이템 약국 화장품!

독일의 약국은 드럭스토어와 약국으로 구분되는데 드럭스토어는 로스만*Rossmann*, 데엠*DM*, 뮐러*Müller* 등으로 마트처럼 편리한 쇼핑이 가능하다. 빨간색 'A' 로고가 있는 곳은 아포테케*Apotheke*(약국)로 개인 약사가 운영하는 곳이다. 두 곳 모두에서 약국 화장품을 살 수 있는데 드럭스토어가 더 저렴하고 종류가 많다. 점원과는 영어로 의사소통이 어려운 경우도 있으니 미리 살 목록을 정리해 가는 게 좋다. 지점마다 영업시간이 조금씩 다르고 일요일은 문을 닫는다.

Tip. 독일의 대표 드럭스토어
데엠 *DM Open* 월~토 08:00~20:00 *Web* www.dm.de
로스만 *Rossmann Open* 월~토 09:00~20:00 *Web* www.rossmann.de
뮐러 *Müller Open* 월~토 08:30~19:00 *Web* www.mueller.de

엠오이칼 감기 사탕 *Em-eukal*
초기 감기에 효과가 있는
허브 목캔디로 무색소, 무첨가제의
천연재료만을 사용한다. 멘톨과
유칼립투스를 혼합한 초기 제품이
가장 인기있고 종류가 다양하다.
'Zuckerfrei'라고 쓰여 있는
무설탕 제품도 있다. 어린이용
감기 사탕도 인기다.

**테테셉트 비염치료 스프레이
*Tetesept***
방부제 성분과 프레온 가스가 없는
제품으로 하루 2~3회 정도 뿌리면
비염 증상이 개선되는 스프레이다.
증상에 따라 다섯 종류가 있다
(€5 내외).

**슈바르츠코프 헤어제품
*Schwarzkopf***
찰랑거리는 머릿결을 위해
슈바르츠코프의 헤어제품을 구입하자.
특히 1회용 헤어트리트먼트는
여행자들의 최애 아이템
(1회용 헤어트리트먼트 €0.95/개당).

아요나 치약 *Ajona Stomaticum*
파라벤이 없는 독일 치약. 5배 고농축 치약이므로
적은 양을 짜서 써야 한다. 풍치와 치주염에 효과가 있고 항균,
항염증 기능이 있다. 냄새가 역한 편이나 곧 적응되며 양치 후
뽀득함을 느낄 수 있다(25ml, €1.8).

카밀 핸드크림
보습력 좋은 핸드크림으로 다양한 향과 크기의 제품이 있다.
한국에서도 저렴하게 구입할 수 있지만 독일의 드럭스토어가
훨씬 저렴하다. 휴대가 편한 미니 제품(30ml, €0.5∼)도 있다
(100ml, €1.5∼).

스킨케어용 앰플
향이나 사용감이 썩 좋지는 않지만 가격
대비 효과가 좋은 앰플로 추천할 만하다.
충분히 흔든 후 사용하자(€5∼8).
오일리한 사용감의 샤벤스*Schaebens*
제품(€1)도 인기 있다.

가르니에 세안제 *Garnier*
사용 후 시원하고 산뜻한 느낌을 받을 수
있다. 클렌저, 토너 등이 인기가 있다.
응급 뾰루지에 좋은 젤(€3.95)도
강력 추천한다(메이크업 리무버
125ml, €3.25).

감기 차
각종 허브로 만든 감기 차로
티백형과 가루형이 있다.
자기 전 먹으면 초기 감기에
효과가 있다.

발포 영양제
물에 넣어 녹여 마시는
영양제로 비타민이 대표적이며, 칼슘과
마그네슘 등 다양한 종류가 있다.
맛도 다양한데 레몬맛이 가장 맛있다는
평이다. 탄산수에 넣으면 탄산음료처럼
즐길 수 있다(€1∼3).

유기농 화장품
아이들이 써도 좋은 순한
유기농 브랜드의 샴푸와 보디젤을
저렴하게 구입할 수 있다.
*유기농 화장품 브랜드
Sante, Sebamed, Weleda,
Lavera, Logona 외

게볼 풋크림 *Gehwol*
발 각질 제거 제품으로
유명한 게볼의 풋크림.
한 번만 발라도 효과가 있다.
남자친구 선물용으로 샀지만
내 것이 되었다.

알뜰 여행 그뤠잇! 슈퍼마켓 쇼핑

여행지에서 빼놓을 수 없는 쇼핑 & 관광 스폿 중 하나가 바로 슈퍼마켓이다. 한번 들어가면 시간 가는 줄 모르고 삼매경에 빠져버리는 슈퍼마켓은 현지인들의 생활을 엿볼 수 있는 흥미로운 공간이기도 하다. 독일의 중앙역과 번화가에서 흔히 볼 수 있는 슈퍼마켓 브랜드가 있으니 알뜰 여행을 위해 잘 기억해 두자. 드럭스토어보다 영업시간이 긴 편이고 지점별로 제품의 편차가 있으며 영업시간도 다르다. 일요일은 문을 닫는다. 평균 영업시간 07:00~21:00이다.

***Tip.* 독일의 대표 슈퍼마켓 체인**(왼쪽부터 고가에서 저가순)

에데카 *EDEKA*   카이저스 *Kaiser's*   레베 *REWE*   알디 *ALDI*   리들 *LIDL*   네토 *NETTO*

✚ 슈퍼마켓에서 사자!

쇼핑 방법은 우리나라 마트와 별반 다르지 않다. 독일 현지인이 먹고 사용하는 제품이 있을 뿐이다. 지점에 따라 드럭스토어에서 구입할 수 있는 제품들도 구비하고 있고, 간단하게 요기할 수 있는 샐러드 도시락도 식품 코너에 있다. 기호에 따라 다르겠지만 슈퍼마켓에서 구입하면 좋은 네 가지를 꼽아보았다.

생수와 음료
여행의 필수품인 생수 가격이 일반 상점보다 50% 이상 저렴하다. 빈 병은 판트(p.447) 기계로 환급받자.

하리보 젤리
젤리의 대명사 하리보를 다양하게 구입할 수 있다.

초콜릿
리터스포트와 밀카 초콜릿도 다른 곳보다 저렴하고 종류도 다양하다.

과일
신선한 과일로 여행 중 상큼함을 보충하자. 우리나라에 없는 납작복숭아는 꼭 먹어보자.

예산에 맞춘 브랜드 쇼핑

럭셔리 브랜드부터 저가의 SPA 브랜드까지 예산에 맞춰 알차게 쇼핑을 즐겨보자. 1년에 두 번 있는 세일 기간에는 거의 모든 브랜드가 최대 70%까지 세일을 진행한다. 기본에 충실한 트렌디한 디자인의 프라이마크*Primark*와 저가의류의 대표주자 C&A의 대형매장도 주목해 보자.

Tip. 독일의 여름 세일 6월 말~8월, 겨울 세일 12월 중순~1월 말

✚ 독일 대표 백화점

카우프호프*Kaufhof*와 카슈타트*Karstadt*는 도시마다 꼭 있는 대표적인 백화점 체인이다. 가장 번화한 곳에 위치하고 있어 주변에 다양한 쇼핑 스폿과 맛집이 모여 있고, 거리 예술가의 공연도 자주 볼 수 있다. 백화점 쇼핑과 함께 도심의 분위기를 만끽하자. 가전을 비롯해 디지털 제품 백화점 자툰*Saturn*도 있다. 영업시간은 보통 10:00~20:00이고 지점마다 조금씩 다르다. 일요일은 휴무.

✚ 아웃렛 쇼핑

프랑크푸르트, 슈투트가르트, 뮌헨 등에서 자동차로 약 1시간 거리에 대형 명품 아웃렛이 있다. 가장 추천할 만한 곳은 휴고보스의 고장인 메칭엔에 위치한 메칭엔 아울렛 시티로 편리한 쇼핑을 위한 편의시설까지 잘 갖추고 있다. 특히 휴고보스 제품은 전 세계에서 가장 좋은 가격으로 다양한 품목을 만날 수 있다.

메칭엔 아웃렛시티(p.318)
Web www.outletcity.com
잉골슈타트 빌리지(p.367)
Web www.ingolstadtvillage.com
베르트하임 빌리지
Web www.wertheimvillage.com

Tip. TK Maxx
미국의 유명한 아웃렛 백화점인 TJ Maxx의 유럽 버전 TK Maxx를 독일의 도심에서 만나보자. 남녀노소를 망라하는 의류와 패션을 비롯해 지점에 따라 주방용품과 생활용품을 판매한다. 도떼기시장 같은 분위기지만 유명 브랜드의 의상을 매우 저렴하게 구입할 수 있다. 여행용 캐리어를 구입하기에도 적합하다.

Enjoy
Germany

독일을 즐기는 가장 완벽한 방법

Berlin &
Nordost-Deutschland

베를린 & 독일 동북부 지역

가난하지만 섹시한 힙스터 천국 베를린

Berlin

1990년 동서 통일 이래로 오늘날까지 계속 성장 중인 독일의 수도 베를린. 역사의 소용돌이 속에서 상대적으로 발전 속도가 늦은 탓에 아직까지는 소박한 모습이지만 주 정부의 노력과 함께 가난한 예술가와 이민자들이 버려진 동네에 터를 잡고 새로운 문화예술 구역을 탄생시키면서 어디에서도 볼 수 없던 자생적인 도시 발전을 이룩하고 있다.

전 세계 예술가와 소위 힙스터라고 불리는 이들이 속속 몰려든 '핫'한 도시 베를린은 마치 아무거나 걸쳐 입어도 아우라가 느껴지는 힙스터 패션처럼 빈티지 그 자체의 멋을 지니고 있다. 관광지로서의 매력 또한 독보적으로, 어디에도 없는 역사적 배경과 이를 잘 활용한 다양한 장르의 박물관이 충분한 가치가 있다. 특히 동병상련이 느껴지며 롤모델로 삼고 싶은 그들의 통일 과정은 한국인이라면 꼭 한 번 살펴볼 의무가 있다.

여행 Tip
- 도시명 베를린Berlin
- 위치 독일 동부
- 인구 약 342만 6천명 (2024)
- 홈페이지 www.berlin.de
- 키워드 독일의 수도, 베를린 장벽, 박물관 섬, DDR, 홀로코스트, 힙스터, 그래피티

관광안내소
Information Center

관광객이 많은 대도시답게 관광안내소도 여러 곳에 있다. 각종 티켓 구매와 예약이 가능하다. 박물관 섬의 훔볼트 포룸에도 관광안내소가 있다. *베를린 관광청 www.visitberlin.de

중앙역 관광안내소
Access   중앙역 Europaplatz 출구, 1층에 위치
Open   08:00~19:00
Address Erdgeschoss/Eingang Europaplatz 10557
        Berlin Tiergarten
Tel   +49 (0)030 250 025

브란덴부르크 문
Access   S/U반 Brandenburger Tor역 하차,
        파리저 광장Pariserplatz에 위치
Open   10:00~18:00
Address Pariserplatz, Südliches Torhaus 10117
        Berlin Mitte
Tel   +49 (0)030 250 025

브란덴부르크 공항
Access   제1터미널(T1) E0층에 위치
Open   09:00~21:00
Address Flughafen Berlin Brandenburg,
        Willy-Brandt-Platz 1, 12529 Schönefeld

훔볼트 포룸
Access   훔볼트 포룸 들어가는 입구 쪽에 위치
Open   10:00~18:00
Address Schloßplatz, 10178 Berlin

✚ 베를린 들어가기 & 나오기

1. 비행기로 이동하기

2020년 베를린 브란덴부르크 공항이 문을 열었지만 아직까지 인천 공항과 연결되는 직항은 없다. 대한항공, 아시아나, 루프트한자를 이용하면 독일 내 프랑크푸르트나 뮌헨을 경유해 베를린으로 들어가게 된다. 기존 테겔 공항은 폐쇄되었고 쇠네펠트 공항은 제5터미널로 사용될 예정이다.

Web   ber.berlin-airport.de

베를린 브란덴부르크 공항 BER Airport

2020년 10월 31일, 베를린 브란덴부르크 공항이 우여곡절 끝에 문을 열었다. 베를린 시내 남동쪽 18km 지점, 기존 쇠네펠트 공항 바로 옆에 건설된 이곳은 부실공사를 비롯한 온갖 구설수로 수차례 개항이 미뤄지며 세계 최악의 '화이트 엘리펀트White Elephant(비용만 많이 들고 쓸모없는 건설 사업)'로 꼽히기도 했다. 팬데믹과 기타 여건들로 현재는 1, 2터미널(T1, T2)만 운행 중이다. 정식 명칭은 베를린 브란덴부르크 빌리 브란트 공항Flughafen Berlin Brandenburg Willy Brandt이다.

출국 시,
탑승수속 시간이 줄어드는
셀프 체크인하세요!

★ 공항에서 시내 이동하기

① 공항 특급열차 (Airport Express, FEX)

제1, 2터미널과 베를린 시내(중앙역 기준) 간 FEX(30분 간격)와 지역열차로 약 30분이 소요된다.

Cost   편도 성인 €4.4, 어린이(6~14세) €3.2

② S반 이용하기

S9와 S45 등 지하철과 지역 열차(RB)로 중앙역을 비롯해 초역, 알렉산더 광장 등 베를린 시내 주요 지역까지 연결된다. 공항에서 베를린 중앙역까지는 약 50분이 소요된다.

Cost   성인 €4.4, 어린이(6~14세) €3.2

③ 택시

공항에서 베를린 시내(중앙역 기준)까지 50분 내외가 소요되며 탑승 인원과 수하물에 따라 금액이 달라진다.

Cost   €65~

2. 기차로 이동하기

유럽에서 철도 교통이 가장 발달한 독일의 수도답게 베를린은 독일 내와 유럽 각 지역을 연결하는 다양한 노선의 열차가 있다. 베를린의 위치상 뮌헨과 프랑크푸르트는 고속열차로 가도 약 4시간이 소요되며 함부르크 등의 북부와 드레스덴 등이 속한 동부 지역은 2시간 내외의 거리다. 중앙역 이전 동서의 중심 역이었던 초역Zoologischer Garten과 동역Ostbahnhof을 경유하기도 한다.

★
주요 도시별 이동 시간
(중앙역 기준)
프랑크푸르트 ▶ 약 4시간
뮌헨 ▶ 약 4시간
드레스덴 ▶ 약 1시간 50분
프라하 ▶ 약 4시간 20분

3. 버스로 이동하기

베를린 버스터미널 ZOB는 시내 중심에서 조금 벗어난 서쪽 지역에 있다. 지하철역과 가깝고 버스 노선이 많은 편이나 중앙역과 바로 연결되는 노선은 없다.

Access **지하철** S반(S41 · S42) Messe Nord/ICC역,
　　　　U반(U1 · U2 · U3) Kaiserdamm역
　　　　버스 다양한 노선이 다니고 이용 시 Messedamm/ZOB 하차
Web　　zob.berlin/de

> Tip.
> 베를린 ZOB 외에 중앙역, 초역, 동역 등에도 버스터미널이 있으니 예약 시 출·도착지를 꼭 확인하자!

✚ 시내에서 이동하기

시내교통 이용하기 (S반, U반, 트램, 버스, 택시)

지하철(S반, U반)과 버스 노선이 잘 되어 있으므로 도보 여행과 연동해 활용하도록 하자. 트램은 구동독 지역을 중심으로 운행한다. 베를린은 시내와 외곽 지역을 구분하여 교통구역을 ABC존으로 나누었고, 베를린 시내 이동은 AB존으로 충분하며 포츠담에 갈 경우 ABC존의 티켓을 구매해야 한다. 교통 티켓 한 장으로 모든 대중교통수단을 이용할 수 있어 편리하고, 대중교통을 포함한 투어카드도 유용하게 사용할 수 있으니 잘 비교해 보고 여행 일정과 목적에 맞게 선택하도록 하자. 'N'이 붙은 심야 버스는 다른 대중교통이 끊긴 새벽시간(24:30~04:30)에 이용할 수 있다. 펀칭기의 경우 지하철은 플랫폼에, 버스와 트램은 내부에 있다.

★
Cost 단거리권 성인 €2.4, 학생 €1.9
　　　1회권 성인 €3.5, 학생 €2.2
　　　1일권 성인 €9.9, 학생 €6.5
　　　7일권 €41.5
Web　www.bvg.de/en

1. 택시 Taxi

기본요금은 €4.30이고, km당 €2.6~2.8(7km 이상은 €2.1)가 추가된다. 전화나 앱(Taxi Berlin)으로 택시를 부를 수 있다.

Tel　　+49 (0)30 443 322　　Web　www.taxi-berlin.de

2. 벨로택시 Velotaxi

2인승 3륜차로 관광안내를 겸하는 재미있는 교통수단이다. 주요 관광지에서 만날 수 있다.

Cost　60분 투어 €49~
Web　www.velotaxi.de

최초 사용 시 반드시 펀칭을 해야 한다.

✚ 베를린 트래블 카드 이용하기

베를린 시내 곳곳에 다양한 박물관과 관광지가 분포하고 있어서 대중교
통권을 포함한 베를린의 트래블 카드는 여타 도시들보다 훨씬 유용하다.
유효기간 내 부지런히 돌아본다면 본전을 뽑고도 남을 베를린 대표 관광
카드를 알아보자.

1. 베를린 웰컴카드 Berlin Welcome Card

베를린 대표 트래블 카드로 대중교통권을 포함해 가장 많은 혜택을 제
공한다. 각종 투어와 관광지, 상점, 레스토랑 등 200여 곳의 할인혜택
(25~50%)을 포함하고 박물관 섬 입장이 가능한 72시간권도 있다. 관광
안내소를 비롯해 지하철 내 편의점과 티켓판매기 등에서 쉽게 구입할 수
있고 온라인 구매도 가능하다. 48시간권과 72시간권은 시간으로 계산되
는데, 72시간권의 경우 2025년 1월 1일 오전 11시에 사용을 시작하면
1월 4일 오전 11시까지 사용할 수 있다. 4일권부터는 날짜로 계산되어
마지막 날 늦은 밤까지 사용 가능하다. 6세 이하는 무료이고 티켓 소지자
는 만 6~14세의 어린이 3인까지 동행이 가능하다.

Cost   **AB존 기준** 48시간권 €26, 72시간권 €36, 4일권 €45

Web   www.berlin-welcomecard.com

2. 박물관 패스 Museum Pass

3일 동안 베를린에 있는 대부분의 박물관을 무료입장할 수 있다. 잘 알
려진 박물관 섬 외에도 다양한 종류의 흥미로운 박물관과 미술관이 많아
베를린에서 박물관과 미술관에 집중해 관광을 한다면 추천할 만하다. 늦
게까지 문을 여는 곳이 많은 목요일은 일정에 꼭 포함하도록 하자.

Cost   **3일권** 성인 €36, 학생 €16

Web   www.visitberlin.de

3. 베를린 시티투어카드 Berlin City Tour Card

유효기간 내 대중교통을 무료로 이용할 수 있다. 관광지 할인혜택 등은 웰컴카드와 유사하나 할인율이 낮고, 사용 가능한 곳이 적어 비효율적이다.

Web   www.citytourcard.com

교통 & 투어 티켓 비교		AB존		ABC존(+포츠담)		참고
		성인	어린이 (6~14세)	성인	어린이	
단거리권		€2.4	€1.9	x	x	지하철 3정거장 이내 버스, 트램 6정거장 이내(환승 불가)
1회권		€3.5	€2.2	€4.4	€3.2	2시간 유효, 한 방향으로 연속 사용 가능
1일권		€9.9	€6.5	€11.4	€7	다음 날 새벽 3시까지 사용 가능
소그룹 1일권(5인까지)		€31		€33		
7일권		€41.5		€49		
베를린 웰컴카드	48시간	€26		€31		·대중교통권 포함 ·티켓소지자 성인 1인에 만 6~14세 어린이는 3인까지 무료 ·지도와 간단한 가이드북 제공
	72시간	€36		€41		
	72시간+박물관 섬	€54		€57		
	4일	€45		€51		
	5일	€49		€53		
	6일	€54		€57		
비고				브란덴부르크 공항 포함		

* 2024년 12월 기준

✚ 100번, 200번 버스 이용하기

베를린 주요 관광지를 관통하는 버스 노선으로 일반 시내버스이지만 시티투어버스의 역할을 하는 이층버스다. 알렉산더 광장과 초역을 왕복하는 노선으로 이층 맨 앞자리는 최고의 로열석이다.

★ 100번 버스 노선(파란색) ＊영문은 역 이름

초역(S/U반) Zoologischer Garten ┈➤ **전승기념탑** Großer Stern ┈➤ **세계 문화의 집** Haus der Kulturen der Welt ┈➤ **라이히슈타크** Reichstag/Bundestag ┈➤ **브란덴부르크 문**(S/U반) Brandenburger Tor ┈➤ **운터 덴 린덴** Unter den Linden/Fredrichstr. ┈➤ **박물관 섬**(U반) Museumsinsel ┈➤ **알렉산더 광장** Alexanderplatz

★ 200번 버스 노선(빨간색)

초역(S/U반) Zoologischer Garten ┈➤ **필하모니** Philharmonie ┈➤ **포츠담 광장**(S/U반) Potzdamerplatz ┈➤ **슈타트미테**(U반) Stadtmitte/Leipziger Str. ┈➤ **박물관 섬**(U반) Museumsinsel ┈➤ **니콜라이 지구** Nikolaiviertel ┈➤ **알렉산더 광장** Alexanderplatz

✚ 투어 천국 베를린

베를린이 얼마나 재미있는 도시인지는 투어의 종류와 수에서도 알 수 있다. 그야말로 별의별 투어가 다 있다. 심지어 침대에 누워 도시를 돌아다니는 침대 투어까지 등장해 보고서 한참 웃기도 했다. 일반적인 관광지 투어를 비롯해 베를린에서만 경험 가능한 역사와 예술 관련 투어와 클럽 투어, 비어바이크나 트라비 투어처럼 보는 이들까지 즐겁게 하는 유쾌한 투어들이 가득하다.

❶ 베를린 시티 투어 Berlin City Tour Hop-on Hop-off

베를린 주요 관광지를 순회하는 시티투어버스로 유효기간 동안 승하차가 자유로운 홉 온 홉 오프Hop-on Hop-off 투어다. 여행사마다 가격과 코스가 조금씩 다르다.

Cost　**1일권** 성인 €28~, 어린이(6~14세) €14~, 5세 이하 무료
　　　2일권 성인 €32~, 어린이(6~14세) €16~, 5세 이하 무료
Web　www.city-sightseeing.com, www.berlin-city-tour.de

❷ 트라비 사파리 Trabi Safari

구동독의 국민차였던 트라비를 직접 운전하면서 시내를 돌아보는 투어다. 맨 앞에 가이드의 차가 있고 안내에 따라 줄지어 이동하게 된다. 4명까지 탑승이 가능하고 운전자는 국제운전면허증이 있어야 한다.

Cost   1시간 15분 €59~
           (인원수에 따라 가격 변동)
Web   www.trabi-safari.de

❸ 비어 바이크 투어 Beer Bike Tour

나무맥주통을 싣고 달리는 맥주 바Bar로 음악과 맥주를 즐기며 베를린 시내를 달리는 색다른 경험을 할 수 있다. 15명까지 탈 수 있고 한 대를 통으로 빌리거나 개별 투어로 이용할 수 있다.

Cost   1인 €30~
Web   www.berlinbeerbike.eu,
           www.beerbike-in-berlin.de

❹ 베를린 무료 시티투어 Berlin Free Tour

각 투어사마다 주요 관광지를 포함한 무료 영어 가이드투어를 진행한다. 약 3시간가량 도보로 진행되며 무료 투어지만 수준 있는 가이드의 안내를 받게 된다. 끝나고 가이드 팁을 주기도 하는데 보통 €5 이상을 준다. 각국의 젊은 여행자들과 교류할 수 있는 좋은 기회이기도 하다.

❺ 펍 크롤 Pub Crawl

베를린의 밤 문화를 경험할 수 있는 클럽 투어로 밤 9시경부터 4~5개의 클럽을 돌아보는 투어다. 독일 각 지역과 전 세계에서 온 50여 명의 젊은이들이 떼를 지어 클럽을 옮겨 다니는 모습이 재미있다. 클럽마다 웰컴 드링크가 있고 주류는 따로 사서 마신다.

Cost   €20~

❻ 스트리트 아트 투어 Street Art Tour

역시 베를린에서만 만날 수 있는 특별한 투어로 베를린 거리의 벽면을 장식한 스트리트 아트와 그래피티에 담긴 이야기들을 들을 수 있다. 3~4시간가량 진행되며 직접 작품을 완성해 볼 수 있는 워크숍을 포함한 투어도 있다.

Cost   €20~

❼ 기타 베를린 역사 투어

제2차 세계대전과 독일 통일에 관심이 있다면 냉전 시대와 베를린 장벽, 나치 수용소 투어에 참가해보자. 'Cold War Tour'나 'Berlin Sachsenhausen Concentration Camp Group Tour'로 검색하면 다양한 투어가 나온다.

Cost   1인 €20~
Web   www.getyourguide.com

❽ 슈프레 강 유람선

아름다운 슈프레 강변의 풍경과 베를린의 역사 깊은 건물들을 감상할 수 있는 유람선은 여름 베를린의 인기 코스다. 다양한 회사에서 운행하며 소요시간과 코스에 따라 가격이 달라진다. 크게 미테 지역과 동베를린을 중심으로 한 코스로 나뉘어 진행되며 짧게는 1시간, 길게는 3시간 이상이 소요된다. 박물관 섬 부근을 비롯해 슈프레 강 곳곳에 선착장이 있다.

Cost   **1시간 코스 €22~**
Web   www.spreefahrten-
           berlin.de
           마이리얼트립
           www.myrealtrip.com

> **Tip.**
> 베를린 투어 관련 사이트
>
> ❶ 오리지널 베를린 투어
> www.originalberlintours.com
> ❷ 뉴 유럽 베를린
> www.newberlintours.com
> ❸ 얼터너티브 베를린
> www.alternativeberlin.com
> ❹ 인사이더 투어
> www.insidertour.com

베를린 필수 관광지 Top 5
Don't miss about Berlin.

이곳에서 인증샷 하나 정도는 찍어줘야 '베를린에 다녀왔다' 싶은 대표 관광지를 소개한다.
베를린에서 꼭 가봐야 할 곳을 꼽으라면 수십 개 쯤은 너끈히 나열할 수 있지만 지면이 부족한 관계로 역사
와 문화, 예술적 배경을 기준으로 한 필수 관광지 다섯 곳을 선택했다. 유네스코 문화유산인 박물관 섬을
제외하고는 무료로 관람이 가능하고, 독일 민주주의의 상징인 라이히슈타크는 미리 방문 신청을 해야 환
상적인 옥상의 돔을 관람할 수 있다.

TOP 1 브란덴부르크 문(p.80)

TOP 2 라이히슈타크(국회의사당)(p.81)

TOP 3 이스트 사이드 갤러리(p.140)

TOP 4 박물관 섬(p.88)

TOP 5 카이저 빌헬름 기념 교회(p.122)

베를린은 즐거워
Berlin Fun!

예술가들이 베를린을 사랑할 수밖에 없는 이유는 많겠지만 아무래도 그들의 감성을 자극하는 재미요소들이 거리 곳곳에 포진하고 있기 때문이 아닐까? 무심한 듯 반짝거리는 베를린의 숨은 매력을 만나보자.

❶ 베를린에서 곰 찾기

베를린에는 유난히 곰이 많다. 베를린과 곰의 심상치 않은 관계는 베를린의 어원에서부터 알 수 있다. 어원에 대해서는 여러 가지 설이 있는데 '곰, Bär'에서 유래했다는 게 일반적인 의견이다. 단순히 상징을 넘어서 곰에 대한 애정을 곳곳에서 확인하는 것도 베를린을 여행하는 새로운 재미가 된다. 각각의 곰돌이들이 전하는 메시지를 살펴보자.

✚ 버디베어 www.buddy-baer.com
두 손을 번쩍 들고 서 있거나 물구나무 서서 웃고 있는 버디베어는 마주칠 때마다 웃음이 난다. 장소와 주제에 따라 다양한 모습을 하고 있고 기념품숍에서도 구입할 수 있다. 버디베어들은 전 세계를 돌아다니며 '유나이티드 버디베어United Buddy Bear'라는 단체 나들이도 하는데 2005년에는 서울도 다녀갔다.

② 암펠만 Ampelmann

곰돌이 버디베어가 베를린의 상징이라면, 친절한 신호등맨 암펠만은 일상에 좀 더 친숙하게 다가오는 베를린의 대표 캐릭터다. 1961년 10월 동베를린의 신호등에 처음 등장한 암펠만은 독일 통일 후 서독화되는 과정에서 사라질 뻔했지만, 아이러니하게도 서독의 디자이너에 의해 상품화되고 인기를 끌면서 다시 신호등으로 등장하게 되었다.

베를린을 포함한 구동독 지역에서 암펠만 신호등을 볼 수 있다. 암펠만 캐릭터숍에는 남녀노소를 위한 재기발랄한 아이디어 상품들이 많이 있어 베를린 쇼핑리스트를 채워주기도 한다.

③ U반 예술

베를린의 U반은 특별하다. 목적지도 아닌데 자꾸 사람을 내리게 만드는 치명적인 매력이 있다. 다른 지역의 U반도 나름의 멋을 가지고 있지만 베를린만의 개성과 감각적 디자인을 지닌 이곳의 U반은 특별하다. 특히 각 역마다 독특한 타이포그래피가 인상적이다.

DDR이 뭐예요?
DDR & Ostalgie

독일 통일 후 두드러지게 나타난 현상 중 하나가 '오스탈기^{Ostalgie}'다. 동쪽 또는 동독을 뜻하는 'Ost Deutschland'와 향수를 뜻하는 'Nostalgie'가 합쳐진 말로 구동독의 문화와 사회주의 시스템을 그리워하는 현상이다. 통일 후 새로운 체제에 적응하지 못하고 차별받던 동독인들이 통일 전 체제를 그리워하게 되었고 서독 정부에서 이를 달래기 위한 제도적 장치들을 마련하면서 하나의 트렌드가 되었다. 지나치게 상업화되었다는 우려가 있지만 인기는 날로 더해가고 있다.

*DDR 'Deutsche Demokratische Republic' 동독을 뜻하는 약자. 'GDR(German Democratic Republic)'은 영어 약자.

① DDR 박물관
오스탈기를 달래고 역사를 재인식하기 위한 동독 박물관으로 가장 인기 있는 박물관이다.

DDR 티셔츠

구동독의 가정집을 재현한
오스텔(Ostel) 로비에 걸린 전 동독서기장.
에리히 호네커

② 카페 지빌레
1950년대 그려진 벽화가 남아 있는 유서 깊은 DDR 카페. 동독의 전시성 대로인
카를 마르크스 알레에 있다.

DDR의 국민차
트라반트!

베를린 먹방
Berlin Tasty Road

'맛있는 베를린'을 기억하게 하는 두 가지! 바로 '커리부어스트 Curry Wrust'와 '되너 케밥 Döner Kebab'이다. 다른 도시에서도 맛볼 수 있지만 원조 도시에서만 느낄 수 있는 특별함을 만끽하자.

❶ 커리부어스트 vs 되너 케밥

베를린을 대표하는 음식이자 저렴하게 즐길 수 있는 임비스 Imbiss의 베스트 아이템으로 인기순위 1, 2위를 다투는 요리다. 진한 커리 소스가 뿌려진 소시지는 한국으로 가져오고 싶은 그리운 맛이고, 튀르키예 이민자들이 베를린식 퓨전으로 개발한 되너 케밥은 베를리너들에게는 습관이 돼버린 음식이다. 아래의 최고 맛집을 놓치지 말자!

+ 무스타파 케밥(p.135)

+ 코눕케스 임비스(p.151)

+ 커리 36(p.126)

❷ 베를린에서 마시자!

+ 베를리너 바이세 Berliner Weisse
베를린이니까 베를린 대표 맥주 '베를리너 킨들'을 마시자. 주량이 약하면 주스 같은 여름 맥주 '베를리너 바이세'를 추천.

+ 클럽 마테 Club-Mate
베를린의 영피플이 열광하는 고카페인 에너지 드링크. 오묘한 맛이지만 이상하게 중독된다.

베를린 거리의 이것!
Achtung, Berlin!

❶ 하늘에 떠 있는 수도관
베를린의 지하수는 다른 곳보다 수면이 높아 건물이 침수되지 않게 지상에 수도관을 설치했다. 핑크와 블루 수도관은 얼핏 예술작품 같다.

❷ 장벽이 있던 길
동서를 가로막았던 베를린 장벽이 있던 자리는 두 줄의 벽돌길이 나 있다. 주요 관광지 주변에 새겨져 있는데 그 위에 서면 기분이 묘하다.

❸ 자전거 전용도로
베를리너들의 발이 되고 있는 자전거를 위한 전용도로다. 차로와 인도 사이 붉은 길로 자칫 헷갈리지 않도록 주의하자!

❹ 일광욕 의자
해가 안 나기로 유명한 유럽에서 베를린도 예외는 아니라 여름이면 곳곳에 휴식과 일광욕을 위한 의자가 줄지어 있어 진풍경을 연출한다.

❺ 펌프
구시가지에서 주로 보이는 녹색 기둥의 펌프. 아직도 이런 시설이 있다는 게 신기하다. 실제 물이 나오는 곳도 있는데 마실 수는 없다.

❻ 슈톨퍼슈타인
나치 희생자들을 기록해 놓은 블록이 베를린을 비롯, 독일 여러 도시의 길바닥에 박혀 있다.
www.stolpersteine-berlin.de

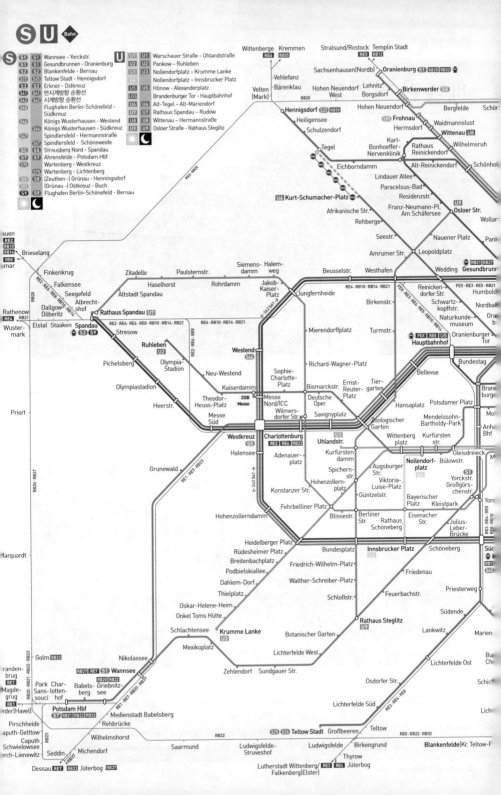

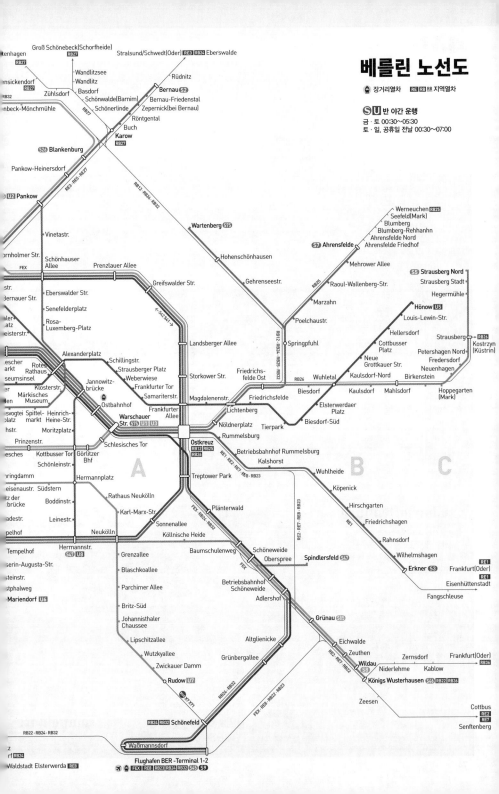

베를린 노선도

🚆 장거리열차　　RE RB RB 지역열차

ⓈⓊ 반 야간 운행
금·토 00:30~05:30
토·일, 공휴일 전날 00:30~07:00

베를린

Tegel

초역 & 쿠담 p.120

티어가르텐 & 포츠담 광장 p.110

●샤를로텐부르크 궁전

Tiergarten

Charlottenburg

쿠담 거리

Tempelhof

Wedding

프렌츠라우어베르크 p.148

마우어파크 •

Prenzlauerberg

알렉산더 광장 & 하케쉐 마르크트 p.96

Mitte

박물관 섬 • TV 타워 •

운터 덴 린덴

브란덴부르크 문 •

Friedrichshain

운터 덴 린덴 & 박물관 섬 p.78

포츠담 광장 •

이스트 사이드 갤러리 •

베를린 장벽이 있던 자리

체크포인트 찰리 •

Kreuzberg

서 크로이츠베르크 p.128

동 크로이츠베르크 & 프레드리히샤인 p.138

✚ 추천 여행 일정

베를린은 주요 관광지가 흩어져 있고 볼만한 박물관도 많아 최소 3일 이상의 여유 있는 일정으로 방문할 것을 추천한다. 3일 이상의 일정이라면 드레스덴이나 라이프치히를 당일로 다녀올 수도 있다. 상수시 궁전이 있는 포츠담과 포츠담 광장은 전혀 다른 곳이므로 헷갈리지 말자!

Tip.

유료 관람인 관광지를 여러 곳 방문할 예정이라면 베를린 웰컴카드나 박물관 패스가 유리하고, 그렇지 않은 경우는 대중교통 일일패스를 사용하자.

★ 1박 2일 일정

1일 도보 핵심 일정

09:00
브란덴부르크 문

홀로코스트 메모리얼

포츠담 광장

테러의 토포그래피 박물관

체크포인트 찰리

역사 박물관

노이에바헤

13:30
훔볼트 대학교 & 베벨 광장

12:30
점심 식사

잔다르망 마르크트

박물관 섬 (베를린 돔)

하케쉐 마르크트

알렉산더 광장
18:00
(S반 Ostbahnhof로 이동)

이스트 사이드 갤러리

오베르바움 다리

2일 궁전 선택 일정 (반나절)

10:00~ ① 포츠담 상수시 궁전 또는 ② 샤를로텐부르크 궁전 ┈ 쿠담 거리 ┈ 카이저 빌헬름 교회

* 월요일에는 궁전은 휴관이고 정원 방문만 가능하다.

★ 3박 4일 일정

박물관과 궁전 등 내부 관람을 고려한 오전, 오후 각각 약 4시간이 소요되는 일정이다. 각자 취향과 편의에 따라 다시 조합해 일정을 짜도 좋다.

1일 박물관 Day

09:00 라이히슈타크(예약필수) ⋯ 브란덴부르크 문 ⋯ 홀로코스트 메모리얼 ⋯ 포츠담 광장(다스 센터) ⋯ 베를린 문화 포럼(회화관) ⋯ 13:00 점심 식사 ⋯ 14:00 박물관 섬(베를린 돔) ⋯ 18:00 저녁 식사 ⋯ 19:00 DDR 박물관

2일 궁전 Day

09:00 포츠담 상수시 궁전 ⋯ 13:00 점심 식사 ⋯ 14:00 샤를로텐부르크 궁전 ⋯ 카이저 빌헬름 교회 ⋯ 쿠담 거리 ⋯ 니콜라이 교회 ⋯ 18:00 저녁 식사 ⋯ TV 타워 ⋯ 알렉산더 광장

3일 (일요일) 베를린 장벽 Day

09:00 (프렌츠라우어베르크) 마우어파크 벼룩시장 ⋯ 브런치 or 카페 탐방 ⋯ 14:00 체크포인트 찰리(테러의 토포그래피 박물관) ⋯ 잔다르망 마르크트 ⋯ 하케쉐 마르크트 ⋯ 오베르바움 다리 ⋯ 18:00 이스트 사이드 갤러리

4일 근교 일일 여행

드레스덴 or 라이프치히

운터 덴 린덴 & 박물관 섬

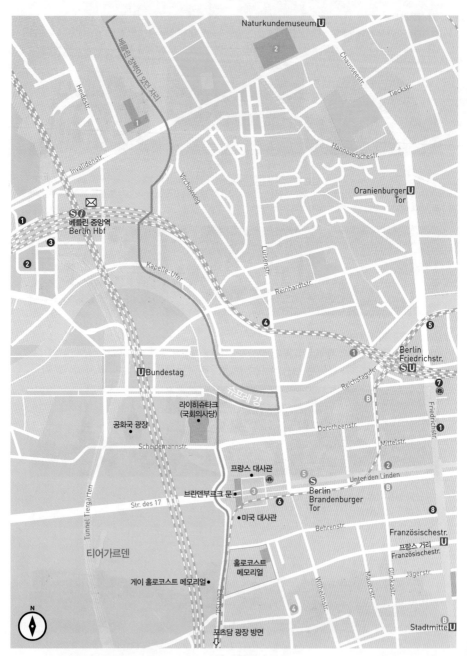

Naturkundemuseum 🇺

2

베를린 중앙역
Berlin Hbf ✉

❶
❸
❷

Heidestr.
Invalidenstr.
Virchowweg
Kapelle-Ufer

Chausseestr.
Tieckstr.
Hannoverschestr.

Oranienburger 🇺
Tor

Luisenstr.
Reinhardtstr.

❹

❺

Berlin
Friedrichstr.
🇸🇺

🇺 Bundestag

라이히슈타크
(국회의사당)

공화국 광장

Scheidemannstr.

프랑스 대사관

브란덴부르크 문

미국 대사관

Str. des 17

Tunnel Tiergarten

티어가르텐

게이 홀로코스트 메모리얼

홀로코스트
메모리얼

Reichstagufer

❶

Dorotheenstr.

Mittelstr.

❻

Berlin
Brandenburger
Tor

Unter den Linden

Behrenstr.

Franzözischestr.
프랑스 거리 🇺
Franzözischestr.

Jägerstr.

Wilhelmstr.
Mauerstr.
Glinkastr.

Friedrichstr.

❼

❶

❷

❽

❺ 🇸

❸

❻

❹

Stadtmitte 🇺

포츠담 광장 방면

N

S반 (S) **U반** (U) **은행** (B) **관광안내소** (i) **우체국** (✉)

Map labels:
Gartenstr.
Borsigstr.
Torstr.
Linienstr.
Auguststr.
Große Hamburgerstr.
Oranienburgerstr.
Johannisstr.
Ziegelstr.
몽비쥬 공원
하케쉐 마르크트 방면 ⇧
Georgenstr.
박물관 섬
DDR 박물관
Dorotheenstr.
Schloßpl.
홈볼트박스
U Museumsinsel (Berlin)
Krausenstr.
Schützenstr.
암펠만 숍
Zimmerstr.
Niederwallstr.
Mohrenstr.
ATM

관광명소 & 박물관

1. 함부르거 반호프 현대 미술관
   Hamburger Bahnhof Museum für Gegenwart
2. 자연사 박물관 Museum für Naturkunde
3. 파리저 광장 Pariserplatz
4. 히틀러의 지하 벙커 Führerbunker
5. 마담투소 박물관 Madame Tussauds Berlin
6. 페르가몬 박물관 파노라마
   Pergamonmuseum. Das Panorama
7. 콘체르트 하우스 Konzerthaus
8. 도이처 돔 Deutscher Dom
9. 프랑스 돔 Französischer Dom
10. 성 헤트비히 대성당 St. Hedwigs Kathedrale
11. 훔볼트 대학교 Humboldt Universität
12. 베벨 광장 Bebelplatz
13. 노이에바헤 Neuewache
14. 독일 역사 박물관
    Deutsches Historisches Museum
15. 베를린 국립 오페라 하우스
    Staatsoper Unter den Linden
16. 루스트 정원 Lustgarten
17. 베를린 돔 Berliner Dom
18. 구 박물관 Altes Museum
19. 신 박물관 Neues Museum
20. 구 국립 미술관 Alte Nationalgalerie
21. 페르가몬 박물관 Pergamon Museum
22. 보데 박물관 Bode Museum
23. 제임스 시몬 갤러리 James-Simon-Galerie

레스토랑 & 나이트라이프

1. 침트 운트 추커 Zimt & Zucker
2. 아인슈타인 카페 EINSTEIN Unter den Linden
3. 라우쉬 초콜릿 하우스
   Das Rausch Schokoladenhaus
4. 리터 스포트 Ritter Sport
5. 비스트로 리벤스벨텐 Bistro Lebenswelten

쇼핑

1. 두스만 서점 Dussmann das Kultur Kaufhaus
2. 베를린 아트 마켓 Berlin Art Market

숙소

1. 모텔 원 Hotel Motel One Berlin Hauptbahnhof
2. 인터시티호텔
   Inter City Hotel Berlin Hauptbahnhof
3. 마이닝거 호텔
   Meininger Hotel Berlin Hauptbahnhof
4. 아르테 루이스 쿤스트호텔
   Arte Luise Kunsthotel
5. 멜리아 베를린 Melia Berlin
6. 아들론 호텔 Hotel Adlon Kempinski Berlin
7. NH 호텔 NH Hotel Berlin Friedrichstrasse
8. 웨스틴 그랜드 Westin Grand Berlin
9. 힐튼 호텔 Hilton Hotel Berlin
10. 호텔 드 로마 Hotel de Rome

브란덴부르크 문 Brandenburger Tor

통일 전 동서 분단의 상징에서 이후 독일 통일의 상징이 된 베를린을 대표하는 역사적 건축물이다. 프로이센의 프리드리히 빌헬름 2세의 명으로 칼 고트하르트 랑한스Carl Gotthard Langhans가 설계해 1791년 완성했다. 높이 26m, 가로길이 65.6m에 달하는 브란덴부르크 문은 아테네 아크로폴리스의 정문, 프로필라에Propylaea를 본떠 만들었고 독일 고전주의 최고의 건축물로 인정받는다. 맨 위의 조각상은 네 마리의 말을 이끄는 여신의 모습으로 요한 고트프리트 샤도Johann Gottfried Schadow의 작품 〈승리의 콰드리가Quadriga〉(1793)다. 본래는 평화의 상징이었으나 19세기 초에 나폴레옹이 빼앗아 파리로 가져갔던 것을 되찾아오면서 승리의 여신상이 되었다고 한다. 제2차 세계대전 중 폭격으로 주요 부분이 파괴되었다가 복원되었는데 콰드리가는 1989/90년 새해 전야에 열린 통일 축하 행사로 또다시 심하게 손상되었다가 복원되었다.

Access S/U반 Brandenburger Tor 하차, 버스(100번)
Address Pariserplatz 10117 Berlin

파리저 광장 Pariserplatz

브란덴부르크 문 동쪽에 있는 베를린에서 가장 우아하고 아름다운 광장으로 운터 덴 린덴까지 연결되어 있다. 유서 깊은 럭셔리 호텔인 아들론 호텔과 고급 타운하우스, 프랑스와 미국 대사관 등이 주변에 있다.

승리의 콰드리가

라이히슈타크 Reichstag (국회의사당)

독일 민주주의와 통일의 상징으로 최고의사결정기관인 라이히슈타크는 정부 기관이지만 역사적 가치가 높은 창의적인 건축물로 베를린에서 빼놓을 수 없는 관광지가 되었다. 1894년 돔 지붕이 있는 최초의 건물이 파울 발로트^{Paul} ^{Wallot}의 설계로 완성된 후, 1933년 큰 화재가 발생하면서 히틀러가 막강권력을 얻는 계기가 되었다. 이후 제2차 대전의 폭격으로 붕괴된 후 방치되었다가 재건하여 독일 통일 후 1990년 첫 연방회의가 이곳 국회의사당에서 열렸다. 내부 입장은 사전 예약을 통해 엄격히 제한되며 국회 회의장부터 아름다운 돔까지 방문이 가능하다. 독일의 상징인 대형 독수리가 인상적인 국회 회의장은 회의장 내부를 볼 수 있는 열린 공간으로 '투명한 정치와 국민이 먼저'라는 의미를 가지고 있다고 한다. 파격적인 디자인의 돔에서는 나선형의 경사로를 오르면서 아래로는 국회 회의장을, 밖으로는 베를린 시내를 볼 수 있다. 돔 꼭대기에는 큰 구멍이 나 있고 돔으로 들어오는 자연광이 아래 반사판을 통해 사용되는 친환경적인 에너지 시스템을 가지고 있다. 돔과 연결된 루프테라스에서는 베를린의 360도 파노라마 전망을 즐길 수 있다.

Access	브란덴부르크 문에서 도보 3분
Open	08:00~21:45
Cost	무료. 사전 등록이 필요하다.
Address	Platz der Republik 1, 11011 Berlin
Tel	+49 (0)30 227 32 152
Web	www.bundestag.de

Tip 사전 등록하기

내부는 사전에 정해진 시간에 정해진 인원만 입장이 가능하다. 당일 관람신청은 건너편에 있는 방문자 서비스 센터에서 남은 인원에 따라 가능하고 최소 2시간 전에 신청해야 한다.

＊ 온라인 예약하기

www.bundestag.de(영어 선택 가능) ⋯ Visit the Bundestag ⋯ Online Registration ⋯ 원하는 투어와 시간 선택(①회의장+돔 방문 ②가이드투어+돔 방문 ③돔 방문) ⋯ 예약증과 여권 지참 필수!

Tip Best Time

해 질 녘에 방문하면 가장 아름다운 베를린의 풍경을 담을 수 있다. 겨울은 1, 2월 기준 4~5시경, 여름은 6, 7월 기준 9시경이 좋다.

홀로코스트 메모리얼 Denkmal für die ermordeten Juden Europas

제2차 세계대전과 유대인 학살의 전범국 독일의 반성과 추모의 마음을 담아 만든 '유대인 추모공원'으로 종전 60주년인 2005년에 완공해 문을 열었다. 뉴욕의 건축가 피터 아이젠만Peter Eisenman의 설계로 만들어진 추모공원은 축구장 3개 규모이고 가로 세로 규격은 같고 높이만 20cm부터 4.7m로 다른 2,711개의 콘크리트 판이 세워져 있다. 특별한 설명 없이 덩그러니 놓여 있는 짙은 회색의 돌판들은 비석 같기도 하고 파도 같기도 해서 저마다 다양한 해석을 낳고 있다. 따로 입구는 없고 돌판 사이가 미로처럼 이어져 있다. 비장한 의미와는 다르게 학생들은 돌 위를 옮겨 다니며 놀기도 하고 돌 위에서 휴식을 취하기도 하는 자유로운 모습이다. 키보다 훨씬 높은 돌 사이를 지날 때는 숙연해지기도 하고 중압감에 공포를 느끼기도 한다. 공원 한쪽으로 유대인 학살 관련 자료들을 모아 놓은 지하 방문자 센터가 있다.

Access 브란덴부르크 문과 포츠담 광장
       사이에 위치
Open   방문자 센터 화~일 10:00~18:00
       (12월 31일 ~16:00),
       월·12월 24~26일·1월 1일 휴관
Cost   무료
Address Cora-Berlinerstraße 1, 10117
       Berlin
Tel   +49 (0)30 263 94 336
Web   www.stiftung-denkmal.de

히틀러의 지하 벙커 Führerbunker

제2차 세계대전을 일으킨 히틀러가 생을 마감한 곳으로 지하 약 8m 아래 4.2m의 두께로 만들었다. 히틀러는 이곳에서 숨어 지내다가 연인 에바 브라운과 결혼식을 올리고 다음 날인 4월 30일에 동반 권총 자살을 했다. 시체는 부하들이 화장했다고 한다. 벙커는 47년에 완전히 파괴되었고 현재는 표지판만 남아 있다.

Access 홀로코스트 메모리얼 부근
Address In den Ministergärten, 10117
        Berlin
Tel   +49 (0)30 499 10 517
Web   berliner-unterwelten.de

함부르거 반호프 현대 미술관 Hamburger Bahnhof Museum für Gegenwart

현대 미술의 독보적인 컬렉션을 선보이는 미술관으로 1884년까지는 함부르크와 베를린 사이를 잇는 기차역이었다. 1996년 현대 미술관Museum für Gegenwart으로 문을 열어 다양한 분야와 주제의 특별전시로 큰 사랑을 받고 있다. 앤디 워홀Andy Warhol과 요셉 보이스Joseph Beuys의 작품도 볼 수 있다.

Access	중앙역 북쪽 출구에서 오른쪽 방향 도보 5분
Open	화~금 10:00~18:00(목 ~20:00), 토 · 일 11:00~18:00, 월 휴관
Cost	**상설전+특별전** 성인 €14, 학생 €7, 18세 이하 무료
	(별개의 티켓도 구입 가능)
Address	Invalidenstraße 50-51, 10557 Berlin
Tel	+49 (0)30 397 83 411
Web	www.smb.museum/museen-und-einrichtungen/hamburger-bahnhof

자연사 박물관 Museum für Naturkunde

세계적인 규모의 자연사 박물관으로 지구와 우주과학, 인류와 동물의 진화, 공룡의 세계 등 어린이는 물론 성인에게도 흥미로운 전시들로 가득하다. 세계에서 가장 많은 생물의 표본을 소장하고 있고 중앙홀에는 세계에서 가장 큰 공룡 골격으로 기네스북에 오른 13.27m 높이의 브라키오 사우루스의 골격이 자리한다. 1810년 처음 문을 열어 200년 이상의 역사를 가지고 있다.

Access	중앙역 도보 5분, U반(U6) Naturkundemuseum 하차
Open	화~금 09:30~18:00, 토 · 일 · 공휴일 10:00~18:00, 월 휴관
Cost	성인 €11, 학생 · 어린이 €5, 미취학 아동 무료
Address	Invalidenstraße 43, 10115 Berlin
Tel	+49 (0)30 209 38 591
Web	www.naturkundemuseum-berlin.de

독일 역사 박물관 Deutsches Historisches Museum

고대 로마 시대 이전부터 통일 이후 근현대사까지 독일 역사의 방대한 자료들을 전시하고 있는 독일 국립 역사 박물관으로 베를린 750주년을 기념하며 1987년에 문을 열었다. 바로크 양식의 박물관 건물은 17세기 말에 왕실 병기고 초이크하우스Zeughaus였다.

Access	박물관 섬 서쪽 다리 건너에 위치
Open	10:00~18:00
Cost	성인 €7, 학생 €3.5, 18세 이하 무료
Address	Unter den Linden 2, 10117 Berlin
Tel	+49 (0)30 203 040
Web	www.dhm.de

베벨 광장 Bebelplatz

운터 덴 린덴의 훔볼트 대학교, 구 도서관, 오페라 극장, 성 헤트비히 대성당에 둘러싸여 있는 광장. 독일사회민주당(SPD)의 창당멤버인 아우구스트 베벨 August Bebel에서 이름을 따왔다. 1933년 5월 10일 2만여 권의 책을 반독일적 도서로 규정해 불태운 나치의 '분서사건'으로 유명하고, 광장 바닥의 투명 창을 통해 상징적으로 남겨 놓은 텅 빈 지하 도서관을 볼 수 있다. '책을 태운 자 결국 인간도 불태운다'는 하이네의 경고 어린 시구도 바닥에 있다.

Access 훔볼트 대학교와 독일 역사 박물관 사이
Address Unter den Linden 4, 10117 Berlin
Tel +49 (0)30 250 02 333

노이에 바헤 Neue Wache

1993년 전쟁과 폭정의 희생자를 기리는 기념관으로 문을 열었다. 천장 한가운데 구멍이 나 있고 그 아래 캐테 콜비츠 Kathe Kollwitz의 작품 〈피에타〉가 놓여 있다. 죽은 아들을 안고 있는 어머니의 조각상은 비가 오면 천장으로 흘러들어온 물이 떨어져 우는 것처럼 보인다고 한다. 1818년 나폴레옹 전쟁의 희생자를 기리기 위해 카를 프리드리히 싱켈의 설계로 지어진 신고전주의 양식의 건물이다.

Access 훔볼트 대학교와 독일 역사 박물관 사이
Open 10:00~18:00
Cost 무료
Address Unter den Linden 4, 10117 Berlin
Tel +49 (0)30 250 02 333

훔볼트 대학교 Humboldt Universität

1810년 프로이센의 국왕 프리드리히 빌헬름 3세가 당시 언어학자이자 교육부 장관급이던 카를 훔볼트 Karl Wilhelm von Humboldt의 제안을 받아 '베를린 대학교'라는 이름으로 설립했다. 자유주의를 설립이념으로 삼은 근대 대학의 효시로 전 세계 대학 발전에 영향을 끼쳤다. 카를 마르크스, 프리드리히 엥겔스, 아인슈타인 등이 이 대학 출신이고 헤겔, 쇼펜하우어, 그림형제 등이 교수로 재직했으며 30여 명의 노벨상 수상자를 배출한 유서 깊은 대학이다.

Access 버스(100 · 200번) Staatsoper 하차
Address Unter den Linden 10117 Berlin

성 헤트비히 대성당 St. Hedwigs Kathedrale

종교개혁 이후 프로이센 왕국에 세워진 최초의 가톨릭 성당이며 로마의 판테온에서 착안한 외관으로 1773년에 문을 열었다. 1938년 유대인을 위한 공개 철야기도로 나치에 체포돼 다하우 수용소에서 생을 마친 성직자 베른하르트 리히텐베르크Bernhard Lichtenberg 신부의 유해가 지하에 안치되어 있다. 예배 시간에는 입장이 어렵다.

Access 베벨 광장, 호텔 로마 옆
Open   월~토 11:00~18:00(금 ~20:00), 일 · 공휴일 13:00~18:00
Cost   무료
Address Hinter der Katholischen Kirche 3, 10117 Berlin-Mitte
Tel   +49 (0)30 203 4810
Web   www.hedwigs-kathedrale.de

베를린 국립 오페라 하우스
Staatsoper Unter den Linden

18세기 프리드리히 2세가 지은 왕립 오페라 하우스로 프리드리히 로코코 양식으로 지어졌다. 베를린에서 가장 오래된 오페라 하우스이며, 수차례 증축과 재건을 거쳐 긴 보수공사 끝에 2017년 재개관했다. 약 1,300석 규모의 극장은 최고 수준의 오페라와 발레, 클래식 공연 등을 선보이고 있다. 공연 관람 외에 유료 가이드투어로 극장을 관람할 수 있다.

Access   운터 덴 린덴,
         홈볼트 대학교
         건너편에 위치
Address Unter den
         Linden 7, 10117
         Berlin
Tel   +49 (0)30 203
         54 555
Web   www.staatsoper
         -berlin.de

베를린 아트 마켓 Berlin Art Market

현지 디자이너들의 아이디어 넘치는 작품을 판매하는 곳으로 넓지 않은 공간이어서 간단히 구경하기에 좋다. 기념품을 사기에도 괜찮다.

Access 독일 역사 박물관 옆 베를린 돔 방향에 있다.
Open   토 · 일 11:00~17:00
Address Am Zeughaus 1, 10117 Berlin

마담투소 박물관 Madame Tussauds Berlin

실물과 똑같은 밀랍인형으로 전 세계 대도시에 있는 마담투소의 베를린 박물관이다. 각국 정상들과 배우, 뮤지션, 스포츠 스타 등 유명 셀러브리티 등과 함께 사진을 찍을 수 있다. 아인슈타인, 카를 마르크스, 일기를 쓰고 있는 안네 프랑크도 있다.

Access   운터 덴 린덴
         거리에 위치,
         브란덴부르크
         문과 가깝다.
Open   10:00~18:00
Cost   성인 €29,
         어린이 €22
Address Unter den
         Linden 74,
         10117 Berlin
Tel   +49 (0)18 065 45
         800
Web   www.madame
         tussauds.com/
         Berlin

잔다르망 마르크트 Gendarmenmarkt

베를린에서 가장 아름다운 광장으로 꼽히며 베를리너들이 가장 좋아하는 광장이다. 도이처 돔과 프랑스 돔이 쌍둥이 건물처럼 대칭으로 마주보고 있고 가운데 콘체르트 하우스와 쉴러의 동상이 아름다운 앙상블을 이루면서 서유럽의 우아한 광장 같은 분위기를 연출한다.

1688년 지어진 광장은 최초에 린덴 마르크트Linden-Markt로 불렸다가 이후 수차례 이름이 바뀌었는데, 1736년부터 군인들이 마구간으로 활용하며 보초를 서면서 근위병을 뜻하는 잔다르망 광장으로 불리게 되었다. 이곳의 두 교회는 1705년 전후로 지어졌고 1785년경 같은 모양의 돔 지붕이 올라가면서 쌍둥이처럼 닮은 교회가 되었다. 두 곳 모두 개신교회로 제2차 세계대전 때 크게 파괴된 것을 재건해 현재의 모습이 되었다. 매년 겨울 시즌에는 베를린에서 가장 유명한 크리스마스 마켓이 열리는데 입장료(€2)가 있다.

Access U반 Stadtmitte역 힐튼 호텔 맞은편
Address Gendarmenmarkt, 10117 Berlin
Web www.gendarmenmarktberlin.de

Tip 프랑스식으로 읽어요!
프랑스어에서 온 말이라 겐다르멘이
아닌 잔다르망으로 발음한다.

잔다르망 마르크트 자세히 보기

쉴러 동상 Friedrich Schiller

독일을 대표하는 시인이자 극작가인 쉴러의 동상이 광장 중앙에 있다. 1871년 라인홀트 베가스의 작품으로 나치에 의해 다른 도시로 옮겨졌다가 1988년 동베를린으로 반환되었다.

콘체르트 하우스 Konzerthaus

카를 프리드리히 쉰켈의 설계로 1821년 완공된 국립 극장으로 제2차 세계대전 때 파괴된 것을 재건하여 1984년 재개관하였다. 베를린 필하모니 못지않은 명성을 자랑하는 '베를린 콘체르트하우스 오케스트라Konzerthaus Orchester'가 소속되어 있다.

Access 잔다르망 마르크트
Address Gendarmenmarkt, 10117 Berlin
Tel +49 (0)30 203 09 2333
Web www.konzerthaus.de

도이처 돔 Deutscher Dom

프리드리히 3세의 명을 받은 마틴 그루엔베르크Martin Gruenberg의 설계로 1708년 지어진 바로크 양식의 교회다. 원래는 신 교회Neue Kirche로 불리다가 1785년에 프랑스 돔과 똑같은 돔 형식의 지붕이 올라가면서 도이처 돔이 되었다. 대칭적으로 마주보고 있는 프랑스 돔과는 쌍둥이 교회로 여겨질 만큼 비슷하게 생겼다. 현재는 교회의 기능은 없고 독일 의회의 역사와 의회 민주주의 발전에 대한 전시가 이뤄지고 있는 역사 박물관으로 사용된다.

Access 잔다르망 마르크트
Open 5~9월 화~일 10:00~19:00 10~4월 화~일 10:00~18:00, 월 휴무
Cost 무료
Address Gendarmenmarkt 1-2, 10117 Berlin
Tel +49 (0)30 227 30 431

프랑스 돔 Französischer Dom

종교의 자유를 찾아 베를린으로 탈출한 프랑스 개신교도인 위그노를 위해 1705년 지은 교회로 현재는 프랑스 이민자인 위그노의 역사와 생활을 보여주는 '위그노 박물관Huguenots Museum'으로도 사용되며 돔 지붕 전망대도 있다. 교회는 비정기적으로 무료 개방된다.

Access 잔다르망 마르크트
Open **전망대** 5~9월 10:00~19:00
박물관 화~일 · 공휴일 11:30~16:30, 월 휴관
Cost **전망대** 성인 €6.5, 청소년(6~18세) €4.5
박물관 성인 €6, 학생 €4, 18세 이하 무료
Address Gendarmenmarkt 1-5, 10117 Berlin
Tel +49 (0)30 204 1507
Web www.franzoesischer-dom.de

박물관 섬
Museuminsel 🏛

베를린의 중심 미테를 흐르는 슈프레 강의 작은 섬에는 여섯 개의 박물관이 모여 있고 이를 박물관 섬이라고 부른다. 각각 다른 주제의 예술적 가치가 높은 작품들을 소장한 웅장하고 역사적인 박물관 건물들이 멋진 조화를 이루면서 박물관 섬은 1999년 유네스코 세계문화유산에 등록되었다.

프로이센의 전성기에 세계 곳곳에서 수집한 예술작품과 유물들을 위한 박물관을 짓게 된 것이 19세기 초부터다. 카를 프리드리히 슁켈의 설계로 1830년에 제일 먼저 구 박물관이 지어졌고 1930년 페르가몬 박물관까지 다섯 개의 박물관이 지어졌다. 현재 미래지향적인 박물관 섬을 위한 마스터플랜이 진행 중인데, 기존 5개 박물관의 보수 공사와 인근에 관련 연구소, 아카이브 설립 등을 포함하며 박물관 섬의 정문 역할을 할 '제임스 시몬 갤러리'가 완공되어 개관했다. 세계 최대의 박물관 지구로 재탄생할 박물관 섬 마스터플랜은 2027년까지 이어질 예정이다.

> **Tip 1**
> '박물관 섬+파노라마' 1일 통합 티켓
> 박물관 섬의 박물관과 파노라마 입장을 포함하는 1일권이다.
>
> Cost 성인 €24, 학생 €12,
>   18세 이하 무료

> **Tip 2**
> 일요일에는 박물관으로!
> Museumssonntag/Museum Sunday
> 매달 첫째 주 일요일은 대부분 박물관의 무료 입장이 가능하다. 일주일 전 온라인 티켓이 오픈되는데 매진이 빠른 편이고, 대기 줄이 긴 편이나 현장에서 당일 티켓도 받을 수 있다.
>
> Web www.museumssonntag.
>   berlin

Museuminsel

❶ 훔볼트 포룸 Humboldt Forum

박물관 섬의 마스터플랜의 야심작으로 2021년 7월 정식 개관한 훔볼트 포룸은 문화, 예술, 역사 등 다양한 분야의 전시와 프로그램을 운영하는 복합 공간이다. 제2차 세계대전으로 크게 파손되어 1950년 폭파된 베를린 바로크 궁전을 현대 건축과 융합해 재건하였다. 웅장한 로비에 들어서면 17m 높이의 미디어 타워가 시선을 사로잡는다. 영구전시인 민족학 박물관과 아시아 예술 박물관, 조각홀 등은 무료로 관람할 수 있고, 아시아 예술 박물관에는 작은 규모이지만 한국관도 있다. 전시 외에도 다양한 프로그램을 운영하며 베를린 훔볼트 대학 연구소와 베를린 관광안내소가 건물 내에 있다. 약 30m 높이의 루프테라스는 박물관 섬 전체와 알렉산더 광장을 조망할 수 있는 전망대(성인 €3, 학생 €1.5)로 유명한데, 레스토랑 이용 시에는 입장료를 따로 받지 않는다.

Access 버스(100·300번),
       U반 Museumsinsel 역 하차
Open 월·수~일 10:30~18:30, 화 휴관
Cost 무료(특별 전시 유료)
Address Schloßpl. 1, 10178 Berlin
Tel +49 (0)30 992 118989
Web www.humboldtforum.org

© creativecommons.org licenses by-sa4.0

❷ 베를린 돔 Berliner Dom

박물관은 아니지만 박물관 섬에서 가장 먼저 만나게 되는 곳이자 베를린에서 가장 큰 교회다. 베를린 대성당으로 불리지만 현재는 개신교회다. 1465년 처음 슈프레 강의 섬에 성당이 지어졌고, 쉰켈에 의해 바로크의 영향을 받은 이탈리아 르네상스 양식으로 재건축된 것이 1905년이다. 제2차 대전 중 파괴된 것을 복원해 지금의 모습이 되었다. 중세부터 1918년까지 호엔촐레른 Hohenzollern 왕가의 교회로 지하에는 왕가의 무덤이 있다. 돔의 높이는 114m이고 왕가의 교회답게 내부는 외관 못지않은 화려함을 자랑하는데 전쟁으로 파괴되기 전에는 더 화려했다고 한다. 7,000개가 넘는 파이프로 만들어진 파이프 오르간은 독일 최대 규모이고 정기적으로 연주회가 열린다. 입장권은 돔 전망대까지 포함하고 270개의 계단을 오르면 베를린의 전경을 감상할 수 있는 전망대가 나온다.

Access	버스(100 · 300번), U반 Museumsinsel (Berlin)역 하차
Open	월~금 09:00~18:00, 토 09:00~17:00, 일 12:00~17:00
Cost	성인 €10, 학생 €7.5, 18세 미만 동반 어린이 무료
Address	Am Lustgarten, 10178 Berlin
Tel	+49 (0)30 202 69 136
Web	www.berlinerdom.de

❸ 루스트 정원 Lustgarten

박물관 섬 초입에 있는 넓은 잔디 정원으로 베를린 돔과 구 박물관을 배경으로 하고 있다. '즐거운 정원'이라는 뜻으로 볕 좋은 여름날에는 관광객과 시민들이 모여 들어 일광욕을 즐기는 등 휴식을 취하는 모습을 볼 수 있다. 중앙에 시원하게 뻗어 나오는 분수가 있다. 나치 정권 때는 시위와 퍼레이드의 장소로 사용되기도 했다.

Access	버스(100 · 300번), U반 Museumsinsel (Berlin)역 하차
Address	Lustgarten, 10178 Berlin
Tel	+49 (0)30 333 9509

❹ 제임스 시몬 갤러리 James—Simon—Galerie

2019년 개관한 박물관 섬의 6번째 박물관으로 박물관 섬 전체의 메인 로비이자 중앙 허브 역할을 하며 각 박물관을 연결하고 있다. 명칭은 베를린 박물관 역사상 가장 중요한 후원자로 1만 개 이상의 미술품 컬렉션과 발굴품을 기증한 제임스 시몬 James Simon(1851~1932)의 이름을 따서 명명되었고, 건축계의 노벨상이라 불리는 '프리츠커상'을 수상한 영국 건축가 데이비드 치퍼필드 David Chipperfield가 설계했다. 고전적 양식의 기존 박물관들과 대비와 조화를 이루는 모던한 디자인은 전 세계적으로 주목받고 있다. 전 세계의 위대한 고고학적 발견을 주제로 한 특별전시는 매번 큰 사랑을 받고 있다. 2025년 4월 말까지 이집트의 엘레판티네 섬을 주제로 한 특별전시가 열린다.

Access	박물관 섬 신 박물관 옆
Open	화~일 10:00~20:00, 월 휴관
Cost	성인 €16, 학생 €8, 18세 이하 무료
Address	Bodestraße, 10178 Berlin
Tel	+49 (0)30 266 424242
Web	www.smb.museum

© Staatliche Museen zu Berlin David von Becker

© Staatliche Museen zu Berlin David von Becker

❺ 페르가몬 박물관 Pergamon Museum

베를린을 대표하는 박물관으로 매년 백만 명 이상이 방문해 온 페르가몬 박물관은 박물관 섬의 확장과 보수공사로 인해 일부만 개방하고 있다. 고대 헬레니즘 문화의 중심지였던 페르가몬은 기원전 3세기경 튀르키예의 한 지역에 번성했던 왕국의 수도였고, 이 지역에서 발굴된 페르가몬 제단, 즉 제우스 대제단을 통째로 옮겨 놓은 엄청난 전시가 이곳에서 이뤄졌다. 기원전 2세기에 지어진 헬레니즘 건축의 백미로 유물 반환에 대한 논란도 있다. 이 외에도 고대 바빌론의 성문으로 화려하고 정교한 문양이 인상적인 파란색 이슈타르 문 Ischtar Tor도 중요 유물이다.

Access	버스(100·300번), U반 Museumsinsel (Berlin)역 하차
Open	2024년 12월 현재 대대적인 보수공사로 임시 휴관 중이고, 2027년 재개관 예정이다.
Address	Bodestraße, 10178 Berlin

❻ 구 박물관 Altes Museum

박물관 섬에서 가장 먼저 지어진 박물관으로 쉰켈의 설계로 1830년에 완성되었다. 고대 신전을 연상시키는 웅장한 외관으로 신고전주의의 대표 건물이며 쉰켈의 대표작으로 꼽히기도 한다. 정문의 양쪽으로는 각각 암사자와 수사자와 싸우는 여자와 남자의 청동상이 있다. 로마의 판테온을 모델로 한 중앙홀에는 고대 그리스 로마 신화 신들의 조각상들이 빙 둘러 서 있다. 고대 그리스와 로마의 조각과 회화를 주요 전시로 하고 있다.

Access 버스(100 · 300번),
U반 Museumsinsel (Berlin)역
하차
Open 수~금 10:00~17:00,
토 · 일 10:00~18:00, 월 · 화 휴관
Cost 성인 €12, 학생 €6, 18세 이하 무료
Address Am Lustgarten, 10178 Berlin
Tel +49 (0)30 266 42 4242
Web www.smb.museum

〈가시를 뽑는 소년상〉
기원전 3세기

〈기도하는 소년상〉
기원전 300년

❼ 구 국립 미술관 Alte Nationalgalerie

1876년 완공된 신고전주의 양식의 미술관으로 모네, 마네, 르누아르, 세잔, 로댕 등 국내에도 잘 알려진 작가들의 작품과 19세기 독일의 낭만주의 대표 화가인 카스파르 다비드 프리드리히Caspar David Friedrich, 아돌프 멘첼Adolph Menzel의 작품도 감상할 수 있다. 조각 작품으로는 프로이센의 루이스와 프리데리케 공주의 동상 〈두 공주〉(1795)와 〈잠자는 미녀Dornröschen〉(1878)가 유명하며 건축가이자 화가인 쉰켈의 회화작품도 이곳에서 만나볼 수 있다. 박물관 앞에는 박물관 섬을 만든 프로이센의 왕 프리드리히 4세Friedrich IV의 기마상이 있다.

Access 버스(100 · 300번),
U반 Museumsinsel (Berlin)역
하차
Open 화~일 10:00~18:00, 월 휴관
Cost 성인 €14, 학생 €7, 18세 이하 무료
Address Bodestraße 1-3, 10178 Berlin
Tel +49 (0)30 266 42 4242
Web www.smb.museum

〈두 공주〉(1796)

〈잠자는 미녀〉(1878)

〈창가의 여인〉(1822). 카스파르 다비드 프리드리히

❽ 신 박물관 Neues Museum

1859년 완공된 신 박물관 역시 신고전주의 양식으로 박물관 섬의 박물관 중 재건작업이 가장 늦어져 2009년 재개관했다. 고대 이집트 박물관과 파피루스 컬렉션 그리고 선사 시대의 유물을 선보이는 신 박물관은 역사상 최고 미인으로 꼽히는 이집트의 여왕 〈네페르티티의 흉상Büste der Nofretete〉을 전시하고 있는데, 가장 인기 있는 보물이지만 사진 촬영은 금지되어 있다. 이 외에도 방대한 고대 이집트 유물들을 만날 수 있고 〈베를린의 금 모자Berliner Goldhut〉라고 불리는 유명한 청동기 시대 유물도 있다.

Access	버스(100 · 300번), U반 Museumsinsel (Berlin)역 하차
Open	화~일 10:00~18:00, 월 휴관
Cost	성인 €14, 학생 €7, 18세 이하 무료
Address	Bodestraße 1-3, 10178 Berlin
Tel	+49 (0)30 266 42 4242
Web	www.smb.museum

〈베를린의 금 모자〉
1000년경

❾ 보데 박물관 Bode Museum

건축가 에른스트 폰 이네Ernst von Ihne가 설계한 신바로크 양식의 건물로 1904년 카이저 프리드리히 박물관Kaiser-Friedrich-Museum으로 개관했다. 제2차 세계대전 당시 폭격으로 크게 파괴되었다가 재건되었고 1956년부터 첫 큐레이터였던 빌헬름 폰 보데Wihelm von Bode의 이름을 따서 보데 박물관으로 불리었다. 중세 이탈리아와 초기 르네상스 시대의 유물과 비잔틴 예술품을 주로 전시하고 있다. 소장품뿐 아니라 아름답고 화려한 외관과 실내도 볼만한데, 특히 돔 중앙홀의 화려한 대리석 계단 한가운데 서 있는 프리드리히 빌헬름 1세Friedrich Wilhelm I의 기마상이 인상적이다.

Access	박물관 섬 북서쪽 끝, 하케쉐 마크르트 도보 10분, 구 박물관 도보 10분
Open	화~금 10:00~17:00, 토 · 일 10:00~18:00, 월 · 화 휴관
Cost	성인 €12, 학생 €6, 18세 이하 무료
Address	Am Kupfergruben, 10117 Berlin
Tel	+49 (3)0 266 42 4242
Web	www.smb.museum

여행 내내 스쳐 지나가더라도 하루 한 번 이상은 찾았던 베를린 돔.
바라만 보고 있어도 위안과 힐링을 준다.

라우쉬 초콜릿 하우스 Das Rausch Schokoladenhaus

초콜릿 명가로 5대째 가업을 잇고 있는 라우쉬가의 초콜릿 하우스. 1999년 독일 초콜릿 명가 파스벤더^{Fassbender}가와 결합해 '파스벤더 & 라우쉬^{Fassbender & Rausch}'라는 이름으로 문을 열었고, 2018년 라우쉬가의 100주년을 맞아 3층으로 규모를 확장해 새 이름을 달았다. 유럽에서 가장 큰 초콜릿 상점으로 브란덴부르크 문, 카이저 빌헬름 교회 등 초콜릿으로 만드는 베를린 명소들이 전시되어 박물관을 방불케 한다. 유럽 최초의 초콜릿 레스토랑과 카페가 있는 2층에서 감동적인 맛의 초콜릿 타르트도 즐겨보자. 베를린 여행 기념품으로 살 만한 것도 많다.

Access	U반(U2) Stadtmitte역 하차, 잔다르망 마르크트 도이처 돔 대각선 방향에 위치
Open	**상점** 월~토 10:00~20:00, 일 · 공휴일 12:00~20:00 **카페** 12:00~19:00
Cost	초콜릿 조각 케이크 €7.2~
Address	Charlottenstraße 60, 10117 Berlin
Tel	+49 (0)30 204 58 443
Web	www.rausch.de

아인슈타인 카페 EINSTEIN Unter den Linden

베를린에만 있는 아인슈타인 카페 지점 중 가장 유명한 곳으로 1966년 문을 연 갤러리 겸 커피 하우스다. 클래식하고 예술적인 분위기에 커피가 맛있는 곳으로 유명인사들도 자주 들렀던 곳이라고 한다. 일찍 문을 열어 조식을 즐기기에도 좋고 오스트리아식 식사 메뉴와 애프터눈티 세트도 갖추고 있다. 잔다르망 마르크트 등에도 지점이 있다.

Access	브란덴부르크 문에서 150m
Open	월~금 08:00~22:00, 토 10:00~22:00, 일 10:00~18:00
Cost	사과 슈트루델 €12.9~, 커피 €4~
Address	Unter den Linden 42, 10117 Berlin
Tel	+49 (0)30 204 3632 Web www.einstein-udl.com

침트 운트 추커 Zimt & Zucker

슈프레 강변에 있는 분위기 좋은 카페로 계피라는 뜻의 침트^{Zimt}와 설탕을 뜻하는 추커^{Zucker}가 합쳐진 이름이다. 화려하진 않지만 조용하고 편안한 분위기이고 해가 잘 드는 창가나 야외석은 특히 인기다. 홈메이드 빵류가 유명하고 마요네즈 등 소스도 수제로 만든다. 크레페와 파스타 요리도 있고 매일 바뀌는 오늘의 수프도 맛있다.

Access	S/U반 Friedrichstraße 하차해 강을 건너면 왼쪽으로 보인다.
Open	08:00~17:00
Cost	조식 €16~
Address	Schiffbauerdamm 12, 10117 Berlin
Tel	+49 (0)30 810 10 858
Web	zimtundzucker.com

④

비스트로 리벤스벨텐 Bistro Lebenswelten

박물관 섬을 둘러보다 식사하기 좋은 카페테리아로 버거, 슈니첼 등 간단한 식사와 디저트 등의 메뉴가 있다. 원하는 음식과 음료를 담아 카운터에서 결제하면 되는데, 샐러드는 접시 사이즈에 가능한 만큼 담아 먹으면 된다. 4층 전망대를 방문할 예정이라면 4층의 레스토랑(Baret)을 이용하는 걸 추천한다.

Access	박물관 섬 훔볼트 포룸 G층
Open	10:00~19:00
Cost	식사류 €13.9~, 샐러드 스몰 €6
Address	Schloßpl., 10178 Berlin
Tel	+49 (0)30 555 705881
Web	humboldtforum-lebenswelten.de

© Bistro Lebenswelten

© Bistro Lebenswelten

⑤

리터 스포트 Ritter Sport

우리나라에서도 인기가 높은 독일 유명 초콜릿의 베를린 지점. 알록달록하게 포장된 수많은 초콜릿들로 들어서면서부터 기분이 좋아지는 곳이다. 대표 상품인 정사각형의 100g 초콜릿을 비롯해 다양한 크기와 맛의 초콜릿과 캐릭터 상품을 판매하고 있다. 초콜릿은 마트나 슈퍼보다 조금 저렴하다. 세상에 단 하나뿐인 '나만의 초콜릿'을 만들어 주기도 하는데 입구 카운터에서 계산 후 3가지 토핑을 고르고 약 30분 정도 기다리면 된다. 토핑 중에는 고춧가루도 있다.

Access	U반(U6) Französischestraße 하차
Open	월~토 10:00~18:30, 일 휴무
Address	Französischestraße 24, 10117 Berlin
Tel	+49 (0)30 200 95 080
Web	www.ritter-sport.de

①

두스만 서점 Dussmann das Kultur Kaufhaus

베를린에서 가장 큰 규모의 대형 서점으로 우리나라의 교보문고 같은 곳이다. 영어 서적 코너가 따로 있고 다양한 분야와 언어의 도서는 물론 한국에서는 구하기 힘든 음반과 DVD 등을 판매하는 음반 매장이 있다. 문구와 엽서 등 기념품을 사기에도 적당하며 책과 음악에 파묻혀 현지인처럼 시간을 보내도 좋다. 각종 공연과 콘서트의 티켓도 구매할 수 있다.

Access	S/U반 Friedrichstraße 하차
Open	월~금 09:00~24:00, 토 09:00~23:30, 일 휴무
Address	Friedrichstraße 90, 10117 Berlin
Tel	+49 (0)30 202 51 111
Web	www.kulturkaufhaus.de

알렉산더 광장 & 하케쉐 마르크트

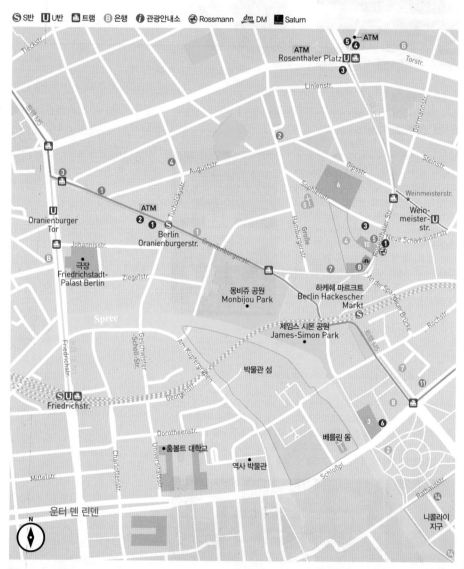

S S반 U U반 🚋 트램 B 은행 ⓘ 관광안내소 Rossmann dm DM Saturn

ATM
Rosenthaler Platz

ATM

ATM
Weinmeister-
str.

Oranienburger
Tor

Berlin
Oranienburgerstr.

극장
Friedrichstadt-
Palast Berlin

몽비쥬 공원
Monbijou Park

하케쉐 마르크트
Berlin Hackescher
Markt

Spree

제임스 시몬 공원
James-Simon Park

박물관 섬

Friedrichstr.

베를린 돔

훔볼트 대학교

역사 박물관

운터 덴 린덴

니콜라이
지구

관광명소 & 박물관

1 신 시나고그 Neue Synagogue
2 마르크스와 엥겔스 동상 Marx-Engels
3 DDR 박물관 DDR Museum
4 하케쉐 회페 Hackesche Höfe
5 소피엔 교회 Sophienkirche
6 소피엔 회페 Sophien Höfe
7 베를린 던전 Berlin Dungeon
8 아쿠아 돔 & 시라이프 베를린
   Aqua Dom & Sea Life Berlin

9 프란치스카너 수도원 교회 유적
   Ruine der Franziskaner-Klosterkirche
10 하우스 슈바르첸베르크 Haus Schwarzenberg
 ⓐ 몬스터 캐비닛 Monster Kabinett
 ⓑ 노이로티탄 숍 & 갤러리
   Neurotitan Shop & Gallery
 ⓒ 안네 프랑크 박물관 Anne Frank Zentrum
 ⓓ 오토 바이트 박물관
   Museum Blindenwerkstatt Otto Weidt
11 마리엔 교회 Marienkirche
12 붉은 시청사 Rates Rathaus
13 니콜라이 교회 Nikolaikirche
14 에브라임 궁전 Ephraim Palais

레스토랑 & 나이트라이프

1 암릿 Amrit
2 더 반 카페 The Barn Café
3 다다 팔라펠 Dada Falafel
4 프린세스 치즈케이크 Princess Cheesecake
5 요소이 Yosoy
6 b 플랫 b Flat (재즈클럽)
7 커리 61 Curry 61
8 하케쉐 호프 Hackescher Hof
9 파이브 엘리펀트 Five Elephant
10 얌얌 베를린 Yamyam Berlin (한식당)
11 블록 하우스 Block House
12 차이트 퓌어 브로트 Zeit für Brot
13 무슈 부옹 Monsieur Vuong
14 무터 호페 Mutter Hoppe

쇼핑

1 투카두 Tukadu
2 TK 막스 TK Maxx
3 로켓 와인 베를린 Rocket Wine Berlin
4 갤러리아 백화점 Galeria Kaufhof
5 알렉사 Alexa
6 후마나 세컨드 핸드 Humana Second Hand

숙소

1 마이닝거 호텔
   Meininger Hotel Berlin Mitte Humboldthaus
2 제너레이터 호스텔
   Generator Hostel Berlin Mitte
3 서커스 호텔 The Circus Hotel
4 서커스 호스텔 The Circus Hostel
5 이비스 스타일 호텔 베를린 미테
   Ibis Styles Hotel Berlin Mitte
6 래디슨 블루 호텔 Radisson Blu Hotel
7 세인트 크리스토퍼 인
   St. Christopher's Inn Berlin Hostel
8 파크 인
   Park Inn by Radisson Berlin Alexanderplatz
   베이스 플라잉 Base Flying (관광명소)
9 프리미어 인 Premier Inn Berlin Alexanderplatz
10 움밧 시티 호스텔 Wombat's City Hostel Berlin

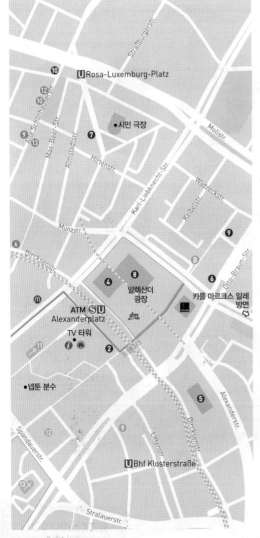

❶ 알렉산더 광장 Alexanderplatz

베를린의 대표 광장 중 하나로 가장 큰 규모를 자랑한다. 모든 대중교통이 교차하는 교통 허브이자 백화점, 쇼핑몰이 밀집한 쇼핑 지역으로 100번, 200번 버스가 이곳에서 출발한다. 베를린 어디에서나 볼 수 있는 368m의 TV 타워와 베를린에서 가장 오래된 구시가지인 니콜라이 지구가 주변에 있다. 알렉산더 광장에서 하케쉐 마르크트로 이어지는 거리는 베를린 최대의 쇼핑 지역이자 트렌드를 선도하는 젊음의 거리이기도 하다.

중세 시대에는 우시장이었고 19세기 중반까지 군사 퍼레이드가 펼쳐지던 알렉산더 광장은 제2차 세계대전 때 거의 파괴되었다가 종전 후 동독의 중심지로 발전되었고 1989년 베를린 장벽이 무너지기 직전에는 역사상 최대 규모의 반정부 시위가 벌어지기도 했다. 알렉산더 광장의 명칭은 1805년 베를린을 방문한 러시아의 황제 알렉산더 1세의 이름에서 따왔다고 한다.

Access   S/U반 Alexanderplatz역
Address Alexanderplatz 10178 Berlin

알렉산더 광장 크리스마스 마켓

유명한 세계 시간 시계 Weltzeituhr(1969)

Alexanderplatz

Sightseeing
❷
TV 타워 Berliner Fernsehturm

베를린 텔레비전 송신탑으로 구동독 시기인 1969년에 건설됐다. 368m 높이의 독일에서 가장 높은 구조물로 미테 지역 어디에서나 볼 수 있다. 세계 최초의 인공위성인 구소련의 스푸트니크를 모델로 했다고 한다. 203m 높이에 있는 전망대에서는 베를린 전역을 360도 파노라마 전망으로 즐길 수 있고 한쪽으로 203바가 있다. 밤늦게까지 문을 열기 때문에 야경을 보기에도 좋다.

Access	버스(100 · 200번), S/U반 Alexanderplatz역
Open	4~10월 09:00~23:00, 11~3월 10:00~23:00
Cost	성인 €27.5, 학생 €17.5, 3세 이하 무료
Address	Panoramastraße 1A, 10178 Berlin
Tel	+49 (0)30 247 57 5875
Web	www.tv-turm.de

넵툰 분수(Neptunbrunnen).
TV 타워 앞 광장에 있으며
넵툰은 로마 신화의 신 이름으로
바다의 신 포세이돈을 뜻한다.

Sightseeing
❸
마리엔 교회 Marienkirche

후기 고딕 양식으로 13세기에 지어진 교회로 개신교회다. 베를린에 남아 있는 몇 안 되는 중세 시대 건물로 내부에 예술적 가치가 높은 교회 미술작품이 많다. 특히 22.6m 길이의 벽화 〈죽음의 댄스Der Berliner Totentanz〉는 유명하다.

Access	버스(100 · 200번) Marienkirche 하차, S/U반 Alexanderplatz역
Open	10:00~18:00
Cost	무료
Address	Karl-Liebknechtstraße 8, 10178 Berlin
Tel	+49 (0)30 242 4467
Web	www.marienkirche-berlin.de

Sightseeing
❹
붉은 시청사 Rotes Rathaus

타오르는 듯한 붉은색이 눈에 띄는 아름다운 건물로 1869년 완공된 신르네상스 양식의 건물이다. 제2차 대전 시 파괴된 것을 재건해 동독의 시청사로 사용하였고, 통일 후에도 베를린의 시청사로 사용하고 있다. 74m 높이의 멋진 시계탑 위로 펄럭이는 깃발은 베를린의 시기(市旗)다.

Access	TV 타워 광장에서 보이는 붉은 건물
Open	월~금 09:00~18:00
Address	Rathausstraße, 10178 Berlin
Tel	+49 (0)30 902 60

니콜라이 교회 Nikolaikirche

1230년부터 1250년까지 지어진 베를린에서 가장 오래된 교회로 나란히 붙어 있는 쌍둥이 첨탑이 인상적인 로마네스크 양식의 건축물이다. 내부는 거대한 고딕 양식의 홀로, 시립 박물관으로 개방될 만큼 소중한 보물들이 많은 곳이다. 제2차 대전 시 거의 파괴된 것을 1980년 재건했다. 콘서트 홀로도 유명한 교회의 2층에서는 이곳에서 녹음된 곡을 비롯해 아름다운 교회 음악을 들을 수 있는 오디오 장치가 있다. 입장료에는 오디오 가이드가 포함되어 있고 내부 사진 촬영은 촬영 허가증(€2)을 구매해야 가능하다.

Access	버스(200 · 248번) Nikolaiviertel 하차, 알렉산더 광장 도보 10분
Open	10:00~18:00
Cost	성인 €7, 18세 이하 무료 (오디오 가이드 포함)
Address	Nikolaikirchplatz, 10178 Berlin
Tel	+49 (0)30 240 02 162
Web	www.stadtmuseum.de/ nikolaikirche

니콜라이 지구 Nikolaiviertel

니콜라이 교회 주변은 베를린에서 가장 오래된 지역으로 중세 베를린을 경험할 수 있는 역사적인 장소다. 베를린에서 가장 오래된 니콜라이 교회를 비롯해 에브라임 궁전과 하인리히 칠레 박물관Heinrich-Zille-Museum 등 박물관이 있고 독일 전통 음식을 맛볼 수 있는 오래된 맥줏집, 레스토랑이 모여 있다. 유명한 핸드메이드 인형인 쾨젠Kösen 테디 베어숍도 있다.

Access 버스(200 · 248번) Nikolaiviertel 하차

에브라임 궁전 Ephraim Palais

18세기에 지어진 화려한 로코코 양식의 궁전으로 현재는 베를린 시립 박물관으로 사용 중이다. 강변 코너에 자리잡아 강변과 어우러진 풍경이 아름답기로 유명하다. 베를린의 역사와 문화예술을 주제로 폭넓은 전시를 한다.

Access	니콜라이 교회 근처
Open	화~일 · 공휴일 10:00~18:00, 월 휴관
Cost	성인 €7, 18세 이하 무료
Address	Poststraße 16, 10178 Berlin
Tel	+49 (0)30 240 02 162
Web	www.stadt museum.de/ ephraim-palais

Sightseeing

⑧

DDR 박물관 DDR Museum

독일 최초의 사회주의 국가였던 옛 동독의 생활상을 전시해 놓은 박물관. 동독을 뜻하는 DDR(Deutsche Democratic Republik) 스타일이 특유의 독특한 매력으로 인기를 끌면서 2006년 문을 연 이곳은 민간 박물관으로는 이례적으로 큰 사랑을 받고 있다. 단순한 관람이 아닌 체험과 상호작용에 초점을 맞춘 전시여서 젊은 층에 큰 인기를 끌고 있고 옛 동독의 향수를 느끼고픈 동독 출신들도 많이 찾는다. 패션, 휴가, 가정집, 자동차 등 일상생활부터 베를린 장벽과 첩보원 등 정치적인 주제까지 다루고 있다. 상업적 이용에 대한 비판도 있지만 과거를 소개하는 미래지향적인 박물관임에는 틀림없다고 여겨진다. 늦게까지 문을 연다.

Access 베를린 돔과 아쿠아 돔 사이에 위치
Open 09:00~21:00
Cost 성인 €13.5, 학생 €8, 6세 이하 무료
Address Karl-Liebknecht-Straße 1, 10178 Berlin
Tel +49 (0)30 847 123 731
Web www.ddr-museum.de

동독 제 에리카 타자기
(Erika Typewriter)

Sightseeing

⑨

아쿠아 돔 & 시라이프 베를린 Aqua Dom & Sea Life Berlin

전 세계 유명 수족관 체인인 시라이프의 베를린 지점. 다양한 어종이 있고 해양자원에 대한 전시도 있어 교육적으로도 좋다. 이곳의 하이라이트는 높이 25m, 지름 11.5m의 원통형 수족관인 아쿠아 돔으로 래디슨 블루 호텔의 로비까지 이어져 있어 엘리베이터를 타고 관람하게 된다. 매일 11시부터 2시간 동안 청소가 이루어지고 2시부터 피딩타임이니 이 시간에 맞춰 방문하자.

Access 버스(100 · 200번),
트램(12 · M1 · M4 · M5 · M6)
Spandauer Str./Marienkirche 하차
Open 10:00~19:00(마지막 입장 18:00)
Cost **온라인 예매 시** 성인
(15세 이상) €15,
2~14세 €12, 2세 이하 무료
Address Spandauerstraße 3, 10178 Berlin
Tel +49 (0)30 992 800
Web www.visitsealife.com/berlin

하케쉐 마르크트 Hackesche Markt

베를린의 최신 트렌드를 이끄는 젊은이들의 핫 플레이스로 하케쉐 마르크트를 중심으로 동쪽으로 로자 룩셈부르크 광장Rosa-Luxemburg-Platz, 서쪽으로 오라니엔부르거 거리Oranienburger Straße로 이어지는 대표 쇼핑 지역이다. 백화점이나 대형 쇼핑몰은 없지만 신진 디자이너들의 부티크와 다채로운 쇼룸들이 모여 있어 어디에서도 할 수 없는 개성 넘치는 쇼핑이 가능하다. 특히 회페Höfe(마당, 안뜰이라는 뜻)로 불리는 복합 건물의 안쪽으로 작은 상점과 카페가 자리 잡고 있어 산책하듯 둘러볼 수 있고, 거리와 건물 구석구석까지 꼼꼼하게 채워 놓은 자유로운 그래피티와 거리 예술가의 흔적들은 그 자체로 야외 갤러리를 방불케 한다. 또한 세계 각국의 요리를 주제로 한 크고 작은 유명 레스토랑들이 많아 미식가들에게도 사랑받는 곳이다.
매주 목요일과 토요일(09:00~18:00)에 하케쉐 마르크트역 앞 광장에서 열리는 '주간시장Wochenmarkt Hackescher Markt'도 재미난 볼거리로 각종 핸드메이드 제품과 식료품, 앤티크 제품 등을 만날 수 있다. 특히 주스, 소시지, 베이커리 등 신선한 유기농 제품들로 유명하다.

Access S반 Hackescher Markt역
Web www.hackeschermarktberlin.de

하케쉐 회페 Hackesche Höfe

하케쉐 마르크트의 여러 회페 중에서 가장 크고 유명한 곳이다. 1906년 처음 지어져 제2차 세계대전에도 파괴되지 않고 보존된 역사적인 건물로 1990년대 개조되어 8개의 마당이 있는 복합 문화 공간으로 탈바꿈했다. 첫 번째 마당에 들어서자마자 아르누보 양식의 타일로 장식된 아름다운 건물이 눈길을 사로잡는다. 미로처럼 연결된 각 마당에는 카페와 영화관, 갤러리, 암펠만 본점 등이 있고 개성 넘치는 베를린 로컬 디자이너 브랜드숍과 베를린의 황실 도자기 브랜드인 KPM 매장도 있다.

Access	S반 Hackescher Markt역에서 도보 3분
Address	Rosenthalerstraße 40-41, 10178 Berlin
Tel	+49 (0)30 283 5293
Web	www.hackesche-hoefe.com

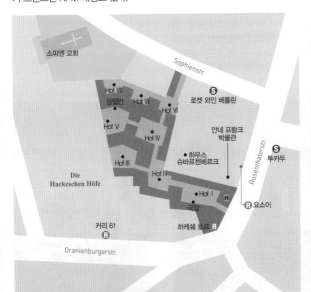

하우스 슈바르첸베르크 Haus Schwarzenberg

하케쉐 회페 바로 옆의 으슥한 골목 입구로 들어서면 현재의 베를린 이미지를 대표할 만한 문화예술 공간이 나온다. 온갖 낙서와 그래피티가 어지럽게 뒤섞여 있어 얼핏 보면 폐허처럼 보이지만 그 어느 곳보다도 자유롭게 살아 숨쉬는 베를린의 예술을 한눈에 느낄 수 있는 영감이 넘치는 곳이다. 19세기 중반부터 주거지이자 공장 등으로 이용되었고 주변은 유대인이 모여 살았던 곳이어서 나치 치하에는 유대인들이 숨어서 지냈다고 한다. 따라서 유대인 관련 유적과 박물관도 있어 과거 아픈 역사와 현재의 예술이 공존하는 곳이기도 하다.

1995년부터 서베를린의 예술단체인 '데드 치킨Dead Chickens' 등 몇몇 예술가들이 전쟁으로 폐공장이 된 건물에 터를 잡고 활동하면서 활기를 띄기 시작했고 이후 '슈바르첸베르크 협회'가 생겨 가난한 예술가들을 지원해 주면서 예술가의 성지이자 관광지로 거듭나게 되었다. 많은 베를리너와 관광객들에게 사랑받는 이곳 벽면의 그래피티는 오늘도 덧칠되어 새롭게 탄생하고 있다.

Access	S반 Hackescher Markt역에서 도보 4분
Address	Rosenthaler Straße 39, 10178 Berlin
Tel	+49 (0)30 308 72 573
Web	www.haus-schwarzenberg.org

몬스터 캐비닛 Monster Kabinett

예술 단체인 '데드 치킨Dead Chickens'의 대표 작가 한스 하이너Hannes Heiner의 괴물 로봇이 전시된 박물관이다. 첨단 기술이 접목된 기발하고 기괴한 아이디어가 넘치는 초현실주의 공간으로 컴퓨터 프로그램을 통해 자동으로 연극이 진행된다. 입구의 괴물은 '블로흐Bloch'라고 부른다.

Open   수 · 목 18:00~22:00, 금 · 토 16:00~22:00, 일~화 휴무
Cost   성인 €10(6세 이하 관람 부적합)
Web   www.monsterkabinett.de

안네 프랑크 박물관 Anne Frank Zentrum

『안네의 일기』로 유명한 유대인 소녀 안네 프랑크의 일생과 나치의 만행을 전시하고 있으며 시청각 자료들도 갖추고 있다. 각국에 출판된 『안네의 일기』를 모아둔 책꽂이에 한국에서 출간된 책도 있다.

Open   화~일 10:00~18:00, 월 휴관
Cost   성인 €8, 학생 · 어린이(11~18세) €4, 10세 이하 무료
Web   www.annefrank.de

노이로티탄 숍 & 갤러리
Neurotitan Shop & Gallery

온갖 낙서와 그래피티가 가득한 계단을 오르면 가장 '베를린스러운' 힙한 갤러리 겸 상점이 나온다. 슈바르첸베르크의 지원을 받아 운영되며 무명 예술가들의 자유롭고 실험적인 작품을 소개한다. 그래픽, 만화, 일러스트 등이 주를 이루며 상점에서는 예술 전문 서적과 관련 상품을 판매한다.

Open   월~토 12:00~20:00, 일 휴무
Tel   +49 (0)30 308 72 576
Web   www.neurotitan.de

오토 바이트 박물관
Museum Blindenwerkstatt Otto Weidt

과거 유대인 지구였던 이곳에 오토 바이트Otto Weidt가 세운 공장을 박물관으로 만들었다. 나치 치하에 유대인 청각, 시각 장애인들을 고용해 보호하며 빗자루와 브러시류를 생산했다. 게슈타포의 감시와 박해 속에서 직원과 그의 가족들에게 은신처를 마련해 줘 수백 명의 유대인의 목숨을 살렸다고 한다.

Open   월~금 09:00~18:00, 토 · 일 · 공휴일 10:00~18:00,
        12월 24~26 · 31일 · 1월 1일 휴무
Cost   무료
Web   www.museum-blindenwerkstatt.de

신 시나고그 Neue Synagogue

유대교의 예배당으로 독일에서 가장 큰 규모다. 1866년 건설된 무어 양식의 건물로 중앙의 커다란 황금 돔과 양옆의 작은 돔 첨탑이 눈에 띈다. 1995년 시나고그의 역사를 비롯한 베를린 유대인의 삶을 전시한 상설전이 일반에 공개되기 시작했다.

Access	S반 Oranienburgerstraße, 트램(12 · M1 · M5) Oranienburgerstraße 하차
Open	4~9월 월~금 10:00~18:00, 일 10:00~19:00, 토 휴무 10~3월 월~목 · 일 10:00~18:00, 금 10:00~15:00, 토 휴무
Cost	상설전 성인 €7, 학생 €4.5
Address	Oranienburgerstraße 28-30, 10117 Berlin
Tel	+49 (0)30 880 28 300
Web	centrumjudaicum.de

프란치스카너 수도원 교회 유적
Ruine der Franziskaner-Klosterkirche

현재는 폐허가 된 프란치스카너(프란체스코) 수도원 교회 유적지는 베를린에서 중세 수도원 문화를 엿볼 수 있는 곳이다. 13세기 말 고딕 양식의 붉은 벽돌로 지어졌고 제2차 세계대전 때 교회 일부가 파괴되었다. 이후 지하철 공사 등으로 추가로 파괴되면서 폐허로 남아 있다가 1982년부터 문화예술 공간으로 이용되고 있다.

Access	U반 Klosterstraße 하차. 붉은 시청사와 가깝다.
Open	10:00~18:00
Cost	무료
Address	Klosterstraße 73a, 10179 Berlin
Tel	+49 (0)30 901 83 7461
Web	www.kloster ruine.berlin

요소이 Yosoy

타파스 맛집으로 유명한 스페인 레스토랑이다. 대표 타파스를 모아 놓은 모둠 요리와 신선한 오징어 튀김Calamares Romana도 인기 메뉴이고 푸짐한 양을 자랑하는 빠에야Paella도 맛있다. 런치 메뉴도 있다. 밤에는 빈자리를 찾기 어렵고 주말에 가려면 예약하는 게 좋다.

Access	하케쉐 마르크트 입구
Open	일~목 12:00~24:00, 금 · 토 12:00~01:30
Cost	타파스 €5.3~, 칵테일 €13 내외
Address	Rosenthalerstraße 37, 10178 Berlin
Tel	+49 (0)30 283 91 213
Web	www.yosoy.de

무슈 부옹 Monsieur Vuong

강렬하면서도 세련된 붉은색의 모던한 인테리어가 인상적인 베트남 음식점으로 저렴하고 맛도 좋아 젊은이들에게 인기가 많다. 쌀국수와 완탕류는 양이 적은 스몰 사이즈를 선택할 수 있다. 오늘의 메뉴는 따로 칠판에 적혀 있고 점심시간에는 실내외 모두 만석이어서 대기시간이 길어질 수도 있다.

Access	U반 Weinmeisterstraße 도보 3분
Open	일~목 12:00~22:00, 금~토 12:00~22:30
Cost	스타터 €7.8~, 쌀국수 €12~
Address	Alte Schönhauserstraße 46, 10119 Berlin
Tel	+49 (0)30 992 96 924
Web	www.monsieurvuong.de

③

하케쉐 호프 Hackescher Hof

하케쉐 회페 건물 전면에 자리 잡은 넓고 밝은 분위기의
레스토랑 겸 카페다. 독일식 요리를 비롯해 다양한 유럽식
메뉴가 있고 가볍게 즐길 수 있는 점심 메뉴(12:00~16:00)
도 있다. 디저트류도 괜찮다.

Access 하케쉐 회페 대로변 G층에 위치
Open   09:00~22:00
Cost   점심 €9~33
Address Rosenthaler Str. 40-41, 10178 Berlin
Tel   +49 (0)30 283 5293
Web   www.hackescher-hof.de

④

커리 61 Curry 61

커리부어스트와 감자튀김 세트가 €3.20이고 담Darm(껍질)
이 있는 것과 없는 것 중에 선택할 수 있다. 담이 없는 것
은 부드러운 식감이고 담이 있는 소시지는 특유의 뽀득한
식감을 느낄 수 있다. 마요네즈나 케첩은 별도의 추가요금
(€0.5)이 있다. 노점 형식이라 내부 좌석은 없고 바로 앞
에 있는 테이블에서 먹게 된다. 맥주를 곁들이면 더욱 좋
아 열량 걱정은 잠시 잊게 된다.

Access 하케쉐 마르크트에서 Oranienburgerstraße 방향
Open   월~목 11:00~23:00, 금 · 토 11:00~24:00,
       일 12:00~22:00
Cost   커리부어스트 €3~
Address Oranienburgerstraße 6, 10178 Berlin
Tel   +49 (0)30 400 54 033
Web   www.curry61.de

⑤

무터 호페 Mutter Hoppe

베를린에서 오래된 니콜라이 지구의 전통 식당 중에서도
가장 유명한 곳이다. 이름하야 '호페 엄마(Mutter는 엄마라
는 뜻)' 레스토랑. 전통 있는 곳답게 앤티크한 소품이 가득
한 친숙한 분위기고 안쪽으로 꽤 넓은 공간이 있다. 푸짐
하게 나오는 프라이팬 요리와 학세, 아이스바인 등 친숙한
메뉴들도 인기 있다. 매주 금 · 토 저녁 7시 30분부터는 라
이브 뮤직을 즐기면서 식사할 수 있다.

Access 니콜라이 교회 근처
Open   11:30~늦은 밤
Cost   학센 €19.9
Address Rathausstraße 21, 10178 Berlin
Tel   +49 (0)30 241 5625
Web   www.mutterhoppe.de

⑥

얌얌 베를린 Yamyam Berlin (한식당)

현지인들에게 더 인기 있는 한식당이다. 비빔밥, 덮밥류
와 짬뽕, 짜장면 등의 메뉴가 있고, 국과 반찬을 따로 추가
할 수 있어 여럿이 가면 더 좋다. 일반적인 한식보다 조금
달달한 편이고 매콤한 맛과 국물이 그리울 때 제격이다.

Access U반(U2) Rosa-Luxemburg-Platz,
       트램(M8) Rosa-Luxemburg-Platz 하차, 도보 3분
Open   화~목 12:00~23:00, 금 · 토 12:00~23:30,
       일 13:00~22:30, 월 휴무
Cost   식사류 €15 내외
Address Alte Schönhauser Str. 6, 10119 Berlin
Tel   +49 (0)30 246 32 485
Web   www.yamyam-berlin.de

파이브 엘리펀트 Five Elephant Mitte

보난자 커피, 더 반 카페와 더불어 베를린 대표 커피로 인정받는 카페지만 커피보다 치즈케이크가 더 인기다. 달달한 순백의 치즈케이크는 아메리카노보다 콜드브루와의 조합을 추천한다. 크로이츠베르크 등 4개의 지점이 있고 미테 지점이 가장 아담하다.

Access 얌얌 베를린, 차이트 퓌어 브로트와 같은 라인에 위치
Open 월~금 08:00~18:00, 토 · 일 09:00~18:00
Cost 치즈케이크 €5.3, 커피 €4~
Address Alte Schönhauser Str. 14, 10119 Berlin
Tel +49 (0)30 284 84 320
Web www.fiveelephant.com

더 반 카페 The Barn Café

베를린 베스트 커피 리스트에서 빠지지 않는 로스터리 카페다. 원두의 풍미를 최고로 끌어올리는 특별한 노하우에 대한 자부심이 대단하다. 2010년 문을 열었고, 신선한 주스와 티, 수제 케이크와 샌드위치 등도 판매한다.

Access 하케쉐 마르크트에서 도보 7분 거리
Open 월~금 08:00~18:00, 토 09:00~18:00, 일 10:00~18:00
Cost 커피 €4.5, 베이커리 €3.5
Address Auguststrasse 58, 10119 Berlin
Web www.thebarn.de

프린세스 치즈케이크 Princess Cheesecake

케이크 마니아라면 놓치지 말아야 할 베를린의 디저트 카페로 하얀색 고풍스러운 인테리어가 마치 공주님의 응접실에 온 듯하다. 유기농 재료로만 만들어지며 고르기 어려울 정도로 맛있는 케이크 중에서도 뉴욕 치즈케이크가 가장 인기 있다. 유기농 커피와 티를 곁들이면 완벽한 티타임을 즐길 수 있다.

Access S반 Oranienburgerstraße 하차, 도보 5분
Open 월~목 11:00~19:00, 금~일 10:00~19:00
Cost 조각 케이크 €6.4~
Address Tucholskystraße 37, 10117 Berlin
Tel +49 (0)30 280 92 760
Web www.princess-cheesecake.de

차이트 퓌어 브로트 Zeit für Brot

'시나몬 롤'로 유명한 카페로 하루 종일 줄이 끊이지 않는 맛집이다. 시나몬 향이 고루 밴 촉촉하고 부드러운 빵은 커피와도 잘 어울린다. 시나몬 롤 외에도 다양한 빵이 있고 안쪽에서 빵 만드는 모습을 볼 수 있다. 프랑크푸르트, 함부르크, 쾰른에도 지점이 있다.

Access U반(U2) Rosa-Luxemburg-Platz, 트램(M8) Rosa-Luxemburg-Platz 하차, 도보 2분
Open 월~금 07:00~20:00, 토 08:00~20:00, 일 08:00~18:00
Cost 시나몬 롤 €4.3~, 커피 €3.1~
Address Alte Schönhauser Str. 4, 10119 Berlin
Tel +49 (0)30 280 46 780
Web www.zeitfuerbrot.com

로켓 와인 베를린 Rocket Wine Berlin

와인 애호가라면 놓치지 말아야 할 내추럴 와인 숍으로 와인바를 겸하고 있다. 독일, 프랑스, 이탈리아, 체코 등 유럽 전역의 와인 메이커와 직거래를 통해 다양하고 품질 좋은 내추럴 와인을 공급하고 있다. 고객 선호에 맞춘 와인 추천을 잘하기로 유명하고, 가격(€16~)도 합리적이다. 구매한 와인을 바에서 마실 때는 콜키지 요금(€10)이 있다.

Access 트램 M1 Weinmeisterstr./Gipsstr. 역에서 도보 1분
Open 월~목 14:00~21:00, 금·토 12:00~21:00, 일 휴무
Cost 와인바 글라스 와인 €7~10
Address Sophienstraße 10, 10178 Berlin
Tel +49 (0) 162 778 1500
Web www.rocketwineberlin.com

투카두 Tukadu

핸드메이드 주얼리 & 비즈 숍으로 화려한 색감과 디자인의 쇼윈도가 발길을 멈추게 만드는 예쁜 매장이다. 1993년 문을 연 곳으로 여자들의 눈을 사로잡는 독특한 핸드메이드 주얼리는 물론 다양한 비즈 재료와 도구도 판매하며 원하는 재료를 고르면 '나만의 액세서리'를 만들어주기도 한다.

Access U반 Weinmeisterstraße, S반 Hackescher Markt,
트램(12·M1) Weinmeisterstraße 하차
Open 월~금 12:00~18:00, 토 12:00~16:00, 일 휴무
Address Rosenthalerstraße 46/47, 10178 Berlin
Tel +49 (0)30 283 6770
Web www.tukadu.com

후마나 세컨드 핸드 Humana Second Hand

구제 쇼핑의 고수들에게 적극 추천할 만한 대표적인 중고 제품 숍으로 남녀노소를 위한 의류와 잡화들을 구비하고 있다. €1부터 시작하는 저렴한 구제의류를 구입할 수 있으나 보통 사람들은 도전하기 어려운 제품들이 대부분이다. 베를린에만 11개의 지점이 있는데 이곳이 제일 크다.

Access S/U반 Alexanderplatz역에서 Alexanderstraße에 위치
Open 월~토 10:00~20:00, 일 휴무
Address Alexanderstraße 7, 10178 Berlin
Tel +49 (0)30 284 76 382
Web www.humana-second-hand.de

알렉사 Alexa

알렉산더 광장의 대형 쇼핑몰로 베를린에서도 가장 큰 규모다. 주변에서도 눈에 띄는 핑크색의 외관으로 1920년대 아르데코 양식이다. 5층 건물에 패션, 화장품, 전자, 레스토랑 등 다양한 제품군의 상점이 있다.

Access S/U반 Alexanderplatz 하차, 광장에서 보인다.
Open 월~토 10:00~20:00, 일·공휴일 휴무
Address Grunerstraße 20, 10179 Berlin
Tel +49 (0)30 269 3400
Web www.alexacentre.com

티어가르텐 & 포츠담 광장

Ⓢ S반 Ⓤ U반 Ⓑ 은행

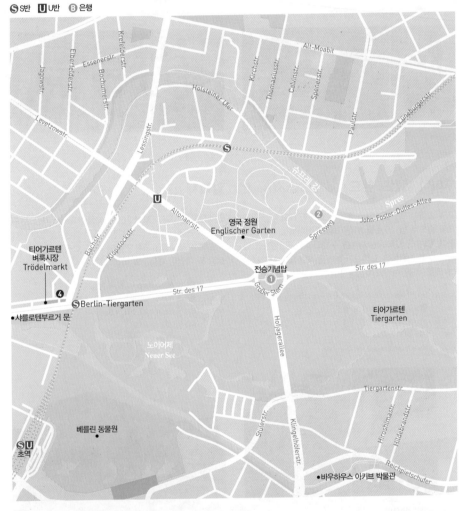

관광명소 & 박물관

1. 전승기념탑 Siegessäule
2. 벨뷰 궁전 Schloss Bellevue
3. 포츠담 광장 Potsdamerplatz
4. 라이프치히 광장 Leipzigerplatz
5. 틸라 뒤리에 공원 Tilla-Durieux-Park
6. 한국 문화원 Koreanisches Kulturzentrum
7. 영화관 CinemaxX
8. 파노라마풍크트 Panoramapunkt
9. 다스 센터 Das Center am Potsdamer Platz
   a. 독일 영화 박물관
      Deutsche Kinemathek
   b. 린덴브로이 Lindenbräu (레스토랑)
10. 레고랜드 Legoland
11. 주립 도서관 Staatsbibliothek zu Berlin
12. 신 국립 미술관 Neue Nationalgalerie
13. 성 마트호이스 교회 St. Matthäus Kirche
14. 예술 도서관 Kunstbibliothek
15. 회화관 Gemäldegalerie
16. 동판화 전시실 Kupferstichkabinett
17. 장식예술 박물관 Kunstgewerbe Museum
18. 베를린 필하모니 Berliner Philharmonie
19. 악기 박물관 Musikinstrumenten Museum
20. 베를린 영화제 Berlinale Palast

레스토랑 & 나이트라이프

1. 바피아노 Vapiano
2. 더 빅 도그 The Big Dog Berlin

쇼핑

1. TK 막스 TK Maxx
2. 몰 오브 베를린 Mall of Berlin

숙소

1. 메리어트 호텔 Berlin Marriott Hotel
2. 리츠 칼튼 The Ritz-Carlton, Berlin
3. 그랜드 하얏트 Grand Hyatt Berlin
4. 노보텔 Hotel Novotel Berlin am Tiergarten

Sightseeing

포츠담 광장 Potsdamerplatz

1920년대 포츠담 광장은 백화점과 럭셔리 호텔, 상류층을 위한 카페 등이 있는 상업 중심지로 베를린 최대의 번화가였다. 1924년에는 유럽에서 처음으로 신호등이 설치되면서 교통의 중심지로도 이름값을 톡톡히 했다. 그러나 제2차 세계대전 당시 연합군의 주요 표적이 되면서 주변이 완전히 파괴되었고 1961년 장벽이 세워져 동서로 나뉘면서 거의 폐허로 남겨지게 되었다.

독일 통일 이후인 1993년부터 재개발이 시작되면서 포츠담 광장은 베를린에서 가장 현대적이고 세련된 상업지구로 재탄생했다. 베를린 장벽이 지나던 길을 따라 아직도 장벽의 일부가 남아 있어 현대적 마천루들과 묘한 조화를 이룬다. 광장은 언제나 이벤트와 퍼포먼스로 북적이고 세계적인 베를린 영화제의 메인 행사도 이 주변에서 열린다. 브란덴부르크 문에서 도보로 10분 정도 소요된다.

Access S반(S1 · S2 · S25),
U반(U2) Potsdamerplatz역,
버스(200 · 300번 · M41 · M48 ·
M85)

다스 센터 Das Center am Potsdamer Platz (구 소니 센터)

유명 건축가 헬무트 얀Helmut Jahn의 설계로 2000년 완공된 대표 랜드마크다. 일본 소니의 투자로 지어졌고 오랫동안 소니 센터로 불렸다. 광장을 중심으로 거대 돔 지붕이 있는 메인 건물과 독일 철도청 Deutsche Bahn, 메타Meta Berlin, WeWork 등 오피스와 거주 시설이 있는 8개의 건물로 구성되어 있다. 엔터테인먼트와 식도락, 쇼핑 등 모든 걸 즐길 수 있는 복합 공간으로 다양한 행사와 이벤트가 끊이지 않는다.

Access	S/U반 Potsdamerplatz역, 버스(200 · 300번 · M41 · M48 · M8) Potsdamerplatz역
Address	Potsdamerplatz, 10785 Berlin
Tel	+49 (0)30 257 51 604
Web	www.sonycenter.de

독일 영화 박물관 Deutsche Kinemathek

전 세계의 1만 3,000개의 유성, 무성 영화필름을 비롯한 방대한 영화 자료를 소장하고 있는 박물관으로 100년 이상의 독일 영화의 역사를 알 수 있다. 규모는 작지만 희소성 높은 전시물이 많아 흥미진진하다. 영화배우 마들레네 디트리히Marlene Dietrich가 기증한 컬렉션을 포함한 흥미로운 상설전과 특별전시를 열고 있으니 영화 마니아라면 꼭 방문해 보자. 1963년 개관했다. 2025년 1월 미떼Mitte 지역의 E-Werk로 이전 예정이다.

Access	S/U반 Potsdamerplatz역 다스 센터 내, 버스(200 · 300번 · M41 · M48 · M8) Potsdamerplatz역
Open	월 · 수~토 10:00~18:00, 화 · 일 휴관
Cost	성인 €9, 학생 €5, 18세 이하 무료
Address	Potsdamerstraße 2, 10785 Berlin
Tel	+49 (0)30 257 51 604
Web	www.deutsche-kinemathek.de

레고랜드 Legoland

커다란 기린레고로 쉽게 찾을 수 있는 레고랜드의 베를린 지점이다. 유치원 단체 관람과 어린이를 동반한 가족 단위 관람이 많고 현장티켓과 온라인 예매 가격 차이가 많이 나므로 미리 예매하는 게 유리하다.

Access	S/U반 Potsdamerplatz역 다스 센터에 위치
Open	10:00~19:00
Cost	입장료 €19.5~
Address	Potsdamerstraße 4, 10785 Berlin
Tel	+49 (0)180 666 6901
Web	www.legolanddiscoverycentre.com/berlin

파노라마풍크트 Panoramapunkt

1999년 완공된 콜호프 타워^{Kollhoff-Towers}의 전망대에서 탁 트인 베를린의 전망을 즐겨보자. 103m 높이의 25층 건물 중 맨 위층인 24층과 25층이 전망대다. 1층부터 24층까지는 유럽에서 가장 빠른 엘리베이터를 타고 올라가게 되는데 1초당 8.5m씩 올라 20초면 24층까지 도달할 수 있다. 전망대에서는 가까이 다스 센터와 전체가 통유리로 된 DB사무실, 베를린 필하모니 등이 보이고 동쪽으로 TV 타워까지 시원한 경치를 감상할 수 있다. 24층에는 카페가 있고 계단을 따라 한 층 더 오르면 바람이 많이 부는 옥상 정원이 나온다.

Access	S/U반 Potsdamerplatz역
	콜호프 타워 24, 25층
Open	여름 10:00~19:00
	(카페 11:00~18:00),
	겨울 10:00~18:00
	(카페 11:00~17:00)
Cost	성인 €9, 학생 €7,
	가족(성인 2인+16세 이하 4인까지)
	€19.5, 6세 이하 무료
	VIP 티켓(대기 없음)
	성인 €13.5, 학생 €11, 가족 €29.5
Address	Kollhoff-Towers Potsdamerplatz
	1, 10785 Berlin
Tel	+49 (0)30 259 37 080
Web	www.panoramapunkt.de

한국 문화원
Koreanisches Kulturzentrum

베를린 중심가에서 만나는 반가운 한국 문화원. 독일 현지에 한국 문화를 알리고 활발한 교류를 이끄는 문화홍보기구로 주독 대사관 산하기관이다. 관광객을 위한 공간은 아니지만 친구 집에 온 듯 편하게 쉬어 갈 수 있다. 전시장과 도서관, 영화관 등이 있고 인터넷도 빠르다.

Access	S/U반 Potsdamerplatz역,
	버스(200번 · M48) Leipzigerstraße 하차
Open	월~금 10:00~17:00, 토 · 일 휴무
Address	Leipzigerplatz 3, 10117 Berlin
Tel	+49 (0)30 269 520
Web	www.kulturkorea.org

통일정 Korean Pavillon der Einheit

2015년, 독일 통일 25주년과 한국 광복 70주년을 기념해 세운 한국 정자로 유네스코 세계문화유산인 창덕궁 낙선재에 있는 '상량정'을 재현한 건축물이다. 약 8m 높이에 정육각형 모양이고 현판은 서예가 정도준 선생이 쓰고 글자는 중요무형문화재 각각한 명장이 새겼다. 한독 우호협력의 상징이자 한국 통일을 염원한다는 깊은 의미를 담고 있다. 장소의 특성상 영구 전시가 불가했던 탓에 계약 기간이 만료된 2021년 2월 '주독일 대한민국 대사관' 뒤뜰로 옮겨졌다.

베를린 문화 포럼 Kultur Forum

포츠담 광장 서쪽에 있는 문화지구로 1959년 베를린 필하모니 콘서트 홀의 건축이 결정되면서 문화지구 조성사업이 본격적으로 시작되었다. 분단 독일 당시 거의 모든 문화유산이 동독 지역에 있거나 제2차 세계대전으로 소실된 상태여서 서독이 보유하고 있던 예술품을 이곳에 집중하여 보관, 전시하게 되었다. 건물들도 혁신적이고 현대적이다. 유럽 최고의 걸작들이 모여 있는 회화관을 비롯해 신 국립 미술관, 예술 도서관, 장식예술 박물관, 필하모니와 악기박물관 등이 여기에 속한다.

Access	S/U반 Potsdamerplatz
	도보 10분, 버스(200번)
	Philharmonie (M48 · M85)
	Kulturforum 하차
Cost	데이 티켓 성인 €20, 학생 €10
Web	www.kulturforum-berlin.de

베를린 문화포럼의 모든 전시를 볼 수 있는 데이 티켓(€20)

회화관 Gemäldegalerie

13~18세기에 이르는 유럽 회화의 걸작들을 전시하고 있다. 연대와 작가별로 나뉜 1,000여 점의 회화들은 각 시대를 대표하는 작가들의 작품으로 독일, 이탈리아, 네덜란드 작가들이 중심을 이룬다. 특히 팔각형으로 된 렘브란트의 방은 미술관의 중심을 차지하고 있는 중요한 전시다.
네덜란드 화가 얀 반 에이크Jan van Eyck의 〈교회 안의 성모Madonna in der Kirche〉(1438년경), 페르메이르Jan Vermeer van Delft의 〈진주목걸이를 한 여인Young Woman with a Pearl Necklace〉(1662년경), 이탈리아 화가 카라바조Michelangelo Merisi da Caravaggio의 〈승리자 아모르Amor als Sieger〉(1602) 등 유럽 순수회화에서 빠질 수 없는 명작들이 가득하다. 회화관 건물은 1830년에 건립된 것이다.

Access	버스(M48 · M85)
	Kulturforum 하차,
	버스(100 · 200 · 300번 · M41)
	Philharmonie Süd 하차
Open	화~금 10:00~18:00,
	토 · 일 11:00~18:00, 월 휴관
Cost	성인 €16, 학생 €8, 18세 이하 무료
Address	Matthäikirchplatz 10785 Berlin
Tel	+49 (0)30 266 42 4242
Web	www.smb.museum

카라바조의 1602년 작 〈승리자 아모르〉

신 국립 미술관 Neue Nationalgalerie

20세기 유럽과 북미의 작품들을 전시하는 미술관으로 특히 독일 표현주의 작품 컬렉션은 세계 최고 수준이다. 에른스트 루트비히 키르히너^{Ernst Ludwig Kirchner}의 '포츠다머 플라츠^{Potsdamer Platz}'가 대표 작품이다. 오랜 보수공사를 마치고 2021년 재개관했다.

Open	화~일 10:00~18:00
	(목 ~20:00), 월 휴관
Cost	성인 €14, 학생 €7,
	18세 이하 무료
Address	Potsdamerstraße 50,
	10785 Berlin
Web	www.smb.museum

예술 도서관 Kunstbibliothek

예술의 역사와 문화연구 관련 서적이 있는 큰 규모의 예술 도서관. 1868년 독일 디자인 박물관으로 처음 문을 열었고 오늘날 도서관이 되었다.

Open	수~금 10:00~17:00, 토 · 일 10:00~18:00, 월 · 화 휴관
Cost	무료
Address	Matthäikirchplatz 6, 10785 Berlin
Tel	+49 (0)30 266 42 4242
Web	www.smb.museum

장식예술 박물관
Kunstgewerbe Museum

1960년대에 지어진 박물관으로 고대부터 현대에 이르기까지 의상, 식기도구, 자기, 가구, 장신구, 베네치아 유리공예품 등이 시대적으로 분류되어 있다.

Open	수~금 10:00~17:00,
	토 · 일 11:00~18:00,
	월 · 화 휴관
Cost	성인 €10, 학생 €5,
	18세 이하 무료
Address	Matthäikirchplatz, 10785
	Berlin
Tel	+49 (0)30 266 42 4242
Web	www.smb.museum

동판화 전시실
Kupferstichkabinett

독일의 그래픽 아트 박물관 중 가장 큰 규모로 50만 점의 판화와 11만 점의 드로잉, 수채화 등을 소장하고 있다.

Open	수~금 10:00~17:00,
	토 · 일 11:00~18:00,
	월 · 화 휴관
Cost	데이 티켓으로 입장 가능
Address	Matthäikirchplatz, 10785
	Berlin
Tel	+49 (0)30 266 42 4242
Web	www.smb.museum

성 마트호이스 교회
St. Matthäus Kirche

베를린 문화 포럼에서 가장 오래된 1846년에 지어진 로마네스크 양식의 건물이다. 제2차 세계대전 시 파괴된 것을 외관은 그대로, 내부는 현대적인 설계로 복원했다. 기독교회다.

Open	화~일 11:00~18:00, 월 휴무
Address	Matthäikirchplatz 1, 10785
	Berlin
Tel	+49 (0)30 262 1202
Web	www.stiftung-stmatthaeus.de

베를린 필하모니 Berliner Philharmonie

독일을 대표하는 교향악단이자 세계 최정상급 오케스트라인 '베를리너 필하모니커Berliner Philharmoniker'의 전용 공연장이다. 건축가 한스 샤룬의 설계로 1963년 건축했고 비대칭으로 솟아오른 5각형 모양의 노란색 지붕이 서커스단의 텐트를 연상시킨다고 하여 '카라얀 서커스Zirkus Karajan'라고도 불린다. 헤르베르트 폰 카라얀Herbert von Karajan이 상임 지휘자(1955~1989)로 있던 곳으로 유명하며 바로 앞에 그의 이름을 딴 거리가 있다. 현재 상임 지휘자는 '키릴 페트렌코Kirill Petrenko'다. 무대를 중앙에 두고 객석이 둘러싼 구조로 산기슭을 따라 놓여 있는 포도밭을 연상시키는 바인야드Vineyard 스타일로 좌석 배치를 하고 있다. 세계 콘서트 홀 건축 음향의 가장 성공적인 모델로 모든 좌석에서 무대가 잘 보이며 소리가 잘 전달되도록 설계되어 있다. 2022년 9월부터 매주 수요일 오후 1시 무료 런치 콘서트가 열린다.

Access	S/U반 Potsdamerplatz역에서 도보 5분, 버스(200번) Philharmonie 하차
Address	Herbert-von-Karajanstraße 1, 10785 Berlin
Tel	+49 (0)30 254 880
Web	www.berliner-philharmoniker.de

Tip 베를린 필하모니 예약하기
런던이나 뉴욕에서 뮤지컬을 꼭 봐야 한다면 베를린에서는 필하모니 공연이 필수! 베를린 필하모니 홈페이지에서 예약이 가능하고, 매진이 빠른 편이니 일정에 맞춰 서둘러 예약하도록 하자. 당일 티켓 구매도 가능한데, 예매 후 남은 티켓이나 취소된 티켓을 현장에서 살 수 있고 입석도 저렴하게 구입할 수도 있다.
＊온라인 예약하기
www.berliner-philharmoniker.de (영어 지정 가능) … Calendar에서 공연 선택 … 좌석 선택 … 결제

악기 박물관 Musikinstrumenten Museum

바흐로 대표되는 클래식 음악의 전성기, 바로크 음악 시대의 악기들을 볼 수 있는 악기 박물관이다. 16~21세기에 이르는 3,200여 개의 악기를 소장하고 있고 약 800종의 악기를 상설전시한다. 고풍스럽고 화려한 바로크 시대의 악기 중에서 특히 피아노의 전신으로 알려진 하프시코드Harpsichord(독일어, 클라비쳄발로Klavicembalo)가 눈길을 끈다. 오디오 가이드로 악기 소리를 들어볼 수 있다.

Access	다스 센터에서 필하모니 방향으로 길 건너 도로변에 위치
Open	화 09:00~13:00, 수ㆍ금 09:00~17:00, 목 09:00~20:00, 토ㆍ일 10:00~17:00, 월 휴관
Cost	성인 €10, 학생 €5, 18세 이하 무료
Address	Tiergartenstraße 1, 10785 Berlin
Tel	+49 (0)30 254 810
Web	www.sim.spk-berlin.de

전승기념탑 Siegessäule

19세기 프로이센의 전쟁 승리를 기념하며 황제 빌헬름 1세에 의해 1873년에 세워졌다. 1864년 덴마크를 시작으로 1866년 오스트리아, 1870년, 1871년 프랑스와의 전쟁에서 연거푸 승리하면서 독일 통일을 이루었고, 이를 기념하기 위해 국회의사당인 라이히슈타크 앞에 세워졌던 것을 1938년 나치가 이곳으로 옮겨 놓았다. 높이 67m의 전승기념탑 위에는 금색으로 빛나는 빅토리아 여신이 서 있다. 8.3m 높이의 35톤 여신은 머리에는 독수리 헬멧을, 한 손에는 월계수를 들고 있는데 프랑스를 이긴 기념으로 프랑스 방향으로 서 있다고 한다. 영화 〈베를린 천사의 시〉(1987)에서 천사가 자주 머물던 곳으로 기억되기도 한다. 탑 안에는 간단한 전시물이 있고 285개의 나선형 계단을 올라 나오는 전망대에서는 티어가르텐을 배경으로 사방으로 쭉 뻗은 시내를 감상할 수 있다. 2008년에는 당시 미 대통령 후보였던 오바마가 연설을 하기도 했다.

Access	버스(100번) Großer Stern 하차
Open	4~10월 월~금 09:30~18:30, 토·일 09:30~19:00
	11~3월 10:00~17:00
Cost	성인 €3, 학생 €2.5, 6~14세 €1.5, 7세 이하 무료
Address	Großer Stern 1, 10785 Berlin
Tel	+49 (0)30 391 2961

Tip 지하도로 이용하기
지상으로 연결되는 입구는 없고 지하도로를 이용해야 탑으로 갈 수 있다.

티어가르텐
Tiergarten

베를린 한가운데 있는 거대한 공원으로 베를린 시민들의 휴식처다. 17세기 후반에는 선제후의 사냥터였고 1830년대부터 공원이 되었다. 티어가르텐 지하철역이 있지만 베를린 동물원도 티어가르텐 내에 있고 전승기념탑, 라이히슈타크 주변, 베를린 문화 포럼 등에서도 접근이 가능하다.

Access S반 Tiergarten역 외 다수의 입구가 있다.

티어가르텐 벼룩시장
Berliner Trödelmarkt

매주 토·일요일에 열리는 베를린에서 가장 유명한 골동품 시장이다. 관광용이 아닌 진짜 앤티크 제품과 중고품을 판매하는 곳으로 도자기, 의류, 공예품, 카메라, 예술품 등이 있다. 꽤 괜찮은 모피와 가죽제품도 구할 수 있다.

Access	S반 Tiergarten역 노보텔 앞 광장
Open	토·일 10:00~16:00
Address	Straße des 17. Juni 106 10623 Berlin
Web	www.berlinertroedelmarkt.com

❶

린덴브로이 Lindenbräu

베를린에서 가장 인기 있는 맥줏집 중 하나로 지역 요리와 바이에른, 오스트리아 요리를 제공한다. 바삭하게 구워 나오는 슈바인스학세Schweinshaxe도 맛있고 다른 메뉴들도 평균 이상의 맛이다. 다양한 맥주를 맛보고 싶다면 8잔의 맥주가 200ml씩 종류별로 나오는 1m 맥주를 주문해 보자. 실내는 250석의 2층 구조인데 이보다는 광장을 바라보며 식사를 할 수 있는 야외석의 인기가 좋다. 가격은 다소 높은 편이고 워낙 넓은 곳이라 주문까지 시간이 걸리는 편이다. 다른 곳들과 마찬가지로 친절한 서비스에 대한 기대는 접어두고 맛있게 즐기도록 하자.

Access	포츠담 광장 다스 센터 내
Open	11:30~01:00
Cost	1m 맥주 €17.4, 슈바인스학세 €24.9
Address	Bellevuestraße 3, 10785 Berlin
Tel	+49 (0)30 257 51 280
Web	www.bier-genuss.berlin/lindenbraeu-am-potsdamer-platz

더 빅 도그 The Big Dog Berlin

빨강, 노랑, 파랑의 원색으로 꾸며진 인테리어가 재미있는 핫도그와 커리부어스트 맛집이다. 다른 곳과 다르게 테이블에 놓여 있는 케첩, 마요네즈는 기본으로 제공된다. 친절하고 유쾌한 분위기이고 '핫도그+감자튀김+소프트드링크'로 구성된 점심 세트(12:00~15:00, €11.9)도 추천할 만하다. 한국식 핫도그도 메뉴에 있다.

Access	메리어트 호텔 앞
Open	12:00~22:00
Cost	핫도그 €7.5~, 커리부어스트 €5~
Address	Ebertstraße 3, 10117 Berlin
Tel	+49 (0)30 220 00 5440
Web	www.thebigdog.de

몰 오브 베를린 Mall of Berlin

2014년 9월 문을 연 베를린에서 두 번째로 큰 쇼핑몰이다. 베를린에서 볼 수 있는 거의 모든 브랜드의 매장이 입점해 있고 푸드코트와 유명 레스토랑, 슈퍼마켓은 물론 편의시설과 오락시설이 들어서 있어 원하는 것들을 원스톱으로 해결할 수 있다.

Access	U반 (U2) Potsdamer Platz역에서 나오면 보인다.
Open	월~토 10:00~20:00, 일 휴무
Address	Leipziger Pl. 12, 10117 Berlin
Tel	+49 (0)30 20 621 770
Web	www.mallofberlin.de

초역 & 쿠담

관광명소 & 박물관

① 샤를로텐부르크 궁전 Schloss Charlottenburg
② 베르그루엔 미술관 Museum Berggruen
③ 브뢰한 미술관 Bröhan Museum
④ 샤르프 게르스텐베르크 미술관
　Sammlung Scharf Gerstenberg
⑤ 베를린 동물원 Zoo Berlin
⑥ 사진 박물관 Museum für Fotografie
⑦ 카이저 빌헬름 기념 교회
　Kaiser-Wilhelm-Gedächtnis-Kirche
⑧ 유로파센터 Europa Center
⑨ 캐테 콜비츠 미술관
　Käthe-Kollwitz-Museum Berlin
⑩ 스토리 오브 베를린 Story of Berlin

레스토랑 & 나이트라이프

① 에이트레인 A-Trane
② 커리 36 Curry 36
③ 콰지모도 Quasimodo
④ 문학의 집 Café im Literaturhaus - Wintergarten
⑤ 파이브가이즈 쿠담 Five Guys Berlin Ku'Damm
⑥ 블록 하우스 Block House
⑦ 모임 MOIM (한식당)

쇼핑

① 암펠만 숍 & 카페 Ampelmann Shop & Cafe
② 카데베 백화점 Kadewe
③ 비키니 베를린 Bikini Berlin

숙소

① 모텔 원 Hotel Motel One Berlin Ku'Damm
② 발도프 아스토리아 Waldorf Astoria Berlin
③ 25아워스 호텔 비키니
　25hours Hotel Bikini Berlin
④ 풀만 호텔 Hotel Pullman Berlin Schweizerhof
⑤ 인터콘티넨털 베를린 InterContinental Berlin
⑥ 호텔 Q! 베를린 Hotel Q! Berlin
⑦ 도린트 쿠담 베를린
　Dorint Kurfürstendamm Berlin
⑧ 더블트리 바이 힐튼 베를린 쿠담
　DoubleTree by Hilton Berlin Ku'damm
⑨ 호텔 브리스톨 베를린 Hotel Bristol Berlin
⑩ 파크 플라자 베를린 Park Plaza Berlin
⑪ 프로펠러 아일랜드 시티 로지
　Propeller Island City Lodge
⑫ 호텔 쿠담 101 Hotel Ku' Damm 101

Ⓢ S반　Ⓤ U반　Ⓑ 은행

동물원 & 수족관 Zoo Berlin & Zoo Aquarium

독일에서 가장 오래된 동물원으로 1844년 개장했다. 티어가르텐의 약 84에이커의 부지에 2만 마리가 넘는 1,500여 종의 동물들을 수용하고 있고, 어디에서도 볼 수 없는 희귀동물을 볼 수 있다. 또한 동물의 생태에 맞춘 전시와 수용기법 등이 세계 최고 수준이라는 평가를 받는다. 공연과 먹이 주는 시간에 맞춰 가면 더욱 흥미롭게 관람할 수 있다. 함께 있는 수족관과 연계해서 관람하기 좋다.

Access	S/U반 Zoologischer Garten, U반 Kurfürstendamm역, 버스(100 · 200번 · M45 · M46 외 다수) Zoologischer Garten 하차
Open	9월 23일~10월 27일 · 2월 26일~3월 24일 09:00~18:00, 10월 28일~12월 31일 · 1월 1일~2월 25일 09:00~16:30, 3월 25일~9월 22일 09:00~18:30
Cost	온라인 예매 **동물원** 성인 €16, 학생 €9, 어린이(4~15세) €7.5 **동물원+수족관** 성인 €24, 학생 €13, 어린이(4~15세) €11
Address	Budapesterstraße 32, 10787 Berlin
Tel	+49 (0)30 254 010
Web	www.zoo-berlin.de

초역 Zoologischer Garten

서독 지역의 중심 역으로 유일하게 장거리 기차가 다니던 역이다. 독일 통일 후 중앙역에 밀리긴 했지만 여전히 지하철을 비롯해 다수의 버스 노선이 지나는 곳으로 서베를린 지역의 교통의 중심이 되고 있다. 주변에 저렴한 호스텔과 호텔 체인이 많아 초역이나 쿠담 주변에 숙소를 잡아도 좋다. 100번, 200번 버스 등 베를린 각지를 연결하는 버스의 출 · 도착점이다.

Access S/U반 Zoologischer Garten

쿠담 거리 Kurfürstendamm

동서 분단 당시 운터 덴 린덴이 동베를린의 중심 거리였다면, 서베를린에는 쿠어퓌르스텐담Kurfürstendamm, 줄여서 쿠담Ku'damm이라고 부르는 이곳이 가장 번화가였다. 서쪽의 유일한 장거리 기차역인 초역에서 뻗어 나온 거리로 베를린의 쇼핑일번지로 불릴 만큼 쇼핑하기 좋은 상업 지구다. 쿠담 거리를 따라 젊은 감각의 브랜드숍과 백화점 등이 밀집해 있고 합리적인 가격의 호텔들도 많이 있다.

Access S/U반 Zoologischer Garten, U반 Kurfürstendamm역

카이저 빌헬름 기념 교회
Kaiser-Wilhelm-Gedächtnis-Kirche

독일 통일을 이룩한 황제 빌헬름 1세를 기념하기 위해 고딕 양식과 네오 로마네스크 양식으로 1895년에 완공된 교회다. 첨탑의 높이가 113m이고 2,000석의 규모로 프로이센 최전성기에 지어졌다. 제2차 세계대전 중이던 1943년 11월에 영국군의 폭격으로 본당의 대부분이 파괴되었는데, 전쟁의 참혹함을 잊지 말자는 의미로 보수하지 않고 그대로 남겨 두었다. 처참한 외관으로 인해 '썩은 이빨'이라고도 불린다. 교회는 회랑 입구 정도만 남겨졌는데 눈을 뗄수 없이 아름답고 화려한 천장의 모자이크 벽화만으로도 예전 교회의 규모와 아름다움을 가늠할 수 있다.

파괴된 교회를 대신해 타워와 교회 등 4개의 건물을 새로 지었는데, 신관은 일부러 눈에 띄지 않도록 어두운 색으로 지었다고 한다. 예배당 내부는 현대적인 인테리어로 푸른색의 스테인드글라스로 덮여 있어 신비롭기까지 하다. 음향을 위한 장치가 따로 있는 파이프 오르간도 유명하다.

Access S/U반 Zoologischer Garten,
        U반 Kurfürstendamm역

Open   **교회** 10:00~18:00
        (예배, 콘서트 제외)
        기념관 월~토 10:00~18:00,
        일 12:00~18:00

Cost   무료

Address Breitscheidplatz, 10789 Berlin

Tel   +49 (0)30 218 5023

Web   www.gedaechtniskirche-berlin.de

스토리 오브 베를린
Story of Berlin

800년 역사의 베를린의 수많은 이야기를 담은 박물관이다. 역사, 예술, 사회, 문화 등 23개의 주제를 가진 방에 다양한 멀티미디어 장치와 쌍방향의 첨단 시스템을 갖추고 있어 흥미롭게 관람할 수 있다. 시간의 순서대로 자연스럽게 시대가 연결된다. 스토리 오브 베를린의 하이라이트는 냉전 시대 쿠담 거리 아래 있던 핵방공호 투어로 1970년대 만들어진 실제 방공호가 있던 자리에 박물관이 만들어졌다. 독어와 영어로 진행되는 가이드투어에 참가해야만 관람이 가능하다. 비상 시 3,600명까지 수용 가능한 방공호는 공포감이 느껴지기도 한다. 방공호 투어의 맨 마지막에는 히틀러의 육성을 들을 수 있다. 가이드 투어는 매시간 진행되며 방공호 투어를 포함해 2시간가량 소요된다. 2022년 시작한 대대적인 보수공사로 임시 휴업 중이다.

Access	쿠담 거리에 위치, U반(U1) Uhlandstraße 하차, 도보 2분
Open	2024년 12월 현재 임시 휴업 중
Address	Kurfürstendamm 207-208, 10719 Berlin
Tel	+49 (0)30 887 20 100
Web	www.story-of-berlin.de

사진 박물관
Museum für Fotografie

관음과 욕망의 연금술사로 불리는 20세기 패션 사진의 거장, 헬무트 뉴튼Helmut Newton(1920~2004)의 작품을 전시하는 곳으로 2004년 문을 열었다. 독일계 유대인으로 예술과 외설의 경계를 넘나드는 파격적인 사진으로 패션 사진을 예술의 경지에 올려 놓았다는 평을 받고 있다. 수준 높은 특별전시로도 유명하다.

Access	S/U반 Zoologischer Garten 하차
Open	화~일 11:00~ 19:00(목 ~20:00), 월 휴관
Cost	성인 €12, 학생 €6
Address	Jebensstraße 2, 10623 Berlin
Tel	+49 (0)30 266 42 4242
Web	www.smb. museum

바우하우스 아카이브 미술관
Bauhaus-Archiv Museum für Gestaltung

독일의 디자인 예술 학교 바우하우스 관련 자료를 전시하고 있다. 1919년 문을 열어 나치에 의해 1933년 폐쇄되기까지 20세기 건축과 디자인에 큰 영향을 미친 바우하우스의 실습자료와 교수였던 칸딘스키의 세미나 원고 등을 볼 수 있다. 현재 대대적인 보수공사 중으로, 임시 박물관과 숍만 운영 중이다. 재개관일은 미정이다.

Access	U반 Ernst-Reuter-Platz에서 도보 2분
Open	월~토 10:00~18:00, 일 휴관
Address	Knesebeckstraße 1, 10623 Berlin
Tel	+49 (0)30 306 41768

샤를로텐부르크 궁전 Schloss Charlottenburg

베를린에서 가장 크고 화려한 호엔촐레른 왕가의 궁전이다. 프로이센의 첫 여왕 소피 샤를로테Sophie Charlotte를 위해 지어진 여름 별장으로 사망 후 그녀의 이름을 딴 샤를로텐부르크 궁전이 되었다. 1699년 완공 후 신 궁전 등 확장, 보수공사를 통해 궁전의 규모가 되었고, 1943년 전쟁 중 파괴된 것을 재건했다. 바로크 양식의 화려한 객실과 홀이 유명한데 특히 동양의 도자기를 모아놓은 도자기방과 발트산 호박으로 벽을 채운 호박방이 유명하다. 일반에게도 개방되는 궁전의 아름다운 정원은 베를린 시민들의 휴식처다. 정원 한쪽에 최고급 도자기 브랜드인 KPM자기로 만든 관이 있는 왕가의 무덤도 인상적이다.

Access	버스(109번 · M45) Luisenplatz/ Schloss Charlottenburg역 하차, 버스(309번 · M45) Schloss Charlottenburg역 하차
Open	정원 08:00~늦은 밤
	궁전 4~10월 화~일 10:00~17:30, 월 휴관
	11~3월 화~일 10:00~16:30, 월 휴관
Cost	정원 무료
	궁전 통합 티켓 성인 €19, 학생 €14
	신 궁전/구 궁전 성인 €12, 학생 €8
Address	Spandauer Damm 10-22, 14059 Berlin
Tel	+49 (0)30 320 911
Web	www.spsg.de/schloesser-gaerten/ objekt/schloss-charlottenburg-altes-schloss

샤르프 게르스텐베르크 미술관
Sammlung Scharf Gerstenberg

베르그루엔 미술관과 마주 보고 있는 미술관으로 창의적이고 다소 충격적인 초현실주의 대표 작가들의 작품을 전시하고 있다. 살바도르 달리, 르네 마그리트, 막스 에른스트, 한스 벨머, 오딜롱 르동, 막스 클링거 등의 회화, 조각, 사진 작품들을 감상할 수 있다.

Access	샤를로텐부르크 궁전 건너편에 위치
Open	수~일 11:00~18:00, 월 · 화 휴관
Cost	성인 €10, 학생 €5
Address	Schloßstraße 70, 14059 Berlin
Tel	+49 (0)30 266 42 4242
Web	www.smb.museum

브뢰한 미술관
Bröhan Museum

아르누보와 아르데코, 기능주의(1889~1939)를 표방한 작품들을 전시하고 있다. 주로 프랑스와 벨기에, 독일과 스칸디나비아의 작품들로 가구, 각종 공예, 장식품들이 대부분이다. 특히 섬세하게 표현된 유리공예작품과 도자기 컬렉션이 유명하다. 소규모 박물관으로 장식예술과 자기와 그릇류에 관심이 있다면 둘러볼 만하다.

Access	샤를로텐부르크 궁전 건너편에 위치
Open	화~일 10:00~ 18:00, 월 휴관
Cost	성인 €8, 학생 €5
Address	Schloßstraße 1a, 14059 Berlin
Tel	+49 (0)30 326 90 600
Web	www.broehan-museum.de

⑪

베르그루엔 미술관 Museum Berggruen

샤를로텐부르크 궁전 건너편 양쪽으로 자리 잡은 쌍둥이 미술관 중 하나로 20세기 현대 미술의 거장들의 작품을 전시하고 있다. 미술 컬렉터 베르그루엔 (1914~2007)의 소장품들로 120점이 넘는 피카소의 컬렉션만으로도 볼만한 가치가 충분하다. 또 70여 점의 클레 작품과 마티스, 자코메티의 걸작들도 만나볼 수 있다. 2022년부터 시작된 대대적인 보수공사 중이다.

Access	샤를로텐부르크 궁전 건너편에 위치
Open	2025년 재개관 예정
Cost	성인 €12, 학생 €6
Address	Schloßstraße 1, 14059 Berlin
Tel	+49 (0)30 266 42 4242
Web	www.smb.museum

⑫

캐테 콜비츠 미술관 Käthe-Kollwitz-Museum Berlin

독일의 판화가이자 조각가 캐테 콜비츠(1867~1945)는 20세기 사회적 저항에 앞장선 대표적인 미술가로 한국의 민중미술에도 큰 영향을 미쳤다. 그녀의 작품은 사회 부정과 전쟁, 가난 속에서 사회적 약자를 사실적이고 애틋하게 묘사하고 있다. 노이에바헤에 있는 모자 조각상도 그녀의 작품이다. 샤를로텐부르크 궁전 극장 건물에 위치해 있고, 쾰른에도 그녀의 미술관이 있다.

Access	샤를로텐부르크 궁전 바로 옆. Theaterbau 내에 위치
Open	11:00~18:00
Cost	**통합 티켓** 성인 €7, 학생 €4, 17세 이하 무료
Address	Theaterbau am Schloss, Spandauer Damm 10, 14059 Berlin
Tel	+49 (0)30 882 5210

⑬

베를린 올림픽 스타디움 Olympiastadion Berlin

1936년 하계 올림픽 메인 스타디움으로 건설된 곳이다. 2006년 독일 월드컵 결승전이 열렸던 곳으로 지단의 박치기 사건으로 유명하다. 1936년 베를린 올림픽 메달리스트 명단에는 마라토너 고 손기정 선수의 이름도 있다. 당시 금메달 수여는 히틀러가 했다. 독일 분데스리가 헤르타 베를린의 홈구장이고 영어와 독일어 가이드투어도 있다.

Access	S/U반 Olympiastadion
Open	10:00~16:00 (계절별·이벤트별 변동 가능)
Cost	**가이드투어** 성인 €12, 학생 €12.5, 어린이(6~14세) €11, 가족(성인 2인+어린이 최대 3인) €33
Address	Olympischerplatz 3, 14053 Berlin
Tel	+49 (0)30 306 88 100
Web	www.olympiastadion-berlin.de

커리 36 Curry 36

초역에 있는 커리부어스트 맛집으로 메링담에도 지점이 있다. 부드러운 식감을 원한다면 껍질이 없는 오네담Ohne Darm을 주문하면 된다. 주문해서 바로 앞에 있는 테이블에서 서서 먹는다.

Access	S/U반 Zoologischer Garten역 앞 광장
Open	08:00~05:00
Cost	커리부어스트 €2.2~
Address	Hardenbergplatz 9, 10623 Berlin
Tel	+49 (0)30 319 92 992
Web	www.curry36.de

파이브 가이즈 쿠담
Five Guys Berlin Ku'Damm

1986년 미국에서 시작된 유명 햄버거 체인점으로 베를린에만 4개의 매장이 있다. 햄버거에 감자튀김과 밀크셰이크를 곁들이면 푸짐한 한 끼가 된다. 냉동 재료는 사용하지 않으며 땅콩 기름으로 감자튀김과 패티를 조리한다. 매장 한가운데 무제한 제공되는 땅콩 포대가 쌓여 있다.

Access	U반 Kurfürstendamm역
Open	월~목 · 일 11:00~23:00, 금 · 토 11:00~24:00
Cost	버거류 €10.95~, 밀크쉐이크 €6.95~
Address	Joachimsthaler Str. 10, 10711 Berlin
Tel	+49 (0)30 3302 6501 Web restaurants.fiveguys.de

블록 하우스 Block House

저렴하고 맛있는 스테이크 전문점으로 베를린을 비롯해 독일 여러 도시에 지점이 있다. 스테이크에는 사이드 메뉴와 샐러드가 포함되고 블록 하우스만의 드레싱도 맛있다. 직원들도 친절하다.

Access	U반 Adenauerplatz역 쿠담 거리에 위치
Open	월~토 12:00~23:00, 일 12:00~22:00
Cost	스테이크 €30 내외, 런치 메뉴 €10.9~
Address	Kurfürstendamm 161, 10709 Berlin
Tel	+49 (0)30 891 9355
Web	www.block-house.de

모임 MOIM (한식당)

베를린의 터줏대감 격이던 '한옥식당'이 '모임'으로 새 단장을 했다. 다양한 한식과 짜장면 등 중식 메뉴가 있고 여름 대표 메뉴, 냉면도 인기가 있다. 선주문으로 광어회와 매운탕 등을 주문할 수 있다.

Access	U반 Adenauerplatz역, S반 Halensee역
Open	월~목 12:00~22:00, 금 · 토 12:00~22:30, 일 17:00~22:00
Cost	식사류 €13~, BBQ €17~, 런치 메뉴 €8~
Address	Kurfürstendamm 134, 10711 Berlin
Tel	+49 (0)30 895 41 892
Web	www.moim.berlin

문학의 집 Café im Literaturhaus - Wintergarten

유명한 베를린의 북카페로 문학 관련 다양한 강좌나 행사가 자주 열리는 곳이다. '겨울 정원Winter Ggarten'으로 불리는 카페에서 여유롭게 브런치를 즐기기 좋다. 정원이 아름다운 곳이어서 실내석보다는 야외석의 인기가 좋다. 식사와 디저트 메뉴도 평이 좋은 편이다. 건물에 아담한 서점이 있으니 둘러보도록 하자.

Access	U반 Uhlandstraße역 도보 3분
Open	2024년 12월 현재 임시 휴업 중
Cost	조식 €23~
Address	Fasanenstraße 23, 10719 Berlin
Tel	+49 (0)30 882 5414
Web	cafe-im-literaturhaus.de

Shopping

비키니 베를린 Bikini Berlin

콘셉트 쇼핑몰을 표방하는 MZ 감각의 쇼핑몰. 2층 구조의 위아래로 나뉜 실내 모습이 비키니 수영복을 연상시켜 '비키니 하우스'로 불렸던 곳에 1960년대 말부터 패션 회사가 모여들어 사업을 시작했고, 2014년에 비키니 베를린으로 재탄생했다. 옥상 테라스에서는 베를린 동물원을 조망할 수 있다.

Access	Zoo역에서 도보 1분
Open	월~토 10:00~20:30, 일 휴무
Address	Budapester Str. 38-50, 10787 Berlin
Tel	+49 (0)30 5549 6455
Web	www.bikiniberlin.de

Shopping

카데베 백화점 Kadewe

1907년 개장한 유럽 최고의 럭셔리 백화점이다. '서쪽에 있는 백화점Kaufhaus des Westens'이라는 뜻으로 베를린의 대표적인 부촌 지역에 자리 잡고 있다. 명품 브랜드의 쇼핑이 가능하고 6층의 유명한 식품관에는 바 형식의 요리코너와 모엣샹동Moët & Chandon 등 유명 브랜드의 샴페인 바가 있다. 원하는 만큼 먹고 계산하는 7층 라운지의 르 뷔페Le Buffet도 인기 있는 레스토랑이다.

Access	U반 Wittenbergplatz역 앞, 초역에서 도보 10분
Open	월~토 10:00~20:00, 일 휴무
Address	Tauentzienstraße 21-24, 10789 Berlin
Tel	+49 (0)30 212 10
Web	www.kadewe.de

서 크로이츠베르크

Ⓢ S반   Ⓤ U반   Ⓑ 은행

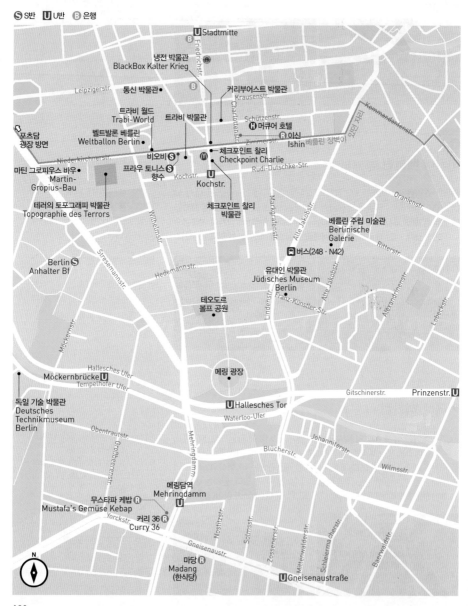

냉전 박물관
BlackBox Kalter Krieg

통신 박물관●

커리부어스트 박물관

트라비 월드
Trabi-World

트라비 박물관

Ⓗ 머큐어 호텔   Ⓡ 이신

포츠담
광장 방면

벨트발론 베를린
Weltballon Berlin ●

비오비 Ⓢ

Ishin 베를린 장벽이

마틴 그로피우스 바우 ●
Martin-
Gropius-Bau

프라우 토니스 Ⓢ
향수

체크포인트 찰리
Checkpoint Charlie

Kochstr.   Ⓤ
Kochstr.

테러의 토포그래피 박물관
Topographie des Terrors

체크포인트 찰리
박물관

베를린 주립 미술관
Berlinische
Galerie

Berlin Ⓢ
Anhalter Bf

Ⓡ 버스(248 · N42)

유대인 박물관
Jüdisches Museum
Berlin

테오도로
볼프 공원

메링 광장

독일 기술 박물관
Deutsches
Technikmuseum
Berlin

Möckernbrücke Ⓤ

Ⓤ Hallesches Tor

Prinzenstr. Ⓤ

메링담역
Mehringdamm
Ⓤ

무스타파 케밥 Ⓡ
Mustafa's Gemüse Kebap

커리 36 Ⓡ
Curry 36

마당 Ⓡ
Madang
(한식당)

Ⓤ Gneisenaustraße

N

①

체크포인트 찰리 Checkpoint Charlie

1945년 제2차 세계대전이 종전된 후 동독과 서독으로 나뉘면서 동베를린은 소련이 서베를린은 미국, 영국, 프랑스가 나누어 관할하게 되었다. 그중 미국 관할 구역의 국경에 있던 검문소가 '체크포인트 찰리'다. 검문소 사거리에 크게 붙어 있는 사진 속 주인공이 '찰리'가 아니라는 이야기. 동독 방향으로는 소련군, 서독 방향으로는 미군 사병의 사진이 붙어 있다. 국경에 있던 세 곳의 검문소 중 이곳으로만 기자나 외교관, 고위 관리들이 드나들 수 있었다고 한다. 검문소는 장벽이 무너진 후 철거했다가 2008년 복원한 것이고 베를린을 대표하는 관광지가 되었다. 검문소에서 기념사진을 찍으려면 긴 줄을 서야 하지만 잊지 못할 추억이 될 것이다. 주변으로 밀리터리 덕후들이 좋아할 만한 노점상들이 있다. 더 자세한 내용은 p.130 참고.

Access U반 Kochstraße역 사거리에 위치
Address Friedrichstraße 43-45, 10117 Berlin

②

체크포인트 찰리 박물관
Museum Haus am Checkpoint Charlie

베를린 장벽이 세워지는 과정과 장벽이 세워진 뒤 온갖 방법으로 목숨을 걸고 탈출을 시도한 동독 사람들의 사진 및 자료를 전시하고 있다. 땅굴, 열기구, 심지어는 쇼핑백에까지 숨어서 탈출을 시도해야 했던 당시의 절박함이 전해지는 곳이다. '장벽 박물관^{Mauer Museum}'이라고도 불린다.

Access	U반 Kochstraße역	Open 10:00~20:00
Cost	성인 €18.5, 학생 €12.5, 7~18세 €9.5, 6세 이하 무료, 사진 촬영 €5	
Address	Friedrichstraße 43-45, 10969 Berlin	
Tel	+49 (0)30 253 7250	
Web	www.mauermuseum.de	

③

냉전 박물관
BlackBox Kalter Krieg

종전 이후인 1945년부터 1990년까지 세계를 지배했던 냉전시대의 자료들을 전시하고 있는 현대사 박물관이다. 냉전의 상징과도 같은 '체크포인트 찰리'에 자리 잡고 있다. 내부 전시관은 유료이고 외부 벽에 전시된 냉전 시대의 사진은 무료로 관람할 수 있다. 블랙박스^{BlackBox}라고도 불린다.

Access	체크포인트 찰리 건너편에 위치
Open	10:00~18:00
Cost	성인 €5, 학생 €2, 14세 이하 무료
Address	Friedrichstraße 47/48, 10969 Berlin
Tel	+49 (0)30 216 3571
Web	blackbox-kalter-krieg.de

베를린 장벽과 검문소
Berliner Mauer & Checkpoint

1989년 11월 9일, 베를린 장벽의 통행 허가가 선언되자 동서의 베를린 시민들은 장벽으로 몰려들어 망치로 장벽을 부수기 시작했고 장벽 위에 올라가 환호하는 모습이 TV를 통해 전 세계로 퍼져나갔다. 역사적인 베를린 장벽의 붕괴를 시작으로 1990년 10월 드디어 독일 통일을 이룩하였다. 냉전과 독일 분단의 상징인 베를린 장벽과 검문소는 오늘날 역사를 돌아보고 반성하는 엄숙하고 거룩한 장소인 동시에 전 세계 관광객을 끌어모으는 관광자원이 되고 있다.

✚ 체크포인트 찰리 Checkpoint Charlie

1945년 제2차 세계대전의 종전과 함께 패전 국가 독일은 소련, 미국, 영국, 프랑스에 의해 신탁통치를 받게 된다. 수도 베를린은 동서로 나뉘어, 동베를린은 소련이, 서베를린은 영국과 프랑스, 미국이 점령하게 된다. 이때 동서 국경에 검문소들이 생겨났고 알파벳순으로 이름을 붙인 것이 프랑스 관할의 체크포인트 알파(A), 영국 관할의 체크포인트 브라보(B), 미국 관할의 체크포인트 찰리(C) 등이다. 이 중 체크포인트 찰리는 유일하게 기자, 군인, 외교관 등이 왕래할 수 있었던 곳으로 냉전 시대의 온갖 풍파를 겪으며 유명해졌다.

동서간의 통행이 비교적 자유로웠던 1961년까지 270만 명 이상의 동독인들은 서베를린으로 이주했다. 주로 지식인과 기술자들이 동독을 떠나며 경제가 휘청거리자 동독은 특단의 조치로 1961년 8월 13일 서베를린 경계 155km에 철조망을 두르고 콘크리트 장벽을 세우기 시작했다. 장벽으로 막히기 직전인 1961년 10월에는 미군과 소련군의 탱크가 체크포인트 찰리를 경계로 서로 포구를 겨눈 채 대치하는 사건이 벌어졌다. 나흘 만에 소련이 먼저 철수하면서 일단락되었지만 일촉즉발의 상황이었다. 1962년에는 당시 18세의 동독 소년 페터 페히터가 친구와 장벽을 넘다가 동독 초병의 총에 맞아 숨지는 사건이 일어났다. 이 사건은 사진기자들에 찍혀서 전 세계에 전해졌고, 당시 총을 쏜 동독 군인은 동독에 의해 표창을 받았지만 통일 후에는 살인죄로 기소되었다고 한다.

✚ 베를린 장벽 Berliner Mauer (1961~1989)

1961년 8월 12일 밤, 서베를린으로 통하는 모든 길을 차단하기 위해 기습적으로 설치된 철조망은 5m 높이의 콘크리트 장벽이 되어 30여 년간 동서를 갈라 놓았다. 약 5,000명의 동독인들이 동서 냉전의 상징이던 장벽을 넘어 탈출에 성공했으나 다른 5,000여 명은 발각되어 체포되었고 200명 이상이 사살되었다고 한다.

1989년 5월 소련 고르바초프의 개혁 개방 정책으로 동구권에 민주화바람이 불면서 헝가리가 오스트리아 쪽 국경을 개방하자 수천 명의 동독인들이 헝가리와 오스트리아를 거쳐 서독으로 몰려들게 되었다. 동독 각 지역에서는 반정부 시위가 이어지고 그 규모도 커지면서 1989년 11월 9일 저녁 7시 동독 정부는 베를린 장벽을 포함한 모든 경계를 전면 개방한다고 발표했고 이날 밤부터 검문소를 넘어가고 장벽을 허무는 일이 시작됐다.

그날 밤의 기록들은 아직도 베를린 곳곳에서 발견할 수 있다. 3년에 걸쳐 철거된 장벽의 일부는 그대로 보존되고 있고, 당시의 사진과 영상, 그리고 냉전의 기록들이 박물관에 전시되어 있다. 진짜인지 가짜인지 모를 장벽의 조각들은 여전히 유통되고 있고 장벽이 있던 자리는 두 줄의 벽돌이 박혀 있어 도시 곳곳에서 확인할 수 있다. 드라마틱했던 통일의 과정을 거쳐 안정기에 접어든 독일을 보며 우리의 역사에 '남북통일'이 새겨질 그날을 꿈꿔본다.

장벽이 있던 자리

*베를린 장벽이 남아 있는 4곳

❶ 포츠담 광장 Potsdamerplatz (p.112)
베를린 장벽이 처음으로 철거된 장소로 지금은 역 앞 광장에 일부만 남아 있다.

❷ 이스트 사이드 갤러리 East Side Gallery (p.140)
장벽 붕괴 후 전 세계 예술가들이 모여 장벽에 그린 그림을 전시한 야외 공개 갤러리.

❸ 테러의 토포그래피 박물관 Topographie des Terrors (p.132)
원형 그대로의 베를린 장벽이 있는 곳으로 나치 관련 박물관과 같이 있다.

❹ 베를린 장벽 기념관 Gedenkstätte Berliner Mauer
장벽이 동네 한가운데를 가로질렀던 베딩 지역의 베르나우어 거리는 유난히 탈출자와 희생자가 많았다. 동독경비구역에는 차단벽과 감시탑 등이 설치되었고 탈주자는 무조건 사살해 '죽음의 띠'로 불렸다. 통일 후 이곳의 장벽과 동독 감시시설을 원형 그대로 보존해 두었고 희생자 추모시설과 베를린 장벽 기념관을 세웠다. 분단의 비극을 상징하는 '화해의 교회 Versöhnungskirche'도 있다.

Access S반 Nordbahnhof, U반 Bernauerstraße, 트램(M10) Gedenkstätte Berliner Mauer
Open 08:00~22:00   Cost 무료
Address Bernauerstraße 111, 13355 Berlin
Web www.berliner-mauer-gedenkstaette.de

콘라트 슈만 Conrad Schumann
콘크리트 장벽이 들어서기 전인 1961년 8월 15일 베르나우어 경계선에서 보초를 서던 19세의 동독 초병 '콘라트 슈만'은 서베를린 사람들이 "넘어와"라고 소리치자 총을 맨 채로 철조망을 뛰어넘었고 그 순간을 서독의 사진가 페터 라이빙이 담으면서 동독의 탈출을 가장 극적으로 상징하는 사진이 되었다. 슈만의 스토리는 훗날 할리우드에서 영화로 만들어지기도 했다.

Sightseeing

테러의 토포그래피 박물관 Topographie des Terrors

원형 그대로의 베를린 장벽이 남아 있는 곳에 있는 나치 관련 박물관이다. 원래는 나치의 정치 경찰로 무자비하기로 악명 높았던 게슈타포Gestapo와 친위대인 SSSchultzstaffel의 본부가 있던 곳이었다. 1945년 공습과 시가전으로 본부는 완전히 파괴되었고 독일 통일 후에 그 참상을 모은 자료들을 모아 박물관을 만들어 소개하고 있다. 수용소를 만들어 대학살을 주도했던 친위대장 히믈러Heinrich Himmler는 종전 후 연합군에 의해 전범으로 체포되자 자살했다고 한다. 1933년부터 1945년까지 나치의 만행들을 상세하게 전시하고 있고 유대인을 비롯한 희생자들의 참혹한 모습도 사진자료로 볼 수 있다. 포츠담 광장의 홀로코스터 메모리얼부터 테러의 토포그래피 박물관으로 이어지는 나치 관련 박물관들은 관람이 어려울 정도로 다소 충격적이기도 하지만, 어두운 역사를 시내 중심지에 그대로 드러내 놓고 반성하고자 하는 독일의 자세에는 절로 고개가 숙여진다.

Access	S/U반 Potsdamerplatz 도보 10분, 체크포인트 찰리에서 도보 8분
Open	10:00~20:00
Cost	무료
Address	Niederkirchnerstraße 8, 10963 Berlin
Tel	+49 (0)30 254 50 950
Web	www.topographie.de

Sightseeing

트라비 박물관 Trabi Museum

동독의 국민차로 츠비카우 자동차VEB Automobilwerk Zwickau에서 1958년부터 생산했던 트라비 관련 전시를 하고 있다. 기념품숍에서는 다양한 트라비 미니어처를 구입할 수 있다.

> **Tip 트라비**Trabi
> 깜찍하고 빈티지한 디자인으로 큰 사랑을 받고 있는 옛 동독의 국민차 '트라반트Trabant', DDR의 상징 같은 차로 '트라비'는 애칭이다. 최악의 자동차로 꼽힐 만큼 성능은 저평가되었지만 통일 후 관광상품으로 개발되면서 큰 인기를 끌고 있다.

Access	체크포인트 찰리에서 테러의 토포그래피 박물관 방향으로 바로 있다.
Open	11:00~16:00
Cost	성인 €9, 12세 이하 무료
Address	Zimmerstraße 97, 10117 Berlin
Tel	+49 (0)30 302 01 030
Web	www.trabi-world.com

에어 서비스 베를린
Air Service Berlin – Weltballon

열기구를 타고 150m 상공까지 올라가 하늘 위에서 베를린을 내려다볼 수 있는 색다른 투어다. 매15분마다 출발하며 약 15분간 진행된다. 날씨에 따라 불가할 수도 있다.

Access	테러의 토포그래피 박물관에서 Zimmerstraße 방향
Open	월~금 10:00~17:00, 토 · 일 휴무
Cost	성인 €30, 학생 €20, 어린이(3~10세) €15
Address	Zimmerstraße 95-100, 10117 Berlin
Tel	+49 (0)30 226 67 8811
Web	berlinhelicopter.de

베를린 혐오 음식 박물관
Disgusting Food Museum Berlin

세상에 이런 박물관까지 있다고? 전 세계에서 온 기이하고 독특한 음식문화를 경험하고 체험할 수 있는 이색 박물관으로 2018년 개관했다. 황소의 성기, 소의 피, 수르스트뢰밍(청어 통조림) 등 시각과 후각에 충격을 주는 음식들을 경험할 수 있다.

Access	체크포인트 찰리에서 도보 3분
Open	월 · 화 · 금~일 12:00~18:00, 수 · 목 휴관
Cost	성인 €17, 학생 €12(온라인 사전 예매 시 할인)
Address	Schützenstraße 70, 10117 Berlin
Tel	+49 (0)30 2388 7745
Web	disgustingfoodmuseum.berlin

마틴 그로피우스 바우 Martin Gropius Bau

베를린에서 가장 핫한 전시와 행사가 열리는 곳으로 1881년 문을 연 르네상스 양식의 건물이다. 마틴 그로피우스 Martin Gropius와 하이노 슈미덴Heino Schmieden이 예술 박물관으로 설계했고 독일에서도 아름답고 웅장하기로 손꼽힌다. 베를린 영화제 때에는 필름마켓이 열리고 영화도 상영한다.

Access	테러의 토포그래피 박물관 옆
Open	월 · 수~금 12:00~19:00, 토 · 일 11:00~19:00, 화 휴관
Cost	전시마다 다름
Address	Niederkirchnerstraße 7, 10963 Berlin
Tel	+49 (0)30 254 860
Web	www.berlinerfestspiele.de

베를린 주립 미술관 Berlinische Galerie

다양한 특별전이 열리는 모던 아트 미술관이다. 독특한 복층 구조의 전시실에서 상설전과 특별전이 열린다. 회화, 그래픽, 조각, 멀티미디어, 사진, 건축 등 다양한 분야의 시각예술을 주로 한다. 유대인 박물관과 가깝다.

Access	U반 Hallesches Tor/Moritzplatz 도보 15분. 버스(248번) Jüdisches Museum 하차
Open	월 · 수~일 10:00~18:00, 화 휴관
Cost	성인 €10, 학생 €6, 18세 이하 무료
Address	Alte Jakobstraße 124-128, 10969 Berlin
Tel	+49 (0)30 789 02 600
Web	www.berlinischegalerie.de

유대인 박물관 Jüdisches Museum Berlin

나치의 유대인 학살과 독일 유대인의 2천여 년의 역사를 전시하는 박물관으로 2001년 9월에 개관했다. 두 개의 건물로 구성되어 있는데 주 전시관은 1735년 지어진 바로크 양식의 건물에 있다. 시청각 자료들이 많아 생생한 역사의 전달이 이루어진다. 미국의 건축가 다니엘 리베스킨트Daniel Libeskind의 디자인을 기반으로 지그재그로 지어진 새 건물은 베를린에서 가장 흥미로운 현대 건축물로 암호와 코드, 철학적인 테마를 복합적으로 반영해 지어졌다. 유대교의 상징인 다윗의 별Star of David이 연상되기도 한다. 전쟁 희생자들의 고통과 절규를 표현한 〈낙엽Shalekhet(Fallen Leaves)〉은 가장 인상적인 전시물로 높은 벽과 빛 아래 바닥에 깔린 철로 만든 1만 개의 얼굴이 놓여 있다.

Access	U반 Hallesches Tor 도보 10분, 버스(248번) Jüdisches Museum 하차
Open	10:00~18:00(마지막 입장 17:00)
Cost	**상설전 무료** **특별전** 성인 €10, 학생 €4, 18세 이하 무료
Address	Lindenstraße 9-14, 10969 Berlin
Tel	+49 (0)30 259 93 300
Web	www.jmberlin.de

〈낙엽〉
by. 메나세 카디쉬만
(Menashe Kadishman)

독일 기술 박물관 Deutsches Technikmuseum Berlin

입구에 비행기를 얹어 놓아 멀리서도 눈에 띄는 독일 기술 박물관은 세밀하고 장인정신이 넘치는 기술력으로 전 세계의 과학기술을 이끄는 독일의 진면목을 볼 수 있는 곳이다. 2만 6,500평방미터의 전시 공간에 교통, 통신, 에너지, 직물 등 다양한 산업기술 분야의 전시가 펼쳐지며, 특히 독일의 자랑인 열차 부분의 전시실에는 실물 크기의 열차가 전시되는 등 알차게 꾸며져 있다. 직접 체험하면서 원리를 깨달을 수 있는 전시를 하고 있어 어린이를 동반한 가족 관람객이 많은 편이다. 전체를 둘러보려면 반나절은 족히 걸리는 큰 규모다.

Access	U반 Gleisdreieck역과 Möckernbrücke역 사이에 있다. 역에서 도보 3분
Open	화~금 09:00~17:30, 토·일 10:00~18:00, 월 휴관
Cost	성인 €12, 학생 €6, 18세 이하 무료 *매월 첫 번째 일요일 무료 입장 (웹사이트 선예매)
Address	Trebbinerstraße 9, 10963 Berlin
Tel	+49 (0)30 902 540
Web	www.sdtb.de

Food
①

무스타파 케밥 Mustafa's Gemüse Kebap

베를린에서 '이건 꼭 먹어야 해!'에 해당하는 필수 음식, 케밥의 최고 맛집이다. 유럽에서도 가장 맛있다는 이곳 케밥은 긴 기다림 끝에 먹을 수 있다. 겉은 바삭하고 안은 부드러운 빵 속에 구운 야채와 치킨을 가득 채워 특제 소스를 뿌려주는데 한 입 베어 무는 순간 긴 기다림을 싹 잊게 만드는 맛이다. 치킨케밥이 가장 인기가 많고 야채케밥도 맛있다.

Access	U반 Mehringdamm에서 Yorckstraße 방향으로 나가면 바로 보인다.
Open	월~목 · 일 10:00~01:00, 금 14:00~03:00, 토 10:00~02:00
Cost	야채케밥 €6.3, 치킨케밥 €7.1
Address	Mehringdamm 32, 10961 Berlin
Web	@mustafasgemuesekebap

Food
②

커리 36 Curry 36

근처의 무스타파 케밥에 밀리지 않고 긴 줄이 서 있는 커리부어스트 맛집으로 30년이 넘게 이어져 왔다. 소스가 짠 편이니 케첩과 마요네즈 추가 시 참고하자.

Access	U반 Mehringdamm에서 Yorckstraße 방향 무스타파 케밥을 지나서 있다.
Open	09:00~05:00
Cost	커리부어스트 1개 €3.5, 커리부어스트 2개+감자튀김 €7.8
Address	Mehringdamm 36, 10961 Berlin
Tel	+49 (0)30 251 7368
Web	www.curry36.de

Food
③

마당 Madang (한식당)

맛있는 한식당이 많은 베를린에서도 오랜 시간 맛집으로 인정받아 온 한식당이다. 푸짐하게 차려진 주요리에 곁들여지는 반찬이 한국의 식당 그대로다. 돌솥비빔밥, 김치찌개, 김치전 등 메뉴도 다양하고 가격도 합리적이다.

Access	U반 Mehringdamm에서 Gneisenaustraße 방향으로 나가 길 건너편에 위치
Open	월~토 12:00~15:00, 17:00~22:00, 일 17:30~22:00
Cost	식사류 €13~
Address	Gneisenaustraße 8, 10961 Berlin
Tel	+49 (0)30 488 27 992
Web	@madang_berlin

Food
④

이신 Ishin

밥 생각날 때 가면 좋은 일식집이다. 다양한 종류의 덮밥류가 맛있고 종류별로 1개나 2개씩 주문할 수 있는 초밥도 인기가 있다. 따뜻한 녹차가 기본으로 제공되어 물을 따로 주문할 필요가 없다. 깔끔한 분위기에 맛도 좋아서 주변 직장인과 학생에게 인기가 많다.

Access	체크포인트 찰리에서 가깝다.
Open	월~토 11:00~22:00, 일 휴무
Cost	초밥류 €10.8~, 덮밥류 €9.3~
Address	Charlottenstraße 16, 10117 Berlin
Tel	+49 (0)30 605 00 172
Web	www.ishin.de

Shopping
①

프라우 토니스 향수 Frau Tonis Parfum

'나만의 향수'를 만들어 주는 것으로 유명한 베를린 향수숍이다. 워크숍을 신청하면 원하는 향을 조합해 특별한 향수를 만들어 준다. 이 외에도 레몬밤, 박하, 오렌지 향을 조합한 '베를린 서머Berlin Summer'와 베스트셀러인 '린데 베를린Linde Berlin' 등의 향수도 판매한다.

Access	테러의 토포그래피 박물관에서 체크포인트 찰리 방향으로 오른쪽에 위치
Open	월~수 10:00~18:00, 목~토 10:00~19:00, 일 휴무
Cost	50ml €80~, 워크숍 €195(50ml 맞춤 향수 포함)
Address	Zimmerstraße 13, 10969 Berlin
Tel	+49 (0)30 202 15 310
Web	www.frau-tonis-parfum.com

Shopping
②

비오비 bob - boxoffberlin

베를린에서 생산되는 각종 디자인 제품을 파는 편집숍이다. 일반 기념품숍보다 품질이 좋고 창의적인 아이디어 디자인 제품이 많다. 아트, 디자인 관련 서적도 판매하고 온라인 쇼핑몰도 함께 운영한다.

Access	테러의 토포그래피 박물관에서 체크포인트 찰리 방향으로 오른쪽에 위치
Open	월~목 12:00~18:00, 금·토 11:00~18:00, 일 휴무
Address	Zimmerstraße 11, 10969 Berlin
Tel	+49 (0)30 479 82 171
Web	www.boxoffberlin.de

베를린의 또 다른 모습, 그래피티
Graffiti of Berlin

✚ **그래피티** 벽이나 지하철 등에 낙서처럼 긁거나 휘갈겨 쓴 글씨 또는 그림

'그래피티의 도시 베를린'은 베를린 장벽과 함께 떠오르는 베를린의 대표 이미지지다. 뉴욕에서 시작된 그래피티는 1980년대 말 베를린에 유입되었고, 베를린 장벽 붕괴와 함께 억압되었던 자유가 폭발적으로 분출되면서 그 수단으로 빠르게 번져나갔다. 유명 아티스트들까지 속속 베를린에 입성하면서 베를린은 예술 아닌 예술이 도시를 채워나가게 되었다. 멀쩡했던 벽에 밤새 정체모를 그림이 그려지는 일이 난무하자 건물주들의 불만이 늘어갔고 급기야 사유재산을 훼손시키는 엄연한 불법행위인 그래피티를 전담하는 경찰이 생길 정도로 논쟁의 중심이 됐다. 하지만 베를린의 거리 예술은 세계 그 어느 도시도 따라올 수 없는 개성과 예술성, 때로는 그 이상의 매력으로 전 세계의 힙스터들을 끌어들이고 있다. 벽화의 특성상 영속성이 보장되지 않으므로 지금 보고 있는 작품은 아쉽게도 멀지 않은 미래에 사라지거나 훼손될 것이다.

> **Tip**
> 하케쉐 마르크트나 크로이츠베르크의 거리를 지날 때 구석구석, 건물 틈까지 놓치지 말고 들여다보자. 보물찾기 하듯 발견할 수 있는 뜻밖의 예술 작품은 베를린이 당신에게 주는 특별한 선물이다.

❶ 베를린을 대표하던 대형 그래피티. 아티스트 Blu + JR의 작품이다. 오른쪽 작품은 2016년 훼손되어 많은 이들이 안타까워하고 있다.

❷ 크로이츠베르크의 우주인. 밤이 되면 인근 자동차 판매장의 국기 그림자가 비춰져 달에 착륙한 우주인이 깃발을 뽑는 것 같은 모습을 연출한다.

동 크로이츠베르크 & 프레드리히샤인

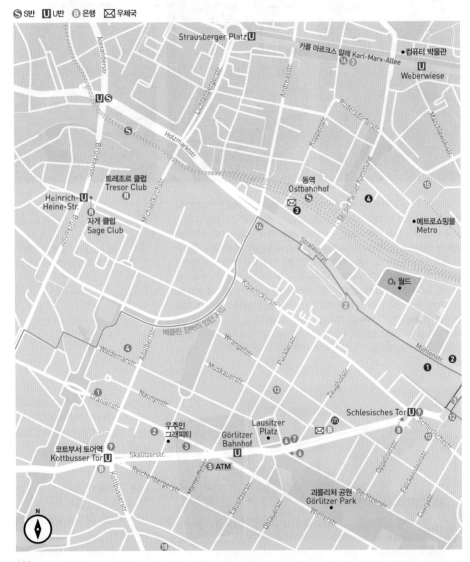

S S반 U U반 B 은행 ✉ 우체국

Strausberger Platz U

카를 마르크스 알레 Karl-Marx-Allee
16 3

• 컴퓨터 박물관
U
Weberwiese

Alexanderstr.

U S

S

Holzmarktstr.

Lichtenbergerstr.

Andreasstr.

Rüdersdorferstr.

Koppenstr.

Str. der Pariser Kommune

Marchlewskistr.

트레조르 클럽
Tresor Club
R

Heinrich-
Heine-Str. U
R
자게 클럽
Sage Club

Michaelkirchstr.

Brückenstr.

Brückenstr.

동역
Ostbahnhof
✉
3
S

4

15

• 메트로쇼핑몰
Metro

14

Straßauerpl.

O₂ 월드

2

Mühlenstr.

1   2

베를린 장벽이 있던 자리

Köpenickerstr.

Waldemarstr.

4

Adalbertstr.

Wrangelstr.

Pückerstr.

Zeughofstr.

1
Oranienstr.

Naunynstr.

Muskauerstr.

13

2
우주인
그래피티
3

Görlitzer
Bahnhof
U

Lausitzer
Platz

Schlesisches Tor U 9

M
✉ B
6 7

8

12

10

Schlesischestr.

Oppelnerstr.

코트부서 토어역 9
Kottbusser Tor U
B

Skalitzerstr.

5 ATM

6

Falckensteinstr.

Reichenbergerstr.

Kottbusserstr.

Mariannenstr.

Lausitzerstr.

Ohlauerstr.

Görlitzerstr.

괴를리처 공원
Görlitzer Park

Wienerstr.

Cuvrystr.

N

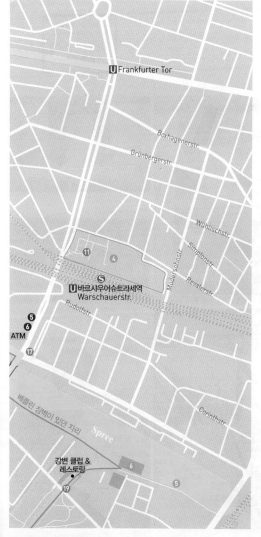

U Frankfurter Tor

Boxhagenerstr.

Grünbergerstr.

Wühlischstr.

Simplonstr.

Madersohnstr.

Revalerstr.

⑪ ④

S 바르샤우어슈트라세역
U Warschauerstr.

Rudolfstr.

❺
❻
ATM
⑰

베를린 장벽이 있던 자리
Spree

Corinthstr.

강변 클럽 &
레스토랑
⑲ ⑥ ❺

관광명소 & 박물관

① 오베르바움 다리 Oberbaumbrücke
② 이스트 사이드 갤러리 East Side Gallery
③ 카를 마르크스 서점
   Karl Marx Buchhandlung
④ 에르아베 템펠 RAW-Tempel
⑤ 몰큘맨 조각상 Molecule Man Sculpture
⑥ 바데쉬프 Arena Badeschiff

레스토랑 & 나이트라이프

❶ 밀히 & 추커 Milch & Zucker
❷ SO36 클럽 SO36 Club
❸ 암릿 Amrit
❹ 보난자 커피 Bonanza Coffee Roasters
❺ 김치 공주 Kimchi Princess (한식당)
❻ 회너하우스 36 Hühnerhaus 36
❼ 마리오나 Mariona
❽ 비누 Bi Nuu
❾ 버거마이스터 Burgermeister
❿ 리도 Lido
⑪ 아스트라 쿨투어하우스 Astra Kulturhaus
⑫ 워터게이트 Watergate
⑬ 마르크트할레 노인 Markthalle Neun
⑭ 얌 Yaam
⑮ 베르크하인 Berghein
⑯ 카페 지빌레 Cafe Sibylle
⑰ 쉐어스 슈니첼 Scheers Schnitzel
⑱ 튀르키예 시장 Türkenmarkt
⑲ 클럽 데어 비지오네어 Club der Visionäre

숙소

❶ 쉬포텔 베를린 Shipotel Berlin
❷ 호마리스 이스트 사이드 호텔
   Homaris East Side Hotel
❸ 인터시티호텔 Inter City Hotel Berlin
❹ 오스텔 Ostel Hostel Berlin
❺ 미쉘베르거 호텔 Michelberger Hotel
❻ 인두스트리팔라스트 호스텔
   Industriepalast Hostel & Hotel

① 이스트 사이드 갤러리 East Side Gallery

남아 있는 실제 베를린 장벽에 그림을 그려 조성된 갤러리로 세계에서 가장 긴 야외 공개 갤러리다. 슈프레 강변을 따라 오베르바움 다리부터 동역까지 이어지는 약 1.3km 길이의 장벽에 자유와 희망, 평화 등을 주제로 한 101개의 대형 그림이 그려져 있다. 장벽이 무너진 다음 해인 1990년 2월부터 9월까지 전 세계 21개국 118명의 작가들이 모여 그린 그림들은 자연현상과 낙서 등으로 크게 훼손되어 2009년 대대적인 복원작업을 실시했다. 이후 복원작업은 꾸준히 이루어지고 있으며 유명한 그림을 제외하고는 매년 새로운 작품이 그려지기도 한다.

가장 유명한 작품은 러시아 화가 드미트리 브루벨Dimitri Vrubel의 〈형제의 키스 Brotherly Kiss〉로 소련 공산당 서기장이었던 브레즈네프Leonid Brezhnev와 동독 공산당 서기장 에리히 호네커Erich Honecker의 입맞춤을 그린 것이다. 이 외에도 비르지트 킨더Birgit Kinder의 〈테스트 더 베스트Test the Best〉 등 이곳의 유명작품들은 수많은 패러디를 양산하고 있다. 한국 출신의 작가 라나 킴Lana Kim의 작품도 있다.

Access S반 Ostbahnhof역 도보 2분,
        S/U반 Warschauerstraße역
        도보 5분, 버스(248번) Ostbahnhof
        또는 Oberbaumbrücke 하차
Open   24시간
Cost   무료
Address Mühlenstraße, 10243 Berlin
Tel   +49 (0)172 391 8726
Web   www.eastsidegallery-berlin.de

Sightseeing
②

오베르바움 다리 Oberbaumbrücke

슈프레 강변에서 가장 아름답고 고풍스러운 다리로 1724년 목조다리로 처음 건설된 후 수차례 보강공사를 통해 지하철과 차량의 통행이 가능하게 되었다. 통일 전에는 동서를 구분하는 국경으로 보행자 전용다리였고 장벽 붕괴 이후에는 프리드리히샤인 지역과 크로이츠베르크를 연결하는 화합의 다리가 되었다. 차도와 인도가 분리되고 위로 U반이 다니는 이중 구조로 되어 있다. 슈프레 강변을 배경으로 한 아름다운 풍경은 영화나 TV쇼 등의 촬영 장소로 인기가 높다. 우리나라의 영화 〈베를린〉에도 오베르바움 다리를 배경으로 한 장면이 나온다.

Access S/U반 Warschauerstraße 도보 5분
Address Oberbaumbrücke, Berlin

Sightseeing
③

바르샤우어 거리역 주변
Warschauerstraße

베를린 동부 지역 교통의 중심이자 젊은이들의 핫 플레이스로 주변에 창의적이고 감각적인 장소가 모여 있다. 바로 옆으로 인기 클럽과 거리 예술가들의 아틀리에가 있는 에르아베 RAW가 있고 아트 호텔들이 주변에 있다. U반과 S반이 떨어져 있어 3분가량 걸어야 한다.

Access S/U반 Warschauerstraße 하차
Address Warschauerstraße

Sightseeing
④

에르아베
RAW-Gelände

원래 '국립철도 수리공사'였던 부지에 젊은 예술가들의 작업실과 갤러리를 비롯해 공연장과 클럽, 스포츠 공간 등이 들어서면서 베를리너에게 사랑받는 복합문화공간이 되었다. 베를린스러운 영감이 넘쳐나는 곳으로 촬영지로도 인기가 높다. 현재는 베를린의 도시 계획에 발맞춘 장기 개발 프로젝트를 구상 중으로 미래의 모습이 기대되는 곳이다.

Access S/U반 Warschauerstraße 하차
Address Revalerstraße 99, 10245 Berlin
Web   raw-gelaende.de

아레나 바데쉬프 Arena Badeschiff

슈프레 강변에 떠 있는 야외수영장으로 오베르바움 다리와 강변의 아름다운 풍경을 배경으로 수영을 즐길 수 있다. 32.5m 길이에 8.2m 넓이, 2.05m 깊이의 수영장은 바지선을 재활용한 것으로 건축가 길버트 빌크Gilbert Wilk와 예술가 주잔네 로렌츠Susanne Lorenz의 공동설계로 만들어졌다. 베를린의 아트 프로젝트의 일환으로 기획, 건설되어 2004년 문을 연 바데쉬프는 독특한 디자인의 친환경 수영장으로 전 세계의 주목을 받고 있고, 오염으로 인해 오랫동안 외면 받아온 슈프레 강에 활력을 불어넣으며 시민들의 휴식처가 되고 있다. 300명까지 수용 가능하며 수영장 주변을 모래해변으로 꾸며 놓고 비치 바도 갖추고 있어 수영을 하지 않더라도 휴식을 취하기 좋다. 바로 옆에 대형 공연 등 이벤트가 열리는 아레나 홀이 있고 주변에 여러 클럽이 있어 베를린의 힙한 분위기를 한껏 느낄 수 있다. 겨울에는 돔 형태의 커버가 씌워져 사우나와 실내수영장으로 변신한다. 원칙적으로 사진 촬영이 금지되어 있으니 주의하도록 하자. 급격한 날씨 변화로 2024년 하반기는 임시 휴업 중이다.

Access U반 Schlesisches Tor역에서 도보 10분, 버스(165 · 265번) Heckmannufer 하차
Open 이벤트와 날씨에 따라 다름
Address Eichenstraße 4, 12435 Berlin
Tel +49 (0)152 059 45 752
Web www.arena.berlin/veranstaltungsort/badeschiff

6

카를 마르크스 알레 Karl-Marx-Allee

사회주의 국가 동독 DDR의 위상을 높이기 위해 전시용으로 기획, 개발한 상 징적인 도로다. 1958년까지 넓은 대로에 걸맞게 길 양쪽으로 자로 잰 듯한 아 파트와 건물들이 들어서면서 약 1.9km에 달하는 대로가 완성되었다. '스탈린 알레Stalin-Allee'로 불리다가 1961년 '카를 마르크스 알레'로 이름이 바뀌었다. TV에서 본 평양의 거리 모습과 겹쳐지며 묘한 감상이 들게 하는 대로에는 영 화 〈타인의 삶〉에 나오는 서점Karl Marx Buchhandlung과 DDR 감성이 그대로 보존 된 카페 지빌레가 있다. 알레Allee는 '가로수길'이라는 뜻으로, 폭이 넓은 '대 로'를 의미한다.

Access 알렉산더 광장부터 U반
Frankfurter Tor까지 쭉 뻗은
일직선의 대로
Address Karl-Marx-Allee 10243, Berlin

7

몰큘맨 조각상 Molecule Man Sculpture

슈프레 강 위에 떠서 마주하고 있는 세 명의 조각상. 30m 크기의 강철로 만들어진 몰큘맨은 〈해머링 맨Hammering Man〉으로 유명한 미국의 설치미술 작가 조나단 브롭스키Jonathan Borofsky의 작품으로 베를린의 프리드리히샤인과 트 레토우Treptow, 크로이츠베르크 지역의 교차점에 설치되어 세 지역의 화합을 기원하는 의미라고 한다. 1999년 설치되 었고 몰큘Molecule은 분자라는 뜻이다.

Access S반 Treptower Park역 도보 5분, 오베르바움 다리에서
도보 15분
Address An den Treptowers 1, 12435 Berlin
Tel +49 (0)30 250 02 333

8

코트부서 토어역 주변 Kottbusser Tor

베를린의 홍대라고 불리는 예술의 중심지 크로이츠베르 크는 일찍이 튀르키예 이민자가 터를 잡았고 가난한 예술 가와 학생들이 몰려들면서 베를린에서 가장 스타일리시한 곳이 되었다. 코티Das Kotti라는 애칭으로 불리는 코트부서 토어역 주변은 크로이츠베르크 교통의 중심이자 만남의 장소가 되는 곳이다. 매주 화요일과 금요일(11:00~18:30) 에는 근처에 튀르키예 시장이 열려 식료품과 생필품을 저 렴하게 구입할 수 있다.

Access U반 Kottbusser Tor역
Address Kottbusser Tor, 10999 Berlin

①

카페 지빌레 Cafe Sibylle

1961년까지 '스탈린 길'로 불렸던 '카를 마르크스 알레'에 있는 카페로 역사의 주요 사건을 함께해 1990년 문화재로 지정된 곳이다. 카페 한쪽으로 DDR 관련 전시도 하고 있고 외부의 노란 간판을 비롯해 1950년대에 그려진 실내 벽화가 손상된 채로 남아 있어 마치 동독 시절로 돌아가 있는 듯한 묘한 기분이 든다. 1950년대에 작은 우유 바^{Milchtrinkhalle}로 시작한 곳이라고 한다.

Access	U반 Strausbergerplatz역과 Weberwiese역 사이, 카를 마르크스 알레 대로변에 있다.
Open	수~일 10:00~18:00, 월·화 휴무
Cost	커피·케이크류 €4~
Address	Karl-Marx-Allee 72, 10243 Berlin
Tel	+49 (0)30 293 52 203
Web	cafe-sibylle.org

Food

②

클럽 데어 비지오네어 Club der Visionäre

슈프레 강변의 정취를 즐기면서 파티를 즐길 수 있는 클럽이다. 열광적인 모습의 다른 클럽과 달리 버드나무 가지가 날리는 강변에 아무렇게나 널브러져 있어도 좋은 느긋하고 편안한 분위기다. '몽상가의 클럽'이라는 클럽 이름의 뜻과 딱 어울리는 곳으로 주말에는 48시간 파티가 이어지기도 한다. 좁은 강줄기를 따라 마주보고 비슷한 분위기의 레스토랑과 클럽이 줄지어 있는데 이곳의 분위기가 가장 좋다. 입장료가 따로 있고 주류와 피자 등을 판매한다.

Access	U반 Schlesisches Tor역에서 Schlesischestraße 방향으로 도보 10분, 바데쉬프 들어가는 길목에 위치
Open	월~금 14:00~새벽, 토·일 12:00~새벽
Cost	입장료 €5
Address	Am Flutgraben 1, 12435 Berlin
Tel	+49 (0)30 695 18 942
Web	www.clubdervisionaere.com

Food

③

버거마이스터 Burgermeister

철길 아래 있는 수제 버거집으로 베를린에서 제일 맛있다고 소문난 곳이다. 주문하자마자 즉시 만들어 주는 햄버거는 푸짐하고 맛있다. 마이스터버거와 칠리치즈버거가 가장 인기가 있고 할라피뇨가 든 칠리소스가 뿌려진 감자튀김도 맛있다. 내부가 좁기 때문에 줄이 길 경우는 주문하고 번호표를 받게 된다. 원래는 공공화장실이었던 곳을 개조했다고 한다. 코트부서 토어역 지점도 있다.

Access	U반 Schlesisches Tor역 아래
Open	일~목 11:00~02:00, 금·토 11:00~04:00
Cost	버거류 €5.6~, 감자튀김 €3.9~
Address	Oberbaumstraße 8, 10997 Berlin
Tel	+49 (0)30 238 83 840
Web	www.burgermeister.com

Food
④

회너하우스 36
Hühnerhaus 36

튀르키예식 치킨 맛집으로 매콤한 향신료 양념이 된 반마리 통닭에 밥이나 감자튀김을 곁들인 가격이 €7 내외다. 우리 입맛에도 잘 맞는다. 이슬람의 영향으로 재료는 모두 할랄Halal 식품만 취급한다. 1995년 노점상 형식으로 시작했던 것이 대박이 나면서 길 건너편에 큰 가게를 차리게 되었다. 지금도 길 건너에 매장이 있다.

Access U반 Görlitzer Bahnhof역에서 Schlesisches Tor역 방향으로 왼쪽에 위치
Open 일~목 11:00~23:00, 금 · 토 11:00~24:00
Cost 1/2 Hühnchen €13.5~
Address Skalitzerstraße 95A, 10997 Berlin
Tel +49 (0)176 100 27 959
Web ⓞ @huhnerhaus36

Food
⑤

김치 공주
Kimchi Princess (한식당)

베를린에서 가장 핫한 한식당으로 현지인들에게 한국의 소주 바를 전도하며 큰 인기를 끌고 있다. 입구에 태극기가 걸려 있고 붉은색의 인테리어가 활기가 넘치는 분위기다. 불고기 메뉴가 가장 인기 있다고 한다. 300m 떨어진 곳에 앵그리 치킨집이 있다.

Access U반 Görlitzer Bahnhof역 도보 3분
Open 화~일 17:00~23:00, 월 휴무
Cost 식사류 €16.9~, 불고기류 €22.9~
Address Skalitzerstraße 36, 10999 Berlin
Tel +49 (0)163 458 02 03
Web www.kimchiprincess.com

Food
⑥

튀르키예 시장 Türkenmarkt

크로이츠베르크 남쪽의 운하 옆으로, 강변에서 매주 화 · 금요일에 열리는 튀르키예 시장. 저렴한 생필품이나 식료품을 사러 오는 튀르키예 이민자들이나 현지인들로 항상 북적거린다. 곳곳에서 버스킹도 해 제법 축제 분위기도 나고 시장인 만큼 다양한 먹거리와 과일이나 빵류를 싸게 살 수 있다.

Access U반 Schönleinstraße 도보 2분, U반 Kottbusser Tor역 도보 5분
Open 화 · 금 11:00~18:30
Address Maybachufer, 10999 Berlin
Web www.tuerkenmarkt.de

Food
⑦

쉐어스 슈니첼 Scheers Schnitzel

클럽 같은 분위기의 작은 슈니첼 전문점. 메인 메뉴는 슈니첼뿐이고 치즈나 감자튀김 등 사이드 메뉴만 고르면 된다. 슈니첼에 감자튀김과 콜슬로샐러드 세트가 €7 내외로 저렴하고 맛도 좋아 젊은 층에게 인기가 높다.

Access U반 Warschauerstraße 도보 5분, 트램(M10) 오베르바움 다리 건너기 전
Open 수~일 12:30~22:00, 월 · 화 휴무
Cost 슈니첼+감자튀김+샐러드 €6.9~
Address Warschauerplatz 18, 10245 Berlin
Tel +49 (0)157 889 48 011
Web www.scheers-schnitzel.de

베를린 나이트라이프
Berlin Night Life

유럽에서 가장 핫한 밤 문화를 자랑하는 베를린은 독일과 유럽 각 지역에서 몰려든 클러버들로 불금부터 시작되는 주말이 뜨겁다. 베를린의 클럽은 최고의 음향시설과 최신 트렌드의 댄스 음악, 저마다 독특한 콘셉트의 디자인과 파티로 전 세계 클러버들을 사로잡고 있다. 몇몇 인기 클럽은 그들만의 문화를 위해 입장에 제한이 있고 내부 사진 촬영은 절대 금지다. 대부분의 클럽이 문을 여는 금요일 밤부터 월요일 오전까지 진정한 클러버들은 3박 4일을 자지도 않고 클러빙을 즐긴다고 하니 놀라울 따름이다.
뛰어난 음향시설의 클럽과 재즈 바에서는 유명 뮤지션들의 공연도 이어지고 입장료도 저렴한 편이니 베를린에 간다면 공연리스트도 체크해 보자.

뉴욕 출신
힙합 듀오
KOOL & KASS

Tip
펍 크롤 Pub Crawls

가볍게 베를린의 클럽 문화를 즐겨보고 싶다면 '펍 크롤 투어Pub Crawls Tour'에 참가해 보도록 하자. 보통 밤 8시경부터 시작해 4~5군데의 클럽을 돌아다니는 투어로 외모 상태와 관계없이 줄 서지 않고 클럽 입장이 가능하다. 약 €20의 투어 비용에 보통 클럽 입장료와 1개의 음료가 포함되어 있다.

클럽 마테
Club-mate
한 병에 보드카
원 샷을 넣어 제조하는
보드카 마테는 클러버들의
클럽 메이트다.

재즈 클럽 Jazz Club

❶ b 플랫b Flat (지도 p.97)		**❷ 에이트레인A-Trane** (지도 p.120)		**❸ 콰지모도Quasimodo** (지도 p.120)	
Access	트램 12번, U반 Weinmeisterstr	Access	S/U반 Zoologischer Garten 도보 10분	Access	S/U반 Zoologischer Garten 부근
Open	화~일 20:00~01:00, 월 휴무	Open	19:30~24:00	Open	수~일 18:00~02:00, 월 · 화 휴무
Cost	**입장료** 잼세션 €3, 일반 €15~	Cost	**일반 공연** 성인 €25, 학생 €20	Cost	공연 €18~50
Address	Dircksenstraße 40, 10178 Berlin	Address	Pestalozzistraße 105, 10625 Berlin	Address	Kantstraße 12a, 10623 Berlin
Web	www.b-flat-berlin.de	Web	www.a-trane.de	Web	www.quasimodo.de

록 클럽 Rock Club

인디밴드부터 블루스 공연, 유명 가수의 공연까지 정말 다양한 장르의 공연이 펼쳐지는 록 클럽. 공연마다 입장료가 다르고 공연은 밤 7~8시경에 시작한다. 공연이 끝나고 밤 11시경부터는 테크노 클럽으로 변신한다.

❶ 리도 Lido (지도 p.138)
가장 인기 있는 록 클럽으로 미리 예약하면 대기시간 없이 입장할 수 있다.

Access	U반 Schlesisches Tor 부근
Open	공연 19:00~, 클럽 23:00~
Cost	공연 입장료 €25~
Address	Cuvrystraße 7, 10997 Berlin
Tel	+49 (0)30 695 66 840
Web	www.lido-berlin.de

❷ C-홀 C-Halle, Columbiahalle
유명 록 뮤지션들의 공연이 많이 열리는 공연장으로 빨리 매진되는 편이다.

Access	U반 Platz der Luftbrücke역 부근
Address	Columbiadamm 13-21, 10965 Berlin
Web	c-halle.com

❸ 아스트라 쿨투어하우스 Astra Kulturhaus (지도 p.139)
인기 인디밴드들의 공연이 정기적으로 열리고, 각종 파티도 즐길 수 있다.

Access	Warschauer Straße역 RAW에 위치
Open	입장 19:00(공연 20:00)
Cost	공연 입장료 €35~
Address	Revaler Str. 99, 10245 Berlin
Tel	+49 (0)30 200 56 767
Web	www.astra-berlin.de

❹ 비누 Bi Nuu (지도 p.138)

Access	U반 Schlesisches Tor역 아래 위치
Open	공연마다 다르다.
Cost	공연 입장료 €25~
Address	Schlesisches Tor, 10997 Berlin
Tel	+49 (0)30 616 54 455
Web	www.binuu.de

일렉트로 뮤직 클럽 Electro-Club

❶ 베르크하인 Berghein (지도 p.138)
베를린 1위 클럽으로 클러버들의 열광적인 지지를 받는 일렉트릭 뮤직 클럽이다. 문을 여는 금요일 밤이 되면 입장을 기다리며 줄을 선 모습이 장관인데 그중 절반은 퇴짜를 맞게 된다. 구글에 '베르크하인 입장하는 방법'이라는 포스팅이 있을 정도. 3층짜리 거대 클럽으로 음향시설도 최고 수준이다. 입장의 기준은 명확하지 않은데, 관광객 티는 절대 내지 말고 늘 오는 곳인 양 당당하고 여유 있게 행동하며 의상도 적당히 클러버답게 갖추어 입도록 하자.

Access	S반 Ostbahnhof역 부근
Open	금요일 밤 오픈해 월요일 아침에 닫는다.
Cost	입장료 €25 내외
Address	Am Wriezener Bahnhof, 10243 Berlin
Web	www.berghain.de

❷ 워터게이트 Watergate (지도 p.138)
오베르바움 다리가 내려다보이는 클럽으로 유명 DJ들이 자주 찾는 곳이다. 사진 촬영 금지.

Access	U반 Schlesisches Tor 부근, 오베르바움 다리 남쪽에 위치
Open	목~토 23:00~다음 날 오전
Cost	입장료 €15 내외
Address	Oberbaumstraße, 10997 Berlin
Web	www.water-gate.de

❸ 트레조르 클럽 Tresor Club (지도 p.138)
테크노 뮤직을 즐기는 베를린 젊은 힙스터들에게 여전히 사랑받는 곳으로 별다른 장식이 없는 지하 벙커 같은 분위기다. 자체 음반 레이블도 가지고 있다. 유명세만큼 관광객들도 많이 찾는데, 입장이 어려운 '베르크하인 Berghein'이나 평범한 드레스 코드로는 절대 입장할 수 없는 '킷캣클럽 KitKat' 대신 방문할 만하다. 내부 사진 촬영 금지.

Access	U반 Heinrich-Heine-Straße역 부근
Open	수 · 금~일 23:00~다음 날 오전
Cost	입장료 €15~20
Address	Köpenickerstraße 70, 10179 Berlin
Web	www.tresorberlin.com

> **Tip**
> **클럽 가이드 베를린 Club Guide Berlin**
>
> 베를린을 잠들지 않는 도시로 만들어 버린 베를린 클럽의 최신 트렌드를 알 수 있는 사이트로 개인 취향에 맞는 클럽을 검색할 수 있고 최신 파티 소식과 각종 문화 행사 정보를 얻을 수 있다. 현시점 가장 인기 있는 클럽 랭킹 TOP 10과 나이트라이프 관련 A to Z를 소개하고 있어 클럽파티에 익숙하지 않은 사람에게도 큰 도움이 된다.
>
> Web www.clubguideberlin.de

프렌츠라우어베르크

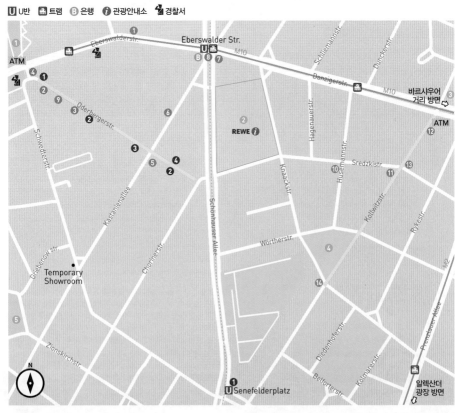

여피들의 천국, 프렌츠라우어베르크
Prenzlauerberg

독일 통일 이후 동독의 여러 지역에 빈집이 늘어나면서 슬럼화와 함께 우범 지역으로 방치되었다. 도시의 빈민가가 되어버린 이들 지역에 튀르키예 등에서 온 이민자와 가난한 예술가들이 자리를 잡으면서 활기를 띠게 되었고 그들만의 문화예술 지역으로 탈바꿈하여 누구나 살고 싶은 동네가 되었다. 그 대표적인 지역이 '크로이츠베르크'와 '프렌츠라우어베르크'다. 동네가 좋아진 건 좋은 일이지만 그에 따라 오르는 월세를 극복하지 못하고 원주민과 이곳에 터를 잡았던 예술가들이 '더 싼' 월세를 찾아 다른 지역으로 이주하게 되었고, 기존의 빈민가였던 '노이쾰른Neukölln'과 '베딩Wedding'이 새로운 문화예술 지역으로 떠오르고 있다.

특히 프렌츠라우어베르크는 빈곤 지역에서 부촌으로 탈바꿈한 대표적인 예로 조용하고 예술적인 거리에 반한 여피족Yuppie(도시에 사는 젊은 전문직 종사자를 의미, Young Urban Professional과 Hippie의 뒷글자를 합친 말)들이 모여들기 시작하면서 자유를 꿈꾸는 부유한 히피예술가들의 터전이 되었다. 세련된 카페와 빈지티숍, 디자이너 편집숍 등 강한 개성의 상점들이 모여 있고 주말에 베를린 최대의 벼룩시장이 열리는 마우어파크는 시민들의 휴식처가 되고 있다. 베를린의 다른 지역보다 생활수준이 높고 유기농 '비오Bio' 간판을 단 슈퍼마켓과 카페, 아이스크림 가게를 흔하게 볼 수 있다.

프렌츠라우어베르크는 평일보다 주말에 가는 게 좋다. 평일 낮 시간은 유동인구가 적어 다소 썰렁한 분위기여서 이곳의 분위기를 제대로 느끼고 싶다면 주말에 가야 한다. 주요 카페와 상점들은 콜비츠 거리Kollwitzstraße와 오데어베르거 거리Oderbergerstraße에 모여 있으니 이 두 거리를 염두에 두고 방문하도록 하자. 이곳의 대표 복합 문화 공간인 '쿨투어 브라우어라이'도 둘러보자. 사진도 예쁘게 나오고 운이 좋으면 무료 공연도 관람할 수 있다.

마우어파크 벼룩시장 Flohmarkt im Mauerpark

베를린 최대의 벼룩시장으로 마우어파크에서 매주 일요일 열린다. 이미 상업화되어버린 다른 유럽 도시의 유명 벼룩시장에 비해 아직은 벼룩시장다운 모습을 보여준다. 규모도 엄청나고 누구라도 신청하면 자리를 배치 받아 물건을 팔 수 있는데, 마치 이삿짐을 풀어 놓은 듯 별의별 물건들이 다 나온다. 거리예술가들의 공연과 퍼포먼스는 물론 비어가르텐을 비롯한 다양하고 풍성한 먹거리들도 가득하다. 일정에 일요일이 있다면 놓치지 말자.

Access	U반 Eberswalderstraße 도보 15분
Open	일 09:00~18:00
Address	Bernauerstraße 63-64, 13355 Berlin
Tel	+49 (0)30 297 72 486
Web	www.flohmarktimmauerpark.de

쿨투어 브라우어라이 Kultur Brauerei

'문화양조장'이라는 뜻으로 원래 베를린에서 가장 오래된 맥주제조회사인 슐트하이스Schultheiss의 맥주양조장이었던 곳이다. 제2차 대전 동안 전쟁 포로들의 노역 장소였고 종전 후 다시 양조장으로 문을 열었다가 폐업했다. 1974년, 구동독의 젊은 예술가들이 '프란츠 클럽Franz Club'을 중심으로 실험적인 예술활동을 시작하면서 문화 공간으로 자리매김했다. 4만 평이 넘는 면적에 상업시설을 포함 클럽, 극장, 문학 공간 등이 있고 자전거를 대여할 수 있는 관광안내소도 있다. 연중 다양한 페스티벌과 크리스마스 마켓이 열린다.

Access	U반 Eberswalderstraße 도보 5분
Address	Schönhauser Allee 36, 10435 Berlin
Tel	+49 (0)30 443 52 614
Web	www.kulturbrauerei.de

코놉케스 임비스 Konnopke's Imbiss

베를린의 명물 커리부어스트 맛집 중 가장 유명한 곳이다. 1930년부터 90년이 넘는 역사를 자랑하며 방송, 잡지 등 다수의 매스컴에 소개된 전통 있는 맛집으로 명성에 맞게 최고의 맛을 선보인다. 이곳에서는 커리부어스트를 주문하면 껍질이 없는 것(오네담Ohne Darm)을 준다. 특유의 톡 터지는 맛은 없지만 부드럽고 색다른 식감이 있다. 껍질이 있는 것을 원하면 '밋담Mit Darm'을 달라고 하자. 감자튀김 등을 곁들일 수 있고 케첩이나 마요네즈 주문 시 추가 요금이 있다.

Access	U반 Eberswalderstraße역 선로 아래쪽에 위치
Open	화~금 11:00~18:00, 토 12:00~18:00, 일·월 휴무
Cost	커리부어스트+감자튀김 세트 €6.3~
Address	Schönhauser Allee 44b, 10435 Berlin
Tel	+49 (0)30 442 7765
Web	www.konnopke-imbiss.de

고추 가루 Kochu Karu (한식당)

전통 한식에 반찬을 스페인 타파스화한 메뉴로 판매한다. 메인 메뉴당 4개의 기본반찬이 나온다. 디저트 메뉴에 호떡도 있다.

Access	U반 Eberswalderstraße역에서 마우어파크 방향
Open	화~토 18:00~23:30, 월·일 휴무
Cost	요리 €14~
Address	Eberswalderstraße 35, 10437 Berlin
Tel	+49 (0)30 809 38 191
Web	www.kochukaru.de

서울 가든
Seoul Garden (im Prenzlauer Berg) (한식당)

베를린에 유난히 많은 한식 맛집 리스트에 새롭게 추가된 한식당이다. 밥과 국, 반찬이 정성스럽게 차려지는 맛있고 건강한 정통 한식 메뉴를 선보인다. 야외 테라스석의 분위기도 매우 좋다. 샤를로텐부르크와 포츠담 등에 지점이 있고, 런치 메뉴(11:00~16:00, €12~18)도 있다.

Access	Oderberger Straße에 위치
Open	12:00~22:00
Cost	식사류 €13~23
Address	Oderberger Str. 41, 10435 Berlin
Tel	+49 (0)30 2363 9867
Web	www.seoulgarden.de
	@seoul_garden_berlin

© Seoul Garden Berlin   © Seoul Garden Berlin

Food
④

보난자 커피 히어로스 Bonanza Coffee Heroes

2006년 베를린에 첫 매장을 연 이래로 커피 애호가들의 전폭적인 지지를 받으며 베를린 3대 로스터리 카페로 인정받은 곳이다. 원두의 생산, 관리, 유통 등 모든 부분을 관리하며 커피에 대한 자부심이 대단한 보난자 커피는 세계적인 유력 매체들로부터 '반드시 경험해야 할 커피' 등 극찬을 받고 있다. 2022년부터는 한국에도 매장을 열어 전국에서 보난자 커피를 만나볼 수 있지만 베를린 현지에서 경험하는 보난자 커피는 확연히 다르다. 베를린의 다른 지점보다는 규모가 작은 편이지만 베를린 출신 보난자 커피의 감성을 제대로 담고 있다. 야외석에서 자유로운 베를리너의 기분을 만끽해 보자. 기본인 아메리카노는 물론 시그니처인 피콜로 라테도 추천할 만하다. 곁들일 베이커리류도 풍부하다. 미테와 잔다르망 광장 근처 등에도 지점이 있다.

Access	Oderbergerstraße에 위치. U반 Eberswalderstraße 도보 15분. 마우어파크 공원과 가깝다.
Open	월~금 08:30~19:00, 토 · 일 10:00~19:00
Cost	커피 €3.8~
Address	Oderbergerstraße 35, 10435 Berlin
Tel	+49 (0)171 563 0795
Web	www.bonanzacoffee.de

© Bonanza Coffee Roasters

Food
⑤

카페 안나 블루메 Cafe Anna Blume

콜비츠 거리에서 가장 인기 있는 브런치 & 디저트 카페로 15년 이상 자리를 지키고 있다. 실내는 빈티지 크리스털 샹들리에 아래 꽃과 식물로 장식된 사랑스럽고 따뜻한 분위기이고, 널찍한 야외 테라스석도 콜비츠 거리의 여유를 즐기기에 적당하다. 먹음직스럽게 큰 조각으로 나오는 케이크는 종류도 다양하고 맛도 훌륭해서 인기가 많고, 오후 3시까지 제공되는 브런치 메뉴는 모든 메뉴가 인기가 있다. 특히 3단 트레이를 가득 채워 풍성하게 나오는 안나 블루메 스페셜 조식은 이곳의 최고 인기 메뉴이다. 2인부터 주문 가능하다(1인 €16.8). 항상 사람들로 붐비는 곳이라 서비스에 대한 호불호는 다소 있는 편이다.

Access	U반(U2) Eberswaldestraße/ Senefelderplatz 도보 10분, 트램(M10 · M2) Prenzlauer Allee/Danzigerstraße 도보 5분
Open	09:00~22:00
Cost	커피 €3.6~, 케이크 €5.9~, 샌드위치 €12~
Address	Kollwitzstraße 83, 10435 Berlin
Tel	+49 (0)30 440 48 749
Web	www.cafe-anna-blume.de

Food
6

프라터가르텐
Pratergarten

1837년 문을 연 베를린에서 가장 오래된 비어가르텐이다. 4월부터 9월까지 커다란 나무가 우거진 마당에서 전통 음식과 맥주를 즐길 수 있다. 동독 시절 전설의 권투 선수들의 경기가 열렸고 구동독 관료들의 댄스 파티도 열렸다고 한다. 현금 결제만 가능하다.

Access U반 Eberswalderstraße역에서 Kastanienallee 방향으로 도보 3분, 트램(12번) Eberswalderstraße 하차
Open **레스토랑** 월~토 17:00~23:30, 일 휴무
　　　 비어가르텐 봄~가을 12:00~날씨에 따라 개방
Cost 맥주 500ml €4.8~
Address Kastanienallee 7-9, 10435 Berlin
Tel +49 (0)30 448 5688
Web www.pratergarten.de

Food+Shopping
7

카우프 디히 글뤼클리히 Kauf dich Glücklich

오데어베르거 거리에 있는 와플 맛집으로 잡지를 오려 붙인 듯한 간판과 알록달록한 의자가 눈길을 끈다. 다양한 소품을 판매하는 편집숍이기도 하다. 의류와 잡화, 소품 등을 판매하는 온라인 쇼핑몰도 운영한다.

Access Oderbergerstraße에 위치
Open 11:00~19:00
Cost 와플 €5~, 비건 와플 €3~
Address Oderbergerstraße 44, 10435 Berlin
Tel +49 (0)30 486 23 292
Web www.kaufdichgluecklich-shop.de

Shopping
1

OYE 레코드
OYE Records

LP를 판매하는 곳으로 다양한 장르의 LP와 CD가 있다. 수많은 클럽 DJ들이 이곳에서 음악을 듣고 제품을 사 간다고 한다.

Access Oderbergerstraße 한가운데 위치
Open 월~토 12:00~20:00
　　　 (수 ~22:00), 일 휴무
Address Oderberger Senefelderstraße 4, 10437 Berlin
Tel +49 (0)30 747 78 200
Web www.oye-records.com

Shopping
2

폴스 부티크
Paul's Boutique

스트리트 패션으로 유명한 빈티지 숍이다. 아디다스, 컨버스, 리바이스 등 다양한 브랜드의 빈티지 제품을 판매한다.

Access Oderbergerstraße 한가운데 위치
Open 월~토 12:00~20:00, 일 휴무
Address Oderbergerstraße 47, 10435 Berlin
Tel +49 (0)30 440 33 737
Web www.paulsboutiqueberlin.de

Shopping
3

파우에베 오랑게
VEB Orange

DDR의 레트로한 패션과 생활잡화를 판매하는 숍으로 사장이 직접 독일 동부 지역 구석구석에서 수집한 제품들이 있다. VEB는 구동독의 국영 기업이라는 뜻이다.

Access Oderbergerstraße 초입
Open 월~토 11:00~19:00, 일 휴무
Address Oderbergerstraße 29, 10435 Berlin
Tel +49 (0)30 978 86 886
Web www.veborange.de

Stay

베를린 호텔 Berlin Hotel 메트로폴리스 베를린이 여행자들을 만족시키는 요소 중 하나는 다른 유럽 국가들보다 상대적으로 저렴하면서도 개성 강한 호텔이다. 유명 호텔 체인부터 예술 도시다운 아트 호텔과 재기발랄한 호스텔 중 어느 곳에서 묵을지 고르는 것부터 베를린 여행의 기대감이 높아지게 될 것이다.

Tip 베를린 호텔 선택 가이드

1. 초행길이라면 미테 지역이나 쿠담의 역 주변으로 잡는 게 무난하다. 쿠담 지역에는 저렴하고 깨끗한 미니 호텔이 많다.
2. 여행 목적에 따라 어느 지역에 묵을지 결정한다. 클럽 방문이 목적이라면 바르샤우어 슈트라세Warschauer Straße역이나 크로이츠베르크 쪽도 괜찮으나 밤늦은 시간은 으슥한 곳이 많으니 조심하는 게 좋다.
3. 베를린에만 있는 이색 숙소에 도전해 보자. 선상 호스텔이나 실험적인 객실의 프로펠러 호텔은 베를린에만 있다.
4. 한인 민박도 최근 리뷰를 미리 살펴보면서 꼼꼼히 따져보고 선택하자.
5. 호스텔뿐 아니라 일반 호텔의 객실도 공동욕실과 화장실을 이용하는 경우가 있다. 대부분은 크게 붐비는 편이 아니므로 공동욕실을 선택하면 큰 불편 없이 저렴하게 예약할 수 있다.

Stay : ★★★★★
❶
아들론 호텔 Hotel Adlon Kempinski Berlin

베를린 최고의 초호화 호텔로 역사와 전통을 자랑하는 호텔이다. 전 세계 VVIP들이 방문한 곳으로 유명한데 특히 마이클 잭슨이 5층 발코니에서 자신의 아들을 창밖으로 내밀었다가 아동학대혐의를 받았던 곳으로 더 유명해졌다. 독일 제일의 호텔 체인인 켐핀스키 호텔이 경영하고 있다.

Access	브란덴부르크 문 파리저 광장 앞
Cost	디럭스 더블룸 €440~
Address	Unter den Linden 77, 10117 Berlin
Tel	+49 (0)30 226 10
Web	www.kempinski.com/de/berlin/hotel-adlon

Stay : ★★★★★
❷
힐튼 호텔 Hilton Hotel Berlin

세계적 호텔 체인 힐튼의 베를린 호텔이다. 베를린에서 가장 아름다운 잔다르망 마르크트를 조망할 수 있는 좋은 위치에 자리하고 있다. 고풍스럽고 화려한 로비와 객실이 인상적이다.

Access	잔다르망 마르크트 옆
Cost	스탠더드 트윈룸 €284~
Address	Mohrenstraße 30, 10117 Berlin
Tel	+49 (0)30 202 300
Web	www.placeshilton.com/berlin

Stay : ★★★★

250아워스 호텔 비키니 25hours Hotel Bikini Berlin

베를린에서 가장 인기 있는 호텔 중 하나로 서베를린 중심인 초역과 쿠담에서 가깝다. 최신 설비를 갖춘 트렌디하면서도 자연친화적인 디자인의 객실은 동물원이나 카이저 빌헬름 교회 전망을 가진다. 친환경 호텔로 유명하며 자전거를 대여해 준다. 호텔 내 레스토랑과 몽키 바^{Monkey Bar}는 베를린 트렌드세터들의 핫 플레이스이기도 하다.

Access	S/U반 Zoologischer Garten 도보 3분
Cost	더블룸 €190~
Address	Budapesterstraße 40, 10787 Berlin
Tel	+49 (0)30 120 22 1255
Web	www.25hours-hotels.com

Stay : ★★★

미쉘베르거 호텔 Michelberger Hotel

호텔 로비에 들어서면 자유로운 분위기의 감각적인 바를 만나게 된다. 2009년 문을 열었고 다양한 콘셉트의 객실에는 단 하나뿐인 디자인 가구와 소품이 채워져 있다. 호텔과 객실 곳곳에 투숙객을 위한 섬세한 배려들이 묻어나고 스태프들도 오래 만난 친구처럼 스스럼없다. 건물 안뜰 공간도 카페 겸 휴식 공간이어서 널브러져 쉬기에 딱 좋다. 아마도 가장 베를린스러운 호텔이 아닐까 싶다. 싱글룸부터 4인실까지 갖추고 있다.

Access	S/U반 Warschauerstraße역에서 도보 5분
Cost	싱글룸 €120~, 더블룸 €168~
Address	Warschauerstraße 39/40, 10243 Berlin
Tel	+49 (0)30 297 78 590
Web	www.michelbergerhotel.com

Stay : ★★★★

파크 인 Park Inn by Radisson Berlin Alexanderplatz

베를린의 중심인 알렉산더 광장에 있는 호텔로 베를린에서 가장 높은 호텔이다. 1028개의 심플하고 깔끔한 객실이 있고, TV 타워가 보이는 멋진 전망이 자랑이다. 객실은 다소 좁은 편이다. 4~11월에는 호텔 40층에서 외벽을 따라 지상 125m 높이에서 수직 낙하하는 베이스 플라잉^{Base Flying}을 즐길 수 있다 (www.base-flying.de).

Access	S/U반 Alexanderplatz역
Cost	스탠더드룸 €170~
Address	Alexanderpl. 7, 10178 Berlin
Tel	+49 (0)30 238 90
Web	www.parkinn.com

파크 플라자 베를린 Park Plaza Berlin

고급 부티크가 늘어선 샤를로텐부르크 지역에 있는 아트 호텔로 입구에 있는 앤디 워홀의 자화상 팝아트가 존재감을 발한다. 152개의 객실과 레스토랑 등 호텔 곳곳에서 앤디 워홀의 팝아트와 그의 절친, 크리스토파 마코스 Christopher Makos의 사진이 전시되어 있다.

Access	U반 Uhlandstr.에서 도보 7분
Cost	슈페리어룸 €100~
Address	Lietzenburger Str. 85, 10719 Berlin
Tel	+49 (0)30 887 7770
Web	www.radisson hotels.com/en-us/ hotels/park-plaza-berlin

쉬포텔 베를린 Shipotel Berlin

오베르바움 다리가 보이는 슈프레 강에 떠 있는 선상 호텔로 특별한 숙박 경험을 할 수 있다. 도미토리를 비롯해 1등실부터 3등실까지 25개의 선실이 있는 이스턴 컴포트와 18개의 2등실 선실이 있는 웨스턴 컴포트가 있다. 6세 이하의 어린이와 반려동물은 투숙할 수 없다.

Access	S/U반 Warschauerstraße에서 도보 10분 또는 버스(248번) Tamara-Danz-Straße 하차
Cost	이스턴 도미토리 €35~, 1등석 더블룸 €108~
Address	Mühlenstraße 73-77, 10243 Berlin
Tel	+49 (0)30 9210 4662
Web	www.shipotel.com

8

아르테 루이제 쿤스트호텔
Arte Luise Kunsthotel

1825년에 지어진 신고전주의 건물을 호텔로 개조해 1995년 문을 연 아트 호텔. 50개의 객실은 저마다의 콘셉트로 꾸며져 있고 건물 한가운데 아름다운 초록의 정원이 있다. 공동욕실을 사용하는 싱글룸도 있어 1인 여행자에게도 좋은 선택이 될 수 있다.

Access	중앙역에서 버스 245번 Karlplatz 하차, 도보 1분
Cost	더블룸 €200~
Address	Luisenstraße 19, 10117 Berlin
Tel	+49 (0)30 284 480
Web	www.luise-berlin.com

9

오스텔
Ostel Hostel Berlin

70, 80년대 동독의 가정집을 그대로 재현해 DDR의 향수를 불러일으키는 곳이다. 시설이 훌륭하다기보다는 공산주의 시절의 가정집을 체험해 볼 수 있는 독특한 숙소이다. 욕실을 포함한 객실인지 확인하고 예약하도록 하자.

Access	S반 Ostbahnhof역에서 도보 3분
Cost	싱글룸 €35~, 더블룸 €45~
Address	Wriezener Karree 5, 10243 Berlin
Tel	+49 (0)30 257 68 660 · Web www.ostel.eu

마이닝거 호텔
Meininger Hotel Berlin Hauptbahnhof

베를린 중앙역에서 가장 가까운 숙소. 합리적인 가격에 모던한 숙소로 젊은이들에게 인기 있는 마이닝거 호텔의 지점이다. 작은 주방도 갖추고 있다. 싱글룸부터 4인실 도미토리까지 모든 객실에 욕실이 딸려 있다. 중앙역 외에도 베를린 여러 곳에 지점이 있다.

Access	중앙역 남쪽 출구
Cost	도미토리 €39, 더블룸 €97~
Address	Ella-Trebe-Straße 9, 10557 Berlin
Tel	+49 (0)30 983 21 073
Web	www.meininger-hotels.com

마르타스 게스트하우스
martas Gästehäuser Hauptbahnhof Berlin

베를린 중앙역에서 가까운 유스호스텔로 편리한 시설과 친절한 서비스가 돋보인다. 2층 침대가 있는 4인실 객실이 기본이고 싱글룸부터 예약이 가능하다. 모든 객실에 욕실이 딸려 있고, 장애인을 위한 편의시설이 잘 되어 있다. 27세 미만과 가족 여행객에게는 할인이 적용된다.

Access	중앙역에서 도보 5분, 모텔 원 호텔 골목으로 들어가서 왼쪽에 위치
Cost	도미토리 €27~, 더블룸 €63~
Address	Lehrter Str. 68, 10557 Berlin
Tel	+49 (0)30 398 3500
Web	martas.org

호스텔

서커스 호스텔
The Circus Hostel

베를린에서 가장 인기 높은 호스텔로 3인실부터 10인실 도미토리와 싱글, 더블룸이 있다. 바로 앞에 서커스 호텔이 있다.

Access	U반 Rosenthalerplatz역
Cost	8인실 €31~
Address	Weinbergsweg 1A, 10119 Berlin
Tel	+49 (0)30 200 03 939
Web	www.circus-berlin.de/hostel/

세인트 크리스토퍼 인
St. Christopher's Inn Berlin Hostel

영국에 본점이 있는 백패커를 위한 호스텔로 유럽에 여러 지점이 있다. 베를린 미테 지역에 위치하며 전용욕실과 부엌이 딸린 아파트먼트 형식의 도미토리부터 4인실까지 있다.

Access	U반 Rosa-Luxemburg-Platz역 근처
Cost	10인실 €16~
Address	Rosa-Luxemburg-Straße 41, 10178 Berlin
Tel	+49 (0)30 814 53 960
Web	www.st-christophers.co.uk/berlin-hostels

제너레이터 호스텔
Generator Hostel Berlin Mitte

유럽 주요 도시에 지점이 있는 호스텔 체인으로 도미토리를 포함한 전 객실에 화장실과 샤워실이 딸려 있다. 나무를 위주로 한 친환경적인 인테리어가 인상적이다.

Access	S반 Oranienburgerstraße역
Cost	6인실 €20~
Address	Oranienburgerstraße 65, 10117 Berlin
Tel	+49 (0)30 921 03 7680
Web	staygenerator.com

인두스트리팔라스트 호스텔
Industriepalast Hostel & Hotel

미쉘베르거 호텔 옆에 있는 호스텔로 빨간 벽돌의 건물이다. 젊은 층들이 좋아할 만한 부대시설을 갖추고 있다. 6인, 8인의 혼성 도미토리가 있고 전용욕실이 있는 도미토리도 있다.

Access	S/U반 Warschauerstraße역, 미쉘베르거 호텔 옆
Cost	도미토리 €24~, 1인실 €68~
Address	Warschauerstraße 43, 10243 Berlin
Tel	+49 (0)30 740 78 290
Web	www.industriepalast.de

아름다운 상수시 궁전이 있는 **포츠담**

Potsdam

베를린에서 약 25km 떨어져 있는 위성도시로 우리에게는 제2차 세계대전의 종전을 알리며 일본의 항복을 받아낸 시발점인 포츠담 회담(1945)으로 친숙한 곳이다. 독일에서도 가장 아름다운 궁전과 정원으로 꼽히며 세계문화유산으로 지정된 상수시 궁전을 보기 위해 전 세계에서 많은 관광객들이 방문하고 있다. 당일 여행으로 다녀오는 곳이어서 상수시 궁전만 보고 오는 경우도 많지만 소박하고 아기자기한 시내를 돌아보며 소소한 여유를 즐겨도 좋겠다.

(i) **관광안내소**
Information Center
Tel　　+49 (0)331 275 58 899
Web　　www.potsdamtourismus.de

중앙역 관광안내소
Access　중앙역 상가 내 위치
Open　　월~금 09:00~18:00, 토 09:00~17:00,
　　　　일 · 공휴일 09:30~15:00
Address Friedrich-Engels-Str.99 14473 Potsdam

구 시장
Access　중앙역 도보 8분, 중앙역에서 트램(91 외),
　　　　버스 (603 · 605번 외) Alter Markt/Landtag 하차
Open　　월~금 09:00~18:00, 토 09:00~17:00,
　　　　일 · 공휴일 09:30~15:00
Address Humboldtstraße 2, 14467 Potsdam

여행 Tip
● 도시명 포츠담 Potsdam
● 위치 베를린 남서쪽, 브란덴부르크 주의 주도
● 인구 약 14만 5천 3백명 (2024)
● 홈페이지 www.potsdam.de
● 키워드 상수시 궁전, 포츠담 회담

✚ 포츠담 들어가기 & 나오기

베를린에서 열차로 25~40분 거리로 당일로 다녀오기 좋다. 포츠담은 C존에 해당하고 ABC존을 포함하는 교통카드를 구매하면 포츠담 시내교통까지 이용 가능하다. 베를린 웰컴카드나 시티투어카드 ABC존도 사용 가능하다. 베를린 1일권 ABC존 €11.4.

★
기차로 이동하기
베를린 중앙역 등 주요 역에서 S반 S7, 지역열차(RB)/베를린 포츠다머 플라츠역에서 S반 S1

✚ 시내에서 이동하기

시내교통 이용하기 (버스, 트램)
포츠담역에 하차하여 남쪽 출구로 나오면 버스정류장이 있다. 걸어서 주변을 둘러보려면 북쪽 출구로 나가자.

> **Tip.**
> **자전거 렌트**
> 상수시 궁전과 포츠담 시내를 자유롭게 이동할 수 있는 교통수단. 관광안내소 주변에 렌트숍이 있다. 일일 렌트 비용은 €16 내외(09:00~19:00, 렌트숍마다 상이).

✚ 추천 여행 일정

베를린 ⋯▸ 포츠담 중앙역 ⋯▸ 상수시 궁전 ⋯▸ 브란덴부르크 문 거리 ⋯▸ 체칠리엔호프 궁전

포츠담

브란덴부르크 문 & 루이젠 광장
Brandenburger Tor & Luisenplatz

프리드리히 대왕이 7년 전쟁의 승리를 기념해 1770년 완성한 개선문. 베를린의 브란덴부르크 문과 이름이 같다. 시원한 분수가 있는 문 건너편의 광장은 루이젠 광장이고 문 뒤쪽은 포츠담에서 가장 번화한 보행자 전용도로 브란덴부르크 거리다. 사진이 예쁘게 나온다.

Access　중앙역에서 버스(596 · 605 · 614번 · X15),
　　　　트램(91) Luisenplatz 하차
Address　Luisenplatz, 14467 Potsdam
Tel　　　+49 (0)331 275 580

성 페터와 파울 교회
St. Peter und Paul Kirche

기존 바로크 양식의 교회를 1870년에 로마네스크와 신고전주의 양식을 결합해 확장했다. 가톨릭 교회이고 첨탑의 높이는 60m다.

Access　브란덴부르크 문 동쪽 상점가에 위치
Open　　토 12:00~18:00, 일 10:00~18:00, 월~금 휴무
Address　Am Bassin 2, 14467 Potsdam
Tel　　　+49 (0)331 230 7990
Web　　 www.peter-paul-kirche.de

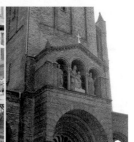

체칠리엔호프 궁전 Schloss Cecilienhof

빌헬름 2세가 그의 아들과 세자비 체칠리에Cecilie를 위해 지은 궁전(1913~1917)으로 벽돌과 나무 등 전통적인 재료를 사용해 영국 튜더 양식으로 지었다. 1945년 7월 17일부터 8월 2일까지 포츠담 회담이 열린 곳으로 유명하다. 입장료에 한국어 가이드가 포함되어 있다.

Story 포츠담 회담Potsdam Conference

나치 독일의 항복으로 제2차 세계대전의 종전을 알리며 1945년 7월 17일부터 독일 포츠담에서 열린 회담. 미국(트루먼 대통령), 영국(처칠 수상), 러시아(스탈린 당서기장)의 정상이 모여 개최한 회담의 결과, 일본에 무조건 항복과 포츠담 선언을 수락할 것을 요구하는 최후통첩을 보냈으나 거절당했다. 이에 미국이 일본에 원자폭탄 2개를 투하하고 소련이 전쟁에 개입하면서 일본 정부의 항복을 이끌어냈고, 대한민국도 독립을 이뤘다.

Access　중앙역에서 트램(91 · 92 · 93 · 96),
　　　　버스(603번) Schloss Cecilienhof 하차(약 20분 소요)
Open　　2024년 11월 1일부터 보수공사로 임시 폐쇄 중
Cost　　성인 €10, 학생 €7, 내부 사진 촬영 별도
　　　　상수사통합 티켓(상수시 공원의 모든 궁전 포함) 성인 €19, 학생 €14,
　　　　가족(성인 2인+어린이 4인) €49
Address　Im Neuen Garten 11, 14469 Potsdam
Tel　　　+49 (0)331 969 4222
Web　　 www.spsg.de

상수시 궁전과 공원 Park und Schloss Sanssouci 🏛

프로이센의 프리드리히 대왕Friedrich der Große이 베르사유 궁전을 모방하여 1745년부터 1757년까지 건설한 여름 별궁으로 1990년 궁전과 정원이 세계문화유산으로 지정되었다. 이후 프로이센의 왕후들이 거주하면서 확장을 거듭했다. 상수시는 프랑스어로 '근심이 없는'이라는 뜻으로 휴식과 힐링을 원했던 프리드리히 대왕의 염원대로 아름답고 평화로운 궁전과 정원은 오늘날까지 많은 사랑을 받고 있다.

6단의 계단식 포도밭 위에 세워진 상수시 궁전은 대표적인 로코코 양식으로 프리드리히 대왕이 직접 설계했다고 한다. 시원하게 뻗어 오르는 분수를 지나 일명 '포도계단'을 오르면 단층으로 지어진 궁전에 다다르게 된다. 상수시 공원은 동쪽 입구에서 서쪽 끝의 신 궁전까지 직선 거리가 2.5km에 달하는 엄청난 규모이며 공원 곳곳에 궁전과 별채, 호수와 분수가 있고 울창한 숲길로 이어져 있다.

Access	중앙역에서 20여 분 소요
	1. 버스(X15 · 695번)
	Schloss Sanssouci 하차 도보 5분
	2. 버스(605 · 631번),
	트램(91번) Luisenplatz-Süd/
	Park Sanssouci 하차 도보 13분
Open	**4~10월** 화~일 10:00~17:30,
	월 휴관
	11~3월 화~일 10:00~16:30,
	월 휴관
Cost	**상수시+통합 티켓**(체칠리엔호프
	궁전 포함) 성인 €22, 학생 €17,
	가족(성인 2인+어린이 4인) €49
	개별 궁전 성인 €14, 학생 €10
Address	Maulbeerallee 14469 Potsdam
Tel	+49 (0)331 969 4200
Web	www.spsg.de

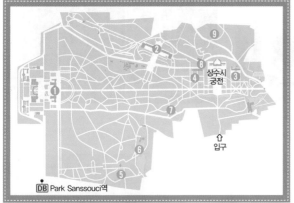

상수시 궁전

상수시 궁전으로 향하는 정원

상수시 궁전 & 공원 자세히 보기

❶ 신 궁전 Neues Palais (1763~1769)

프리드리히 대왕이 7년 전쟁의 승리를 자축하기 위해 만든 궁전으로 상수시 공원에 지은 마지막 궁전이다. 바로크 양식의 화려하고 웅장한 외관과 실내의 궁전으로 왕실 손님이 머물거나 왕실 행사에 이용했다. 독일의 마지막 황제인 빌헬름 2세와 가족이 거주하기도 했다. 신 궁전 주변으로 포츠담 대학교Universität Potsdam가 있다.

Cost   성인 €12, 학생 €8

포츠담 대학교

❷ 오랑게리 궁전 Orangerieschloss (1851~1864)

빌헬름 4세가 스케치해 만든 이탈리아 르네상스 양식의 궁전으로, 상수시 궁전과 비슷하게 계단을 올라 궁전을 지었다. 300m가 넘는 길이로 공원에서 가장 긴 빌딩이다. 궁전 아래는 활을 쏘는 아폴로Apollo의 조각상이 있다. 2024년 12월 현재 보수공사로 휴관 중이다.

❸ 빌더 미술관
Bildergalerie (1755~1764)
프리드리히 대왕이 소장했던 회화작품을 보관하기 위해 지은 건물로 유럽에서 가장 웅장한 18세기 건물이며, 독일에서 가장 오래된 미술관이기도 하다. 카라바조, 루벤스, 안톤 반 다이크 등 바로크와 로코코 시대의 걸작을 감상할 수 있다. 카라바조의 〈의심하는 도마〉도 소장 중이다.

Cost   성인 €8, 학생 €6

❺ 샤를로텐호프 궁전
Schloss Charlottenhof
상수시 궁전의 남서쪽 고전주의 양식의 궁전. 빌헬름 3세가 부인과 아들에게 크리스마스 선물로 받은 로코코 양식의 저택을 빌헬름 4세가 개조했다.

Cost   성인 €6, 학생 €5

❹ 노이에 카먼(새 방)
Neue Kammern (1771~1775)
왕실 손님이 지낼 게스트룸으로 상수시 궁전 서쪽에 있던 온실 건물을 개조해 지었다. 당시 유행이던 신고전주의 스타일 대신 후기 로코코의 양식으로 지어졌다. 비너스가 그려진 천장화가 있는 재스퍼 룸Jaspissaal과 프랑스 거울 방 스타일로 장식된 오비드 갤러리 등 화려한 장식의 연회장으로 유명하다.

Cost   성인 €8, 학생 €6

❻ 로마 목욕탕
Römische Bäder (1829~1840)
이탈리아 문화에 심취해 있던 빌헬름 4세 때에 만든 로마 스타일의 목욕탕. 2024년 12월 현재 보수공사로 휴관 중이다.

© SPSG_Reinhardt und Sommer

노이에 카먼

로마 목욕탕

로마 목욕탕

❼ 중국 티하우스
Chinesisches Teehaus (1755~1764)

로코코 양식의 파빌리온으로 야자수 모양의 기둥과 화려한 의상의 중국 음악가와 차 마시는 사람들 조각상 등이 금박으로 장식된 화려한 외관이 인상적이다.

Cost   성인 €4, 학생 €3

❽ 옛 물레방아 Historidsche Mühle

중앙역에서 버스(695, X15번)을 타고 상수시 궁전^{Schloss Sanssouci}에서 내리면 만나게 되는 곳으로 독일에서 가장 유명한 풍차 중 하나이다. 현재는 작동하지 않고 박물관과 레스토랑 등으로 사용된다.

Open   10:00~18:00
Cost   성인 €5, 학생 €3
Web   www.historische-muehle-potsdam.de

❾ 루이넨베르크 Ruinenberg

상수시 궁전 뒤편 74m 높이의 언덕으로 큰 우물과 분수 등 조형물과 정원이 있다. 이곳의 물이 상수시 공원 전체에 흐르도록 설계되었다고 한다.

음악이 들리는 예술의 도시 **라이프치히**

Leipzig

학문과 문화예술의 중심지로 유명한 라이프치히는 로마 시대부터 교역을 이끌었고 동독 시절의 중심지로 상업, 출판 인쇄업, 교육이 골고루 발달한 작센 주의 가장 큰 도시이다. 1409년 설립된 유서 깊은 대학은 괴테와 바그너 등 저명인사들을 배출했고, 바흐와 멘델스존이 오랫동안 활동한 도시인 만큼 교회 음악과 클래식 음악이 크게 발달했다. 공산주의 통치를 겪으면서 경제발전이 주춤했지만 역사적으로 개혁과 혁명을 주도한 최고의 문화수준을 자랑하는 젊고 품위 있는 도시다.

 관광안내소
Information Center

중앙역 관광안내소

Access   중앙역에서 도보 5분, 조형 미술관 근처에 위치
Open   월~금 10:00~18:00,
         토 · 일 · 공휴일 10:00~15:00
Address Katharinenstraße 8, 04109 Leipzig
Tel   +49 (0)341 710 4260
Web   www.leipzig.travel

여행 Tip
- 도시명 라이프치히 Leipzig
- 위치 독일 작센주
- 인구 약50만4천9백명 (2024)
- 홈페이지 www.leipzig.de
- 키워드 문화예술, 바흐, 멘델스존, 대학교,
  성 토마스 합창단, 월요데모

✚ 라이프치히 들어가기 & 나오기

1. 기차로 이동하기

구동독 지역 내의 노선과 연결이 잘 되어 있어 베를린이나 드레스덴과 이어지는 일정을 짜는 게 좋다. 독일의 남쪽 뮌헨이나 서쪽 지역은 경유 편을 이용해야 한다.

★ 주요 도시별 이동 소요시간 (ICE 기준)
- 베를린 · 드레스덴 ▶ 약 1시간 15분
- 프랑크푸르트 ▶ 약 3시간
- 함부르크 ▶ 약 3시간
- 뮌헨 ▶ 약 3시간 30분

라이프치히 중앙역 Hauptbahnhof
1915년 건축 당시 유럽에서 가장 큰 기차역으로 명성을 날렸다. 예전만큼은 아니지만 여전히 큰 규모이고 쇼핑몰과 각종 편의시설이 잘 갖춰져 있다.

2. 고속버스로 이동하기

라이프치히는 중앙역과 라이프치히 공항 Leipzig Flughafen, 이렇게 두 곳에 ZOB이 있다. 아직까지는 라이프치히 공항 ZOB에 노선이 많은 편이지만 중앙역 ZOB의 노선이 늘어날 것으로 예상된다. 예약 시 ZOB의 위치를 확인하도록 하자.

3. 비행기로 이동하기

라이프치히/할레 공항 Leipzig/Halle Airport
라이프치히 시내에서 북쪽으로 약 18km 떨어져 있고 독일 내는 물론 유럽의 도시들과 연결되어 있다. 지하철 S반(S5 & S5X)으로 라이프치히 중앙역까지 약 14분 소요.

Web   www.leipzig-halle-airport.de

Tip.
라이프치히 카드 Leipzig Card

기간 내 S반, 버스, 트램을 자유롭게 이용할 수 있고, 박물관 할인과 콘서트 홀 등 공연 할인혜택이 있다. 공연 관람과 박물관 방문 계획이 있다면 고려할 만하다.

Cost   1일권 €14.4
       3일권 €28.9
       3일권 그룹(성인 2인 + 3~14세 어린이) €56.9

✚ 시내에서 이동하기

시내교통 이용하기 (S반, 버스, 트램)

지하철인 S반은 도심과 외곽을 연결하는 기능을 하고 U반은 없다. 따라서 시내 관광을 위해서는 주로 버스나 트램을 이용하게 된다.

Cost   1회권 €3.5 단거리권 €2.3
       1일권 €9.8(최대 5인까지 가능, 1인당 €4.9 추가)
Web   www.lvb.de

✚ 추천 여행 일정

대부분의 주요 관광지는 도보로 이동이 가능하고 한나절이면 충분히 돌아볼 수 있다.

중앙역 ⋯› 아우구스투스 광장 주변 ⋯› (멘델스존 하우스, 그라시 박물관) ⋯› 니콜라이 교회 ⋯› 구 시청사, 매들러 파사제 ⋯› 조형예술 미술관 ⋯› 춤 카페 바움 ⋯› 토마스 교회 ⋯› 바흐 박물관 ⋯› 신 시청사

라이프치히

아우구스투스 광장 Augustusplatz

문화예술의 도시 라이프치히를 대표하는 광장이다. 오페라 극장, 게반트하우스, 라이프치히 대학으로 둘러싸인 광장의 이름은 프리드리히 아우구스투스 1세에서 따온 것이며, 동독 시절에는 카를 마르크스 광장이었다가 통일 후 원래의 이름을 되찾았다. 라이프치히 교통의 중심으로 거의 모든 트램이 이곳을 지난다.

Access 중앙역에서 Goethestraße 방향으로 직진, 도보 3분

❶ 크로흐흐흐 하우스 Krochhochhaus
베니스의 시계탑을 모방해 1928년 지어졌다(원래 10층이었던 것을 2009년 490만 유로를 들여 12층으로 복구했다). 시계의 직경은 4.3m, 종의 크기는 3.3m다. 라이프치히 대학 부속이며 이집트 박물관이 있다.

❷ 민주주의의 종 Demokratieglocke
약 150cm 높이의 황금달걀 모양의 청동종. 니콜라이 교회에서 있었던 통일 기도회를 기념하여 2009년 설치했다.

게반트하우스 Gewandhaus

1981년 완공된 클래식 공연장으로 세계 최고의 음향시설을 자랑한다. 무대를 가운데 두고 1,900석의 객석이 육각형으로 둘러싸고 있는 대형 홀과 실내악 공연을 주로 하는 498석 규모의 멘델스존 홀이 있다. 바로 앞에는 멘데 분수 Mendebrunnen가 있다.

Access 아우구스투스 광장
Open 월~금 10:00~18:00, 토 10:00~14:00, 일 휴관
Address Augustusplatz 8, 04109 Leipzig
Tel +49 (0)341 127 0280
Web www.gewandhaus.de

오페라 극장 Oper Leipzig

1693년 개관한 유럽에서 가장 오래된 오페라 극장으로 오페라와 발레 등을 공연한다. 제2차 세계대전 때 파괴된 것을 1960년 신고전주의 양식으로 재건해 재개관했다.

Access 아우구스투스 광장
Address Augustusplatz 12, 04109 Leipzig
Tel +49 (0)341 126 1261
Web www.oper-leipzig.de

④

라이프치히 대학교 Universität Leipzig

파울리눔Paulinum으로 불리는 푸른빛의 유리 건물이 라이프치히 대학이다. 원래 대학 교회 건물이 있던 곳에 비슷한 모양의 현대식 건물을 지은 것이다. 동독 시절 라이프치히 카를 마르크스 대학으로 이름이 바뀌기도 했었다. 학생식당인 멘사가 있다.

Access	아우구스투스 광장
Address	Augustusplatz 10, 04109 Leipzig
Tel	+49 (0)341 971 08
Web	www.uni-leipzig.de

⑤

멘델스존 하우스 Mendelssohnhaus

낭만파 음악의 창시자 멘델스존(1809~1847)이 여생을 보낸 곳으로 1845년부터 가족들과 이곳에서 살았다. 작업실 등 그의 생과 작품을 볼 수 있는 박물관이 있고 정기적으로 공연이 펼쳐지는 실내악 연주홀이 있다.

Access	게반트하우스에서 도보 2분
Open	10:00~18:00, 12월 24일 · 31일 10:00~15:00
Cost	**박물관** 성인 €10, 학생 €8, 18세 이하 무료
Address	Goldschmidtstraße 12, 04103 Leipzig
Tel	+49 (0)341 127 0294
Web	www.mendelssohn-stiftung.de

⑥

그라시 박물관 Grassimuseum

3개의 대형 박물관이 모여 있는 복합 박물관으로 1929년 개관했다. 민속 박물관Museum für Völkerkunde, 악기 박물관Museum für Musikinstrumente, 응용미술 박물관Museum für Angewandte Kunst 모두 규모가 크고 볼거리도 알차다.

Access	게반트하우스에서 도보 5분, 트램(4 · 7 · 12 · 15) Johannisplatz 하차
Open	화~일 10:00~18:00, 월 휴관
Cost	**상설전** 무료(특별 전시 유료)
Address	Johannisplatz 5-11, 04103 Leipzig
Tel	+49 (0)341 222 9100
Web	www.grassimuseum.de

⑦

구 증권거래소 Alte Börse

초기 바로크 스타일로 17세기에 지어진 구 증권거래소로 제2차 세계대전 중 완전히 파괴되었으나 1962년 재건했다. 현재는 문화 공연장과 이벤트 홀로 사용된다. 건물 앞에는 괴테의 동상이 있다.

Access	구 시청사 뒤편
Address	Naschmarkt 1, 04109 Leipzig
Tel	+49 (0)341 261 7766

⑧

구 시청사 & 역사 박물관
Altes Rathaus & Stadtgeschichtlichesmuseum

마르크트 광장에서 가장 눈에 뛰는 아름다운 르네상스 양식의 건물로 15세기에 지어졌다. 당시 시장이 기존의 후기 고딕 양식 건물 위에 새로운 건물을 올리도록 해 독특한 2층 건물이 되었다. 중앙 시계탑은 약간 비대칭이다. 1909년부터 라이프치히 역사 박물관으로도 사용 중이다.

Access 라이프치히역에서 도보 7분
Open 화~일 10:00~18:00, 월 휴관
Cost **상설전 무료**
Address Markt 1, 04109 Leipzig
Tel +49 (0)341 965 1352
Web www.stadtgeschichtliches-
museum-leipzig.de

⑨

조형예술 미술관 Museum der Bildenden Künste

1848년 처음 개관한 미술관은 19세기 라이프치히의 수집가들이 협회를 창립해 작품을 기증하면서 만들어졌다. 현재의 건물은 2004년 완공한 36m 높이의 유리 건물로 멀리서도 눈에 뛰는 외관이다. 15세기 중세 이후부터 현대 미술까지 방대한 작품을 전시하고 있다. 유럽, 특히 독일과 네덜란드의 작품이 많다.

Access 마르트크 광장 북쪽
Open 화 · 목~일 · 공휴일 10:00~18:00,
수 12:00~20:00, 월 휴관
Cost **상설전 무료 특별전** 성인 €10~
Address Katharinenstraße 10, 04109
Leipzig
Tel +49 (0)341 216 990
Web www.mdbk.de

⑩

니콜라이 교회 Nikolaikirche

단순한 교회의 의미를 넘어 개혁을 이끌었던 역사적인 장소다. 1539년 마틴 루터의 설교로 종교개혁이 시작됐고, 1980년 '월요데모'가 시작되면서 독일 통일을 이끌었다. 18세기에는 바흐가 파이프 오르간 연주자로 활동했고 오늘날까지 오르간 연주가 유명하다. 1165년에 로마네스크 양식으로 세운 건물을 16세기에 고딕 양식으로 확장하였고 18세기에는 첨탑에 바로크 장식을 추가했다. 내부는 고전주의 양식으로 순수한 아름다움이 있다. 통일 후 월요데모를 기념해 만든 평화타워Die Friedenssäule가 있다.

Access 라이프치히역에서 도보 10분
Open 월~토 11:00~18:00,
일 10:00~15:00
Cost 무료
Address Nikolaikirchhof 3, 04109 Leipzig
Tel +49 (0)341 124 5380
Web www.nikolaikirche-leipzig.de

토마스 교회 Thomaskiche

니콜라이 교회와 함께 라이프치히를 대표하는 교회로 요한 세바스티안 바흐 Johann Sebastian Bach(1685~1750)가 25년간 활동하며 생을 마친 곳이다. 그가 지 휘자로 있던 '성 토마스 합창단Thomanerchor'은 세계적 수준의 소년 합창단으로 명성을 날리고 있고 바흐는 합창단을 위한 곡도 다수 작곡했다. 바흐의 유해 가 안치된 곳이고 작은 기념품숍도 있다. 마틴 루터가 종신 서원을 한 곳으 로도 유명하다. 1212년 짓기 시작한 교회는 유럽에서 가장 오래된 곳 중 하나 로 로마네스크 양식의 본당을 기본으로 후기 고딕 양식으로 1496년 완공했다.

Access	마르크트 광장 근처, 트램 9번 Thomaskirche 하차
Open	10:00~18:00
Address	Thomaskirchhof 18, 04109 Leipzig
Tel	+49 (0)341 222 240
Web	www.thomaskirche.org

바흐 박물관 Bachmuseum

25년 가까이 토마스 교회에서 성가대를 지도하며 교회 음 악의 발전에 힘쓴 바흐의 일생과 관련 자료, 음악 등을 감 상할 수 있는 박물관으로 원래는 바흐의 절친이었던 상 인 보제Bose의 집이었다. 시청각 자료들이 잘 갖춰져 있다.

Access	토마스 교회 바흐상 맞은편
Open	화~일 10:00~18:00, 월 휴관
Cost	성인 €10, 학생 €8, 16세 이하 · 매월 첫째 주 화요일 무료
Address	Thomaskirchhof 15/16, 04109 Leipzig
Tel	+49 (0)341 913 7202
Web	www.bach-leipzig.de

신 시청사 Neues Rathaus

거대하고 웅장한 외관이 눈길을 사로잡는 신 시청사는 전 성기 시절, 부와 권력을 상징할 랜드마크로 1905년 문을 열었다. 작센 왕국의 플라이센 성Pleißenburg을 인수해 지 었고 중앙 시청탑 높이는 114.7m로 독일에서 가장 높다.

Access	토마스 교회에서 남쪽으로 도보 2분
Open	월~목 07:00~18:00, 금 07:00~16:00, 토 · 일 휴무
Address	Martin-Luther-Ring 4-6, 04109 Leipzig
Tel	+49 (0)341 1230

춤 카페 바움 Zum Arabischen Coffe Baum

1711년 문을 연 독일에서 가장 오래된 커피숍으로 건물은 1556년경에 지어졌다. 작곡가 슈만이 동료 뮤지션들과 정기적인 만남을 가졌던 곳으로 유명하고 바그너, 그리그, 괴테 등도 찾았다고 한다. 1층의 레스토랑은 디너만 운영하며, 아라빅 커피를 제공하는 커피숍은 2층에 있다. 3층에는 커피 박물관이 있어 커피 애호가라면 흥미를 가질 만한 곳이다.

Access	마르크트 광장에서 서쪽으로 Barfußgäßchen 방향 도보 2분
Open	2024년 12월 기준 보수공사로 임시 휴업 중
Address	Kleine Fleischergasse 4, 04109 Leipzig
Tel	+49 (0)341 961 0061
Web	www.coffe-baum.de

아우어바흐 켈러 Auerbachs Keller

법학도 괴테의 단골집이었고 그의 소설 『파우스트Faust』의 배경이 되며 전 세계의 관광객들이 몰려드는 레스토랑 겸 맥줏집이다. 악마 메피스토펠레스가 노학자 파우스트를 타락시키기 위해 이곳으로 데리고 왔다는 이야기가 나온다. 실내 곳곳에 파우스트의 흔적이 있고 파우스트와 악마인형이 앉아 있는 커다란 와인통이 있다. 1525년 와인양조장으로 처음 문을 열었다. 입구 양쪽으로 파우스트 주인공들의 청동 조각상이 있는데, 그중 유독 반짝이는 파우스트의 신발을 만지면 행운이 온다는 믿거나 말거나 한 이야기가 전해진다.

Access	마르크트 광장 남쪽 매들러 파사제 내
Open	월·목·일 12:00~22:00, 화·수 17:00~22:00, 금·토 12:00~23:00
Cost	주메뉴 €22~
Address	Grimmaischestraße 2-4, 04109 Leipzig
Tel	+49 (0)341 216 100
Web	www.auerbachs-keller-leipzig.de

> **Tip 매들러 파사제**Mädler Passage
> 웅장하고 아름다운 아케이드로 1914년 지어졌다. 『파우스트』의 배경이 되는 유서 깊은 양조장, 아우어바흐 켈러 덕분에 유명세를 타고 있다.
> Web   www.maedlerpassage.de

파우스트의 신발을 만지면 행운이 온다.

Food
③

칠스 터널 Zill's Tunnel

1841년 문을 연 작센 토속 음식점이므로 라이프치히의 전통 요리인 '라이프치거 알러라이Leipziger Allerlei'와 이 지역 맥주인 '고제 맥주Gose'를 주문해 보자. 고제 맥주는 고수와 소금이 첨가되어 짜고 시큼한 맛이다. 게스트하우스도 같이 운영하며 이곳을 언급한 독일 전통 민요도 있다.

Access	마르크트 광장에서 서쪽으로 Barfußgäßchen 방향
Open	월~목·일 11:30~22:00, 금·토 11:30~23:00
Cost	주요리 €19~
Address	Barfußgäßchen 9, 04109 Leipzig
Tel	+49 (0)341 960 2078
Web	www. zillstunnel.de

Food
④

카페 칸들러 Café Kandler

토마스 교회 옆에 있는 인기 디저트 카페로 라이프치히에 몇 개의 지점이 더 있다. 1989년 문을 열었고 유서 깊은 카페답게 클래식과 어울리는 고풍스러운 인테리어가 인상적이다. 이곳의 자랑인 라이프치히 레어쉐Leipziger Lerche와 오리지널 바흐탈러Bachtaler와 함께 티타임을 즐겨보자.

Access	토마스 교회 옆
Open	월~금 10:00~18:00, 토·일 09:00~18:00
Cost	케이크류 €4.7~
Address	Thomaskirchhof 11, 04109 Leipzig
Tel	+49 (0)341 213 2181
Web	www. cafekandler.de

호텔 & 호스텔

슈타이겐베르거 그랜드 호텔
Steigenberger Grandhotel Handelshof Leipzig ★★★★★
구시가지 중심에 있는 럭셔리 호텔로 177개의 객실과 2개의 레스토랑, 스파 등의 시설을 갖추고 있다.

Access	구 시청사 뒤편 구 증권거래소 옆
Cost	슈페리어룸 €176~
Address	Salzgäßchen 6, 04109 Leipzig
Tel	+49 (0)341 350 5810
Web	de.steigenberger.com/Leipzig/ Steigenberger-Grandhotel-Handelshof

래디슨 블루 호텔
Radisson Blu Hotel Leipzig ★★★★
오페라 극장과 신 게반트하우스가 있는 아우구스투스 광장 건너편에 있는 호텔로 위치와 전망이 좋은 호텔이다. 214개의 안락한 객실이 있다.

Access	아우구스투스 광장 건너편
Cost	슈페리어룸 €113~
Address	Augustusplatz 5, 04109 Leipzig
Tel	+49 (0)341 214 60
Web	www.radisson-leipzig.com

A&O 호스텔
A&O Hostel & Hotel Leipzig
라이프치히 중앙역 바로 옆에 있는 호스텔이다. 독일 전역에 지점이 있으며 싱글룸부터 6인 도미토리까지 묵을 수 있는 객실이 있다. 어린이와 함께 투숙해도 괜찮다.

Access	중앙역 도보 2분
Cost	도미토리 €23
Address	Brandenburgerstraße 2, 04103 Leipzig
Tel	+49 (0)341 250 794 900
Web	www.aohostels.com/de/leipzig

5 엘리먼츠 호스텔
5 Elements Hostel Leipzig
부대시설이 잘 갖추어진 호스텔로 여성 전용(4인)을 포함한 도미토리가 있고 싱글룸부터 가족룸까지 다양한 종류의 객실이 있다. 공동주방과 세탁실, 바 등도 있다.

Access	구 시청 광장 근처
Cost	도미토리 €13~, 아파트먼트 €55~, 조식 €7.5
Address	Kleine Fleischergasse 8, 04109 Leipzig
Tel	+49 (0)341 355 83 196
Web	5elementshostel.de/leipzig

엘베 강이 흐르는 작센의 보물 **드레스덴**

Dresden

여행 Tip
- 도시명 드레스덴 Dresden
- 위치 독일 동부 작센주의 주도
- 인구 약48만6천8백명 (2024)
- 홈페이지 www.dresden.de
- 키워드 엘베강, 츠빙어 궁전, 제2차 세계대전,
블록버스터

제2차 세계대전 이전의 드레스덴은 독일에서 가장 부강한 작센 주의 주도로 사치스러울 만큼 화려하고 역사적인 유적들이 가득한 도시였다. 누구도 예상하지 못했던 잔인한 대폭격의 결과로 폐허가 되었던 도시는 평화와 긍정의 힘으로 재건에 성공하였고, 예전 이상의 명성을 얻으며 다시 사랑받고 있다.

다른 독일의 도시와는 또 다른 매력을 보여주는 드레스덴은 엘베 강변의 아름다운 풍경과 유럽 바로크 예술을 중심으로 품격 있는 문화예술을 선보이며, 창의적이고 실험적인 신진 아티스트들이 모여드는 미래지향적인 예술도시다. 상업도시로의 개발 산업도 한창이어서 보존과 개발에 대한 기대와 우려가 함께 있는 곳이기도 하다.

 관광안내소
Information Center

중앙역 관광안내소
Access 중앙역에 위치
Open   월~금 09:00~19:00, 토 10:00~18:00,
       일 10:00~16:00
Address Wienerplatz 4, 01069 Dresden
Tel   +49 (0)351 501 501
Web   www.dresden.de/en/tourism/tourism.php

프라우엔 교회 관광안내소
Access 프라우엔 교회 근처 Kulturpalast 건물 G층에 위치
Open   월~금 10:00~19:00, 토 10:00~18:00,
       일 10:00~15:00
Address Neumarkt 2, 01067 Dresden
Tel   +49 (0)351 501 501
Web   www.dresden.de/en/tourism/tourism.php

✚ 드레스덴 들어가기 & 나오기

1. 기차로 이동하기
독일 동부에 위치한 드레스덴은 베를린이나 라이프치히 등 동부 지역 노선은 잘 되어 있으나 뮌헨이나 프랑크푸르트 등은 직행 노선이 없어 조금은 불편하다. 체코 프라하와는 약 2시간 20분이 소요되고 기차편도 많은 편이어서 '프라하–드레스덴–베를린'으로 이어지는 여정이 자연스럽다. 드레스덴 중앙역에서 구시가지까지 도보 10분 소요.

★ 주요 도시별 이동 소요시간
· **베를린** ▶ 약 1시간 50분
· **라이프치히** ▶ 약 1시간 10분
· **하노버** ▶ 약 4시간
· **함부르크 · 프랑크푸르트** ▶ 약 4시간 20분
· **프라하** ▶ 약 2시간 20분

2. 버스로 이동하기
드레스덴 ZOB은 중앙역 남쪽 Bayrischestraße에 있다. 베를린에서는 약 2시간 40분, 체코 프라하에서는 약 2시간 소요된다.

3. 비행기로 이동하기
드레스덴 국제공항Dresdner Flughafen은 독일 국내선과 유럽의 도시를 연결하는 노선이 있다. 공항은 도심에서 북동쪽으로 9km 정도 떨어져 있고 30분 간격으로 운행되는 S반(S2)으로 중앙역까지 20분 소요된다.
Web   www.dresden-airport.de

✚ 시내에서 이동하기

시내교통 이용하기 (S반, 트램, 버스)
시내 이동 시 트램을 이용하는 게 편리하다. 중앙역에서 구시가지까지 도보로 10분 거리이고 주요 관광지가 구시가지에 모여 있어 도보 여행이 가능하나, 신시가지까지 둘러보려면 교통편을 이용하는 게 좋다. 2일 이상 머물 예정이라면 4회권을 효율적으로 사용해 보자.
Cost   **1회권** 성인 €3, 어린이(6~14세) €2.1
         1일권 성인 €7.4, 어린이 €6.2
         4회권 성인 €11.4, 어린이 €7.8
Web   www.dvb.de

Tip.
드레스덴-프라하 당일 여행의 경우 국경을 넘으므로 여권을 꼭 지참해야 한다.

Tip.
체코열차를 예약할 경우에는 체코 홈페이지를 이용하자.

Web   www.cd.cz/en

Tip.
드레스덴 웰컴카드
Dredsen Welcome Card

주요 박물관의 무료 또는 할인 혜택과 대중교통을 포함하는 투어카드다. 각종 할인과 교통을 포함하는 드레스덴 시티카드는 1~3일권이 있고, 가족권은 성인 2인에 4명의 어린이(4세 이하)까지 사용할 수 있다. 박물관 관람이 목적이라면 14개 주요 박물관의 입장을 포함하는 박물관 카드Dresden Museums Card를 이용하자.

Cost   시티카드 1일권 €17~
         (박물관 카드 2일권 €35)

✚ 추천 여행 일정

엘베 강을 중심으로 남쪽의 구시가지와 북쪽의 신시가지로 나눌 수 있다. 유럽의 풍치가 느껴지는 구시가지는 엘베 강변 가까이 관광지와 유적이 모여 있고 중앙역 쪽으로 상업지구 Pragersstraße가 형성되어 있다. 젊고 자유로운 분위기의 신시가지는 그와는 전혀 다른 매력으로, 그래피티가 인상적인 건물과 클럽 골목이 마치 베를린을 연상하게 한다. 책에는 다루지 않았지만 여유가 있다면 도자기로 유명한 마이센을 다녀와도 좋다.

★ 1일 일정 구시가지 중심의 도보 여행
중앙역 ⋯ 츠빙어 궁전 ⋯ 젬퍼 오페라 하우스 ⋯ 대성당 ⋯ 브륄의 테라스 ⋯ 알베르티눔 ⋯ 프라우엔 교회 ⋯ 크로이츠 교회 ⋯ 프라거 거리

★ 2일 일정 (교외 마이센) 신시가지 중심
중앙역 ⋯ (S반 33분 소요) ⋯ 마이센 ⋯ 드레스덴 노이슈타트역 ⋯ 하우프트 거리 ⋯ (트램) ⋯ 쿤스트호프 파사제 ⋯ (트램) ⋯ 드라이쾨니히 교회 ⋯ 아우구스투스 다리

Story 드레스덴

드레스덴 폭격 Luftangriff auf Dresden

독일 곳곳에서 제2차 세계대전의 상흔을 발견할 수 있지만 드레스덴은 차원이 다른 비극의 역사가 있는 곳이다. 1945년 2월 13일부터 3일간 영국과 미국이 대규모 폭격을 감행하여 도시의 80% 이상이 파괴되고 시민의 절반이상이 희생당했다. 당시 유럽 최고의 문화 유적지인 드레스덴은 공격당하지 않을 것으로 생각해 많은 이들이 피난을 왔는데 예상 밖의 공격으로 더 피해가 컸다. 오늘날의 드레스덴은 전쟁 후 동독에 편입된 드레스덴과 독일 시민들의 눈물겨운 노력으로 이뤄낸 것이다. 한편 영국군의 대형폭탄은 블록(Block) 하나를 날려버릴(Bust) 만큼 위력이 있었는데 오늘날 대형 상업영화를 뜻하는 '블록버스터Blockbuster'가 여기에서 유래되었다.

세계 최초의 유네스코 세계문화유산 취소 사건

한 폭의 명화 같은 풍경의 브륄의 테라스를 비롯해 츠빙어 궁전, 젬퍼 오페라 등 엘베 강변 주변은 2004년 유네스코 세계문화유산에 등록되며 더욱 명성을 날렸다. 하지만 2009년, 이 지역은 세계문화유산이 취소되는 초유의 사태가 일어났다.
드레스덴은 엘베 강에 발트슐로스헨 다리Waldschlösschenbrücke를 건설하기로 했는데 이 다리가 경관을 훼손할 것을 우려한 유네스코가 이 지역을 위험목록으로 분류했다. 이에 드레스덴은 주민 투표까지 강행하며 다리를 완공했고 결국 세계문화유산에서 삭제되었다. 비슷한 이유로 위험목록에 들었다가 개발을 중단했던 쾰른과는 정반대의 대처여서 눈길을 끈다.

드레스덴 음악제 Dresdner Musikfestspiele

1978년부터 시작되어 매년 5월과 6월에 아름다운 츠빙어 궁전을 비롯한 곳곳의 명소를 배경으로 펼쳐지는 국제 음악 축제다. 1870년 창단된 드레스덴 필하모니의 공연은 물론 전 세계의 유명 연주자와 오케스트라가 참여하는 클래식 대축제이다. 무용과 월드뮤직, 갈라콘서트 등 다양한 공연도 선보인다.
Web www.musikfestspiele.com

드레스덴

레스토랑 & 나이트라이프

① 카몬다스 초콜릿 CAMONDAS Schokoladen-Kontor
② 코젤 팔래스
　　Coselpalais - Restaurant & Grand Café
③ 푼트 몰케라이
　　Dresdener Molkerei Gebrüder Pfund
④ 바츠케 Watzke
⑤ 드라이시히 Dreißig

쇼핑

① 알트마르크트 쇼핑몰 Altmarkt-Galerie Dresden
② 마르크트할레 Markthalle
③ 마이센 아웃렛 Meissen Outlet

관광명소 & 박물관

① 알트마르크트 Altmarkt
② 크로이츠 교회 Kreuzkirche
③ 신시청사 Neues Rathaus
④ 브륄의 테라스 Brühlsche Terrasse
⑤ 알베르티눔 Albertinum
⑥ 립시우스 미술관 Kunsthalle im Lipsiusbau
⑦ 교통 박물관 Dresden Transport Museum
⑧ 프라우엔 교회 Frauenkirche
⑨ 젬퍼 오페라 하우스 Semper Opera Haus
⑩ 군주의 행렬 & 슈탈호프
　　Fürstenzug & Stallhof
⑪ 츠빙어 궁전 Zwinger
⑫ 대성당 Kathedrale
⑬ 드레스덴 성 Dresdner Schloss
⑭ 슐로스 광장 Schloßplatz
⑮ 쿤스트호프 파사제 Kunsthof Passage

S S반　**🚋** 트램　**B** 은행　**ℹ** 관광안내소　**👮** 경찰서　**M** Müller　**👁** View Point

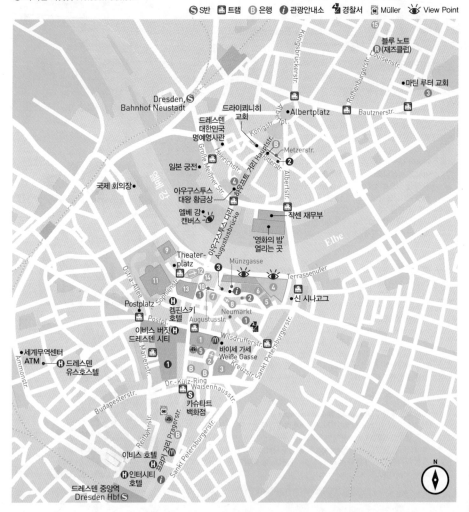

츠빙어 궁전 Zwinger

독일 바로크 건축의 최고 걸작으로 꼽히는 츠빙어 궁전은 작센과 폴란드의 왕이었던 아우구스투스 대왕의 명으로 여름 별궁으로 짓기 시작해 1728년 완공되었다. 중앙 분수를 중심으로 건물은 사방이 대칭되는 구조로 건물마다 화려한 조각으로 장식되어 있다. 크로넨 문, 글로켄슈필, 님프의 목욕탕 등 특징 있는 구조물이 있고 각 건물은 미술관과 박물관으로 이용된다. 현재는 세 곳의 박물관을 개방하며, 세계적 거장의 명화들을 소장하고 있는 '알테 마이스터 회화관'은 드레스덴의 필수 코스다. 제2차 세계대전의 대폭격으로 거의 파괴되었던 궁전이라는 게 믿기지 않을 정도로 엄청난 공을 들여 재건된 츠빙어 궁전은 아름다움 이상의 의미와 상징이 있는 곳이다. 드레스덴 음악제를 비롯해 클래식 공연도 자주 열린다.

Access 극장 광장에서 도보 1분
Open **정원** 06:00~20:00
박물관 화~일 10:00~18:00, 월 휴관
Cost **정원** 무료
박물관 통합 티켓 성인 €14, 학생 €10.5, 17세 이하 무료
수학·물리학 살롱/도자기 컬렉션 각각 성인 €6, 학생 €4.5
Address Sophienstraße, 01067 Dresden
Tel +49 (0)351 491 42 000
Web www.der-dresdner-zwinger.de

장 에티엔 리오타르 작, 〈초콜릿 소녀〉

츠빙어 궁전

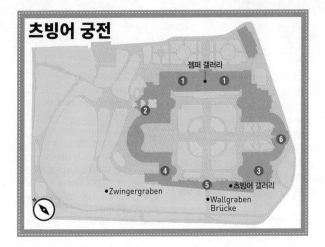

젬퍼 갤러리

1 1

2

6

4

3

5 ●츠빙어 갤러리

●Zwingergraben

●Wallgraben
 Brücke

④ 수학–물리학 살롱
The Mathematisch-
Physikalischer Salon

중세부터 사용된 수학과 물리학, 우
주과학 관련 기구들을 전시한 곳
이다.

⑤ 크로넨 문
Kronen Tor

츠빙어 궁전의 메인 입구로 이탈리
아 바로크 양식의 폴란드식 왕관이
올려져 있다. 아우구스투스 대왕이
폴란드를 정복한 기념으로 만들었다.

① 알테 마이스터 회화관
Gemäldegalerie Alte Meister

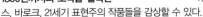

츠빙어 궁전 북쪽에 위치한 젬퍼 갤러리 안
에 있는 회화관으로 15~18세기 유럽 회화
대가들의 작품이 전시되어 있다. 루벤스,
반 에이크, 뒤러, 렘브란트 등의 작품이 있
는데 특히 라파엘로의 〈시스틴 마돈나Sistine
Madonna〉는 이곳의 대표작이다. 아기 예수를
안은 성모의 모습보다 그림 아래쪽에 무심
한 듯 턱을 고고 있는 두 천사에 눈길이 간
다. 두 천사의 기념품도 판매한다. 재개관한
1800년까지의 조각품 컬렉션 Skulpturensammlung bis 1800에서는 고대부터 르네상
스, 바로크, 21세기 표현주의 작품들을 감상할 수 있다.

② 님프의 목욕탕
Nymphenbad

프렌치 파빌리온 뒤쪽에 비밀처럼
숨어 있는 요정의 목욕탕. 바로크 양
식의 분수와 조각상이 아름답다.

③ 도자기 컬렉션
Porzellansammlung

마이센이 빚은 섬세한 동물도자기가
대표적인 컬렉션으로 17~18세기 중
국 명나라 도자기를 비롯한 동양의
도자기들을 전시하고 있다.

⑥ 글로켄슈필 파빌리온
Glockenspielpavillon

1930년대 초 소피엔 문Sophien Tor 위
에 마이센 도자기로 만든 시계탑
과 편종을 설치해 매일 정오에 연주
를 들려준다. 15분마다 소리가 난다.

드레스덴 성 Dresdner Schloss (Residenzschloss Dresden)

독일에서 가장 웅대하고 중요한 르네상스 궁전으로 현재는 천문학적 가치의 보물 박물관이다. 15세기부터 작센 왕가의 궁전으로 사용되면서 확장을 거듭해 거대한 규모와 독특한 구조의 성이 되었다. 1701년 화재로 소실되자 아우구스투스 대왕은 절대군주의 막강한 부와 권력을 보여주기 위해 새 궁전 (1723~1730)을 지었고, 후기 바로크 예술작품과 보물을 수집, 보관했다. 2차 대전의 대폭격으로 완전히 파괴된 궁전은 1986년부터 재건을 시작해 오늘날 전 세계에서 가장 비싼 보물이 있는 박물관이 되었다.

거울 방이 인상적인 그뤼네 게뵐베^{Historisches Grünes Gewölbe}는 1시간에 100명만 입장할 수 있으므로 꼭 보고 싶다면 온라인 예매를 권장한다. 그 밖에 재건 후 처음 문을 연 회화, 드로잉 사진 컬렉션^{Kupferstich-Kabinett}, 중세 튀르키예의 보물과 무기 전시실인 튀르키예관^{Türckische Cammer}, 화폐 박물관^{Münzkabinett}도 빠질 수 없는 소중한 컬렉션이다. 내부는 사진 촬영이 금지되어 있다.

Access	극장 광장 맞은편
Open	월 · 수~일 10:00~18:00 (금 ~20:00), 화 휴관
Cost	**그뤼네 게뵐베** 성인 €14 **콤비 티켓**(모든 박물관) 성인 €24.6 **그뤼네 게뵐베를 제외한 박물관** 성인 €14, 학생 €10.5, 17세 이하 무료
Address	Taschenberg 2, 01067 Dresden
Tel	+49 (0)351 491 42 000
Web	www.skd.museum

젬퍼 오페라 하우스 Semper Opera Haus

1841년 건축가 젬퍼^{Gottfried Semper}의 설계로 르네상스와 후기 고전주의 양식으로 지은 극장. 제2차 대전 시 폭격으로 무너진 것을 복구하여 1985년에 재개관했다. 바그너의 대표작 〈탄호이저^{Tannhäuser}〉를 초연한 곳으로 유명하며 유럽에서 가장 아름다운 오페라 하우스로 꼽힌다. '젬퍼 오퍼^{Semper Oper}'라고 부르며 젬퍼 오퍼 발레단의 솔리스트로 한국인 이상은 씨가 활약하고 있다.

Access	트램(4 · 8 · 9) Theaterplatz 하차 (중앙역에서는 트램 8번 승차)
Open	티켓 카운터 10:00~18:00
Address	Theaterplatz 2, 01067 Dresden
Tel	+49 (0)351 491 1705
Web	www.semperoper.de

대성당 Kathedrale

작센에서 가장 큰 가톨릭 교회로 이탈리아 건축가가 설계한 바로크 양식의 교회(1739~1755). 당시 개신교 지역이던 드레스덴을 가톨릭으로 바꾸려던 아우구스투스 2세의 명으로 세워졌다. 아우구스투스 1세를 비롯한 작센의 왕들이 안치되어 있고 독일의 오르간 장인, 질버만이 만든 오르간이 있다. 매주 수요일과 토요일 점심에 오르간 연주회가 있다. '궁정 교회Hofkirche'라고도 부른다.

Access 트램(4 · 8 · 9) Theaterplatz 하차
(중앙역에서는 트램 8번 승차)
Open 월~목 · 토 10:00~17:00,
금 13:00~17:00,
일 12:00~16:00
Cost 무료
Address Schlossplatz 24, 01067 Dresden
Tel +49 (0)351 484 4712

브륄의 테라스 Brühlsche Terrasse

어느 곳을 봐도 한 폭의 그림 같은 엘베 강의 풍경을 보여주는 곳으로 젊은 괴테는 이곳을 '유럽의 발코니'라고 칭했다. 이곳에서 바라보는 엘베 강의 풍경은 모든 근심을 다 날려버릴 듯 평화롭기만 하다. 원래는 도시를 방어하는 요새였던 성벽 위를 1740년경 브륄 백작이 정원으로 꾸몄고, 1814년부터 일반에 개방되었다. 요새Festung Dresden는 별도로 개방하고 있다. 성벽 문 아래로 구시가지 안쪽으로 통하는 뮌츠 골목Münzgasse은 양쪽으로 작은 레스토랑이 줄지어 있는 아기자기한 골목으로 밤늦게까지 맥주를 즐기는 사람들이 넘쳐난다.

Access 극장 광장에서 도보 1분
Open 테라스는 24시간
Address Georg-Treu-Platz 1, 01067 Dresden
Tel +49 (0)351 501 501

뮌츠 골목

알베르티눔 Albertinum

츠빙어 궁전의 알테 마이스터 회화관과 함께 드레스덴을 대표하는 미술관으로 르네상스 시대 이후의 작품을 중심으로 전시하는 노이에 마이스터 갤러리Galerie Neue Meister 와 고대부터 유럽 중세 이후의 조각을 전시하는 조각관 Skulpturensammlung으로 이루어졌다. 고흐, 드가, 로댕 등의 작품을 볼 수 있다. 원래는 군사적 기능이 있는 건물로 세워진 르네상스 양식의 건물(1559~1563)이고 당시 작센의 왕 알베르트Albert에서 유래된 이름이다. 바로 옆에 화려한 드레스덴 미술대학(립시우스 미술관) 건물이 있다.

Access	브륄의 테라스가 있는 엘베 강변에 위치
Open	화~일 10:00~18:00, 월 휴관
Cost	성인 €12, 학생 €9, 17세 이하 무료
Address	Tzschirnerplatz 2, 01067 Dresden
Tel	+49 (0)351 491 42 000
Web	www.skd.museum

립시우스 미술관 Kunsthalle im Lipsiusbau

프라우엔 교회의 돔과 대조되는 '레몬스퀴저'같이 생긴 유리돔 건물이 립시우스 미술관이다. 19세기에 지어진 고전주의 양식의 건물로 드레스덴 미술대학과 같은 건물이다. 건축가 립시우스Constantin Lipsius의 이름을 딴 명칭이다. 비정기적으로 현대 미술 관련 특별전시가 열린다.

Access	브륄의 테라스가 있는 엘베 강변에 위치
Open	화~일 10:00~18:00, 월 휴관
Cost	성인 €8, 학생 €6, 17세 이하 무료(전시회마다 다름)
Address	Georg-Treu-Platz 1, 01067 Dresden
Tel	+49 (0)351 491 42 000
Web	www.skd.museum

슐로스 광장 Schloßplatz

브륄의 테라스와 대성당 사이에 있는 광장, 아우구스투스 다리와 이어진다.

Access	브륄의 테라스와 대성당 사이
Address	Schloßplatz 1, 01067 Dresden

극장 광장 Theaterplatz

젬퍼 오퍼 앞에 있는 광장, 가운데 요하네스 왕König-Johann 의 동상이 서 있다.

Access	트램 (4 · 8 · 9) Theaterplatz 하차
Address	Theaterplatz, 01067 Dresden

프라우엔 교회 Frauenkirche

드레스덴을 대표하는 루터교 교회. 전후와 통일 후 독일인들의 염원을 모아 재건되어 평화를 상징하게 되었다. 11세기부터 천년의 역사를 자랑하는 교회는 18세기에 독일 바로크 양식의 대가인 건축가 게오르게 베어^{George Bähr}에 의해 아름다운 돔 교회로 지어져 7년 전쟁에도 끄떡없던 튼튼한 교회였으나 1945년 연합군의 대폭격으로 완전히 파괴되었다. 시민들은 교회의 잔해에 번호를 붙여 보관하였고 독일의 통일 후 전 국민적인 모금운동을 발판으로 1994년부터 재건작업을 시작해 2004년에는 외벽, 2005년에는 내부의 복원을 마치고 문을 열게 되었다. 바흐가 연주회를 열기도 했던 유명한 파이프 오르간이 있다. 교회 앞 광장에는 마틴 루터의 동상이 있고, 복원 때 쓰인 잔해의 조각도 볼 수 있다. 주변 광장에 파스텔 톤의 바로크 양식 건물들이 많아 사진 찍기 좋다.

Access	브륄의 테라스 남쪽 방향 노이마르크트 광장에 있다.
Open	월~금 10:00~11:30, 13:00~17:30, 토 · 일은 유동적
Cost	무료
Address	Neumarkt, 01067 Dresden
Tel	+49 (0)351 656 06 100
Web	www.frauenkirche-dresden.de

프라우엔 교회 앞 광장에 있는 마틴 루터의 동상

Tip 돔 타워 오르기
Open 3~10월 월~토 10:00~18:00, 일 13:00~18:00
11~2월 월~토 10:00~16:00, 일 13:00~16:00
Cost 성인 €10, 학생 €5

군주의 행렬 & 슈탈호프 Fürstenzug & Stallhof

레지덴츠 궁전의 일부인 슈탈호프 외벽에 그려진 101m의 거대한 벽화. 작센을 다스린 베틴^{Wettin}의 800주년을 기념해 35명의 역대 군주를 연대별로 그린 것으로 1876년에 완성했다. 1907년에는 벽화의 손상을 막기 위해 2만 4천 장이 넘는 마이센 도자기 타일에 옮겼다. 왕가의 인물 외에도 59명의 과학자와 예술가, 농민이 있고 화가인 빌헬름 발터^{Wilhelm Walther}도 그려져 있다. 제2차 세계대전의 대폭격에 거의 유일하게 보존된 유적이라 더욱 가치가 있다.

Access	슐로스 광장에서 Augustusstraße 방향
Address	Augustusstraße 1, 01067 Dresden

크로이츠 교회 Kreuzkirche

1764년부터 1800년까지 후기 바로크와 초기 고전주의 양식으로 지어진 개신교 교회. 훌륭한 내부 음향으로 공연장으로 많이 사용된다. 800년이 넘는 역사를 지닌 전세계적인 소년 합창단, '드레스덴 십자가 합창단Dresdner Kreuzchores'이 이 교회의 소속으로 교회 앞에 신구 합창단복을 입은 소년들의 동상이 있다. 10명 이상의 단체는 첨탑 전망대(유료)에도 올라갈 수 있다.

Access	알트마르크트Altmarkt 광장 부근
Open	3~10월
	월~금 10:00~18:00,
	토 10:00~15:00,
	일 11:00~18:00
	11~2월
	월~금 10:00~17:00,
	토 10:00~16:15,
	일 11:00~15:00
Cost	무료(공연 시 입장 불가)
Address	An der Kreuzkirche 6, 01067 Dresden
Tel	+49 (0)351 439 3920
Web	www.kreuzkirche-dresden.de

프라거 거리 Pragerstraße

일명 '프라하 거리'로 구시가지와는 다른 분위기의 쇼핑거리. 1945년 공습으로 거의 파괴된 지역을 1960년대부터 현대적으로 재건했다. 1970년대부터는 보행자 전용거리로 자리 잡았고 대형 쇼핑몰과 극장, 레스토랑, 호텔 등이 모여 있다. 중앙역부터 알트마르크트까지 이어지며 걸어서 약 10분 정도 걸린다.

Access 중앙역 북쪽 거리
Address Pragerstraße, 01069 Dresden

신 시청사 Neues Rathaus

1910년 완공된 시청사로 꼭대기에 5m가 넘는 황금색 헤라클레스상이 있는 100m 높이의 팔각탑이 유명하다. 구 시청사는 대폭격 때 파괴되어 재건되지 않았다.

Access 크로이츠 교회 옆
Open 월~금 08:00~20:00(수 ~14:00), 토 09:00~13:00, 일 휴무
Address Rathausplatz, 01067 Dresden
Tel +49 (0)351 488 2390

알트마르크트 Altmarkt

드레스덴에 처음으로 마을이 형성되었던 곳으로 일 년 내내 계절별 시장이 서고 축제와 이벤트가 끊이지 않는다. 겨울에는 유명한 크리스마스 마켓이 열린다.

Access 트램(1 · 2 · 4) Altmarkt역
Address Innere Altstadt, 01067 Dresden

엘베 강
Elbe River

① Hidden Place
엘베 강 캔버스 der Canaletto Blick

그림 같은 풍경의 숨겨진 포토 포인트다. 카날레토Canaletto
로 알려진 로코코 최고의 풍경화가 베르나르도 벨로도(이
탈리아, 1722~1870)는 아우구스투스 3세 때 궁정 화가로
있으면서 14점의 바로크 드레스덴의 대형 풍경화를 남겼
다. 그중 〈엘베의 베니스Venedig an der Elbe〉를 그렸던 앵글을
그대로 캔버스로 만들어 놓은 곳이다.

Access 아우구스투스 다리 건너편 왼쪽 강변

②
영화의 밤 Filmnächte am Elbufer

매년 여름 엘베 강변에서 펼쳐지는 영화와 콘서트 축제로
유럽에서 가장 아름다운 강변 야외무대를 만날 수 있다.
1991년부터 시작된 축제로 약 3,000석 규모의 좌석과 대
형 스크린이 있는 무대가 설치되며 매일 밤 영화 상영과
콘서트가 펼쳐진다.

Access   작센 주 재무부 건물(Staatsministerium der Finanzen)
         앞 강변
Address Königsufer, 01097 Dresden
Tel   +49 (0)351 899 320
Web   dresden.filmnaechte.de

③
아우구스투스 다리 Augustusbrücke

구시가지와 신시가지를 연결하는 엘베 강의 다리 중 가장
아름다운 전망을 보여주는 곳이다. 신시가지 쪽에서 바라
보는 구시가지의 야경은 특히 아름답다.

Access 대성당에서 엘베 강을 건너는 다리

④
아우구스투스 대왕 황금상 Goldener Reiter

드레스덴의 최고 전성기 시절의 작센과 폴란드를 지배했
던 아우구스투스 대왕의 황금 동상. 1736년에 설치되었고
낮이고 밤이고 유독 밝게 빛나는 황금색이 눈길을 끈다.

Access 아우구스투스 다리 신시가지 쪽
Address Neustädtermarkt, 01097 Dresden

하우프트 거리 Hauptstraße

신시가지 교통의 중심이 되는 알베르트 광장Albertplatz까지 일자로 뻗어 있는 보행자 전용도로. 길 양쪽으로 가로수가 늘어서 있어 공원 같은 곳이다. 주변에 레스토랑과 상점들이 많아 휴식을 취하기도 좋다.

Access 아우구스투스 다리 건너 북쪽으로 쭉 뻗은 거리

드레스덴 대한민국 명예영사관

드라이쾨니히 교회와 가까운 신시가지를 걷다 보면 익숙한 깃발 하나를 발견할 수 있다. 낯선 곳에서 만나 더욱 반가운 태극기가 있는 건물이 바로 '드레스덴 대한민국 명예대사관'이다. 같은 건물에 체코식 레스토랑으로 유명한 벤첼 프라거 비어슈투벤Wenzel Prager Bierstuben이 있다.

Access	트램(4·9)
	Palaisplatz
	하차
Open	월~금
	10:00~12:00,
	토·일 휴관
Address	Königstraße 1,
	01097 Dresden
Tel	+49 (0)351 800
	9850

드라이쾨니히 교회 Dreikönigskirche

동방박사 3인이 조각된 제단이 있는 루터교 교회로 15세기에 처음 지어졌고 18세기에 바로크 양식의 첨탑을 추가하며 새로 건축되었다. 현재는 제2차 세계대전의 피해 후 재건된 모습이다. 첨탑 전망대(€3)도 개방된다.

Access	하우프트 거리에 위치
Open	월~금 10:00~18:00, 토·일 휴무
Cost	무료
Address	Hauptstraße 23, 01097 Dresden
Tel	+49 (0)351 812 4101 Web www.hdk-dkk.de

일본 궁전 Japanisches Palais

아우구스투스 대왕이 소장하던 도자기를 전시할 '도자기 궁전'을 목적으로 1717년 구입해 일본식 지붕을 올려 증축하면서 붙여진 이름이다. 현재는 민족학 박물관을 운영하고, 특별전시도 연다.

Access	트램(4·9) Palaisplatz 하차
Open	화~일 10:00~18:00, 월 휴관
Cost	민족학 박물관 무료
Address	Palaisplatz 11, 01097 Dresden
Tel	+49 (0)351 491 42 000 Web www.skd.museum

쿤스트호프 파사제 Kunsthof Passage

예술적이고 창의적인 아이디어가 가득한 5개의 마당이 모여 있는 아케이드로 아티스트숍, 부티크, 카페, 레스토랑, 극장 등이 있다. 알록달록한 색감과 상상력을 자극하는 구조물들로 구경하는 재미가 쏠쏠하다. 쿤스트호프 파사제가 있는 괴를리처 거리 Görlitzer Str 는 젊은 아티스트들이 모여드는 아지트 같은 곳으로 클럽과 재즈클럽 등이 있다.

Access 트램 13번 Görlitzerstraße 하차
Open 상점마다 다르다. 일반적으로 오전 11시경부터 문을 열고 레스토랑은 늦게까지 영업한다.
Address Görlitzerstraße 23-25, 01099 Dresden
Web www.kunsthof-dresden.de

Hof der Elemente 원리의 마당
세 명의 아티스트가 만들어낸 창의적 공간. 특히 외벽에 파이프 구조물을 만들어 물과 바람이 흘러가는 소리까지 감상할 수 있는 파란 건물이 눈길을 끈다.

Hof der Fabelwesen 신화 속 동물 마당
신화 속 동물들을 벽에 타일로 그린 판타지 가득한 공간.

Hof der Metamorphosen 변신의 마당
섬유와 종이 등의 다양한 변형을 구경할 수 있다.

Hof der Tiere 동물 마당
기린과 원숭이 등을 주제로 한 마당으로 커피 한잔을 즐기기 좋다.

Hof des Lichts 빛의 마당
극장이 있는 예술의 무대.

①

코젤 팔래스 Coselpalais - Restaurant & Grand Café

웅장하고 아름다운 바로크 양식의 건물로 클래식한 분위기와 맛으로 사랑받는 레스토랑 겸 디저트 카페다. 1765년 코젤 백작과 부인의 주거용 궁전으로 지어졌으나 1945년 제2차 세계대전으로 파괴되었고, 2000년 원래의 모습으로 재건됐다. 음식은 마이센 도자기에 서빙되며 오리지널 드레스덴 아이어쉐케를 즐기기에도 좋다.

Access 프라우엔 교회 옆
Open 월~목 11:00~23:00,
　　　 금~일 11:00~24:00
Cost 아이어쉐케 €5.2~, 식사류 €22~
Address An d. Frauenkirche 12, 01067
　　　　 Dresden
Tel +49 351 496 2444
Web www.coselpalais-dresden.de

Tip 아이어쉐케 Eierschecke
작센 지역의 명물로 계란과 쿠아르크 Quark 치즈가 주재료인 케이크. 아이어 Eier 는 계란이라는 뜻이다. 계란과 쿠아르크 치즈가 3단으로 쌓인 케이크는 부드럽고 깔끔한 맛이 일품이다.

②

카몬다스 초콜릿
CAMONDAS Kakaostube

전 세계에서 온 최고급 원료로 만든 초콜릿 전문점이다. 이곳의 최고 인기 메뉴는 사계절 가리지 않고 찾게 되는 초콜릿 아이스크림으로 인생 아이스크림으로 꼽을 만한 부드럽고 달콤한 맛이다. 알트마르크트 쇼핑몰과 프라우엔 교회 앞에도 지점이 있다.

Access 군주의 행렬에서 드레스덴 성 방향 Schloßstraße에 위치
Open 11:00~18:00
Cost 초콜릿 음료 €4.4~, 초콜릿 아이스크림 €4.5
Address Schloßstraße 22, 01067 Dresden
Tel +49 (0)351 497 69 843
Web www.camondas.de

③

드라이시히
Dreißig

드레스덴과 베를린 지역에 있는 제빵 체인으로 신선하고 다양한 빵을 저렴하게 즐길 수 있다. 아침 일찍 문을 열어 조식을 먹기도 좋다. 중앙역 등 여러 곳에 지점이 있다.

Access 크로이츠 교회
　　　　 근처
Open 07:00~18:00
Cost 조식 €8~
Address Altmarkt 7,
　　　　 01067 Dresden
Tel +49 (0)351
　　　 484 84 840
Web www.
　　　 baeckerei-
　　　 dreissig.de

바츠케

Watzke

전통 방식으로 만드는 수제 맥주가 유명한 맥줏집으로 자체 양조장에서 만드는 바츠케 맥주를 마실 수 있다. 진한 갈색과 오렌지 빛을 띠는 맥주는 홉의 향이 강한 편이다. 음식도 저렴한 편이고 맛있다.

Access	아우구스투스 다리 건너 하우프트 거리 초입에 위치
Open	월~목 · 일 11:00~23:00, 금~토 11:00~24:00
Cost	맥주 0.5L €5.1~, 주메뉴 €14~
Address	Hauptstraße 1, 01067 Dresden
Tel	+49 (0)351 810 6820
Web	www.watzke.de

푼트 몰케라이

Dresdener Molkerei Gebrüder Pfund

1880년 문을 연 푼트 형제의 유제품점으로 다양한 유제품을 판매하며 카페와 레스토랑도 겸한다. 전체가 정교한 도자기 타일로 장식된 실내 공간은 1998년 세계에서 가장 아름다운 유제품 가게로 기네스북에 등재되면서 항상 관광객이 넘쳐난다.

Access	트램 11번 Pulsnitzerstraße 하차, 약 200m 거리
Open	월~토 10:00~18:00, 일 휴무
Cost	조식 €13~
Address	Bautznerstraße 79, 01099 Dresden
Tel	+49 (0)351 808 080 Web www.pfunds.de

마르크트할레 Markthalle

박물관처럼 생긴 외관이지만 내부는 재래시장이다. 1899년에 처음 문을 열었다가 전쟁을 거치고 재건해 2000년부터 재개장했다. 식료품과 빵 등을 저렴하게 구입할 수 있고 시장 구경은 덤이다.

Access	하우프트 거리에 위치
Open	월~토 08:00~20:00, 일 휴무
Address	Metzerstraße 1, 01097 Dresden
Tel	+49 (0)351 810 5445
Web	www.markthalle-dresden.de

마이센 아웃렛 Meissen Outlet

섬세하고 예술성 높은 세계적 명품 마이센 도자기 판매점이다. 마이센은 드레스덴에서 지하철로 40분 거리에 있으니 시간이 되면 견학이 가능한 공장에 방문해 보자.

Access	프라우엔 교회 근처 힐튼 호텔 G층에 있다.
Open	월~토 10:00~19:00, 일 휴무
Address	Töpferstraße 2, 01067 Dresden
Tel	+49 (0)351 501 4806
Web	www.qf-dresden.de/de/meissen-outlet

Stay : ★★★★★

켐핀스키 호텔
Hotel Taschenbergpalais Kempinski

최고의 럭셔리 호텔 체인인 켐핀스키 호텔로 구시가지 중심에 있다. 고전적 분위기의 우아한 182개의 객실과 32개의 스위트룸이 있고 현대적인 최고급 시설과 서비스를 제공한다.

Access	츠빙어 궁전 옆. 극장 광장에서 5분 거리
Cost	Palais Room €310~
Address	Taschenberg 3, 01067 Dresden
Tel	+49 (0)351 491 20
Web	www.kempinski.com/de/dresden/hotel-taschenbergpalais/welcome

Stay : ★★

이비스 버짓 드레스덴 시티
Ibis Budget Dresden City

주요 관광지와 가깝고 대형 쇼핑몰 내에 있어 여러모로 편리한 경제적인 숙소다. 객실은 더블베드에 싱글베드가 2층으로 올려진 독특한 구조여서 3인까지 묵을 수 있고 버짓 호텔답게 기본에 충실한 서비스를 제공한다.

Access	프라거 거리에서 트램(8 · 9 · 11) Postplatz 하차
Cost	스탠더드 더블룸 €55~
Address	Wilsdruffer straße 25, 01067 Dresden
Tel	+49 (0)351 833 93 820
Web	www.ibis.com/de/hotel-7514-ibis-budget-dresden-city/index.shtml

Stay : ★★★

인터시티 호텔 Inter City Hotel Dresden

중앙역 가까이 있고 군더더기 없는 심플한 156개 객실과 부대시설을 갖춘 호텔이다. 모든 투숙객에게 투숙 일정에 맞춰 무료 대중교통 티켓을 주기 때문에 교통비를 절약할 수 있다. 바로 앞의 프라거 거리에 쇼핑몰과 레스토랑이 많아 편리하다.

Access	중앙역 바로 옆에 위치
Cost	스탠더드 더블룸 €95~
Address	Wienerplatz 8, 01069 Dresden
Tel	+49 (0)351 263 550
Web	de.intercityhotel.com/Dresden/InterCityHotel-Dresden

호스텔

A&O 호스텔
A&O Dresden Hauptbahnhof

Access	중앙역 서쪽 Strehlenerstraße 방향
Cost	4인실 도미토리 €28~, 싱글룸 €67~
Address	Strehlenerstraße 10, 01069 Dresden
Tel	+49 (0)351 469 271 5900
Web	www.aohostels.com

시티 헤르베르게 호스텔
City Herberge Hostel

Access	트램(1 · 2 · 4 · 12) Deutsches Hygiene-Museum 하차
Cost	더블룸 €60~
Address	Lingnerallee 3, 01069 Dresden
Tel	+49 (0)351 485 9900
Web	www.cityherberge.de

드레스덴 유스호스텔
Jugendherberge Dresden

Access	중앙역에서 트램(7 · 10) World Trade Center Dresden 하차
Cost	싱글룸 €46~
Address	Maternistraße 22, 01067 Dresden
Tel	+49 (0)351 492 620
Web	www.jugendherberge.de

Hamburg &
Norddeutschland

함부르크 & 독일 북부 지역

01

천 가지 매력의 항구도시 **함부르크**

Hamburg

독일 제2의 도시 함부르크는 유럽에서 가장 크고 붐비는 항구
도시다. 중세 한자동맹의 주요 도시로 막강한 경제력과 자치독
립의 오랜 역사와 전통에 대한 자부심 또한 대단하며, 브레멘
과 더불어 오늘날에도 자유도시의 지위를 유지하고 있다. 독일
의 다른 도시와 마찬가지로 제2차 세계대전으로 심하게 파괴되
어 재건하였다.

도심의 휴식처 알스터 호수와 웅장한 아름다움의 시청사, 전통
의 항구 란둥스브뤼켄과 항구의 새 역사를 쓰고 있는 하펜시티
등 과거와 현재, 미래를 복합적으로 느낄 수 있는 포인트가 도시
곳곳에 있고, 세계적 수준의 미술관과 다양한 주제의 박물관, 낭
만과 멋이 넘치는 골목골목 등 함부르크의 매력은 출구가 없을
정도다. 또한 멘델스존과 브람스가 태어난 '음악의 도시' 함부르
크에서 대표 랜드마크로 꼽히는 엘프 필하모니의 압도적인 건
축미와 최고 수준의 클래식 공연을 즐겨보자.

여행 Tip
- 도시명 함부르크Hamburg
- 위치 독일북부
- 인구 약173만9천명 (2024)
- 홈페이지 www.hamburg.de
- 키워드 항구, 하펜시티, 엘베강,
  엘프 필하모니, 한자동맹, 비틀스

ⓘ 관광안내소
Information Center

중앙역 관광안내소

Access 함부르크 중앙역 Kirchenallee 출구 쪽에 위치

Open 월~토 09:00~19:00, 일 · 공휴일 10:00~18:00,
1월 1일 11:00~18:00, 12월 24일 10:00~16:00

Address Hauptbahnhof Hamburg, Kirchenallee,
20095 Hamburg

Tel +49 (0)40 300 51 701

Web www.hamburg-tourism.de

란둥스브뤼켄 관광안내소

Access 피어 4와 5 사이에 위치

Open 09:00~18:00, 12월 24일 09:00~14:00,
12월 26일~31일 10:00~18:00
1월 1일 · 12월 25일 휴무

Web www.hamburg-tourism.de

함부르크 공항 관광안내소

Access 공항 터미널 1과 2 사이 Airport Plaza
도착층에 위치

Open 06:00~23:00

Web www.hamburg-tourism.de

함부르크 중앙역
관광안내소

✚ 함부르크 들어가기 & 나오기

1. 비행기로 이동하기
한국과 함부르크 간 직항 노선은 없고 프랑크푸르트 공항 등 최소 한 곳 이상을 경유해 들어가야 한다. 시내 북쪽에 있는 함부르크 공항Hamburg-Fuhlsbüttel Airport은 S반(25분 소요)이 연결되어 있는 공항 플라자를 가운데 두고 터미널 1과 2가 연결되어 있다. 터미널 1은 원월드와 스카이팀 제휴사가, 터미널 2는 루프트한자를 비롯해 스타얼라이언스와 유로윙스 제휴사가 이용한다.

Web　　www.hamburg-airport.de

★ 공항에서 시내 이동하기

① S반 이용하기
공항에서 중앙역까지 지하철 S반(S1)을 이용하는 게 가장 편리하다. 25분이 소요되며 보통은 10분 간격으로 운행한다.
한 가지 주의사항으로는 함부르크 시내에서 공항으로 갈 때, 공항 바로 전역(Ohlsdorf역)에서 노선이 나뉘어 열차가 분리되고, 앞쪽 3칸만 공항으로 향한다. 안내방송을 유심히 듣도록 하자.

Open　　공항 출발 04:33~24:13, 중앙역 출발 04:03~24:43
Cost　　편도 성인 €3.8(유레일패스 사용 가능)

② 택시 이용하기
공항에서 중앙역까지 약 20분 소요되며 요금은 €45 내외로 나온다.

2. 기차로 이동하기
독일 제2의 도시답게 독일 각지로 향하는 다양한 노선이 있다. 베를린, 하노버 등 독일 중북부 도시 간 이동이 편리하고 뮌헨 등 남부 쪽은 다소 시간이 걸린다. 국경을 넘어 덴마크, 체코, 오스트리아, 스위스 등과 직행 열차 노선도 있다.

★ 주요 도시별 이동 소요시간
· 베를린 ICE ▶ 약 1시간 40분　　· 하노버 ICE ▶ 약 1시간 20분
· 프랑크푸르트 ICE ▶ 약 4시간 20분　· 뮌헨 ICE ▶ 약 6시간
· 덴마크 코펜하겐 EC ▶ 약 5시간　　· 체코 프라하 EC ▶ 약 6시간 30분
· 스위스 바젤 ICE ▶ 약 6시간 30분

Tip.
니더작센 티켓
Niedersachsen-Ticket

니더작센 지역 내 모든 도시와 근접한 도시의 지역 열차 및 대중교통을 하루 동안 이용할 수 있는 랜더 티켓으로 함부르크와 브레멘까지 이용이 가능하다. 하노버는 물론, 뤼네부르크Lüneburg, 괴팅엔Göttingen 등 니더작센의 주요 도시에서 이용할 수 있다. 또한 5명까지 이용할 수 있어 여럿일수록 경제적이다. 앱이나 온라인 구매도 가능하고 중앙역의 티켓판매기에서도 구입이 가능하다. 영어로 'Lower Saxony Ticket'이라고 한다. 이용 시간은 월~금 09:00~다음 날 03:00, 주말과 공휴일은 24:00~다음 날 03:00다.

Cost　　성인 2등석 1인 €27
　　　　(1인 추가 요금 €7,
　　　　2~5인 €6씩 추가,
　　　　6~14세는 3인까지
　　　　무료), 5세 이하 무료
Web　　www.niedersachsen
　　　　tarif.de

＊ 주의사항
❶ 고속철(ICE, IC)은 사용 불가
❷ 티켓에 적힌 이름만 사용 가능하고 검사 시 신분증을 요구할 수도 있다.
❸ 창구 구매와 온라인 예약은 €2 추가요금이 붙는다.

3. 버스로 이동하기

함부르크 버스터미널(ZOB)은 중앙역에서 도보 3분 거리에 있고, U반 (U1 · U2 · U3 · U4) Hauptbahnhof Süd역 바로 옆에 있다. 다른 도시에 비해 시스템을 잘 갖췄고, 맥도날드가 있는 것도 반갑다. 독일 내 도시뿐 아니라 유럽 전역을 연결하는 노선이 있어 야간버스를 이용하는 배낭여 행객들은 눈여겨볼 만하다. ZOB 웹 사이트에서 출도착을 확인할 수 있다.

Web www.zob-hamburg.de

★ 주요 도시별 이동 소요시간
· 뮌헨 ▶ 약 12시간 · 베를린 ▶ 약 3시간 30분 · 하노버 ▶ 약 2시간

✚ 시내에서 이동하기

시내교통 이용하기 (S반, U반, 버스, 트램, 택시)

중앙역에서 시청사와 알스터 호수 주변, 하펜시티까지는 도보로 이동이 가능하나 메세 주변이나 장 파울리^{St.Pauli} 등은 대중교통(AB존)을 이용하 는 게 좋다. 티켓은 역에 있는 티켓자판기나 HVV 앱에서도 구매가 가능 하고 버스 기사에게 직접 살 수도 있다.

Web www.hvv.de

시내교통 티켓의 종류와 가격(2024년 12월)

티켓 종류	성인	어린이(6~14세)
단거리권	€2	×
1회권	€3.8	€1.4
1일권(오전 9시~)	€7.5	×
1일권	€8.8	€2.7
그룹권(5인까지, 오전 9시~)	€14.1	×

* 1일권은 다음 날 오전 6시까지 유효하다.

Tip.
함부르크 카드
The Hamburg Card

함부르크 시내 대중교통과 박물 관, 공연, 각종 투어 등의 할인을 포함한 투어카드 다. 박물관 등 관광 지 내부 관람을 목 적으로 하는 여행 자에게 적합하다. 1일권에서 5일권까지 판매하고 싱글 티켓(성인 1인+6~14세 어린이 3인까지)과 그룹 티켓(5 인까지 유효)이 있다. 티켓은 다 음 날 오전 6시까지 유효하고 관 광안내소와 온라인에서 구입이 가능하다. 함부르크 근교를 포함 한 플러스 카드도 있다.

Cost 싱글 티켓 1일권
      €11.9, 2~5일권
      €21.9~48.9
      그룹 티켓 1일권
      €20.9, 2~5일권
      €37.9~86.9
Web www.hamburg-
     travel.com

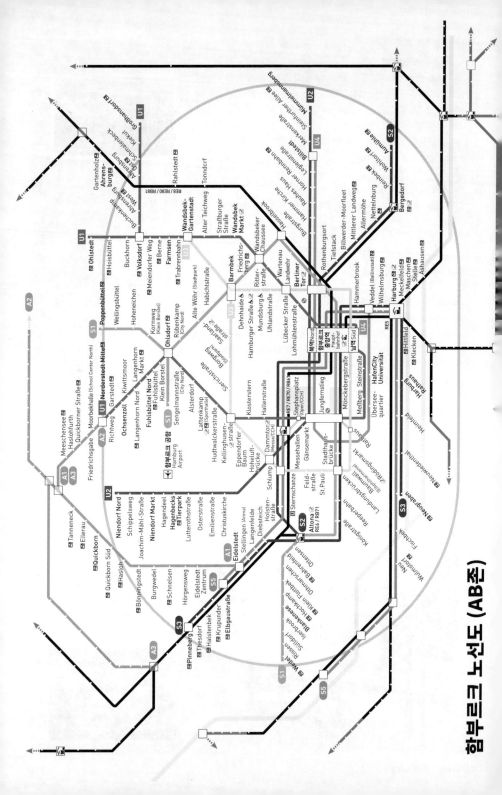

함부르크 노선도 (AB존)

✚ 추천 여행 일정

★ 1일 일정 (전 일정 도보 가능)

오전 중앙역(관광안내소) ⤑ 도보 12분 ⤑ **시청사 & 알스터 호수 주변**(짐블록 햄버거) ⤑ 도보 6분 ⤑ **성 니콜라이 교회** ⤑ 도보 8분 ⤑ **오후 창고 거리 & 하펜시티**(엘프 필하모니) ⤑ 도보 10~15분 ⤑ **칠레하우스** ⤑ 도보 10분 ⤑ **중앙역**

★ 2일 일정 (대중교통 이용)

오전 함부르크 미술관(중앙역) ⤑ S/U반, 약 10분 소요 ⤑ **란둥스브뤼켄** ⤑ **엘브터널** ⤑ **오후** 도보 7분 ⤑ **성 미하엘 교회** ⤑ 37번 버스, 약 11분 소요 ⤑ **레퍼반** ⤑ S반, 약 20분 소요 ⤑ **슈테른샹체**

Story 물지게꾼 훔멜 Hummel

함부르크에서 누군가 "훔멜! 훔멜!" 하고 인사하면, "모스! 모스!"라고 대답해주자. 19세기 실존인물인 한스 홈멜Hans Hummel은 오늘날 함부르크의 대표 캐릭터로 시내 곳곳에서 다양한 색채의 동상으로 만날 수 있다. 본명은 요한 빌헬름 벤츠Johann Wilhelm Bentz(1787~1854). 하루 종일 부지런히 물동이를 나르던 그를 아이들은 "훔멜! 훔멜" 하며 놀렸고, 이에 "녀석들을 혼내준다!"라는 뜻으로 "모스! 모스!"라고 받아쳤다고 한다. 모스Mors는 엉덩이라는 뜻의 지역 사투리다. 분데스리가 함부르크 SV의 경기에서도 골을 넣으면 '훔멜'과 '모스'를 외치며 응원한다고 한다.

함부르크

S S반 U U반 DB DB ⓘ 관광안내소 경찰서 Ⓡ Rossmann View Point

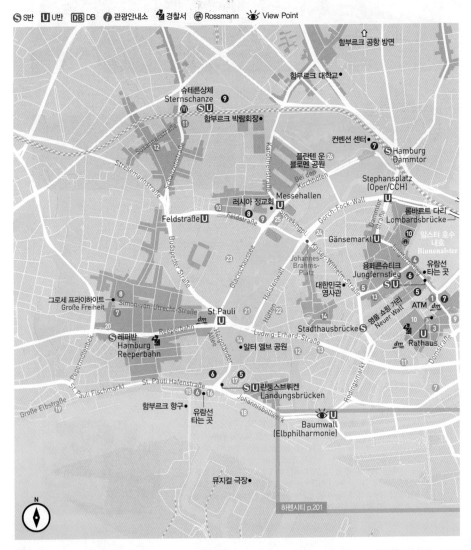

↑ 함부르크 공항 방면

함부르크 대학교●

슈테른상체
Sternschanze ⑨
S U
함부르크 박람회장●

⑪

컨벤션 센터 ⑦
S Hamburg Dammtor

플란텐 운 ㉖
블로멘 공원
Bei den Kirchhöfen

Stephansplatz
(Oper/CCH)
U

⑫

러시아 정교회
Messehallen ⑩ ⑧ U

롬바르트 다리
Lombardsbrücke
알스터 호수
내호
Binnenalster

Feldstraße U ⑨
㉕

Gänsemarkt U

⑩

융페른슈티크 ④
Jungfernstieg 유람선
S U ⑥ 타는 곳 ⑤

대한민국
영사관

㉓

명품 쇼핑 거리 ② ① ⑦
Neuer Wall ATM dm

③ 레퍼반 ⑧
그로세 프라이하이트
Große Freiheit ⑦
St.Pauli
dm U ㉑ ㉒ ⑭
ATM ⑨

Stadthausbrücke S ⑩
U ③
dm
Rathaus

Hamburg
Reeperbahn ⑳

알터 엘브 공원 ⑭ ⑫ ⑬
Ludwig-Erhard-Straße

⑪

⑦

S St. Pauli Fischmarkt
St. Pauli Hafenstraße ⑥ ⑤
Große Elbstraße ⑲ ⑮ ⑥ ⑯ ⑰ S U 란둥스브뤼켄
Landungsbrücken
함부르크 항구●
유람선
타는 곳 ⑱

Baumwall
(Elbphilharmonie) U

뮤지컬 극장●

N

하펜시티 p.201

관광명소 & 박물관

1 함부르크 미술관 Hamburger Kunsthalle
2 함부르크 예술 공예 박물관
  Museum für Kunst und Gewerbe Hamburg
3 칠레하우스 Chilehaus Hamburg
4 초콜릿 박물관 CHOCOVERSUM
5 쿤스트하우스 Kunsthaus Hamburg
6 도서관 Bücherhallen Hamburg
7 성 카타리나 교회 Hauptkirche St. Katharinen
8 성 야코비 교회 Hauptkirche St. Jacobi
9 성 페트리 교회 Hauptkirche St. Petri
10 시청사 Rathaus
11 성 니콜라이 교회 Mahnmal St. Nikolai

12 성 미하엘 교회 Hauptkirche Sankt Michaelis
13 지트로넨예테 Zitronenjette
14 비스마르크 동상 Bismarck-Denkmal
15 엘브터널 Elbtunnel
16 란둥스브뤼켄 Landungsbrücken
17 슈팅트팡 전망대 Stintfang 👁
18 리크머 리크머스 Rickmer Rickmers
19 피쉬마르크트 Hamburger Fischmarkt Altona
20 비틀스 광장 Beatles-Platz
21 함부르크 역사 박물관
  Museum für Hamburgische Geschichte
22 브람스 박물관 Johannes-Brahms-Museum
23 함부르크 돔 Hamburger Dom
24 라이스할레 Laeiszhalle
25 유스티츠 궁전 Justizpalast
26 플란텐 운 블로멘 공원 Planten un Blomen

레스토랑 & 나이트라이프

1 짐블록 Jim Block
2 막트할레 Markthalle Hamburg
3 카페 파리 Café Paris
4 알렉스 ALEX Hamburg
5 에델 커리부어스트 Edel Currywurst
6 하드록 카페 Hard Rock Cafe
7 그로세 프라이하이트 36 Große Freiheit 36
8 인드라 클럽 64 Indra Club 64
9 서울 1988 SEOUL 1988 (한식당)
10 카로 피쉬 Karo Fisch
11 불레라이 Bullerei
12 샤비 피쉬임비스 Schabi Fischimbiss
13 김치가이즈 Kimchi Guys Stadthöfe (한식당)
14 코튼클럽 재즈 바 Cotton Club

쇼핑

1 자툰 SATURN
2 갤러리아 백화점 Galeria Kaufhof Hamburg
3 C&A
4 카슈타트 백화점 Karstadt
5 알스터아카덴 Alsterarkaden
6 알스터하우스 Alsterhaus
7 유로파 파사제 Europa Passage

숙소

1 제너레이터 호스텔 Generator Hostel
2 맥 시티 호스텔 MAC City Hostel
3 이비스 호텔 Ibis Hamburg City
4 이비스 버짓 호텔 Ibis Budget Hamburg
5 함부르크 유스호스텔
  DJH Jugendherberge Hamburg
  "Auf dem Stintfang"
6 호텔 하펜 함부르크 Hotel Hafen Hamburg
7 래디슨 블루 호텔 Radisson Blu Hotel, Hamburg
8 NH 호텔 NH Collection Hamburg City
9 뫼벤픽 호텔 Mövenpick Hotel Hamburg
10 페어몬트 호텔 Fairmont Hotel Vier Jahreszeiten
11 노붐 호텔 Novum Hotel Graf Moltke Hamburg

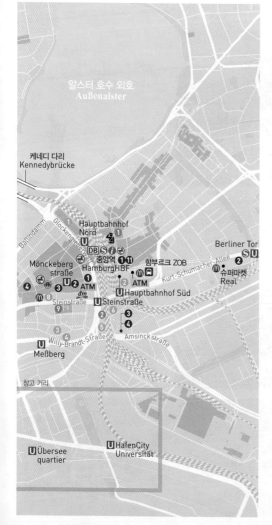

알스터 호수 외호
Außenalster

케네디 다리
Kennedybrücke

Battindamm

Glockengießerwall

Hauptbahnhof Nord

DB

Berliner Tor

Mönckeberg straße

중앙역

함부르크 ZOB

HamburgHBF

Kurt-Schumacher-Allee

슈퍼마켓 Real

ATM

ATM

Hauptbahnhof Süd

dm

Steinstraße

Steinstraße

Willy-Brandt-Straße

Amsinckstraße

Meßberg

창고 거리

Übersee quartier

HafenCity Universität

시청사 Rathaus

1897년 완공된 신르네상스 양식의 시청사는 112m의 첨탑을 중심으로 함부르크의 역사와 부강한 도시를 상징하는 웅장한 외관을 자랑한다. 장엄한 검은 철제 문 위로 도시의 수호여신 함모니아Hammonia의 모자이크가 있고, 그 위에 라틴어로 '조상이 이룩한 자유를 유지하기 위해 노력하라'라는 문구가 새겨져 있다. 시청사 정면에는 카를 대제부터 프란츠 2세까지 20명의 황제 동상과 어부, 상인 등 함부르크를 대표하는 직종 28개의 석상이 있다. 시청사의 중앙홀과 안뜰은 일반에 공개된다. 이탈리아와 북부 독일 르네상스 양식의 안뜰에는 건강의 여신 히기에이아Hygieia 분수가 있는데, 여신 아래에 1892년 콜레라 전염병을 상징하는 용이 자리한다. 시청사 앞 광장은 시민들의 휴식 공간이자 만남의 장소로 알스터 호수와 이어지고, 두 차례 세계대전 전사자 추모비 Denkmal für die Gefallenen beider Weltkriege도 있다.

Access 중앙역에서 도보 약 10분,
U반(U3) Rathaus역 하차,
U반(U1 · U2 · U4) Jungfernstieg/
S반(S1 · S2 · S3 · S21) Hamburg
Jungfernstieg에서 도보 3분
Open 08:00~18:00
Cost **시청 로비+안마당 무료**
가이드투어 유료
Address Rathausmarkt 1, 20095
Hamburg
Tel +49 (0)40 428312064
Web www.hamburg.de

세계대전 전사자 추모비
'4만 명의 아들이 당신을 위해
목숨을 잃었다. 1914-1918'
라고 새겨져 있다.

> **Tip 시청사 가이드투어**
> 시청사 내부를 볼 수 있는 가이드 투어로 독일어 투어는 매30분마다. 영어 투어는 매일 3회 진행된다.
> Open **독일어** 월~금 11:00~16:00,
> 토 10:00~17:00,
> 일 10:00~16:00
> **영어** 11:15, 13:15, 15:15
> Cost 성인 €7, 14세 이하 무료

함부르크 쇼핑 거리

한때 독일 패션의 중심지였던 함부르크에서 쇼핑에 대한 언급이 빠지면 서운하다. 중저가부터 디자이너 브랜드, 명품 쇼핑까지 시청사 주변으로 쇼핑 거리가 형성되어 있다. 중앙역에서 시청사까지 이어지는 **묀케베르크 거리**Mönckebergstraße 양쪽으로 백화점과 쇼핑몰이 줄지어 있고, 알스터 호수 앞 **유로파 파사제**Europa Passage도 인기 쇼핑몰이다. 샤넬, 프라다 등 명품숍이 모여 있는 **노이어 발**Neuer Wall은 명품 쇼핑 거리로 유명하고, 융페른슈티크의 **알스터하우스**Alsterhaus도 럭셔리 브랜드 쇼핑몰이다.

알스터 호수 Alstersee

함부르크 심장부에 위치한 160헥타르의 호수로 13세기경 댐을 만드는 과정에서 생성됐다. 롬바르트 다리Lombardsbrücke와 케네디 다리Kennedybrücke를 경계로 내호와 외호로 나뉘며, 호수를 둘러싼 공원은 시민들에게 사랑받는 휴식처다. 여름에는 유람선과 카누, 카약 등 각종 수상 스포츠로 활기가 넘치고 겨울에 호수가 얼면 스케이트장으로 변신하기도 한다. 가장 깊은 곳이 2.5m다.

Access 중앙역에서 알스터 호수가 보이며 시청사 옆에서 내호가 잘 보인다. U반(U1 · U2 · U4) Jungfernstieg/ S반(S1 · S2 · S3 · S21) Hamburg Jungfernstieg역 하차
Address Jungfernstieg, 20534 Hamburg

알스터 호수에 있는 백조들은 시청부의 보호를 받고 있다.

Tip 알스터 호수 유람선
융페른슈티크 선착장에서 출발하며 알스터 호수의 내호와 외호를 둘러볼 수 있다. 코스와 소요시간에 따라 요금이 다르고, 하펜시티까지 돌아보는 투어(2시간, €28)도 있다. 4~10월까지 운행하고 겨울에도 얼지 않으면 운행한다.
Open 4~10월 10:30~17:00 (겨울에는 축소 운행)
Cost 50분 성인 €22~, 4~16세 €11~
Web www.alstertouristik.de

함부르크 미술관 Hamburger Kunsthalle

중세부터 현대까지 유럽의 미술사를 대표하는 작품을 볼 수 있는 독일 최대 규모의 미술관이다. 총 3개의 건물로 이탈리아 르네상스 양식의 본관(1859년)과 돔 지붕의 고전주의 양식 별관, 그리고 큐브형 건축으로 현대 미술 전용인 게겐바르트 미술관Galerie der Gegenwart이 여기에 속한다. 전시는 14세기부터 북독일 회화와 중세 미술, 19세기 인상주의와 낭만주의, 19~20세기 고전적 모더니즘, 그리고 1960년 이후 발표된 현대 미술 등의 네 가지 섹션으로 나뉜다.

Access 중앙역 북역 쪽에 위치   Open 화~일 10:00~18:00(목 ~21:00), 월 휴관
Cost 성인 €14, 학생 €8, 17세 이하 무료(목 18:00~21:00 성인 €8, 학생 €5)
Address Glockengießerwall, 20095 Hamburg
Tel +49 (0)40 428131200   Web www.hamburger-kunsthalle.de

뭉크의 마돈나

〈절규〉로 유명한 뭉크의 또 다른 대표작 〈마돈나〉는 연인의 배신으로 탄생한 작품이다. 여성혐오증이 심해진 그는 1894~1895년까지 파괴적인 팜므파탈로 묘사한 마돈나를 5개 버전으로 그렸고 그중 하나가 함부르크 미술관에 있다. 다른 두 점은 노르웨이의 미술관에 있고, 나머지 두 점은 개인이 소장 중이다.

Sightseeing

함부르크 예술 공예 박물관
Museum für Kunst und Gewerbe Hamburg

50만 점 이상의 방대한 컬렉션을 보여주는 예술 공예 박물관이다. 4,000년이 넘은 고대 유물 컬렉션을 비롯해 중세, 르네상스, 바로크 시대와 고전주의 시대의 장식예술, 패션, 섬유미술, 그래픽 디자인, 사진, 도자기 등 예술 공예 관련 작품을 총망라하고 있다. 흥미로운 특별전도 선보이니 디자인 관련자라면 꼭 들러보자. 1877년 개관했다.

Access 중앙역 바로 옆에 위치
Open 화~일 10:00~18:00(목 ~21:00),
월 · 12월 24 · 31일 · 1월1일 휴관
Cost 성인 €14, 학생 €8,
18세 이하 · 매월 첫째 주 목 17:00~ 무료
Address Steintorpl., 20099 Hamburg
Tel +49 (0)40 428134880 Web www.mkg-hamburg.de

Sightseeing

성 니콜라이 교회 Mahnmal St. Nikolai

12세기에 세워진 교회로 19세기 화재 후 고딕 양식으로 재건(1874년)되며 세워진 첨탑(147.3m)은 한때 세계에서 가장 높은 건물이었다. 1943년 제2차 대전의 공습으로 첨탑을 제외한 일대가 파괴되어 약 3만 5천 명이 희생되었고, 현재는 전쟁 희생자를 추모하고 평화를 염원하는 기념관으로 남아 있다. 전쟁을 기록한 박물관(2012년 개관)과 엘리베이터로 오르는 첨탑 전망대(76m, 2005년 완공)를 유료로 관람할 수 있다.

Access U반(U3) Rathaus역
하차, 시청사에서 도보 7분
Open 10:00~18:00
Cost 박물관+전망대
성인 €6, 학생 €5,
어린이 €4
Address Willy-Brandt-Straße
60, 20457 Hamburg
Tel +49 (0)40 371125
Web www.mahnmal-st-
nikolai.de

Sightseeing

칠레하우스 Chilehaus Hamburg

뱃머리 모양의 독특한 외관으로 독일 표현주의 건축의 상징이다. 건축가 프리츠 회거F. Höger가 2년에 걸쳐 1924년 완공했고, 건축 의뢰자인 헨리 B. 슬로만이 그가 사업적으로 큰 성공을 거둔 칠레를 이름에 넣었다. 42m 높이의 10층 건물은 현재 사무실과 레스토랑 등으로 이용된다. 독창적인 건축과 예술적 · 역사적 가치를 인정받아 2015년 유네스코 세계문화유산에 등록되었다.

Access 중앙역에서 도보 7분
Address Fischertwiete 2,
20095 Hamburg
Tel +49 (0)40
349194247
Web www.chilehaus.de

© www.mediaserver.hamburg.de/S.Swami

Sightseeing

성 페트리 교회 Hauptkirche St. Petri

기원이 11세기 초로 추정되는 함부르크에서 가장 오래된 교회다. 1418년 고딕 양식으로 완성된 교회는 1842년 큰 화재 후 수차례 재건되었다. 544개 계단을 올라 132m의 첨탑에 이르면 알스터 호수와 함부르크 시내를 조망할 수 있다. 서쪽 현관문에 달린 사자머리 청동 문고리는 교회의 가장 오래된 작품이고 외부에는 반나치 운동으로 처형당한 목사 디트리히 본회퍼Dietrich Bonhoeffer의 동상도 있다.

Access 시청사에서 도보 2분
Open 교회 월 · 화 · 목 · 금 10:00~18:00,
수 10:00~19:00, 토 10:00~17:00,
일 09:00~20:00(동절기에는 11:00부터)
첨탑 전망대 월~토 10:00~17:00,
일 11:30~17:00(30분 전 마지막 입장)
Cost 교회 무료 첨탑 전망대 성인 €5,
6~15세 €2.5, 5세 이하 무료
Address Bei der Petrikirche 2, 20095 Hamburg
Tel +49 (0)40 3257400
Web www.sankt-petri.de

하펜시티
HafenCity

하펜시티는 함부르크 미테 지구의 공식적인 행정구역으로 엘베 강의 섬에 위치한다. 자유무역항으로 큰 역할을 했던 항구와 창고 거리가 박물관, 오피스빌딩, 주택, 각종 상업시설 등으로 변신하면서 과거와 현재, 미래가 공존하는 도시가 형성되고 있다. 슈피겔, 유니레버 등 대기업 본사와 엘프 필하모니 등 스타 건축가의 멋진 건물들이 속속 들어서고 있다. 2001년 시작된 유럽 최대의 재개발사업인 하펜시티 프로젝트는 2025년 완공을 목표로 하고 있다.

Access	1. 중앙역에서 도보로 약 20분 소요
	2. U반(U1) Meßberg역에서 다리를 건너면 하펜시티가 나온다.
	3. U반(U3) Baumwall (Elbphilharmonie)역
	4. U반(U4) Überseequartier 또는 HafenCity Universität역 개발지역
Web	www.hafencity.com

HafenCity

❶ 창고 거리, **슈파이허슈타트** Speicherstadt 🏛

네오고딕 양식의 붉은 벽돌 건물 사이로 운하가 흐르는 창고 거리는 함부르크만의 독특한 풍경과 역사적 가치를 인정받아 2015년 유네스코 세계문화유산에 등재되었다. 1883년부터 주거와 창고의 목적으로 형성된 창고 거리는 하펜시티 프로젝트의 영향으로 변신을 거듭하면서 현대적인 건물과 어우러져 함부르크 최고의 관광지로 명성을 더하고 있다. 단지별로 알파벳순 A~X(F, I는 제외)로 블록 번호가 매겨졌고 20개의 강철 다리가 운하를 잇는다. 현재도 커피와 차, 카펫 등 무역 관련 사무실과 창고가 있다. 은은한 조명으로 운치를 더하는 야경도 훌륭하다.

Tip
유람선 Harbour Tours in Hamburg

창고 거리 주변으로 연결된 운하를 돌아보며 색다른 함부르크를 경험해 보자. 운행경로와 시간에 따라 다양한 투어가 있다. 타는 곳은 하펜시티와 란둥스브뤼켄 여러 곳에 있다. 유람선은 주로 4~10월에 운행되고 겨울에도 드물게 운행한다.

Cost **1시간** 성인 €26~

HafenCity

❷ 엘프 필하모니 Elbphilharmonie

2017년 1월 11일에 문을 열어 단숨에 함부르크의 대표 랜드마크가 된 엘프 필하모니. 범선 위에 파도를 얹은 듯한 외관은 유리로 덮여 있어 하늘과 태양과 바다를 그대로 담아낸다. 입구에서 곡선 에스컬레이터를 타고 플라자에 오르면 37m 높이에서 도시와 항구를 조망할 수 있다. 내부에는 2,100석 규모의 대형 콘서트 홀 Grosser Saal과 550석 규모의 리사이틀 홀 Kleiner Saal이 있는데, 대형 콘서트 홀은 중앙 무대를 둘러싸고 포도밭 스타일로 좌석이 배치되어 있어 어느 자리에서든 최고의 공연을 감상할 수 있다. 세계적 건축가 피에르 드 뫼롱 Pierre de Meuron, 자크 헤르조그 Jacques Herzog의 설계로 10년간 지어졌고 웨스틴 호텔과 거주용 아파트도 있다.

Access U반(U3) Baumwall
(Elbphilharmonie)역 도보 8분
Open 09:00~24:00
일반 방문객은 8층 플라자에서
티켓을 발급받아야 한다.
Address Platz der Deutschen Einheit 1,
20457 Hamburg
Tel +49 (0)40 35766666
Web www.elbphilharmonie.de

HafenCity

❸ 국제 해양 박물관
Internationales Maritimes
Museum Hamburg(IMMH)

창고 거리에서 가장 오래된 건물인 Kaispeicher B(1879년)를 개조해 2008년 개관했다. 언론인이자 수집가인 피터 탐 Peter Tamm의 해상 수집품을 바탕으로 3,000년 해양 역사를 전시하고 있다.

Open 10:00~18:00
Cost 성인(만 18세 이상) €18,
학생 €13
Address Koreastraße 1, 20457 Hamburg
Tel +49 (0)40 30092300
Web www.imm-hamburg.de

HafenCity

❹ 미니어처 원더랜드
Miniatur Wunderland Hamburg

미니어처 마니아와 어린이가 열광하는 박물관으로 2002년에 개관했다. 함부르크는 물론 독일의 유명 관광지와 공항, 철도 등의 교통 및 생활상 등을 세밀하게 묘사한 놀라운 미니어처들로 금세 명소가 되었다.

Open 시즌 및 요일별로 다름
(홈페이지 참조)
Cost 예약 필쉬 성인 €20, 학생 · 65세
이상 €17, 16세 이하 €12.5,
1m 이하 어린이 무료(부모 동반)
Address Kehrwieder 2-4/Block D,
20457 Hamburg
Tel +49 (0)40 3006800
Web www.miniatur-wunderland.de

HafenCity

❺ 함부르크 던전
Hamburg Dungeon

국제적 유령의 집, '던전 박물관'의 함부르크 지점이다. 90분 동안 함부르크의 어둠 속을 여행하는 스릴 넘치는 테마파크다. 청소년들에게 인기가 높다.

Open 월~금 · 일 10:00~17:00,
토 10:00~18:00(시즌별 상이)
영어 투어 토 · 일 · 공휴일 10:00
Cost 성인 €28, 14세 이하 €23
(온라인 예약 시 할인)
Address Kehrwieder 2, 20457 Hamburg
Tel +49 1806 66690140
Web www.thedungeons.com/
hamburg/de

기타 박물관

❶ 창고 거리 박물관 Speicherstadt Museum

자유무역항 함부르크의 역사, 특히 창고 거리의 자료와 당시 교역이 활발했던 커피와 차 관련 박물관이다.

Open	월~금 10:00~17:00, 토 · 일 · 공휴일 10:00~18:00(11~2월 10:00~17:00)
Cost	성인 €5, 학생 €3.5, 어린이(4~13세) €2.5, 6세 이하 무료
Address	Am Sandtorkai 36, 20457 Hamburg
Tel	+49 (0)40 321191
Web	www.speicherstadtmuseum.de

❷ 향신료 박물관 Spicy's Gewürzmuseum

향신료와 허브 관련 박물관. 티켓은 후추 한 봉지(어린이는 젤리)로 교환할 수 있다.

Open	10:00~17:00
Cost	성인 €6, 학생 €5, 어린이(4~13세) €2.5
Address	Am Sandtorkai 34, 20457 Hamburg
Tel	+49 (0)40 367989 Web www.spicys.de

❸ 독일 세관 박물관 Deutsches Zollmuseum

로마 시대부터 독일제국, 분단과 통일 후 독일의 세관 역사에 관한 전시를 하고 있다.

Open	화~일 10:00~17:00, 월 휴관
Cost	성인 €2, 16세 이하 무료
Address	Alter Wandrahm 16, 20457 Hamburg
Tel	+49 (0)40 30087611
Web	www.museum.zoll.de

❹ 자동차 박물관 프로토타입 Automuseum PROTOTYP

독일의 사업가 올리버 슈미트와 토마스 쾨니히가 정성을 들여 수집한 희귀한 스포츠카를 전시하고 있다. 1939년 최초의 포르쉐 TYP64를 복원한 전시가 특히 인기다. 2008년 개관.

Open	화~일 10:00~18:00, 월 휴관
Cost	성인 €12, 어린이(4~14세) €5
Address	Shanghaiallee 7, 20457 Hamburg
Tel	+49 (0)40 39996970
Web	www.prototyp-hamburg.de

선박 박물관

오랫동안 전 세계를 항해하고 수명을 다해 현재는 하펜시티 주변에 정박해 박물관과 레스토랑으로 이용되는 거대한 선박을 소개한다.

❶ 캡 산디에고 Cap San Diego

1961년 만들어져 1988년까지 운항한 세계에서 가장 큰 화물선(159m). 여전히 1년에 몇 차례 운항하기도 한다.

Open	10:00~18:00
Cost	**박물관** 성인 €12, 학생 €7, 어린이(14세 이하) €4
Web	www.capsandiego.de

❷ 리크머 리크머스 Rickmer Rickmers

1896년부터 1983년까지 전 세계를 돌아다닌 역사 깊은 배다. 범선에서 증기기관, 디젤엔진으로 동력이 발전했다.

Open	10:00~18:00
Cost	**박물관** 성인 €7, 학생 €6, 어린이(4~14세) €5
Web	www.rickmer-rickmers.de

란둥스브뤼켄 Landungsbrücken

녹색 지붕이 있는 두 개의 탑 사이에 있는 여객터미널로 1839년 증기선을 위한 선착장이 처음 지어졌고, 20세기 초에 시설이 크게 확장되면서 함부르크 항구의 중심이 되었다. 육지와 수상 선착장이 10개의 다리로 이어진 독특한 구조이며 각종 유람선과 페리가 출발하고 선박 레스토랑도 있다. 부두를 따라 난 산책로의 동쪽에는 하펜시티가, 서쪽에는 엘브터널과 일요 수산시장이 이어진다. 대표 관광지답게 하루 종일 관광객이 넘치고 레스토랑과 기념품숍이 있는데, 겨울에는 대부분의 상점이 주말에만 영업하고 유람선 운행도 드물다.

Access S/U반(S1 · S3 · U3)
        Landungsbrücken역과 연결
Address Bei den St. Pauli-Landungsbrücken 1,
        20359 Hamburg
Web www.stpauli-landungsbruecken.de

> **Tip 슈팅트팡 전망대**Stintfang
> Landungsbrücken역에서 오른쪽 출구(Helgoländer Allee)로 나와 계단에 오르면 멋진 전망대가 나온다. 전망대 위로 유스호스텔이 있다.

엘브터널 Elbtunnel

란둥스브뤼켄과 건너편 슈타인베아더 Steinwerder를 연결하며 엘베 강을 관통하는 지하터널이다. 1911년 개통 당시 혁신적인 기술로 큰 반향을 일으켰다. 오래된 승강기를 타고 내려가면 길이 426m, 깊이 24m, 지름 6m의 엘브터널이 나온다. 건너편에는 멋진 항구의 풍경을 감상할 수 있는 전망대가 있고 다시 터널을 통해 돌아오면 된다. 정식 명칭은 알테 엘브터널Alter Elbtunnel, 성 파울리 엘브터널St. Pauli Elbtunnel이다.

Access S/U반(S1 · S3 · U3)
        Landungsbrücken역에서 도보 4분
Open 보행자(자전거) 통로는 종일 개방,
      자동차는 주중에만 오전 오후로
      나뉘어 일방통행 허용
Cost 무료
Address Bei den St. Pauli-Landungsbrücken,
       20359 Hamburg
Tel +49 (0)40 428474802

성 미하엘 교회 Hauptkirche St. Michaelis

함부르크 5대 루터교회 중 하나로 독일 북부에서 가장 아름다운 바로크 양식의 교회다. 1669년 완공된 이래로 두 차례(1750년, 1906년) 큰 화재와 제2차 세계대전의 폭격으로 크게 파괴된 후 최근까지 지속적으로 재건된 파란만장한 역사가 있다. 대천사 미카엘을 기리는 교회의 입구 위에 사탄을 정복한 대천사의 청동상이 있고, 함부르크 최대 규모의 교회 내부는 바로크 양식으로 꾸며져 화려하고 고급스럽다. 132.14m의 첨탑에 있는 독일에서 가장 큰 시계탑(직경 8m)과 5개의 파이프 오르간도 교회의 자랑이다. 함부르크 최고의 전망을 보여주는 첨탑 전망대(106m)는 엘리베이터로 오를 수 있는데 내려올 때는 계단으로 내려오면서 시계탑의 내부 등을 구경하는 것도 좋다. 제2차 세계대전 시 벙커로 사용했던 지하 납골당도 유료로 관람할 수 있다.

Access S반(S1 · S3) Stadthausbrücke역 도보 10분, U반(U3) Baumwall
또는 St. Pauli역 도보 7분, 버스(16 · 17번) Michaeliskirche역 하차
Open 4 · 10월 09:00~18:30, 5~9월 09:00~19:30,
11~3월 10:00~17:30(30분 전 마지막 입장)
Cost **교회 무료**(기부금 €2) **전망대** 성인 €8, 학생 €6, 어린이(6~15세) €5
콤비 티켓(전망대+납골당) 성인 €10, 학생 €8, 어린이(6~15세) €6
Address Englische Planke 1, 20459 Hamburg
Tel +49 (0)40 376780
Web www.st-michaelis.de

사탄을 정복한
대천사 미카엘

지트로넨예테 Zitronenjette

함부르크에서 가장 유명한 손가락. 그녀의 손가락을 만지면 행운이 온다고 한다. 19세기 후반에 레몬을 팔던 뮐러Henriette Johanne Marie Müller(1841~1916)의 동상인데 1m 32cm의 작고 왜소한 체구와 독특한 복장으로 "지트룬! 지트룬(독일어로 레몬은 지트로넨 Zitronen)"을 외치며 20년간 레몬을 팔아 유명했다. 낮에는 시내 중심에서 밤에는 유흥가에서 레몬을 팔던 그녀는 1894년 알코올 중독과 정신질환으로 체포되어 생을 마감했다. 1900년 그녀의 생이 연극으로 올려지고 다른 작품들도 연이어 나왔다.

Access 성 미하엘 교회 근처에 있다.
Address Ludwig-Erhard-Straße 7, 20459 Hamburg

함부르크 역사 박물관
Museum für Hamburgische Geschichte

1922년 개관한 독일 최대의 도시 역사 박물관이다. 한자도시의 영광과 800년이 넘는 도시의 역사를 생생한 자료와 고증으로 전시하고 있다. 특히 한자동맹 당시 범선 등 항구와 항해 관련 전시와 시대별 도시의 모습을 재현한 정밀한 모형이 눈길을 끈다. 함부르크의 유대인에 대한 전시도 인상적이다.

Access U반(U3) St. Pauli역 도보 5분, 버스(112번) Museum für Hamburgische Geschichte역 하차
Open 2024년 12월 기준 리노베이션 공사로 임시 휴업
Cost 성인 €9.5, 학생 €6, 18세 이하 무료
Address Holstenwall 24, 20355 Hamburg
Tel +49 (0)40 428132100
Web www.hamburgmuseum.de

플란텐 운 블로멘 공원 Planten un Blomen

함부르크 도심의 허파 역할을 하는 45헥타르 규모의 공원
이다. '식물과 꽃'이라는 뜻으로 평화롭고 여유로운 시간을
보내기에 좋다. 작은 호수와 장미 정원, 분수 정원, 일본식
정원 등의 테마 정원과 야외 콘서트장, 레저를 위한 테마
파크 등이 있다.

Access 공원의 출입구가 여러 곳에 있고 다음의 역에서 가깝다.
        U1 Stephansplatz(Oper/CCH)역, S11 · S21 · S31
        Bahnhof Dammtor역, 버스 4 · 5 · 603 · 604번
        Dammtor역, 버스 112번 Stephansplatz역
Open   4월 07:00~22:00, 5~9월 07:00~23:00,
        1~3 · 10 · 11월 07:00~20:00
Cost   무료   Address Klosterwall 8, 20095 Hamburg
Web   www.plantenunblomen.hamburg.de

브람스 박물관 Johannes-Brahms-Museum

낭만주의 음악의 대표 작곡가로 함부르크 출신인 요하네
스 브람스 Johannes Brahms(1833~1897)를 기념하는 박물관
이다. 전쟁으로 파괴된 생가 부근에 1971년 문을 열었다.
브람스의 일생과 작품을 소개하고 자필 악보 등을 전시한
다. 위층에는 1861~1862년에 브람스가 레슨을 했던 피아
노가 있는데 방문객도 연주해 볼 수 있다.

Access U반(U3) St.Pauli역에서 도보 7분,
        함부르크 역사 박물관에서 도보 3분
Open   화~일 10:00~17:00, 월 휴관
Cost   성인 €9, 학생 €7, 10세 이하 무료
Address Peterstraße 39, 20355 Hamburg
Tel   +49 (0)40 41913086
Web   www.brahms-hamburg.de

유스티츠 궁전 Justizpalast (시법원)

대법원과 지방법원 등 웅장한 3채의 법원과 공원이 '정의
의 궁전'을 이루고 있는 법원단지다. 19세기 후반과 20세
기 초에 지어진 건물들로 주변 역시 오랜 역사를 지닌 건
물들이 많다. 러시아 정교회와 플란텐 운 블로멘 공원도
같이 둘러보면 좋고 함부르크 메세와도 가깝다.

Access U반(U2) Messehallen역
Web   www.justiz.hamburg.de

슈테른샨체 Sternschanze

함부르크 힙스터들의 성지로 그래피티가 가득한 오래된
건물이 베를린 같기도 하다. 관광명소라기보다 예술적 감
성이 넘치는 거리 풍경을 즐기기 좋다. 개성 강한 상점과
다국적 메뉴의 카페, 비스트로도 이곳을 찾는 이유가 된
다. 밤 시간에는 더욱 분주해지고 주말에는 디자이너와 아
티스트들이 주도하는 벼룩시장도 열린다.

Access S반(S11 · S21 · S31) Sternschanze/
        U반(U3) Sternschanze(Messe)역 하차

레퍼반 Reeperbahn

항구도시 함부르크의 유흥가이자 홍등가로 17~18세기 가장 화려한 시기를 보낸 레퍼반은 지금도 밤 문화로 유명한 관광지다. '가장 죄 많은 1마일'로 불리며 '키츠Kiez'라는 별명도 있다. 클럽과 성인 라이브 쇼 극장 등 19금이 가득한 거리는 밤이 되면 치안이 불안해지니 각별히 주의할 필요가 있다. 비틀스 팬이라면 그로세 프라이하이트 입구에 있는 비틀스 광장과 무명시절 연주했던 클럽들을 돌아봐도 좋다.

Access S반(S1 · S2 · S3) Hamburg
Reeperbahn역 하차,
U반(U3) St.Pauli역 하차

함부르크와 비틀스

"나는 리버풀에서 태어났지만 함부르크에서 자랐다." – 존 레논
레퍼반은 무명의 비틀스가 하루 8시간 이상 연주하며 비상을 꿈꿨던 곳이다. 당시 5인조 밴드였고 1960년부터 그로세 프라이하이트의 인드라 클럽 64Indra Club 64를 시작으로 그로세 프라이하이트 36Große Freiheit 36 등 여러 클럽을 전전하며 연주 활동을 이어가 수많은 이야기를 남겼다. 링고 스타도 그 시기에 만났다.

피쉬마르크트 Hamburger Fischmarkt Altona

© www.mediaserver.hamburg.de/Christian Spahrbie

매주 일요일 새벽부터 열리는 수산시장으로 관광객들에게도 인기 있는 시장이다. 북해에서 잡은 여러 생선과 경매 모습도 볼 수 있고 흥겨운 라이브 공연도 열린다. 연어, 대구, 청어, 새우 등 북해의 신선한 생선으로 만든 생선버거Fischbrötchen도 함부르크의 별미다.

Access 중앙역에서 버스(112번)
Fischmarkt역,
Landungsbrücken역에서 도보 16분
Open 일 06:00~12:00
Address Große Elbstraße 9, 22767
Hamburg
Tel +49 (0)40 428116070

비주얼만큼
살짝 비린 청어버거

한자동맹 Hanseatic League

한자동맹은 중세의 북해와 발트 해 연안에 있는 독일의 도시들이 뤼베크를 중심으로 상업적인 목적을 두고 결성한 길드 연합이다. 14세기 중반부터 중세 상업에 큰 역할을 하면서 도시 간 결속이 강해졌고, 도시 간 자치 확보와 정치 · 군사적 동맹으로 이어졌다. 뤼베크를 중심으로 브레멘, 함부르크, 쾰른 등이 동맹을 이끌었고, 최대 전성기에는 100개의 도시가 넘기도 했다. 16세기 이후 국내외적 요인으로 세력이 약해졌고, 1669년 열린 한자회의를 마지막으로 해체되었다. 오늘날까지 함부르크와 브레멘은 자유도시로 남아 있다.

&

햄버거의 시작은 함부르크!

17세기 세계 무역의 중심 항구였던 함부르크에서는 몽골의 타르타르 스테이크에서 착안하여 다진 고기를 구워 요리한 후 '함부르크 스테이크'라고 이름 붙였다. 그리고 19세기 독일 이민자들이 미국에 정착하면서 미국식 이름인 '햄버그 스테이크Hamburg Steak'로 전파되었다. 여러 논쟁이 있지만 19세기 말에 샌드위치형 햄버거가 등장했고, 1904년 세인트루이스 세계 박람회를 계기로 인기가 높아졌다. 이후 20세기 중엽에 맥도널드 형제가 햄버거 가게를 차리면서 미국뿐 아니라 전 세계적으로 큰 사랑을 받는 음식이 되었다.

<u>Food</u>

짐블록 Jim Block

함부르크에서 꼭 가야 할 1순위로 꼽히는 수제 버거집이다. 스테이크용 고기인 두툼한 패티와 매일 공수하는 신선한 채소로 인공 조미료 없는 건강한 맛을 자랑한다. 셀프 주문 형식으로 감자튀김과 탄산음료를 포함한 세트가 경제적이다. JB BBQ가 인기 메뉴이고 버거 패티나 치킨을 추가하는 샐러드도 인기 있다. 주문자를 함부르크의 거리 이름으로 불러주는 것도 재미있다. 함부르크에는 9개 지점이 있는데 알스터 호수 앞 지점이 가장 접근이 편하고 분위기도 좋다.

Access	시청사에서 알스터 호수를 바라보는 방향에 있다.
Open	일~목 11:00~22:00, 금·토 11:00~23:00
Cost	버거 단품 €9.9~ (케첩·마요네즈 별도 주문 €0.8)
Address	Jungfernstieg 1, 20095 Hamburg
Tel	+49 (0)40 30382217
Web	www.jim-block.de

<u>Food</u>

슈파이허슈타트 카페뢰스터라이
Speicherstadt Kaffeerösterei

1888년 지어진 창고 거리의 빨간 벽돌 건물에 있는 로스터리 카페. 넓은 카페 공간 한쪽에서 커피 로스팅 과정을 볼 수 있는 공장이 돌아가고, 곳곳에 장식된 앤티크 커피 소품들은 커피 박물관이라 여길 만하다. 숙련된 바리스타가 만들어 주는 커피는 물론 케이크 등 베이커리류도 맛있다. 운하가 내려다보이는 창가 자리라면 더 좋겠다. 이곳의 원두와 기념품을 살 수 있는 숍도 있다.

Access	U반(U3) Baumwall역에서 도보 8분. 창고 거리 함부르크 던전 옆 건물
Open	10:00~18:00
Cost	에스프레소 €2.9~, 커피류 €3.9~, 케이크류 €5.9~
Address	Kehrwieder 5, 20457 Hamburg
Tel	+49 (0)40 537998520
Web	www.speicherstadt-kaffee.de

<u>Food</u>

카로 피쉬 Karo Fisch

지중해식 해산물 요리 전문점으로 저렴하고 푸짐하게 신선하고 맛있는 해산물 요리를 즐길 수 있다. 원하는 생선을 골라 주문하면 즉시 조리해 주는데, 푸짐하게 즐기려면 생선구이 모둠인 피쉬믹스Fischmix나 피쉬믹스에 오징어, 새우, 조개류가 더해진 카로믹스Karomix를 주문해 보자. 모든 요리에는 감자 요리(조리법 선택)가 추가되고 식전 샐러드와 마늘빵이 제공된다. 공간이 좁아 늘 대기 줄이 긴 편이다. 영어 메뉴판이 따로 있다.

Access	U반(U3) Feldstraße역에서 Feldstraße 방향 도보 2분
Open	화~일 12:00~22:00, 월 휴무
Cost	생선구이 €13.9~, 피쉬믹스 €19.9, 카로믹스 €24.9
Address	Feldstraße 32, 20357 Hamburg
Tel	+49 (0)40 88237532
Web	@karofisch.hambrug

카페 파리 Café Paris

1882년 문을 연 당시의 모습을 그대로 간직하고 있는 역사와 전통의 프렌치 카페다. 내부 천장을 장식한 아름다운 아르누보 타일 모자이크가 우아하고 고전적인 분위기를 더한다. 대단한 맛집이라기보다 관광코스 같은 곳이고, 영화나 방송 촬영지로도 유명하다. 식사보다는 커피나 케이크류를 추천하고 브런치 메뉴도 인기 있다.

Access	시청사에서 도보 2분
Open	월~토 09:00~24:00, 일 09:30~23:00
Cost	조식 €5.9~, 샌드위치류 €14.9~
Address	Rathausstraße 4, 20095 Hamburg
Tel	+49 (0)40 32527777
Web	www.cafeparis.net

에델 커리부어스트 Edel Currywurst

"커리부어스트의 기원이 베를린이 아니라 함부르크라고?" 다른 지역은 몰라도 함부르크 사람이라면 커리부어스트는 함부르크 음식이며 맛도 훨씬 우월하다고 주장할 것이다. 이곳은 함부르크식 커리부어스트를 고급스럽게 즐길 수 있는 레스토랑으로 식물성 기름에 튀긴 수제 감자튀김에 대한 자부심도 대단하다.

Access	시청사에서 도보 7분
Open	월~토 11:00~20:00, 일 · 공휴일 휴무
Cost	커리부어스트 €4.6~, 감자튀김 €4.3~
	(케첩 별도 주문 €1)
Address	Große Bleichen 68, 20354 Hamburg
Tel	+49 (0)40 35716262
Web	www.edelcurry.de

불레라이 Bullerei

독일의 제이미 올리버로 불리는 스타 셰프 팀 멜처Tim Malzer가 운영하는 레스토랑이다. 원래 도축장이었던 곳을 개조해 만들었는데 빈티지한 조명과 인테리어가 멋스럽고 야외 테라스석도 분위기가 좋다. 햄버거, 파스타, 스테이크 등 유럽식 요리가 기본이고 디저트와 채식주의 메뉴도 훌륭하다. 저녁이나 주말에 오랜 대기시간을 피하려면 미리 예약하는 게 좋다.

Access	S반(S11 · S21 · S31) Sternschanze역에서 도보 3분
Open	12:00~23:00
Cost	요리 €15~
Address	Lagerstraße 34b, 20357 Hamburg
Tel	+49 (0)40 33442110
Web	bullerei.com

서울 1988 Seoul 1988 (한식당)

Access	함부르크 메세 부근의 Karolinenviertel 지점이나 칠레하우스 부근의 Innenstadt 지점이 접근이 쉽다.
Open	Seoul 1988 Karolinenviertel 월~목 12:00~15:00, 17:00~24:00, 토 12:00~03:00, 일 12:00~24:00
	Seoul 1988 Innenstadt 월~금 12:00~22:00
Cost	식사류 €11.5~22
Web	@Seoul1988_hamburg

김치가이즈 Kimchi Guys (한식당)

Access	시청사에서 도보 6분
Open	월~토 12:00~20:00, 일 휴무
Cost	김밥 €10.5~, 비빔밥 €11.5~
Address	Große Bleichen 35 20354 Hamburg
Tel	+49 (0)40 34960088
Web	kimchiguys.de @kimchiguys_official

Stay : ★★★★

250아워스 호텔 하펜시티
25hours Hotel HafenCity

독일에서 가장 핫한 호텔 체인인 250아워스 호텔의 하펜시티점으로 항구와 배를 테마로 한 개성만점의 호텔이다. 선원들의 실제 무용담을 바탕으로 꾸민 영감 넘치는 디자인에 내 집 같은 편안함을 바탕으로 설계했다. 2층 침대가 있는 객실을 포함해 170개의 객실이 있고 하버사우나도 인상적이다. 지역 요리와 세계 요리를 선보이는 Heimat Kitchen+Bar에서는 밤에 라이브 뮤직을 즐길 수 있다.

Access U반(U4) Überseequartier역에서 도보 2분
Cost Bunk Bed-Cabin €108, M-Cabin+ €126~
Address Überseeallee 5, 20457 Hamburg
Tel +49 (0)40 2577770
Web www.25hours-hotels.com

Stay : ★★★★

250아워스 호텔 하펜암트
25hours Hotel Altes Hafenamt

250아워스 호텔 하펜시티와 1분 거리에 있는 자매호텔로 2016년에 문을 열었다. 이름처럼 원래 항만 건설 사무소였던 곳을 개조해 49개의 객실이 있는 호텔로 만들었다. 동양과 지중해식 퓨전 요리를 선보이는 Neni 레스토랑이 유명하다. 두 호텔 모두 자전거 대여가 가능하다.

Access U반(U4) Überseequartier역에서 도보 4분
Cost XL ROOM €155~
Address Osakaallee 12, 20457 Hamburg
Tel +49 (0)40 555575255
Web www.25hours-hotels.com
     contact@25hours-hotels.com

Stay : ★

이비스 버짓 호텔 Ibis Budget Hamburg

가성비 좋기로 유명한 이비스 버짓 호텔이다. 아코르 계열의 호텔답게 깨끗한 환경과 훌륭한 서비스를 갖추고 있어 비즈니스 여행으로도 적합하다. 조식은 별도로 신청할 수 있다. 중앙역에서 가까운 곳에 있고, 주요 관광지와도 가깝다. 바로 옆에 이비스 호텔이 있다.

Access 중앙역 남역(Hauptbahnhof Süd)에서 도보 7분
Cost 스탠더드룸 €76~
Address Amsinckstraße 1, 20097 Hamburg
Tel +49 (0)40 271434620
Web www.accorhotels.com

Stay : Hostel

제너레이터 호스텔 Generator Hostel

유럽 전역에 지점이 있는 인기 대형 호스텔이다. 젊고 세련된 디자인으로 즐겁고 유쾌한 분위기다. 싱글룸부터 가족이 이용하기 좋은 3·4인실이 있고, 여성전용 6인실(€22~)을 포함, 욕실이 딸린 6·8인실 도미토리도 있다. 24시간 리셉션을 운영하며 홈페이지는 한국어도 지원한다.

Access 중앙역에서 Kirchenallee 출구로 나오면 건너편으로 호스텔 건물이 보인다. 중앙역 남쪽 출구 Süd역으로 나오면 바로 보인다.
Cost 도미토리 €19~, 싱글/더블룸 €75~
Address Steintorpl. 3, 20099 Hamburg
Tel +49 (0)40 226358460
Web generatorhostels.com

함부르크 유스호스텔
DJH Jugendherberge Hamburg
"Auf dem Stintfang"

란둥스브뤼켄역 바로 위에 위치한 유스호스텔로 환상적인 항구 전망과 깨끗한 시설로 인기가 높다. 2~6인실의 욕실을 갖춘 객실과 항구 전망의 8인실 파노라마 돔이 있다. 파노라마 돔은 남녀혼실이고 공동욕실을 이용하며 18세 이상만 이용 가능하다. 주방과 레스토랑, 휴게실 등 편의시설을 잘 갖추고 있다. 27세 이상은 1박당 €4.5가 추가된다.

Access S반(S1 · S3 · U3)을 타고 Landungsbrücken역 하차, 역에서 오른쪽으로 나가 계단을 오르면 호스텔과 전망대가 나온다.
Cost 도미토리 €35~, 2인실 €67.9~
Address Alfred-Wegener-Weg 5, 20459 Hamburg
Tel +49 (0)40 5701590
Web hamburg-stintfang. jugendherberge.de/de-DE/ Portraet

맥 시티 호스텔 MAC City Hostel

중앙역에서 한 정거장 떨어진 좋은 위치에 있는 작은 규모의 호스텔로 대만계 주인이 관리한다. 조식은 따로 없지만 주변에 저렴한 식당이 많고 대형 슈퍼마켓도 있어 불편하지 않다. 객실은 2인실과 여성 전용 4인실 도미토리(€20)를 포함한 4 · 6 · 8인실 도미토리가 있고 모두 공동욕실을 사용한다. 작은 주방과 자판기 등도 갖추고 있다.

Access 중앙역에서 U반(U3) Berliner Tor에서 내리면 바로 있다.
Cost 도미토리 €20~, 2인실 €70
Address Beim Strohhause 26, 20097 Hamburg
Tel +49 (0)40 35629146
Web www.maccityhostel.de

함부르크 축제

축제와 함께 함부르크의 역사와 문화를 즐겨보자. 1년 내내 크고 작은 축제가 이어지며, 음악 애호가라면 대형 재즈 페스티벌인 Elb 재즈 페스티벌과 매년 9월 비틀스의 성지에서 열리는 레퍼반 페스티벌도 주목해 보자.

함부르크 돔
Hamburger Dom
독일 북부에서 가장 유명한 민속 축제로 매년 3번 봄, 여름, 겨울에 약 한 달간 열린다. 화려한 테마파크가 설치되고 불꽃놀이 등 다양한 이벤트가 펼쳐진다. 입장은 무료이고 매주 수요일에는 놀이기구 할인 혜택이 있다.
Access U반(U3) St.Pauli 또는 Feldstrasse역 하차
Open 2025년
봄 3월 21일~4월 21일
여름 7월 25일~8월 24일
겨울 11월 초~12월 초

함부르크 항구 기념일
Hafengeburtstag Hamburg
함부르크에서 열리는 세계 최대의 항구 축제로 매년 5월 3~4일간 열린다. 1189년부터 열린 축제는 2025년 836주년이 된다. 이 시기에 방문하면 화려하고 열정적인 항구를 즐길 수 있다.
Access 란둥스브뤼켄과 하펜시티 주변
Open 2025년 5월 9일~5월 11일

02

영국을 지배한 왕가의 자긍심 **하노버**

Hannover

Writer's Tip
영어로는 'n'이 하나 빠진 Hannover로 표기되며, 독일어 발음은 '하노퍼'에 가깝다.

독일 북부 니더작센 주의 주도. 중세 시대 하노버 왕국의 수도로 크게 번성했고 한자동맹의 도시이기도 하다. 여러 산업이 발달한 상공업도시로 교외에는 공장지대가 형성되어 있으며 시내에는 공원과 숲 등 녹지가 잘 조성되어 있는 초록도시다. 제2차 세계대전으로 도시의 60%가 파괴되면서 역사적 건물들도 크게 파손되었고, 전후 현대적인 도시로 재건하면서 옛 건물들을 그대로 복원하려 노력했다.

호수 공원에 자리 잡은 웅장한 신 시청사와 구시가지를 중심으로 관광지가 형성되어 있고, 주요 관광지를 따라 그려진 '빨간 선 가이드'를 활용하면 쉽게 도보 관광이 가능하다. 매년 3월 개최되는 정보통신산업 박람회 세빗을 비롯해 수많은 박람회가 열리는 도시로도 유명하다. 도시명은 높은 강둑을 뜻하는 Honovere에서 유래된 걸로 추정된다.

여행 Tip
- 도시명 하노버 Hannover
- 위치 독일 북부 니더작센주
- 인구 약 51만 2천 명 (2024)
- 홈페이지 www.hannover.de
- 키워드 상공업도시, 하노버왕가, 시청사, 박람회

(i) **관광안내소**
Information Center

중앙역 관광안내소
Access   중앙역에서 나와 건너편에 위치
Open   월~금 09:00~17:30, 토 10:00~15:00,
         일 · 공휴일 휴무
Address Ernst-August-Platz 8, 30159 Hannover
Tel   +49 (0)511 12345111
Web   www.visit-hannover.com

✚ 하노버 들어가기 & 나오기

1. 기차로 이동하기
독일 중북부에 위치한 하노버는 독일 각 지역으로 이동하기 편리한 교통
의 요지다. 베를린, 함부르크와는 기차로 1시간 30분이 채 안 걸리고, 남
부의 뮌헨까지는 약 4시간 20분이 소요된다. 함부르크나 브레멘으로 이
동 시에는 니더작센 티켓(p.198)을 이용하는 게 효율적이다.

★ 주요 도시별 이동 소요시간
· 베를린 ICE ▶ 약 1시간 40분
· 프랑크푸르트 ICE ▶ 약 2시간 40분
· 슈투트가르트 ICE ▶ 약 4시간
· 뮌헨 ICE ▶ 약 5시간 20분

2. 버스로 이동하기
교통의 요지답게 하노버 ZOB은 11개의 플랫폼을 비롯해 현대적인 시설
을 갖추고 있다. 독일 내 도시는 물론 프라하, 브뤼셀 등 주변 국가와 연
결하는 장거리 노선이 있다. 중앙역 바로 뒤쪽에 자리한다.

Web   www.hannover-zob.de

★
주요 도시별 이동 시간
베를린 ▶ 약 3시간 20분
함부르크 ▶ 약 2시간
브뤼셀 · 프라하 ▶ 약 9시간

3. 비행기로 이동하기
하노버 도심 북쪽에 작은 규모의 하노버 공항Flughafen Hannover이 있다. 인
천 공항에서 직항 노선은 없고 한 번 이상 경유해 들어가게 된다. 일반
여객터미널 A, B, C가 있고 터미널 C에 있는 공항역에서 S반(S5)을 타면
중앙역까지 갈 수 있다(약 18분 소요. 성인 €4.3). 택시로는 약 25분이 걸
리고 요금은 €30 내외다.

Web   www.hannover-airport.de

✚ 시내에서 이동하기

시내교통 이용하기 (S반, U반, 버스, 트램)
주요 관광지가 있는 구시가지는 도보로 이동이 가능하고 박람회장
(Messe)이나 헤렌하우젠 궁전에 갈 때 대중교통을 이용하면 된다. 2회
이상 이용 시에는 1일권을 이용하자.

Cost   1회권 성인 €3.4, 어린이(6~14세) €1.3
        1일권 성인 €6.8, 어린이 €2.6
        단거리권(3정거장 이내) €1.8
        그룹 티켓 1일권(최대 5인까지) €12.5

Web   www.gvh.de

> Tip.
> 크뢰프케Kröpcke가 하노버 시내 중
> 심이자 교통의 중심이다. 중앙역
> 건너편에서 아케이드로 이어지
> 며 쇼핑몰과 레스토랑, 각종 편
> 의시설이 모여 있다. 크뢰프케 시
> 계탑은 만남의 광장 역할을 한다.

✚ 하노버 메세 Hannover Messe

세계 최대의 무역 박람회장 중 하나다.

Access 1. 공항에서 메세까지 택시로 약 30분 소요. 무역 박람회
기간에는 셔틀버스를 운영한다(터미널 C~서쪽 출구 1번).
2. 중앙역에서 S반(S4) Hannover Messe/Laatzen역 하차
(2정거장), 트램 8 · 18번(북쪽Nord 출구 1, 2). 약 18분 소요

Web www.hannovermesse.de

Tip.
하노버 카드

대중교통 무료와 관광지 할인혜
택을 제공하는 투어카드. 1~3
일권까지 있고, 5인까지 유효한
그룹권도 있다.

Cost **개인 티켓** 1일권 €11,
2일권 €16, 3일권 €19
그룹 티켓 1일권 €21,
2일권 €28, 3일권 €36
Web www.visit-hannover.
com

✚ 추천 여행 일정 (도보 3~4시간 소요)

중앙역 ⋯ **오페라 극장** ⋯ **애기디엔 교회** ⋯ **시청사**(마슈 호수) ⋯ **라이
네 강변**(라이네 궁전, 암 호엔 우퍼, 나나) ⋯ **구시가지**(홀츠 마르크트, 부
르크 거리, 마르크트 교회) ⋯ **크뢰케**

★ 빨간 선을 따라가세요!

하노버에는 길바닥에 공짜 가이드가 있다. 이름하야 빨간 선!
중앙역의 관광안내소(1번)를 시작으로 바닥의 빨간 선을 따라가면 주
요 관광지와 명소를 거쳐 다시 중앙역(36번)으로 돌아오게 된다. 도보
로 3~4시간 정도 소요되고, 관광안내소에서 '빨간 선 안내서Red Thread
Brochure(€3)'를 구입해 지도와 설명을 참고하자. 한국어는 제공하지 않는
다. 친절한 빨간 선은 화장실, 카페 등도 표시하고 있다.

하노버

Ⓢ S반 Ⓤ U반 ⒹⒷ DB ⓘ 관광안내소

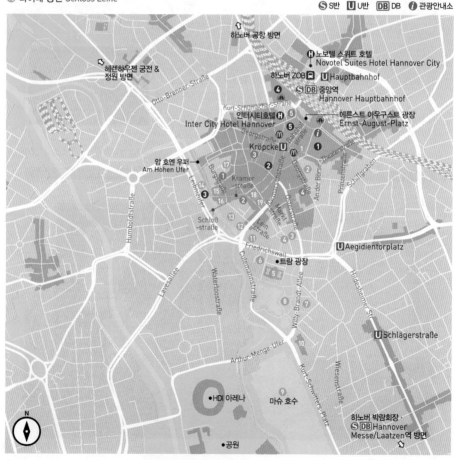

오페라 극장 Staatsoper Hannover

1852년 하노버 왕국에서 지은 고전주의 양식의 왕실 극장이다. 모차르트의 오페라 〈피가로의 결혼〉이 초연된 곳으로 유명하고 오늘날까지 오페라, 발레, 콘서트 등 최고 수준의 공연을 보여주고 있다. 한국인 연주자들의 활약도 눈부시다. 주변에 유명인의 동상과 유대인 추모비 등이 있는 작은 공원이 있다.

Access 중앙역에서 도보 5분
Address Opernpl. 1, 30159 Hannover
Tel +49 (0)511 999900
Web www.oper-hannover.de

Story 하노버 왕조 Königreich Hannover

1714년부터 영국을 통치한 하노버 왕가의 왕들은 독일 하노버 왕국의 왕과 동일 인물이다. 스튜어트 왕조의 앤 여왕의 사후 왕위 계승법에 따라 하노버 왕조의 게오르크 1세(영어식 조지 1세)가 왕위를 잇게 되었고, 빅토리아 여왕까지 187년간 영국 국왕과 독일 하노버의 군주를 겸하며 대영제국의 전성기를 이끌었다. 이후 영국을 통치한 왕가도 하노버 왕가에 뿌리를 두고 있다. 윌리엄 4세(독일식 빌헬름 4세)의 사후에 영국은 빅토리아 여왕이, 독일은 에른스트 아우구스트가 왕위를 계승하면서 영국과 하노버 왕조가 분리되었다.

애기디엔 교회 Aegidienkirche

1943년 2차 대전 폭격으로 파괴된 당시의 모습으로 오늘날까지 보존되어 전쟁의 참상을 알리고 추모하는 공간이 되었다. 원래는 1347년 고딕 양식으로 지어졌고, 1711년 바로크 양식의 첨탑이 추가되었다. 첨탑 아래 히로시마에서 기증한 '평화의 종'이 있는데, 추모의 의미로 1일 4번(09:05, 12:05, 15:05, 18:05) 울린다.

Access 중앙역에서 도보 12분,
U반(U10) Hannover Markthalle/Landtag역 도보 4분
Open 10:00~18:00 Cost 무료
Address Aegidienkirchhof 1, 30159 Hannover
Tel +49 (0)511 324513

쿠부스 갤러리 Städtische Galerie KUBUS

지역의 젊은 예술가들의 프로젝트와 예술 교육을 지원하며 하노버 미술계의 허브 역할을 하는 미술관이다. 2층 구조의 내부는 하노버 출신 작가들의 작품을 위주로 전시하고 있고, 외관을 장식하고 있는 강철 구조물은 독일 조각가 에리히 하우저 Erich Hauser 의 작품이다.

Access 애기디엔 교회 건너편에 위치
Open 화~일 · 공휴일 11:00~18:00, 월 휴관
Cost 무료
Address Theodor-Lessing-Platz 2, 30159 Hannover
Tel +49 (0)511 16845790

시청사 Neues Rathaus

하노버 최고의 랜드마크이자 시민들의 사랑을 받고 있는 시청사는 하노버 왕조의 전성기를 재현한 듯 장엄한 성의 모습을 하고 있다. 1913년 네오 르네상스 양식으로 지어진 시청사는 개회식 때 빌헬름 2세가 참석하기도 했다. 제2차 세계대전 대폭격으로 시청사도 크게 파괴되었지만 원형 그대로 복원했다. 웅장한 내부 홀에는 중세와 제2차 세계대전 폭격 전과 후, 그리고 현재의 하노버 도시 모형을 전시해 놓았다. 일반에 개방된 돔 전망대는 유럽에서 유일한 17도 곡선형 엘리베이터를 타고 43m를 오르내린다.

Access	중앙역에서 도보 15분, 트램(1 · 2 · 8 · 11번) Hannover Aegidientorplatz역 하차, 도보 7분, 버스(100번) Hannover Rathaus/Bleichenstraße역 하차, 도보 3분
Open	월~금 08:00~18:00, 토 · 일 · 공휴일 10:00~18:00 (돔 전망대는 날씨에 따라 변동됨)
Cost	**돔 전망대** 성인 €4, 어린이(5~14세) €3.5
Address	Trammplatz 2, 30159 Hannover
Tel	+49 (0)511 1680

궁수 청동상
by. Ernst Moritz Geyger

마슈 공원 & 마슈 호수 Maschpark & Maschsee

시청사 남쪽으로 조성된 마슈 공원과 마슈 호수는 하노버 시민들이 사랑하는 쉼터로 주변에 여러 박물관과 축구장HDI Arena이 있다. 하노버 최초의 시립 공원인 마슈 공원은 아름다운 조경과 시청사가 비치는 연못 풍경이 압권이고, 78만 평방미터로 니더작센에서 가장 큰 규모이자 인공 호수인 마슈 호수에서는 각종 수상 스포츠와 휴식을 취하는 시민들로 활기가 넘친다.

Access 시청사 남쪽에 위치

니더작센 주립 박물관
Landesmuseum Hannover

니더작센 주의 대표 박물관으로 예술과 과학, 자연사, 민족학 등 광범위한 분야의 전시를 아우르고 있다. 예술관에서는 중세부터 르네상스의 회화와 이탈리아, 네덜란드 등 유럽 작가의 작품을 전시하고, 공룡 모형이 있는 자연사관도 인기가 높다. 페루와 멕시코의 고대문명을 전시한 민족학관과 고고학관도 주목할 만하다.

Access	시청사에서 도보 5분, 버스(100번) Hannover Rathaus/ Bleichenstraße역 하차, 도보 2분
Open	화~일 10:00~18:00, 월 휴관
Cost	성인 €5, 학생 €4, 4세 이하 무료 (금 14:00 이후 무료입장, 특별전시는 별도)
Address	Willy-Brandt-Allee 5, 30169 Hannover
Tel	+49 (0)511 9807686
Web	www.landesmuseum-hannover.de

아우구스트 케스트너 박물관
Museum August Kestner

19세기 로마와 나폴리의 대사를 지낸 하노버의 외교관 아우구스트 케스트너 일가의 수집품을 전시하고 있다. 고대 및 이집트 유물, 화폐, 공예품 등을 만나볼 수 있고, 유리창으로 둘러싸인 건축물로도 유명하다.

Access	시청사 북쪽 트람 광장에 위치
Open	화~일 11:00~18:00, 월 휴관
Cost	성인 €5, 학생 €4, 금요일 무료입장
Address	Trammplatz 3, 30159 Hannover
Tel	+49 (0)511 16842730

슈프렝겔 박물관
Sprengel Museum Hannover

유럽 최고의 현대 미술관으로 꼽히며 독일 표현주의와 프랑스 모더니즘에 중점을 둔 20~21세기 회화와 조각 등을 만나볼 수 있다. 〈나나〉로 유명한 니키 드 생팔의 작품 약 400점이 전시되고 있고, 파블로 피카소 등 입체파의 작품도 볼 수 있다.

Access	시청사에서 도보 8분, 마슈 호수 북쪽에 위치
Open	화 10:00~20:00, 수~일 10:00~18:00, 월 휴관
Cost	성인 €7, 학생 €4, 만 18세 이하 무료, 금요일 무료입장
Address	Kurt-Schwitters-Platz, 30169 Hannover
Tel	+49 (0)511 16843875
Web	www.sprengel-museum.de

방겐하임 궁전
Wangenheimpalais

1832년 고전주의 양식으로 지어진 궁전으로 하노버 왕국의 마지막 왕인 게오르크 5세^{Georg V}가 10년간 머문 궁전이기도 하다. 현 시청사 건축 전 50년간 시청사의 역할을 했다. 제2차 세계대전 폭격으로 파괴된 건물은 몇 년 후 재건되었고 현재는 니더작센 주의 경제부 건물로 쓰인다.

Access	시청사에서 도보 3분
Address	Friedrichswall 1, 30159 Hannover
Tel	+49 (0)511 3661891

라이네 궁전 Schloss Leine

19세기 중반에 하노버 왕이 살던 궁전으로 그리스 신전을 연상케 하는 6개의 코린트식 기둥이 입구에 세워져 있다. 1291년 지어진 수도원을 1637년 궁전으로 재건축하고 이후 신고전주의 양식으로 재구성하였다. 라이네 강변에서 보이는 궁전 뒤쪽은 바로크 양식을 보여준다. 현재는 니더작센 주의 주의회 청사로 사용되며 일반인은 출입이 통제된다.

Access 시청사에서 도보 8분
Address Hannah-Arendt-Platz 1, 30159 Hannover
Tel   +49 (0)511 30300
Web   www.landtag-niedersachsen.de/startseite

괴팅엔 7교수 동상 Denkmal der Göttinger Sieben

1837년 하노버의 국왕 에른스트 아우구스트 1세는 왕의 직권으로 헌법 개정을 계획하였고, 이에 반발한 괴팅엔의 교수 7명은 항의서를 발표하며 저항했다. 이 항의서가 출판되어 대중적으로 큰 반향을 일으키자 왕은 7명의 교수를 파면하고 추방했다. 이것이 독일 자유주의 운동의 발판이 된 '괴팅엔 7교수 사건'으로 2011년 이들을 기념하는 동상이 하노버에 세워졌다. 동화작가로 유명한 그림 형제Jacob Grimm & Wilhelm Grimm도 7명 중에 있다.

Access 라이네 궁전 바로 옆 광장

Hannover Fun!

토요 벼룩시장
Altstadt-Flohmarkt am Hohen Ufer

구시가지 라이네 강변의 토요일은 벼룩시장으로 활기가 넘친다. 독일에서 가장 오래된 벼룩시장으로 2017년 50주년을 맞이했다. 강변을 따라 자유롭게 펼쳐진 골동품, 예술작품, 빈티지 의류와 소품이 여행의 즐거움을 더한다. 이 벼룩시장을 보고 싶다면 토요일에 방문하도록 하자.

Access   라이네 궁전 뒤편부터 나나 조각상 주변까지
         강변을 따라 조성된다.
Open   3~10월 10:00~18:00
         *세팅은 08:00부터, 해체는 16:00부터 시작된다.
Address Am Hohen Ufer, 30159 Hannover
Web   www.altstadt-flohmarkt.de

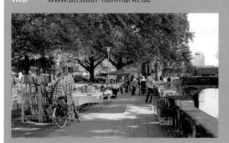

나나 Nanas

화려한 색채와 생동감으로 보는 이들을 행복하게 하는 하노버의 마스코트 나나. 생명력 넘치는 풍만한 여성의 육체를 역동적이고 철학적으로 풀어낸 〈나나Nana〉 연작으로 프랑스 작가 니키 드 생팔Niki de Saint-Phalle의 작품이다. 1974년 설치 당시 보수적인 시민들의 반발이 있었지만 지금은 큰 사랑을 받고 있다.

Access   라이네 강변 암 호엔 우퍼 건너편에 있다.
Address Leibnizufer, 30159 Hannover

암 호엔 우퍼 Am Hohen Ufer

14세기 요새로 지어진 성벽 중 유일하게 남아 있는 곳으로 라이네 강 유역을 따라 난 산책로다. 16세기 종교전쟁 시에는 감옥으로, 17세기에는 무기고로 쓰였던 베기넨 탑Beginenturm과 성벽은 현재 역사 박물관의 일부다. 성벽의 북쪽에는 1714년 승마장 입구로 지어진 마슈탈 문Marstalltor과 말과 남자Mann mit Pferd 청동상이 있다.

Access 라이네 궁전 북서쪽 강변을 따라 있는 성벽 주변

하노버 역사 박물관 Historisches Museum

하노버 왕조시대부터 대도시로 발전하는 하노버의 역사를 전시하고 있다. 구시가지 라이네 강변에 있는 박물관은 11세기 중세 최초의 정착지였고 현재 남아 있는 하노버 성벽의 일부를 포함하고 있다. 1903년 개관 이래 제2차 세계대전 공습으로 파괴된 후 수차례 재건을 거듭했다. 500만 장 이상의 사진 전시도 유명하다.

Access 라이네 궁전에서 도보 2분, 베기넨 탑이 있는 건물
Open   2024년 12월 현재 대대적인 리모델링이 진행 중이며, 재개장일은 미정이다.
Cost   성인 €5, 학생 €4, 어린이(5~11세) €1, 4세 이하 무료, 금요일 무료입장
Address Pferdestraße 6, 30159 Hannover
Tel   +49 (0)511 16843052

구시가지 Altstadt

중세의 상인들이 모여 살던 곳으로 역사적 가치가 있는 관광지다. 제2차 세계대전의 폭격으로 거의 파괴된 후 고풍스러운 옛 시가지를 재건하고자 노력했다. 구시가지에서 가장 번화한 크라머 거리Kramerstraße에는 레스토랑과 기념품숍이 모여 있고, 부르크 거리Burgstraße에는 전쟁의 폭격을 피해 원형이 보존된 주택이 남아 있다. 발호프Ballhof 주변에는 하노버에서 가장 오래된 크로이츠 교회와 현재는 극장으로 쓰이고 있는 가장 오래된 체육관 건물이 있다.

Access 마르크트 교회 주변부터 라이네 강변까지

라이프니츠 하우스 Leibnizhaus

1499년 지어진 르네상스 양식의 저택으로 미적분을 창시한 수학자이자 철학자 라이프니츠Gottfried Wilhelm Leibniz가 말년을 보낸 곳이다. 원 건물은 제2차 세계대전 시 완파되었고 1983년 현재 위치로 옮겨져 똑같이 재건되었다. 바로 앞 광장의 오스카빈터 분수Oskar-Winter-Brunnen에는 돌리면 소원이 이루어진다는 '금색 소원 고리'가 있다.

Access 역사 박물관 옆 홀츠 마르크트에 위치
Address Holzmarkt 4, 30159 Hannover

└-> 라이프니츠 하우스

마르크트 교회 Marktkirche

독일 북부 고딕 양식의 대표 건축물로 14세기에 지어졌고, 1536년 이후 루터 교회가 되었다. 제2차 세계대전 시 두 번의 공습으로 거의 파괴되었다가 1952년 재건하였다. 붉은 벽돌로 지어진 교회의 입구 청동문은 1959년에 600주년을 기념하여 지어졌고 양쪽 문에 독일의 고통스러운 역사를, 위쪽에 승천하는 예수를 묘사하고 있다. 남쪽 벽 해시계 중 왼쪽 것은 하노버에서 가장 오래된 시계로 14세기에 만들어졌다. 첨탑은 97m가 넘는다.

Access	중앙역에서 도보 8분
Open	월~금 10:00~18:00,
	토 10:00~17:30, 일 09:30~18:00
Cost	무료
Address	Hanns-Lilje-Platz 2, 30159 Hannover
Tel	+49 (0)511 364370
Web	marktkirche-hannover.de

크로이츠 교회 Kreuzkirche

1333년 교회가 봉헌되었고 70m 높이의 첨탑은 후에 추가로 지어졌다. 제2차 세계대전 시 완전히 파괴된 것을 재건하였다. 장식을 최소화한 내부에는 16세기 독일 회화의 전성기를 이끈 화가 루카스 크라나흐 Lucas Cranach가 그린 제단(1537년)이 있고, 하노버에서 가장 오래된 중세 무덤(1321년)의 일부가 보존되어 있다.

Access	구시가지 발호프 광장 근처에 위치, 초록색 첨탑이 있는 곳이다.
Open	월~금 10:00~18:00, 토 10:00~17:30, 일 09:30~18:00
Cost	무료
Address	Kreuzkirchhof 3, 30159 Hannover
Tel	+49 (0)511 364370
Web	kreuzkirche-hannover.wir-e.de

구 시청사 Altes Rathaus

마르크트 교회와 같이 붉은 벽돌로 지은 고딕 양식의 건물로 1410년부터 100년이 넘는 기간 동안 지어져 1863년까지 시청사로 쓰였다. 19세기 말에 시민들이 철거 위기를 막아냈고, 제2차 세계대전 중에는 가장 오래된 부분이 파괴되기도 했다. 현재는 레스토랑과 연회장 등 복합 공간으로 쓰인다.

Access	중앙역에서 도보 10분, 마르크트 교회 옆에 위치
Address	Köbelingerstraße 4, 30159 Hannover
Web	www.altes-rathaus-hannover.de

헤렌하우젠 궁전 & 정원 Schloss Herrenhausen & Herrenhäuser Gärten

하노버 왕국의 여름 별궁으로 궁전 박물관과 두 곳의 정원(Großer Garten & Berggarten)이 있다. 이 중 대정원^{Große Garten}은 유럽에서 가장 잘 보존된 바로 크식 정원으로 유명하다. 50만 평방미터에 달하는 대정원은 하노버 왕가의 왕비였던 소피^{Sophie von der Pfalz}에 의해 프랑스 정원을 모델로 조성했다. 제2차 세계대전 시 크게 파괴된 후 정원만 복원해 개방했고, 궁전은 2013년 복원을 마치고 박물관으로 변신했다.

Access	U반(U4 · U5) Hannover Kröpcke(U)출발, Hannover Schaumburgstraße역 하차(7정류장), 도보 3분
Open	정원 5~8월 09:00~20:00, 4 · 9월 09:00~19:00, 3 · 10월 09:00~18:00, 11~1월 09:00~16:30, 2월 09:00~17:30
	궁전 박물관 4~10월 11:00~18:00
	11~3월 목~일 11:00~16:00
	(2025년 4월까지 보수공사로 폐쇄)
Cost	궁전 박물관+정원
	4~10월 성인 €10, 학생 €8, 18세 이하 무료
	11~3월 성인 €8, 학생 €7
	*정원만 볼 수 있는 티켓이 따로 있음
Address	Herrenhäuser Str. 4, 30419 Hannover
Tel	+49 (0)511 16844543
Web	www.hannover.de/Herrenhausen

❶

테슈튀브헨 Teestübchen

구시가지에서 가장 유명한 카페로 1970년부터 보네케^{Bohnecke} 가족이 운영해 오고 있다. 최고급 품종의 차를 40종 이상 갖추고 있고, 커피는 물론 가족 레시피로 만드는 케이크도 맛있는데, 당근케이크와 뉴욕치즈케이크가 특히 인기 있다. 고풍스럽고 사랑스러운 카페 내 자리도 좋고 광장을 향해 있는 야외 테이블도 운치 있다. 여름에는 바로 앞 광장에서 콘서트도 자주 열린다.

Access	구시가지 부르크 거리, 발호프 광장에 위치
Open	월~목 10:00~22:30, 금~토 09:30~23:00, 일 09:30~22:30
Cost	커피 · 차 €4.5~, 케이크 €5~
Address	Ballhofpl. 2, 30159 Hannover Tel +49 (0)511 3631682
Web	teestuebchen-hannover.de

❷

브로이한 하우스 Broyhan Haus

독일 향토요리와 니더작센에서 생산하는 아인베커 맥주를 마실 수 있다. 맥주 거품이 예술로 올려져 나온다.

Access	구시가지 역사 박물관에서 마르크트 교회 방향, 크라머 거리에 위치
Open	12:00~23:00
Cost	맥주 0.3L €3.7~, 주요리 €24~
Address	Kramerstraße 24, 30159 Hannover
Tel	+49 (0)511 323919 Web www.broyhanhaus.de

❸

브룬넨호프 레스토랑 Restautant Brunnenhof

정통 비엔나 슈니첼로 인기 있는 레스토랑 겸 카페다. 호텔 레스토랑으로 가격은 높은 편이다.

Access	중앙역 건너편 카이저 호프 호텔에 위치
Open	12:00~23:00(마지막 주문 21:30)
Cost	식사류 €15~
Address	Ernst-August-Platz 4, 30159 Hannover
Tel	+49 (0)511 3683119 Web restaurantbrunnenhof.de

03

동화가 숨 쉬는 중세 한자도시 **브레멘**

Bremen

여행 Tip
- 도시명 브레멘 Bremen
- 위치 독일 북서부 베저 강 연안
- 인구 약 51만 2천 명 (2024)
- 홈페이지 www.bremen.de
- 키워드 브레멘 음악대, 베저 강,
  유네스코 세계문화유산, 롤란트, 한자도시

우리에게는 브레멘 음악대로 유명한 곳으로 베저 강 유역에 자리 잡고 있는 독일 북서부 지역의 중심지다. 중세의 모습을 잘 보존하고 있는 브레멘은 동화적 이미지로 도시를 돌아봐도 좋을 만큼 동심과 예술적 감성을 자극하는 곳이다. 한자동맹의 중심으로 오늘날까지 자유도시로 남아 있으며, 중세 독일에서 가장 부유한 도시였음을 증명하듯 곳곳에 화려하고 멋진 중세의 건물들이 가득하다.

유네스코 세계문화유산으로 지정된 시청사와 롤란트가 있는 마르크트 광장 주변을 중심으로 관광을 즐기고 맥주에 관심 있는 사람이라면 브레멘이 원산지인 벡스 공장 투어를 신청해 보자. 시간적 여유가 있다면 북쪽의 항구도시이자 독일 무역 중심지 중 하나인 브레머하펜과 연계해 다녀와도 좋다.

ⓘ **관광안내소**
Information Center
마르크트 광장 부근 뵈트허 거리의 글로켄슈필 하우스 내에 위치해 있다. 관광 안내와 각종 예약은 물론 간단한 기념품을 사기도 좋다(중앙역 관광안내소는 폐쇄되었다).

뵈트허 거리
Open   월~금 09:00~18:30, 토 09:30~17:00,
          일 10:00~16:00
Address Böttcherstraße 4, 28195 Bremen
Tel   +49 (0)421 3080010
Web   www.bremen-tourism.de

✚ 브레멘 들어가기 & 나오기

브레멘은 함부르크나 하노버를 거점으로 당일치기로 다녀오기 좋다. 니더작센 티켓(p.198)을 이용하는 게 가장 경제적이고 편리하다. 시간적 여유가 있다면 근처의 브레머하펜에 들러도 좋다.

1. 기차로 이동하기
함부르크나 하노버에서 기차로 1시간~1시간 20분 걸리는 거리다. 베를린 등 다른 도시에서 이동할 때도 함부르크나 하노버를 경유하는 노선이 시간이 단축된다.

> ★
> **주요 도시별 이동 시간**
> **함부르크** RE ▶ 약 1시간 9분
> **하노버** RE ▶ 약 1시간 20분
> **브레머하펜** RE ▶ 약 34분
> **베를린** ICE/IC ▶ 약 3시간

2. 버스로 이동하기
브레멘 버스터미널 ZOB은 중앙역에서 3분 거리에 있다. 버스를 이용할 경우 위치를 잘 확인하자.

> ★
> **주요 도시별 이동 시간**
> **함부르크** ▶ 약 1시간 30분
> **하노버** ▶ 약 1시간 35분

3. 비행기로 이동하기
시내와 가까운 곳에 작은 규모의 브레멘 공항^{Bremen Airport}이 있다. 인천 공항과 직항 노선은 없고 한 번 이상 경유해야 한다. 공항에서 중앙역까지 트램으로 15~20분 정도 소요된다(트램 6번. 성인 €2.8, 어린이 €1.45).
Web   www.bremen-airport.com

✚ 시내에서 이동하기

시내교통 이용하기 (트램, 버스)
주요 명소는 도보 이동이 가능하다. 중앙역에서 주요 볼거리가 있는 마르크트 광장까지 도보로 약 12분 걸린다. 관광 후 중앙역으로 돌아갈 때 트램을 이용하는 것도 좋다. 단거리권으로 충분하고 니더작센 카드도 유효하다. 중앙역~Bremen Domsheide역 트램 4, 6번, 버스 24, 25번 이용.

> ★
> Cost **단거리권**
>   성인 €1.6, 5세 이하 무료
>   **1회권** 성인 €3,
>   어린이(6~15세) €1.5
>   **1일권** €8.5(1인 추가 시 €3.3,
>   최대 5인까지)
> Web www.bsag.de

✚ 추천 여행 일정 (약 3~4시간)

대표 관광지가 모여 있는 마르크트 광장을 둘러보고, 베저 강변에서 여유를 즐겨도 3~4시간이면 충분하다. 맥주 애호가라면 벡스 공장 투어에 참가해도 좋겠다.

중앙역(관광안내소) ⋯▶ (풍차) ⋯▶ **성모 교회** ⋯▶ **마르크트 광장**(성 페트리 대성당, 롤란트, 시청사 등) ⋯▶ **뵈트허 거리** ⋯▶ **슐라흐테 지구** ⋯▶ (벡스 공장 투어)

> Tip.
> 브레멘 카드 Bremen Card
>
> 대중교통과 베저강 페리(지정 구간)이용을 포함, 관광지 할인혜택을 제공하는 관광카드로 1~4일권이 있다. 대중교통은 전날 오후 6시부터 유효하다.
>
> Cost   1일권(성인 1인+어린이 2인) €11.5, (성인 2인 +어린이 2인) €13.9

브레멘

브레멘은 즐거워
Bremen Fun!

❶ 브레멘 음악대를 찾아라!

'브레멘 음악대'의 그 브레멘! 그렇다. 관광객들이 기억하는 브레멘 음악대는 브레멘의 상징이자 자랑이다. 색과 모양, 형식은 다르지만 시내 어디에서나 만날 수 있는 브레멘 음악대를 통해 시민들의 사랑과 자부심을 느낄 수 있다. 브레멘에서는 14세기부터 실제 음악대가 곳곳을 다니며 연주했다고 한다. 가장 유명한 것은 1951년 세워진 청동상으로 시청사 서쪽에 있는데, 당나귀, 개, 고양이, 수탉의 순으로 탑을 쌓고 있다. 당나귀의 앞발을 만지면 소원을 들어준다고 한다.

> **Tip 브레멘 음악대 무료 뮤지컬**
>
> 실제 배우들이 연기하는 브레멘 음악대 뮤지컬을 공짜로 볼 수 있다. 하절기(5~9월) 일요일 낮 12시부터 성 페트리 대성당 옆 Domshof에서 펼쳐지는 이 공연은 독일어로 진행되는 게 아쉽지만 아이들 눈높이에 맞춰진 공연이어서 내용을 알고 가면 재미있게 볼 수 있다.

✚ 브레멘 음악대 Die Bremer Stadtmusikanten

그림형제가 1819년 발표한 동화로 농장에서 학대받고 버림받은 4마리의 동물(당나귀, 개, 고양이, 수탉)이 음악대를 결성해 브레멘으로 향하다가 도둑들의 집을 발견하고 힘을 모아 그들을 내쫓고 행복하게 살았다는 이야기다.

❷ 브레멘 맨홀 Bremer Loch

마르크트 광장 바닥에는 동전을 먹는 재미난 맨홀이 있다. 동전을 넣으면 고맙다는 의미에서 브레멘 음악대의 동물들이 시끄럽게 답을 해주는데 남녀노소 누구나 신기하고 재밌어 해 웃음꽃이 넘쳐난다.

특별히 정해진 금액은 없고 동전을 넣으면 반응하는데 가끔 먹통이 되기도 한다. 이렇게 수집된 동전은 자선단체에 기부된다.

Access 마르크트 광장에서 성 페트리 대성당 방향으로 기념품 가게 옆 바닥에 있다.
Address Am Markt 20, 28195 Bremen
Tel +49 (0)421 790262
Web www.bremer-loch.de

해외 박물관 Übersee-Museum Bremen

무역과 자연사, 민족학을 주제로 한 박물관으로 브레멘의 선원과 무역업자들이 전 세계에서 수집한 물품들을 대륙별로 전시하고 있다. 1896년 1월 개관한 박물관은 제2차 세계대전 시 파괴된 후 1950년대 중반에 재건되었다. 유럽과 다른 대륙 간 무역의 수단과 경로, 물품 등에 대한 전시가 인상적이고, 브레멘의 발전 과정과 운송 역사도 눈여겨볼 만하다.

Access 중앙역 정문에서 나와 오른쪽에 위치

Open 화~일 09:00~17:00, 월 휴관

Cost 성인 €13.5, 학생·청소년(6~17세) €6.75, 5세 이하 무료
*특별전시 별도

Address Bahnhofsplatz 13. 28195 Bremen

Tel +49 (0)421 160380

Web www.uebersee-museum.de

풍차 Mühle Am Wall

17세기 구시가지 성벽을 따라 있던 해자에 공원을 조성하면서 지은 풍차 중 유일하게 남은 곳이다. 중앙역에서 구시가지로 들어가는 다리에서 볼 수 있고 해자에 비친 풍차의 풍경이 감탄을 자아낸다. 1898년부터 레스토랑으로 개방되었고 식사를 하지 않아도 입장료를 내면 들어갈 수 있다. 주변 공원도 아기자기하고 예쁘니 시간적 여유가 있으면 둘러봐도 좋다.

Address Am Wall 212, 28195 Bremen

성모 교회
Unser Lieben Frauen, Liebfrauenkirche

약 1,000년의 역사를 지닌 고딕 양식의 교회로 성 페트리 대성당 다음으로 오래되었다. 1100년 지어진 남쪽 탑이 교회에서 가장 오래된 부분이고 두 개의 첨탑은 높이가 다르다. 제2차 세계대전 폭격으로 파괴된 창은 1973년 프랑스 화가 알프레드 마네시에Alfred Manessier가 그린 화려한 스테인드글라스로 재건했다. 북쪽 탑 벽에 몰트케 장군의 승마 석상이 있다.

Access 마르크트 광장 북서쪽에 위치

Open 월~토 11:00~16:00, 일·공휴일 예배 10:30

Cost 무료

Address Unser Lieben Frauen Kirchhof 27, 28195 Bremen

Tel +49 (0)421 330310

동상과 분수

브레멘 음악대의 도시답게 구시가지 곳곳에 동화적 상상이 넘치는 동상과 분수가 자리 잡고 있다. 풍차를 지나 가장 먼저 만나는 동상은 유명한 목동과 돼지들Hirt mit Schweinen (Peter Lehmann, 1974)이고, 성모 교회 앞 광장에 귀여운 5명의 아기 천사가 있는 마커스 분수Marcus-Brunnen도 있다. 골목골목 숨은 재미들을 놓치지 말자.

시청사 Bremer Rathaus 🏛

독일에서 가장 아름다운 시청사 중 하나로, 번성했던 한자도시 브레멘의 상징이 되는 건물이다. 1400년대에 세워졌고 1608년 현재의 외관으로 지어지면서 '베저 르네상스 양식'이라는 독창적인 건축 양식으로 불린다. 바로 뒤에는 20세기 초에 지은 신시청사가 있다. 중세 이후 전쟁의 피해 없이 보존된 시청사는 마르크트 광장의 롤란트와 함께 2004년 7월 유네스코 세계문화유산으로 등재되었다. 웅장하고 화려한 시청사의 내부는 가이드투어로 관람할 수 있다.

Access	마르크트 광장에 위치, 중앙역에서 도보 12분
Open	가이드투어 관람 가능
Address	Am Markt 21, 28195 Bremen
Tel	+49 (0)421 3616132
Web	www.rathaus.bremen.de

❶ 키케로 ❷ 아리스토텔레스 ❸ 정면에는 황제와 7선제후의 동상 ❹ 데모스테네스 ❺ 플라톤 ❻ 브레멘 음악대 동상

> **Tip 가이드투어**
> 600년이 넘는 역사를 지닌 시청사 내부를 관람하는 투어다. 독일어와 영어로 진행되는데 언어의 장벽을 넘어 역사적 공간을 볼 수 있는 것만으로도 가치가 있다. 독일에서 가장 오래된 와인통이 있는 라츠켈러 Ratskeller의 와인 저장소도 둘러볼 수 있다. 약 1시간 소요. 온라인으로 예약할 수 있다.
> **Open** 월~토 11:00, 12:00, 15:00, 16:00, 일 11:00, 12:00 (정부 행사로 변경 가능)
> **Cost** 성인 €9(12세 미만 동반 어린이 무료)
> **Web** www.bremen-tourismus.de

롤란트 Bremer Roland 🏛

시청사 앞 광장에 중세도시의 자치와 시장 자유의 상징인 롤란트 동상이 있다. 1366년 목재로 만들어졌다 파괴되어 1404년 사암으로 교체된 후 수차례 복원이 이루어졌으며 원래의 두상은 포케 박물관Focke-Museum에 있다. 10.21m(키 5.5m) 높이로 중세 독일에서 가장 큰 동상이다. 제국의 상징인 독수리 문장이 그려진 방패는 다른 지역의 롤란트와 다른 점이다. 롤란트 동상의 무릎을 문지르면 다시 브레멘으로 돌아온다는 속설이 있다.

마르크트 광장 Bremer Marktplatz

브레멘에서 가장 오래된 광장 중 하나로 유네스코 세계문화유산인 시청사와 롤란트 등 역사적 명소가 있는 관광의 중심이다. 고딕 양식의 교회와 개성 있는 르네상스 양식의 건물로 둘러싸여 있다. 광장 중앙 바닥에는 약 5m의 붉은색 한자 십자가가 있고, 대성당 방향에 동전을 넣으면 동물 소리가 나는 브레멘 맨홀(p.234)이 있다. 광장을 가로지르는 트램이 운치를 더하며 크리스마스 마켓도 크게 열린다.

성 페트리 대성당 St. Petri Dom

브레멘에서 가장 오래된 교회로 789년 목조건물로 지어진 이래 비운의 역사를 반복했다. 현재는 루터교회. 13~14세기 로마네스크 양식으로 지어졌다가 큰 화재로 파괴되어 16세기에 고딕 양식으로 개축되면서 두 양식을 혼재하고 있다. 종교 전쟁 후 시민들에 의해 70년간 폐쇄되어 붕괴와 화재를 겪었고, 18세기 말 복원되었다가, 제2차 세계대전 공습으로 다시 파괴되어 방치된 것을 1972년부터 복원했다. 높이 90m가 넘는 두 개의 첨탑 중 남쪽은 개방되어 유료로 오를 수 있다. 대성당 박물관(무료)에는 복원 작업 시 발굴된 중세 교회의 유물을 전시 중이고, 대성당 뒤쪽에 있는 블라이켈러에는 18세기 말 복원 시 발견되어 현재까지 미스터리로 남아 있는 8구의 미라를 전시하고 있다.

Access	마르크트 광장에 위치
Open	**성당/첨탑 전망대/블라이켈러**
	월~토 10:00~17:00, 일 · 공휴일 예배 후 11:30~17:00
	박물관 월~금 10:00~16:45(토 ~13:30), 일 14:00~16:45
Cost	**성당** 무료 **첨탑 전망대** 성인 €4, 학생 €3, 6~18세 €2
	블라이켈러 성인 €5, 학생 €4, 6~18세 €3
	첨탑 전망대+블라이켈러 콤비 티켓 성인 €8, 학생 €6, 6~18세 €4
Address	Sandstraße 10-12, 28195 Bremen
Tel	+49 (0)421 365040
Web	www.stpetridom.de

대성당 옆 돔호프 Domshof

넵툰 분수 Neptunbrunnen
바다의 신 '넵툰(포세이돈) 분수'에도 동화적 상상이 넘친다. 삼지창을 든 넵툰 아래 나팔을 부는 동상이 아들 트리톤이고, 반대편 인어의 꼬리를 만지만 소원이 이루어진다고 한다.

침 뱉는 돌 Spuckstein
19세기 초 15명을 독살한 전설적인 연쇄살인범 '게쉬 고트프리트Gesche Gottfried'가 공개 처형된 자리에 박아놓은 검은 돌이다. 사람들은 경멸과 항의의 표시로 여기에 침을 뱉는다.

쉬팅 Schütting

15세기경 상인들의 길드홀이었다. 한자도시로 번성했던 도시를 대변하는 쉬팅은 16세기 르네상스 양식으로 증축하고 19세기에 바로크 양식으로 외관을 정비해 더욱 화려해졌다. 제2차 세계대전 시 파괴되었다 재건되었고 현재는 브레멘 상공회의소로 쓰인다. 입구 위에 브레멘 상인의 문장과 그들의 모토인 'Buten un Binnen, Wagen un Winnen(안과 밖, 도전과 승리)'이 새겨진 비문이 있다.

Access 마르크트 광장, 시청사 맞은편
Address Am Markt 13, 28195 Bremen

뵈트허 거리
Böttcherstraße

브레멘에서 가장 유명하고 예술적 감성이 넘치는 108m의 골목이다.
20세기 초, 커피무역상이자 디카페인 커피 개발자인 루드비히 로젤리우스Ludwig Roselius가 이 골목의 모든 건물을 매입해 재건하면서 조성되었다. 조각가 베른하르트 회트거Bernhard Hoetger와 함께 지은 독특한 건물은 독일 표현주의 양식의 정수를 보여준다. 모두 붉은 벽돌로 지었지만 각기 다른 콘셉트와 디자인을 하고 있다. 제2차 세계대전 시 크게 파괴되었다가 재건되었다.

Access 마르크트 광장에서 쉬팅 옆
Schüttingstraße 골목으로
들어가면 나온다.
Address Böttcherstraße, 28195 Breme
Web www.boettcherstrasse.de

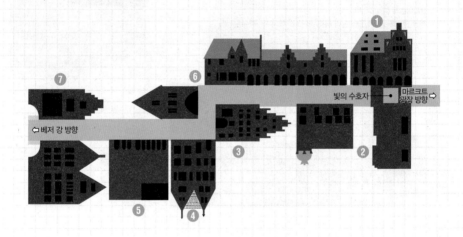

빛의 수호자
마르크트 광장 방향
⇦ 베저 강 방향

① 일곱 게으름뱅이 하우스
Haus der Sieben Faulen (1924~1927)
전설에 따르면 세계여행을 마치고 돌아온 일곱 형제는 혁신과 창의력의 상징이다.

② 파울라 모더존 베커 하우스
Paula Modersohn-Becker-Haus (1926~1927)
표현주의 양식의 건물로 회트거가 지었다. 파울라 모더존 베커 박물관과 수공예 장인의 상점 브레멘 봉봉이 있다.

③ 로젤리우스 하우스 Roselius-Haus
로젤리우스가 1902년 구입해 뵈트허 거리의 시작이 된 곳. 1928년 로젤리우스 박물관을 개관했다.

④ 글로켄슈필 하우스 Haus des Glockenspiels (1922~1924)
1934년 건물 위에 글로켄슈필이 설치된 후 매일 3회(12:00, 15:00, 18:00) 전통 음악을 연주한다. 마이센 도자기 종으로 음색이 맑고 청명하다. 시즌별로 연주 횟수가 늘어나기도 한다.

⑤ 아틀란티스 하우스 Haus Atlantis (1929~1931)
유토피아를 반영한 상징적인 건물로 1965년 재건하면서 외관이 달라졌다. 래디슨 블루 호텔Radisson Blu Hotel이 있다.

⑥ 성 페터 하우스 Haus St. Petrus (1923~1927)
레스토랑 & 바와 아틀란틱 그랜드 호텔이 있다.

⑦ 로빈슨 크루소 하우스
Robinson-Crusoe-Haus (1930~1931)
한자주의 모험과 개척정신을 상징한다. 뷔흘러스 베스테 보네 Büchlers Beste Bohne 카페가 있다.

뵈트허 거리의 박물관

❶ 루트비히 로젤리우스 박물관 Ludwig Roselius Museum

로젤리우스가 수집한 중세 북유럽의 바로크 양식 예술품들이 전시되어 있다. 1588년 당시 르네상스 양식으로 지어진 건물을 뵈트허 거리 조성 시 개축했다고 한다.

❷ 파울라 모더존 베커 박물관 Paula Modersohn-Becker Museum

독일 표현주의의 선구자로 19세기 후반 독일에 인상파를 소개한 화가 파울라 모더존 베커(1876~1907)의 작품을 전시하고 있다. 모성을 주제로 한 따뜻하고 섬세한 작품들을 볼 수 있다.

Open 화~일 11:00~18:00, 월 휴관
Cost 통합권 성인 €10, 학생 €6, 17세 이하 무료

Böttcherstraße

❶ 빛의 수호자 Lichtbringer

입구에 있는 황금빛 조각상으로 베른하르트 회트거의 작품이다. 히틀러에게 바치는 의미로 1936년 제작했지만, 뵈트허 거리는 나치에 의해 '퇴폐미술'로 규정되었다. 열렬한 나치 지지자였지만 로젤리우스와 회트거는 극과 극의 예술적 관점으로 인해 나치의 외면을 받았다. 전후 나치 척결을 위해 노력한 독일에서는 이와 관련하여 아직까지 갑론을박이 이어지고 있다.

Böttcherstraße

❷ 브레멘 봉봉 Bremer Bonbon Manufaktur

뵈트허 거리 골목 안에 있는 사탕 가게로 각종 과일 사탕부터 매콤한 칠리 핫 사탕 등 100가지 이상의 수제 사탕을 만들어 판매한다. 직접 만드는 모습을 보고 있으면 동심이 절로 솟아난다. 이곳의 사탕을 사러 브레멘에 가고 싶을 정도로 사심 가득한 추천 가게다. 가게 앞에 7인의 게으름뱅이 분수 Sieben-Faulen-Brunnen가 있다.

Access 뵈트허 거리 내 위치
Open 11:00~18:00
Address Böttcherstraße 8, 28195 Bremen
Tel +49 (0)421 36491231
Web www.bremer -bonbon- manufaktur.de

Sightseeing
⑨

슐라흐테 지구 Schlachte

베저 강변을 따라 조성된 산책로. 유람선 선착장과 레스토랑 등이 있다. 여름 철에는 다양한 이벤트가 열리고 수상 스포츠를 즐기는 시민들로 활기가 넘친 다. 매주 토요일에는 벼룩시장(06:00~14:00)이 열린다.

Access 마르크트 광장에서 뵈트허 거리
　　　　쪽으로 나오면 베저 강변이 나온다.

Sightseeing
⑩

슈노어 지구 Schnoorviertel

중세 브레멘의 번성기에 뱃사람과 상인들이 정착한 곳으로 15~16세기 주택 의 모습을 잘 보존하고 있다. 전쟁의 피해가 적었던 이곳은 브레멘 시의 적극 적인 지원으로 관광지구로 거듭났다. 아기자기한 골목 양쪽으로 레스토랑, 카 페, 상점들이 있다.

Access 마르크트 광장에서 도보 5분

Sightseeing
⑪

벡스 공장 Brauerei Beck & Co

독일 맥주 중 세계적으로 가장 유명한 벡스Beck's 맥주는 1873년 브레멘에서 처 음 생산되었다. 베저 강 유역에 자리한 벡스 공장에서는 휴일을 제외하고 매 일 투어를 진행하고 있다. 약 3시간이 소요되는 투어는 벡스의 역사와 양조장 견학은 물론 무료 시음을 포함한다. 투어는 독일어로 진행되며 오후 3시에는 영어 투어도 있다. 16세 이상만 참가 가능하고 온라인으로 미리 예약해야 한 다. 슬리퍼 착용 금지.

Access 중앙역에서 트램(1번), 버스(26번)
　　　　Bremen Am Brill역(2정거장) 하차,
　　　　다리 건너 도보 7분
Open 홈페이지 예약 페이지 참고
Cost 투어 €20(16세 이상 참가 가능)
Address Am Deich 18/19, 28199 Bremen
Tel +49 (0)421 50940
Web www.bremen-tourism.de/
　　　becks-brewery-tour

슈팅어 브라우어라이 Schüttinger Gasthausbrauerei

양조시설을 갖추고 수제 맥주를 생산하는 레스토랑이다. 필터링을 거치지 않은 헬레스와 둔켈 맥주를 맛볼 수 있다. 요리의 평도 좋은데 학센, 슈니첼, 커리부어스트가 인기 있고, 항구도시답게 생선 요리도 갖추고 있다. 해피아워(15:00~18:00)에는 0.4L 맥주를 €3에 판매한다.

Access	마르크트 광장에서 Schüttingstraße 방향 도보 1분, 뵈트허 거리 안쪽에 입구가 있다.
Open	월~목 11:30~23:00, 금 · 토 11:30~01:00, 일 11:30~22:00
Cost	슈니첼 €19.9~
Address	Hinter dem Schütting 12-13, 28195 Bremen
Tel	+49 (0)421 3376633
Web	www.schuettinger.de

뷔흘러스 베스테 보네 Büchlers Beste Bohne

커피는 해상무역의 주요 품목이었다. 때문에 한자도시 브레멘의 커피는 특별한 품질과 맛으로 유명하다. 전 세계에서 수입한 원두를 낮은 온도에서 로스팅한 부드러운 맛이 특징인 이곳은 작은 규모의 카페와 원두, 초콜릿 등을 살 수 있는 숍이 있다. 기본 커피부터 전 세계 커피(€5.5~)를 취향에 맞게 선택할 수 있다.

Access	마르크트 광장에서 도보 3분, 뵈트허 거리 끝
Open	월~금 · 일 12:00~18:00, 토 11:00~18:00
Cost	커피 €7.5~
Address	Böttcherstraße 1, 28195 Bremen
Tel	+49 (0)421 4377872
Web	www.bremer-kaffeegesellschaft.de

Frankfurt am Main &
Rhein River 프랑크푸르트 & 라인 강 주변

유럽 경제의 중심 **프랑크푸르트**

Frankfurt am Main

독일 중서부 헤센Hessen 주 최대 도시인 프랑크푸르트. 도시의 정식 명칭은 프랑크푸르트 암마인Frankfurt am Main 으로 '마인 강의 프랑크푸르트'라는 뜻이다. 라인 강의 지류인 마인 강 연안에 위치해 있다(베를린 동쪽에 프랑크푸르트라는 작은 도시가 있어 '암마인'을 붙여 구분한다). 독일의 행정수도는 베를린이지만, 프랑크푸르트 암마인은 유럽중앙은행과 증권거래소 등이 위치하고 있는 독일 경제의 중심지이자 영국 런던과 함께 유럽 금융의 중심 역할을 하고 있다. 금융의 중심지답게 경제 관련 행사와 국제 금융 및 무역 박람회가 연중 열리고, 최신식 마천루들 사이에 펼쳐진 구시가지는 구 독일과 현 독일의 모습이 조화를 이루고 있다. 독일의 대문호 괴테가 태어나 괴테의 도시로도 유명하다.

ⓘ 관광안내소
Information Center
뢰머 광장에 위치해 있다. 관광 정보 제공은 물론 각종 투어와 숙소 등의 예약이 가능하다. 한국어 관광안내지도가 있고 연중무휴로 운영된다.

뢰머 광장 관광안내소
Open	월~토 09:00~18:00, 일 09:00~16:00
Address	Römerberg 27, 60311 Frankfurt am Main
Tel	+49 (0)69 247 45 5400
Web	www.visitfrankfurt.travel

여행 Tip
● 도시명 프랑크푸르트 암마인Frankfurt am Main
● 위치 독일 중서부 헤센 주
● 인구 약 65만 명 (2024)
● 홈페이지 www.frankfurt.de
● 키워드 경제와 금융의 중심지, 박람회, 괴테, 뢰머 광장, 사과와인, 라인 강, 쇼핑

✚ 프랑크푸르트 들어가기 & 나오기

비행기로 이동하기

프랑크푸르트 암마인 공항Frankfurt am Main Flughafen

프랑크푸르트 국제공항은 '유럽의 관문'이라는 명성에 걸맞게 국제적인 규모를 자랑한다. 프랑크푸르트 시내에서 남서쪽으로 약 10km 떨어져 있고 지하철(S반)로 12분 정도 소요된다. 인천 공항에서 직항으로 약 12시간 소요되며, 대한항공과 아시아나, 루프트한자가 직항 노선을 가지고 있다. 공항은 터미널 1과 터미널 2로 이루어져 있고 두 개의 터미널은 셔틀버스나 셔틀트레인Sky line이 무료로 연결된다. 장거리 열차나 지하철역은 터미널 1 지하에 있다. 공항 내 기차역은 프랑크푸르트 시내로 향하는 S반 노선과 지역열차역Regionalbahnhof, 그리고 타 도시로 이동할 수 있는 장거리 기차역Fernbahnhof으로 나뉘어 있다.

Web　www.frankfurt-airport.com

프랑크푸르트 한 공항Frankfurt-Hahn Airport

프랑크푸르트 외곽에 있는 작은 공항. 라이언에어를 비롯한 저가항공사들이 취항한다. 중앙역에서 한 공항까지(프랑크푸르트 공항 경유)는 공항버스로 1시간 45분가량 소요된다.

Web　www.hahn-airport.de

✚ 공항에서 시내로 이동하기

1. S반 이용하기

공항에서 중앙역Hauptbahnhof까지 S반으로 약 13분이 소요된다. 기차역은 터미널 1에 있고 지하철역Bahnhöfe과 지역열차역Regionalbahnhof이라고 적힌 표지판을 따라 1번 플랫폼Gleis 1에서 S8이나 S9를 타고 이동한다. 마인츠와 비스바덴으로 연결되는 S반도 있다. 운행시간은 04:32~01:32(15분 간격), 가격은 성인 €6.3, 어린이 €3.7.

2. 일반버스 이용하기

61번 버스가 프랑크푸르트 남역Südbahnhof까지 운행한다. 약 40분 소요. 터미널 1의 도착층, 터미널 2의 2층에서 출발한다. 프라하로 가는 야간열차(CNL459편)는 남역에서 출발한다.

3. 택시 이용하기

시내 중심까지 20~30분 소요되며 요금은 대략 €45~50가 나온다. 정확한 목적지 설명을 위해 주소를 준비해 두는 것이 좋다.

★
터미널 1
아시아나항공, 루프트한자, ANA, 싱가포르항공, 타이항공, 터키항공, 폴란드항공 등
터미널 2
대한항공, 캐세이퍼시픽, 에어프랑스, 영국항공(British Airways), 핀에어, KLM 네덜란드항공, 베트남항공 등

Tip.
공항역에서 다른 도시 바로가기

공항 내의 장거리 기차역을 이용하면 시내의 중앙역까지 가지 않고 바로 독일 내 혹은 다른 유럽 국가의 도시로 이동할 수 있다. 기차역 이름은 프랑크푸르트 공항(Frankfurt(Main) Flug Fernbf). 장거리 기차역까지 제1터미널에서 도보로 10분 정도 소요되니 충분한 시간적 여유를 두고 여행 계획을 짜도록 하자.

Tip.
택시(차량) 호출 App

FreeNow나 Uber 등 택시(차량) 호출 서비스를 이용하면 더 저렴하고 편리하다.

✚ 중앙역 들어가기 & 나오기

1. 철도 이용하기

중앙역 Frankfurt(Main) Hbf

쾰른의 중앙역과 함께 유럽 철도 교통의 중심지로 독일의 열차 교통망이 시작되는 곳이다. 독일 내 거의 모든 지역과 연결되며 런던, 파리를 비롯한 유럽 전역으로 출도착하는 열차 노선이 있다. 역 안에 코인로커를 포함한 다양한 편의시설이 있고, 관광안내소도 있다. 주변 지역의 치안이 불안한 걸로 알려져 있으니 주의하는 것이 좋다.

★ 주요 도시별 이동 소요시간
출발 기준(공항역/중앙역), ICE 또는 IC, 열차 종류와 환승에 따라 달라진다.

- **쾰른 ▶** 약 1시간 10분
- **함부르크 ▶** 약 3시간 40분
- **드레스덴 ▶** 약 4시간 20분
- **베를린 ▶** 약 4시간
- **뮌헨 ▶** 약 3시간 20분
- **슈투트가르트 ▶** 약 1시간 10분
- **파리 ▶** 약 4시간
- **바젤 ▶** 약 3시간
- **암스테르담 ▶** 약 4시간
- **빈 ▶** 약 7시간
- **프라하 ▶** 약 6시간
- **뷔르츠부르크 ▶** 약 1시간 10분

2. 고속버스 이용하기

프랑크푸르트는 천 년 이상 유럽 무역의 중심지였고, 현재도 유럽 금융과 상업의 중심지다. 이는 지리적 요인에 기인한 것으로 프랑크푸르트의 공항과 중앙역은 유럽에서 가장 크고 분주한 교통 허브의 역할을 하고 있다. 장거리 고속버스 또한 독일 내는 물론 유럽 전 지역을 연결하는 가장 많은 노선이 있다. 프랑크푸르트의 버스터미널(ZOB)은 프랑크푸르트 공항과 중앙역에 있고 중앙역의 경우 출·도착의 위치가 변동될 수 있으니 꼭 확인하자.

프랑크푸르트 공항 ZOB
Access 터미널 1의 주차장 P36

프랑크푸르트 중앙역 ZOB
Access 남쪽 출구 방향 Stuttgarter Str 26. 또는 Mannheimer Str. 19

주요 버스 회사
- **플릭스부스** FlixBus
  www.flixbus.com
- **유로라인** Eurolines
  www.eurolines.de

✚ 시내에서 이동하기

1. 시내교통 이용하기 (S반, U반, 트램, 버스, 택시)

시내 주요 관광지는 도보로 이동이 가능한 거리여서 짧은 일정이라면 단기권을 잘 활용하도록 하자. 공항까지 이용할 경우 가격이 달라지므로 유의하자(중앙역~공항 €6.3).

Cost	**1회권** 성인 €3.65, 어린이 €1.55
	1일권 성인 €7.1, 어린이 €3
	단거리권(2km 이내) 성인 €2.25, 어린이 €1
	그룹 티켓(최대 5인까지) €13.6
Web	www.vgf-ffm.de

Tip.
유레일패스 소지자는 국영 지하철인 S반은 무료로 이용할 수 있으나 민영 지하철인 U반은 별도 티켓을 구입해야 한다.

✚ 프랑크푸르트 이색 투어

1. 시티투어 City Tour

주요 관광지를 노선으로 하여 자유롭게 타고 내릴 수 있는 홉 온 & 홉 오프Hop-on & Hop-off 시티투어. 짧은 시간에 도시를 이해하고 관광하는 데 좋다. 대개 낮시간에 운행하며 티켓은 24시간 유효하다. 다양한 회사의 상품이 있고 온라인 선구매 시 할인된다.

Cost	성인 €21~, 어린이 €12~
Web	www.citysightseeing-frankfurt.com

2. 벨로택시 Velotaxi

독일 주요 도시에서 만날 수 있는 이색 교통수단. 2인승 삼륜차이고 관광안내도 겸한다. 차일 거리나 뢰머 광장 등에서 쉽게 만날 수 있다. 4~10월까지만 운행.

Open	12:00~20:00
Cost	30분 €26, 60분 €46, 120분 €86
Web	frankfurt.velotaxi.de

3. 에벨바이 엑스프레스 Ebbelwei-Express

프랑크푸르트의 명물인 아펠바인(사과와인)을 주제로 하는 트램으로 주말 오후에만 운행한다. 중앙역, 작센하우젠 등 주요 관광지를 포함하는 노선이고 요금에는 간식과 사과와인(또는 주스)이 포함되어 있다. 전체 투어는 1시간이 소요되고 중간에 내려도 된다.

Open	토 · 일 · 공휴일 13:30~20:00
Cost	성인 €8, 14세 이하 어린이 €3.5
Web	www.ebbelwei-express.com

Tip.
프랑크푸르트 카드
Frankfurt Card
프랑크푸르트 공항역을 포함한 대중교통을 무제한 이용할 수 있고 여러 가지 할인혜택을 받을 수 있는 카드. 관광안내소와 공항, 기차역에서 구입할 수 있다. 대중교통 이용을 제외한 기본카드(2일권 €6)도 있다.

Cost	**싱글 티켓** 1일권 €12, 2일권 €19
	그룹 티켓(5인까지) 1일권 €24, 2일권 €36

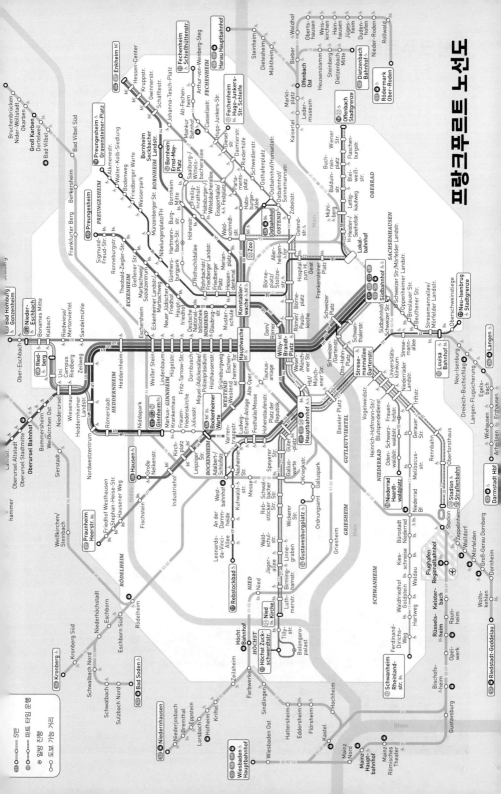

프랑크푸르트 노선도

프랑크푸르트

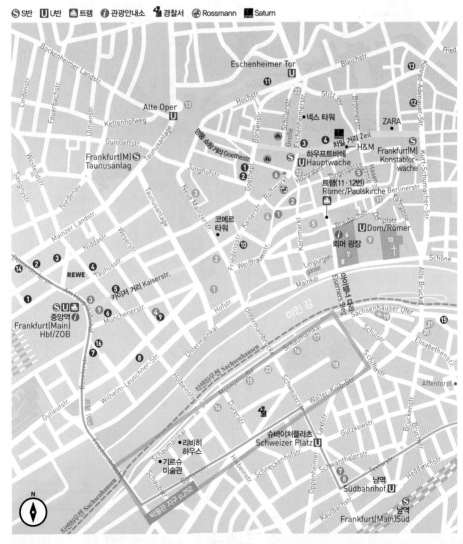

Ⓢ S반　Ⓤ U반　🚋 트램　🛈 관광안내소　🚓 경찰서　Ⓡ Rossmann　Saturn

관광명소 & 박물관

1. 오퍼 프랑크푸르트 Oper Frankfurt
2. 유로 타워 Euro Tower
3. 마인 타워 Main Tower
4. 괴테 하우스 Goethehaus & Museum
5. 파울 교회 Paulskirche
6. 뢰머 광장 Römerplatz
7. 알테 니콜라이 교회 Alte Nikolaikirche
8. 역사 박물관 Historisches Museum
9. 쉬른 미술관 Schirn Kunsthalle
10. 대성당 Kaiser Dom
11. 현대 미술관 MMK
12. 성 카타리넨 교회 St. katharinenkirche
13. 오페라 하우스 Alte Oper
14. 슈테델 미술관 Städel Museum
15. 통신 박물관 Museum für Kommunikation
16. 세계 문화 박물관 Museum der Weltkulturen
17. 응용미술 박물관
    Museum für Angewandte Kunst
18. 비벨 하우스 Bibelhaus am Museumsufer
19. 드라이쾨니히 교회 Dreikönigskirche
20. 도이치오르덴스 교회 Deutschordenskirche
21. 이코넨 박물관 Ikonenmuseum
22. 에쉔하이머 탑 Eschenheimer Turm
23. 영화 박물관 Deutsches Filmmuseum

레스토랑 & 나이트라이프

1. 카페 카린 Cafe Karin
2. 바커스 카페 Wacker's Kaffee
3. 프리튼베르크 Frittenwerk Frankfurt
4. 치킹 시티 ChiKing City (한식당)
5. 카페 모차르트 Cafe Mozart
6. 카페 하우프트바헤 Cafe Hauptwache
7. 춤 게말텐 하우스 Zum Gemalten Haus
8. 아돌프 바그너 Adolf Wagner
9. 데아 페테 불레 Der Fette Bulle

쇼핑

1. 루이뷔통 Louis Vuitton
2. 네스프레소 Nespresso
3. 갤러리아 백화점 Galeria Kaufhof
   갤러리아 레스토랑 GALERIA Restaurant
4. 마이 차일 My Zeil

숙소

1. 인터시티호텔 Inter City Hotel Frankfurt
2. 머큐어 호텔
   Mercure Hotel Frankfurt City Messe
3. 25아워스 호텔
   25 hours Hotel Frankfurt The Trip
4. 5 엘리먼츠 호스텔 5 Elements Hostel
5. 머큐어 호텔 Mercure Hotel Kaiserhof
   Frankfurt City Center
6. 호텔 뮌쉐너 호프 Hotel Münchner Hof
7. 컬러 호텔 Colour Hotel
8. 인터콘티넨탈 Inter Continental Frankfurt
9. 호텔 니짜 Hotel Nizza
10. 슈타이겐베르거
    Steigenberger Frankfurter Hof
11. 힐튼 호텔 Hilton Hotel Frankfurt
12. 웨스틴 그랜드 Westin Grand Frankfurt
13. NH 호텔 NH Hotel Frankfurt City Center
14. 이지 호텔 easyHotel Frankfurt City Center
15. 프랑크푸르트 유스호스텔
    Jugendherberge Haus der Jugend Frankfurt
16. 사보이 호텔 Savoy Hotel Frankfurt

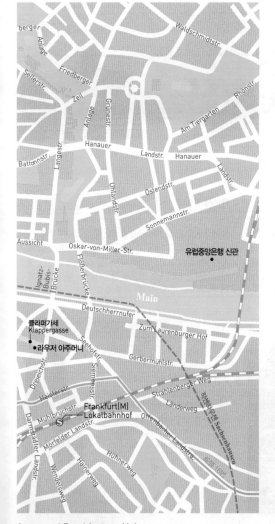

✚ 추천 여행 일정

대도시이지만 주요 관광명소는 시내 중심부에 모여 있어 한나절이면 충분히 돌아볼 수 있다. 마인 강을 기준으로 북쪽이 구시가지와 상업 지구가 있는 관광의 중심이고, 남쪽으로 박물관 지구와 작센하우젠이 있다. 쇼핑과 박물관을 여유롭게 즐기려면 2일 정도의 일정이 좋다.

★ 마인 강 북쪽 (도보 여행으로 3~4시간 소요)
프랑크푸르트 중앙역 ⋯ 유로 타워 ⋯ 괴테 하우스 ⋯ 하우프트바헤 주변(차일 거리 쇼핑) ⋯ **뢰머 광장과 주변 ⋯ 대성당 ⋯ 마인 강변**(아이젤너 다리를 건너면 박물관 지구가 시작된다)

★ 마인 강 남쪽 (2시간 이내 소요, 박물관 관람에 따라 소요시간 변동)
박물관 지구(슈테델 미술관 등) ⋯ **작센하우젠**

> **Tip.**
> 카이저 거리 Kaiserstraße
>
> 중앙역을 나와 정면으로 보이는 가장 번화한 거리로 대부분의 식당이 맛집일 정도로 유명 레스토랑과 상점들이 밀집해 있다. 뿐만 아니라 성인을 위한 밤 문화의 중심 거리이고 외지에서 온 사람들이 많아서 치안이 불안하다고 알려져 있다. 당국의 노력으로 현재는 많이 나아졌지만 '안전이 최우선'인 만큼 주의 또 주의하도록 하자.

Sightseeing

유로 타워 Euro Tower

유럽중앙은행(ECB)이 있는 148m 높이의 40층 건물이다. 건물 앞 공원에 있는 대형 유로화 조형물 앞에서 사진을 찍으면 부자가 된다는 이야기가 전해진다. 2015년 3월에는 마인 강변에 유럽중앙은행 신청사를 개관했고, 2016년부터 일반에 개방하고 있다.

Access 중앙역에서 카이저 거리를 따라 도보 5분
Address Kaiserstraße 29, 60311 Frankfurt am Main

Sightseeing

마인 타워 Main Tower

프랑크푸르트 시내를 한눈에 조망할 수 있는 200m 높이의 전망대. 2000년에 완공됐다. 1층 로비부터 54층까지 시속 18km의 초고속 엘리베이터를 타고 올라간다. 늦은 시간까지 운영하므로 야경을 감상하기도 좋다. 날씨에 따라 맨 위층의 오픈 공간은 닫힐 수도 있다.

Access	유로 타워에서 도보 5분
Open	**여름** 월~목 · 일 10:00~21:00, 금 · 토 10:00~23:00
	겨울 월~목 · 일 10:00~19:00, 금 · 토 10:00~21:00
Cost	성인 €9, 학생 · 장애인 €6, 가족[성인 2인+어린이(6~12세) 1인] €20(어린이 추가 €2)
Address	Neue Mainzerstraße 52-58, 60311 Frankfurt am Main
Tel	+49 (0)69 365 04 878
Web	www.maintower.de

하우프트바헤 & 차일 거리 Hauptwache & Zeilstraße

프랑크푸르트의 최대 번화가이자 쇼핑 명소. '중앙위병소'라는 뜻의 하우프트 바헤는 1730년에 지어진 바로크 양식의 건물로 현재는 레스토랑으로 사용한 다. 이 건물이 있는 광장 전체를 '하우프트바헤'라고 부르고 현지인과 관광객 으로 붐비는 광장 주변은 거리 연주와 각종 퍼포먼스로 활기가 넘쳐난다. 하 우프트바헤에서 보행자 전용도로가 시작되는 곳이 차일 거리로 백화점과 상 점들이 늘어서 있다. 명품 쇼핑을 원한다면 명품숍 거리로 유명한 괴테 거리 Goethestraße를 방문해 보자. 일요일은 대부분의 매장이 문을 닫는다.

Access S/U반 Hauptwache역 하차

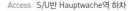

> **Tip 백화점 전망대**
> 갤러리아 백화점Galeria Kaufhof 맨 위
> 층 푸드코트의 야외 테라스와 독특
> 한 디자인의 차일 백화점Zeilgalerie의
> 옥상은 멋진 전망으로 유명하다.

성 카타리넨 교회 St. Katharinenkirche

하우프트바헤와 마주하고 있는 개신교회(루터교). 1681년 에 완공된 바로크 양식의 건물로 후기 고딕 양식도 엿볼 수 있다. 독일의 대문호 괴테가 세례를 받은 곳으로, 괴테 가족을 위한 특별석이 있을 정도로 집안 대대로 이 교회에 서 예배를 드렸다고 한다.

Access	S/U반 Hauptwache역
Open	월~토 10:00~17:00, 일 11:00~17:00
Cost	무료
Address	An der Hauptwache, 60313 Frankfurt am Main
Tel	+49 (0)69 770 6770
Web	www.st-katharinen gemeinde.de

에쉔하이머 탑 Eschenheimer Turm

중세 시대의 프랑크푸르트 성벽의 성문 중 하나로 출입문 이자 감시탑 역할을 했다. 47m 높이의 원형 탑에 5개의 작은 첨탑이 인상적인 건물로 뢰머 광장과 함께 중세의 모 습을 가장 잘 간직하고 있다. 현재는 레스토랑으로 개조되 어 사용 중이다.

Access	하우프트바헤 광장에서 북쪽 끝으로 보이는 높은 탑
Open	레스토랑 월~목 · 일 12:00~01:00, 금 · 토 12:00~03:00
Address	Eschenheimer Turm, 60318 Frankfurt am Main
Tel	+49 (0)69 292 244
Web	www.eschenheimer.de

괴테 하우스 Goethehaus & Museum

독일의 대문호 괴테Johann Wolfgang Goethe가 1749년 8월 28일 태어나 청소년기를 보내고 26살까지 살았던 저택으로 명문가였던 괴테 가문이 대대로 거주해 왔다. 괴테의 생가로서의 가치와 더불어 당시 귀족의 생활을 엿볼 수 있어 역사적 가치가 있다. 제2차 대전 중에는 폭격에 대비해 미리 유품을 옮겨 피해를 최소화했고, 현재 건물은 전쟁 이후 4년에 걸쳐 복구한 것이다. 후기 바로크 양식의 4층 건물인 괴테 하우스는 옛 모습이 그대로 복원되었고 괴테의 유품과 동시대의 미술작품이 전시된 박물관도 바로 옆에 있다.

Access	하우프트바헤, 뢰머 광장 등에서 도보 5분 소요
Open	10:00~18:00(목 ~21:00) *계단 이용 문제로 휠체어와 유모차는 입장 불가
Cost	일반 €10, 학생 €6, 장애인 €3, 가족(성인 2인+18세 이하 1인) €15, 6세 이하 무료
Address	Großer Hirschgraben 23-25, 60311 Frankfurt am Main
Tel	+49 (0)69 138 800
Web	www.goethehaus-frankfurt.de

Tip 알아두면 유용해요~
1. 각 방은 벽지 색에 따라 이름이 붙여졌고, 방마다 괴테의 가족이나 자주 방문하던 귀족들의 초상화가 있다.
2. 한국어를 잘하는 독일인 가이드 아저씨가 반겨주신다.

G층

작은 정원을 지나 건물 안으로 들어서면 부엌과 손님을 맞이하는 응접실이 있다. 당시 마을은 공동우물에서 물을 길어 사용했는데, 괴테 집안은 별도의 펌프로 물을 끌어 썼다. 이 펌프는 부엌에 있다.

1층(한국식 2층)

북경방Peking
가족 파티와 손님 초대에 이용한 방. 18세기 중국 스타일로 꾸며졌다.

음악방Musik Room
크리스티안 에른스트 프리드리치Christian Ernst Friederici가 만든 아주 오래된 피아노(1785년)가 있다.

2층(한국식 3층)

괴테의 가족들이 많은 시간을 보낸 공간으로 괴테가 태어난 방과 어머니의 방, 여동생의 방, 갤러리, 서재가 있다.

갤러리 & 서재

괴테의 아버지, 요한 카스파 괴테Johann Caspar Goethe가 수집한 당시 네덜란드풍의 그림을 전시한 곳. 모두 블랙 & 골드 프레임의 액자로 되어 있다. 2,000여 권이 넘는 장서가 있는 서재는 괴테에게도 많은 영감을 주었다고 한다.

2층 거실

괴테 하우스 최고의 보물, 천문시계
1746년 빌헬름 프리드리히 휴스겐Wilhelm Friedrich Hüsgen의 설계로 만들어진 천문시계로 세계에서 가장 비싼 시계 중 하나로 꼽힌다. 가이드가 '괴테 할아버지 시계'라고 소개해 준 이 시계는 오늘날까지도 정확한 시간과 날짜뿐 아니라 태양과 달의 움직임까지 알려준다. 아래쪽, 춤추는 곰이 뒤로 넘어지면 시계가 멈춘다는 신호로 태엽을 감아줘야 한다.

호두나무로 만든 다리미.
판 사이에 12장의 침대커버를
넣고 손잡이를 눌러 평평하게
만들었다고 한다.

3층(한국식 4층)

집필실
괴테 하우스의 하이라이트. 괴테가 『젊은 베르테르의 슬픔』과 『파우스트』의 앞부분을 집필한 곳. 실제로 그가 사용한 책상이 있다.

인형극장
4살이 된 괴테가 생일 선물로 받은 인형극장. 괴테와 여동생 코넬리아Cornelia가 인형극을 즐겼다고 한다.

뢰머 광장 Römerplatz

프랑크푸르트 관광에서 빠질 수 없는 곳으로 중세 독일의 모습을 그대로 간직한 역사적 건물들로 둘러싸여 있다. 정식 명칭은 뢰머베르크 광장 Römerbergplatz. '로마'를 뜻하는 뢰머Römer는 로마제국 당시 로마인들이 이곳에 정착하면서 붙여진 이름으로 시청으로 사용하는 건물의 이름이기도 하다. 오스트차일레 맞은편에 비슷하게 생긴 3채의 건물이 시청사로, 원래 부유한 상인의 저택이던 것을 1405년 시에서 매입해 오늘날까지 시청으로 사용하고 있다. 로마 황제의 즉위식이 대성당에서 열리고 축하연이 이곳에서 열렸다고 한다. 내부의 황제의 홀Kaisersaal에는 로마제국 황제 52명의 초상화가 전시되어 있고, 건물 앞에는 유럽 연방기, 독일 국기, 헤센 주기가 나란히 걸려 있다. 광장 중앙에는 정의의 분수Gerechtigkeitsbrunnen와 정의의 여신 '유스티티아Justitia'의 동상이 있다. 오른손에 검, 왼손에는 저울을 들고 있는 동상은 공정한 정의와 엄정한 심판을 의미한다.

Access U반(4 · 5), 트램(11 · 12) Römer역
Address Römerberg 27, 60311 Frankfurt am Main
Tel +49 (0)69 212 01

Tip 오스트차일레Ostzeile
뢰머 광장에서도 가장 눈에 띄는 곳. 연달아 붙어 있는 6채의 독일 전통 가옥을 말한다. 건물 앞에 긴 창을 들고 있는 미네르바 동상이 있다.

파울 교회 Paulskirche

독일 민주주의가 시작된 상징적인 장소이자 평화의 상징. 1848년 독일 국민의 회의 최초 회의가 열린 곳으로 이 회의에서 의결된 59개 항목이 훗날 독일 헌법의 근간이 되었다. 독일 국기의 검정, 빨강, 황금색도 당시 결의안에 포함되어 있었다고 한다. 1833년에 고딕 양식으로 건축되었다가 제2차 대전 때 폭격으로 파괴된 것을 복구해 지금의 모습이 되었다. 현재는 교회의 기능보다 전시나 중요 행사의 장소로 이용된다. 내부는 독일 민주주의 역사와 관련 자료들이 전시되어 있고, 중앙의 원형 기둥에는 요하네스 그뤼츠케Johannes Grützke가 그린 〈국회의원들Der Zug der Volksvertreter〉이라는 벽화가 있다. 건물 외부에는 2차 대전 시 희생된 유대인들을 기리는 석상도 있다.

Access	뢰머 광장 길 건너편
Open	10:00~17:00
Cost	무료
Address	Paulsplatz 11, 60311 Frankfurt am Main
Tel	+49 (0)69 212 34 920

탄식의 다리
Seufzerbrücke (Bridge of Sighs)

19세기 말, 여러 차례 시청사가 증축되는 과정에서 건물과 건물을 연결하기 위해 지은 다리로 베니스의 유명한 다리 이름을 따라 'Bridge of Sighs'라고 이름이 붙여졌다고 한다.

대성당 Kaiser Dom

1562년부터 230년간 10명의 로마제국 황제의 대관식이 거행된 곳으로 일명 '카이저 돔Kaiser Dom(황제의 성당)'으로 불린다. 예수의 12사도 중 한 사람인 바톨로메오를 모신 곳으로 정식 명칭은 '성 바톨로메오 대성당Cathedral Dom St. Batholomäus'이다. 전형적인 고딕 양식으로 첨탑의 높이는 95m이고 탑 전망대는 66m 지점에 있다. 852년에 세워졌고 제2차 세계대전과 대화재로 크게 파괴되었던 것을 복원했다. 중세의 보물들이 전시된 돔 박물관Dom Museum도 있다.

Access	뢰머 광장에서 도보 2분, U반(4·5), 트램(11·12) Römer역
Open	성당 09:00~20:00
	탑 전망대 **10~3월** 수~금 10:00~17:00, 토·일 11:00~17:00
	4~9월 화~금 10:00~18:00, 토·일 11:00~18:00
	돔 박물관 화~금 10:00~17:00, 토·일·공휴일 11:00~17:00, 월 휴일
Cost	성당 무료
	탑 전망대 성인 €4, 학생 €3
	돔 박물관 성인 €4, 학생 €2
Address	Domplatz 1, 60311 Frankfurt am Main
Tel	+49 (0)69 297 0320
Web	www.dom-frankfurt.de

역사 박물관 Historisches Museum

프랑크푸르트의 역사적, 문화적 유물들을 전시해 놓은 역사 박물관으로 1878년에 설립되었다. 연대기별 프랑크푸르트의 지역사를 상설전시로 하고 있고, 중세 프랑크푸르트의 흔적들을 잘 보존하고 있다.

Access 뢰머 광장에서 아이젤너 다리 방향
Open 화~일 11:00~18:00, 월 휴관
Cost 성인 €8, 학생 €3
Address Fahrtor 2, 60311 Frankfurt am Main
Tel +49 (0)69 212 35 599
Web www.historisches-museum-frankfurt.de

드라이쾨니히 교회 Dreikönigskirche

1881년 완공된 네오고딕 양식의 개신교 교회. 구시가지 강 건너편에 있어 뢰머 광장에서 가까운 아이젤너 다리 Eiserner Steg 위에서 찍으면 교회 전경을 담을 수 있다. 소박한 교회는 입구에 한글로 적힌 안내가 있어 눈길을 끈다.

Access 아이젤너 다리 건너 왼쪽
Open 월~토 09:00~18:00, 일 10:00~16:00
Cost 무료
Address Dreikönigstraße 32, 60594 Frankfurt am Main
Tel +49 (0)69 681 771
Web www.dreikoenigsgemeinde.de

알테 니콜라이 교회 Alte Nikolaikirche

1920년부터 14세기까지 왕실 예배당으로 사용되었다가 1949년부터 개신교회(루터교)가 되었다. 초기 고딕 양식이었던 건물은 수차례 보수공사로 후기 고딕 양식과 로마네스크 양식이 혼합되었다. 지붕은 대표적인 후기 고딕 양식이다.

Access 뢰머 광장
Open 4~9월 10:00~20:00, 10~3월 10:00~18:00
Cost 무료
Address Römerberg 11, 60311 Frankfurt am Main
Tel +49 (0)69 284 235
Web www.alte-nikolaikirche.de

현대 미술관 Museum für Moderne Kunst

1991년 개관한 현대 미술관. 1960년대 팝아트와 미니멀리즘을 주제로 한 작품들이 있고 백남준의 작품도 볼 수 있다. 오스트리아의 건축가 한스 홀라인Hans Hollein의 설계로 지어진 건물은 '조각케이크Tortenstick' 모양으로 유명하다. 약자 'MMK'로 표기한다.

Access 대성당 북쪽 도보 1분
Open 화 · 목~일 10:00~18:00, 수 10:00~20:00, 월 휴관
Cost **MMK 3곳 통합권** 성인 €16, 학생 €8 (전시별로 각각 티켓을 판매한다)
Address Domstraße 10, 60311 Frankfurt am Main
Tel +49 (0)69 212 30 447
Web www.mmk-frankfurt.de

박물관 지구
Museumsufer

마인 강 남쪽, 샤우마인카이^{Schaumainkai}의 아름다운 강변과 공원을 배경으로 10여 개의 박물관들이 자리 잡고 있다. 저마다 독창적인 주제와 그에 걸맞은 알찬 전시로 독일뿐 아니라 유럽에서도 주목받는 박물관 밀집 지역이다. 매년 8월 마지막 주 금요일부터 3일간은 박물관 강변축제^{Museumsuferfest}가 열리고 매주 토요일은 도시에서 가장 큰 벼룩시장이 열린다(08:00~14:00).

*박물관 강변축제 www.museumsuferfest.de

> **Tip 박물관 티켓** Museumsufer Ticket
>
> 프랑크푸르트 내 39개 박물관을 관람할 수 있는 티켓으로 이틀 연속으로 사용 가능하다.
>
> Cost 성인 €21, 청소년(6~17세) €12, 가족(성인 2인+17세 이하 1인) €32
> Web www.museumsufercard.de

아이젤너 다리
Eiserner Steg

마인 강을 가로지르는 보행자 전용다리. 뢰머 광장 중심의 북쪽 구시가지와 박물관 지구(작센하우젠)를 이어주고 있다. 대성당, 유럽중앙은행 신청사 등의 건물이 보이는 강변 풍경도 근사하고 다리 난간에 가득한 사랑의 자물쇠를 구경하는 것도 재미있다.

① 응용미술 박물관
Museum für Angewandte Kunst

건축가 리처드 마이어Richard Meier가 설계한 창의적인 건물로 1985년 3년간의 공사 끝에 완공되었다. 10~21세기에 이르기까지 동서양의 수공예품 3만여 점 등 응용미술 전반에 대한 전시를 하고 있다.

Open 화 · 목~일 10:00~18:00,
      수 10:00~20:00, 월 휴관
Cost 성인 €12, 학생 €6
Web   www.museumangewandte
      kunst.de

② 세계 문화 박물관
Museum der Weltkulturen

아프리카, 오세아니아, 동남아시아는 물론, 중앙아메리카 등지에서 수집한 6만 7천여 점의 다양한 유물을 전시하고 있는 민족학 박물관이다. 수 · 토 · 일요일에 가이드투어를 진행한다.

Open 수 11:00~20:00,
      목~일 11:00~18:00,
      월 · 화 휴관
Cost 성인 €7, 학생 €3.5
      (매월 마지막 토요일 무료)
Web   www.weltkulturenmuseum.de

③ 영화 박물관
Deutsches Filmmuseum

독일 영화의 역사를 비롯해 촬영 현장과 장비 등을 전시하고 제작 과정을 직접 체험해 볼 수 있는 복합 공간으로 2011년에 새롭게 문을 열었다. 박물관 내 소극장에서는 영화도 상영하며 때때로 전시회 내용과 관련 있는 작품을 보여준다. 로비에 카페도 갖추었다.

Open 화~일 11:00~18:00, 월 휴관
Cost 성인 €8, 학생 €4
Web   www.dff.film

④ 통신 박물관
Museum für Kommunikation

우편과 전파 등 통신의 역사와 관련된 전시를 하고 있다. 주로 유리와 알루미늄으로 만들어진 현대적인 건물이 특히 인상적이다. 실내나 테라스 자리에서 샌드위치, 커피 등을 즐길 수 있는 박물관 카페도 자리한다.

Open 화 · 목~일 · 공휴일
      10:00~18:00, 수 10:00~20:00,
      월 휴관
Cost 성인 €8, 학생 €4,
      청소년(6~17세) €1.5
Web   www.mfk-frankfurt.de

⑤ 리비히 하우스
Liebieghaus

아름다운 정원에 둘러싸인 이곳은 고대 그리스를 중심으로 르네상스 시대까지의 훌륭한 조각품 3천여 점을 전시하고 있다. 컬렉션뿐만 아니라 건물 자체를 구경하는 재미도 쏠쏠하다.

Open 화 · 수 12:00~18:00,
      목 10:00~21:00,
      금~일 10:00~18:00, 월 휴관
Cost 성인 €8, 학생 €6
Web   www.liebieghaus.de

⑥ 기르슈 미술관
Museum Giersch

미술관 건물은 1910년 신고전주의 양식으로 지어졌다. 예술, 문화, 과학을 위한 전시 센터로 2000년에 문을 연 이래 라인 강 유역을 중심으로 활동하는 작가들의 작품을 전시하고 있다.

Open 화 · 수 · 금~일 10:00~18:00,
      목 10:00~20:00, 월 휴관
Cost 성인 €7, 학생 €5
Web   www.mggu.de

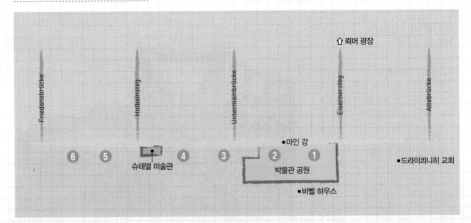

슈테델 미술관 Städel Museum

독일에서 가장 오래되고 중요한 미술관으로 꼽힌다. 은행가인 요한 프리드리히 슈테델Johann Friedrich Städel의 기부로 1815년 설립해 2015년 200주년을 맞았다. 약 3천 점의 회화, 600점의 조각, 4천 점의 사진과 10만 점의 드로잉, 판화 작품들을 전시하고 있어 중세부터 르네상스, 바로크, 모더니즘 등을 총망라하는 유럽의 예술사조를 한눈에 볼 수 있다. 중세 미술관에서는 루벤스, 렘브란트, 보티첼리를, 모던 아트에서는 모네, 드가, 피카소, 마티스, 마네, 뒤러, 세잔 등 수많은 거장들의 작품을 감상할 수 있고 유명 현대 미술 작가들의 작품도 만나볼 수 있다.

Access	박물관 지구 Holbeinsteg 앞
Open	화 · 수 · 금~일 · 공휴일 10:00~18:00, 목 10:00~21:00, 월 휴관
Cost	**화~금** 성인 €16, 학생 €14, 12세 이하 무료 **토 · 일 · 공휴일** 성인 €18, 학생 €16, 12세 이하 무료
Address	Schaumainkai 63, 60596 Frankfurt am Main
Tel	+49 (0)69 605 0980
Web	www.staedelmuseum.de

보티첼리의 작품
〈젊은 여인의 초상〉

작센하우젠 Sachsenhausen

프랑크푸르트의 오아시스 같은 곳으로 소박하고 예스러운 작은 골목 곳곳에 맥줏집과 카페 등이 자리하고 있다. 프랑크푸르트의 자랑인 사과로 만든 와인인 '아펠바인Apfelwein'의 본고장으로 밤이 되면 많은 사람들로 북적인다. 클라퍼가세Klappergasse 10에는 행상을 하며 아펠바인을 팔았다는 '라우저 아주머니의 분수Der Frau Rauscher Brunnen'가 있다.

Access	S반(3 · 4 · 5 · 6) Lokalbahnhof 하차, 트램(14 · 15 · 16) Textorstraße

Tip 아펠바인Apfelwein
사과를 짜서 가볍게 발효시킨 와인으로 단맛은 거의 없고 시큼하다. 알코올 도수 5.5%로 보통은 아펠바인과 물을 7:3 정도로 희석해서 마시고 탄산수와 같이 마셔도 좋다. 호불호가 갈리는 맛이긴 한데, 개인적으로는 발효된 신맛이 자극적이지 않아서 맛있었다.

아돌프 바그너 Adolf Wagner

작센하우젠에서 가장 유명하고 전통 있는 레스토랑으로 1931년에 문을 열었다. 아펠바인과 프랑크푸르트 전통 음식을 즐기려는 관광객들로 언제나 만원이어서 합석을 해도 전혀 어색하지 않다. 대신 주문하는 데 시간이 걸리는 편이니 여유를 가지고 방문하도록 하자. 술이 약한 사람이라도 이 지역 명물인 아펠바인은 기본으로 맛보는 게 좋은데 호불호가 갈리는 맛이니 여럿이 가면 한 잔(300ml)을 시음해 본 후 추가 주문해도 좋겠다(음식은 대체로 푸짐하고 맛있다). 식사 메뉴로 슈바인스학세^{Schweinshaxe}나 슈니첼^{Schnitzel}을 선택해도 좋고, 프랑크푸르트 스페셜^{Frankfurt Specialties} 중에서 선택하면 프랑크푸르트의 지역 음식을 맛볼 수 있다. 입구에서는 대형 도자기 항아리에서 아펠바인을 따르는 모습을 볼 수 있다. 바로 옆에 있는 춤 게말텐 하우스^{Zum Gemalten Haus}도 이곳 못지않은 유명세를 자랑하는 레스토랑이다.

Access	U반(1 · 2 · 3 · 8) Schweizerplatz역 도보 1분, 트램(15 · 16) Schwanthalerstraße
Open	11:00~24:00
Cost	아펠바인 300ml €2.9, 식사류 €12.9~30
Address	Schweizerstraße 71, 60594 Frankfurt am Main
Tel	+49 (0)69 612 565
Web	www.apfelwein-wagner.com

바커스 카페 Wacker's Kaffee

1914년에 문을 연 100년 된 카페로 3대째 내려오고 있는 바커스 카페의 본점. 프랑크푸르트에서 가장 커피가 맛있는 곳이다. 괴테가 우유를 사러 들렀던 곳이라고 한다. 워낙 인기가 있는 데다 좁은 공간이다 보니 어느 시간에 가도 줄을 서야 하는데, 직장인들이 몰려드는 점심시간은 피하는 게 좋다. 아메리카노를 주문하고 싶다면 카페^{Kaffee}를 선택하면 되고, 카푸치노(€2.2)도 맛있다. 시내에 3곳의 지점이 있다.

Access	S/U반 Hauptwache역 근처
Open	월~토 08:00~18:00, 일 휴무
Cost	커피 €2.2~
Address	Kornmarkt 9, 60311 Frankfurt am Main
Tel	+49 (0)69 460 07 752
Web	www.wackers-kaffee.net

카페 카린 Cafe Karin

푸짐하게 나오는 아침 식사와 브런치로 유명한 카페 카린. 괴테 하우스 바로 앞에 있어서 관람 전후로 식사나 차 한 잔을 즐기기에 좋다. 가격도 저렴한 편이어서 주말에는 주문을 기다려야 할 정도로 인기가 많은 곳이다. 오믈렛과 샌드위치 등 대부분의 메뉴가 맛있지만 '더치 팬케이크'는 멀리서도 찾아올 만큼 맛있기로 유명하다.

Access	괴테 하우스 맞은편
Open	월~토 09:00~22:00, 일 09:00~19:00
Cost	식사류 €11~20
Address	Großer Hirschgraben 28, 60311 Frankfurt am Main
Tel	+49 (0)69 295 217
Web	www.cafekarin.de

카페 하우프트바헤 Cafe Hauptwache

1730년에 지어진 바로크 양식의 건물로 프랑크푸르트 시내의 상징이기도 하다. 1904년부터 카페 겸 레스토랑으로 사용 중이다. 고풍스러운 외관과 고급스러운 분위기로 음식과 서비스도 수준급이다.

Access	S/U반 Hauptwache역 근처
Open	월~토 10:00~23:00, 일 10:00~22:00
Cost	메인 요리 €13.5~
Address	An der Hauptwache 15, 60313 Frankfurt am Main
Tel	+49 (0)69 219 98 627
Web	www.cafe-hauptwache.de

데아 페테 불레 Der Fette Bulle

'뚱뚱한 황소'라는 뜻의 이름부터 유쾌한 수제 버거 전문점. 맛은 물론 분위기도 좋고 양도 푸짐하다. 인기 메뉴는 식당명과 같은 'DER FETTE BULLE'로 수제 소고기 베이컨과 패티와 치즈가 더블로 들어간다. 감자튀김을 추가해 햄맥을 즐겨보자.

Access	중앙역 건너 Kaiserstraße 대로변에 위치
Open	월~토 11:30~23:00, 일 11:30~22:00
Cost	버거류 €11.9~
Address	Kaiserstraße 73, 60329 Frankfurt am Main
Tel	+49 (0)69 907 57 004	Web	derfettebulle.de

갤러리아 레스토랑 GALERIA Restaurant

갤러리아 백화점 7층에 위치한 레스토랑 겸 전망대로 성 카타리넨 교회의 전경을 포함한 하우프트바헤 광장과 프랑크푸르트의 스카이라인을 감상하며 식사를 즐길 수 있어 유명하다. 주문한 요리는 즉시 눈앞에서 조리해 준다. 여행 중 디저트와 함께 전망을 즐기며 휴식을 취하기도 좋다.

Access	갤러리아 백화점 7층에 위치
Open	월~토 09:30~20:00, 일 휴무
Cost	식사류 €10~
Address	Zeil 116-126, 60313 Frankfurt am Main
Tel	+49 (0)69 219 1579	Web	galeria-restaurant.de

Stay : ★★★★★

슈타이겐베르거 프랑크푸르터 호프
Steigenberger Frankfurter Hof

1876년에 문을 연 프랑크푸르트 최고의 럭셔리 5성급 호텔. 고풍스럽고 웅장한 규모이고 시설과 서비스는 호불호가 갈리는 편이다. 유명 셀럽들이 자주 이용하고 외국의 귀빈들도 선호하는 호텔이다.

Access	Willy-Brandt-Platz Stationd역, 중앙역에서 도보 10분
Cost	슈페리어룸 €250~
Address	Am Kaiserplatz, 60311 Frankfurt am Main
Tel	+49 (0)69 215 02
Web	de.steigenberger.com

Stay : ★★★★

25아워스 호텔 더 트립
25hours Hotel Frankfurt The Trip

전 세계를 여행하며 모험을 즐기는 여행 콘셉트의 25아워스 호텔이다. 아이디어 넘치는 객실과 공동 업무공간(Studio 54)이 있고 옥상 테라스에는 핀란드식 사우나가 있다.

Access	중앙역 북쪽 도보 4분
Cost	Medium €82~
Address	Niddastraße 58, 60329 Frankfurt am Main
Tel	+49 (0)69 256 6770
Web	www.25hours-hotels.com

Stay : ★★★★

머큐어 호텔
Mercure Hotel Kaiserhof Frankfurt City Center

아코르Accor 계열의 4성급 호텔로 유흥과 미식의 거리인 카이저 거리 한가운데 위치하고 있다. 중앙역에서 북쪽 방향으로 머큐어 호텔Mercure Hotel Frankfurt City Messe의 다른 지점이 있다.

Access	중앙역 부근
Cost	스탠더드룸 €65~
Address	Kaiserstraße 62, 60329 Frankfurt am Main
Tel	+49 (0)69 256 1790
Web	www.mercure.com/Frankfurt

Stay : ★★★

호텔 니짜 Hotel Nizza

빌헬름 시대의 5층 건물에 철학자, 작가, 예술가들을 위한 숙소로 시작된(1993년) 호텔이다. 1900년대 초의 분위기가 가득한 고전적인 스타일로 27개의 객실이 있다. 정통 독일식 조식(€17)도 제공된다.

Access	프랑크푸르트 중앙역에서 도보 8분
Cost	싱글룸(공용욕실) €90~, 트윈룸 €130~
Address	Elbestraße 10, 60329 Frankfurt am Main
Tel	+49 69 2425380
Web	www.hotelnizza.de

호텔 뮌쉐너 호프
Hotel Münchner Hof

42개의 객실이 있는 미니 호텔로 개인이 운영한다. 다소 낡은 편이지만 친절하고 깔끔하다. 싱글룸부터 3인실까지 갖추었고 기본으로 제공되는 푸짐한 독일식 조식을 맛볼 수 있다.

Access	중앙역 부근 뮌쉐너 거리
Cost	트윈룸 €55~
Address	Münchenerstraße 46, 60329 Frankfurt am Main
Tel	+49 (0)69 230 066
Web	www.hotel-muenchner-hof.de

컬러 호텔
Colour Hotel

39개의 객실이 있는 미니 호텔로 좋은 위치에 자리한 경제적인 숙소다. 디자인 호텔이라기엔 다소 실망스럽지만 모던하고 깔끔한 편이다. 싱글룸부터 4인실까지 있고, 바와 라운지가 있다.

Access	중앙역에서 남쪽으로 도보 1분
Cost	더블룸 €62~
Address	Baseler Str. 52, 60329 Frankfurt am Main
Tel	+49 (0)69 365 07 580
Web	www.colourhotel.de

사보이 호텔
Savoy Hotel Frankfurt

중앙역 주변에 있어 접근성이 좋은 가성비 호텔이다. 1903년 문을 연 호텔로 4성급으로 표기되어 있지만 객실과 시설이 노후되었으니 지불한 가격만큼의 수준을 기대하고 예약하자. 옥상에 전망이 좋은 작은 규모의 수영장(유료)이 있다.

Access	프랑크푸르트 중앙역에서 도보 1분
Cost	스탠더드룸 €66~
Address	Wiesenhüttenstraße 42, 60329 Frankfurt am Main
Tel	+49 (0)69 273 960
Web	www.savoyhotel-frankfurt.de

5 엘리먼츠 호스텔 5 Elements Hostel

중앙역과 가까운 번화가에 위치하고 있어 한국인에게도 인기가 있는 호스텔이다. 여성 전용을 포함한 도미토리부터 가족 이용이 가능한 레지던스식 객실도 있다. 아기자기한 분위기의 로비에서 휴식을 취하기에 좋고 요일별로 이벤트가 진행되므로 전 세계에서 온 친구들과 가까워지기도 쉽다. 3박 이상일 경우 아침 식사가 무료로 제공된다.

Access	중앙역 부근
Cost	8인실 €22~, 더블룸(공동용실) €62~
Address	Moselstraße 40, 60329 Frankfurt am Main
Tel	+49 (0)69 240 05 885
Web	www.frankfurt.5elementshostel.de

02

라인 강변의 중세도시 **마인츠**

Mainz

독일에서 낭만적인 풍경으로 꼽히는 라인란트팔츠^{Rhein-land-Pfalz}의 수도. 거리가 가깝다는 이유로 프랑크푸르트의 주변 도시로 소개하고 있지만, 신성로마제국 시대에는 '대주교가 직접 다스리는 도시'로 막강한 권력을 가졌던 주요 도시 중 하나였다. 쾰른과 마찬가지로 대성당을 중심으로 도시가 발달하였고, 오늘날까지 문화와 종교 분야를 공부하려는 유학생들이 많이 찾는다. 옛 모습을 그대로 간직한 구시가지에서 중세로의 시간여행을 즐길 수 있고, 2,000년이 넘도록 보존되고 있는 로마 시대의 유물도 마인츠의 중요한 자산이다. 라인 강변에 위치하고 있지만, 인근의 프랑크푸르트로 집중된 산업 분야는 상대적으로 덜 발달된 편이다. 서양 최초로 금속활자를 발명한 구텐베르크^{Johannes Gutenberg}가 마인츠 출신이기도 하다.

 관광안내소
Information Center
대성당 광장에 위치해 있다.

Open   월~토 10:00~18:00, 일 휴무
Address Markt 17, 55116 Mainz
Tel   +49 (0)61 312 42 888
Web   www.mainz-tourismus.com

여행 Tip
● 도시명 마인츠 Mainz
● 위치 독일 중서부 라인란트팔츠 주
● 인구 약 18만 5천 명 (2024)
● 홈페이지 www.mainz.de
● 키워드 종교, 중세도시, 라인 강, 로마유적

✚ 마인츠 들어가기 & 나오기

기차로 이동하기

프랑크푸르트 중앙역이나 공항의 기차역Frankfurt(Main) Flug Fernbf에서 S반 (S8)이나 RE를 이용하여 마인츠로 바로 오갈 수 있다.

Cost **프랑크푸르트 중앙역–마인츠 중앙역** 성인 €10.55, 어린이 €6.2
프랑크푸르트 공항역–마인츠 중앙역 성인 €6.3, 어린이 €3.7

★ 주요 도시별 이동 소요시간
· 프랑크푸르트 ▶ 약 30~40분
· 비스바덴(S반) ▶ 약 12분(성인 €3)
· 하이델베르크 ▶ 약 1시간
· 코블렌츠 ▶ 약 1시간

✚ 시내에서 이동하기

시내교통 이용하기 (S반, 버스, 트램)

구석구석을 누비는 버스나 트램이 관광에는 더 편리해 보인다. 한 방향으로 2시간 동안 유효한 1회권을 잘 활용해 보자. 유레일패스로 탈 수 있는 S반을 이용한다면 S8 로마극장역Römisches Theater을 출발점이나 도착점으로 해도 괜찮다.

Cost **1회권** 성인 €3.55, 어린이(6~14세) €2.05
1일권 성인 €7.1, 어린이 €4
단거리권(3정거장까지) 성인 €2.2, 어린이 €1.3

> **Tip.**
> **마인츠 관광**
>
> 중앙역에서 주요 관광지까지 거리가 있는 편이지만 천천히 걸어서 교회와 관광지를 둘러본 후 1회권을 이용해서 중앙역으로 돌아오도록 하자. 시간적 여유가 있다면 다양한 개성을 지닌 교회들도 둘러보고 아름다운 라인 강변에서 휴식을 취해도 좋겠다. 관광의 중심인 대성당과 마르크트 광장 등 구시가지와 강변만 둘러본다면 2~3시간 정도 소요된다.

✚ 추천 여행 일정 (반나절 4~5시간 소요)

중앙역 ⋯ **크리스투스 교회** ⋯ **성 페터 교회** ⋯ (라인 강변) ⋯ **관광안내소**(아이젠 탑) ⋯ **구텐베르크 박물관** ⋯ **마인츠 대성당**(마르크트 광장) ⋯ **구시가지**(키르슈가르텐, 아우구스티너 교회) ⋯ **성 슈테판 교회**

마인츠

관광명소 & 박물관

① 성 페터 교회 St. Peterskirche
② 크리스투스 교회 Evangelische Christuskirche
③ 자연사 박물관 Naturhistorisches Museum
④ 주립 박물관 Landesmuseum Mainz
⑤ 성 크리스토프 교회 St. Christophskirche
⑥ 쉴러 광장 Schillerplatz
⑦ 마인츠 카니발 박물관
　　Mainzer Fastnachtsmuseum
⑧ 마인츠 대성당 Mainzer Dom (마인츠 돔)
　　대성당 박물관 Dom Museum
⑨ 오페라 극장 Taatstheater Mainz-Großes Haus
⑩ 마르크트 광장 Marktplatz
⑪ 아우구스티너 교회 Augustinerkirche
⑫ 성 슈테판 교회 St. Stephanskirche
⑬ 구텐베르크 박물관 Gutenberg Museum

레스토랑 & 나이트라이프

① 인콘트로 Restaurant Incontro
② 노르트제 Nordsee
③ 한스 임 글뤽 HANS IM GLÜCK Burgergrill
④ 아이스그룹 Eisgrub

쇼핑

① 갤러리아 백화점 Galeria Kaufhof　　② H&M

숙소

① 인터시티호텔 Inter City Hotel Mainz
② 쾨니히호프 호텔 Hotel Königshof
③ 노보텔 Novotel Mainz
④ 힐튼 마인츠 호텔 Hilton Mainz City Hotel

Ⓢ S반　Ⓑ 은행　ⓘ 관광안내소　☒ 우체국　ALDI　Saturn

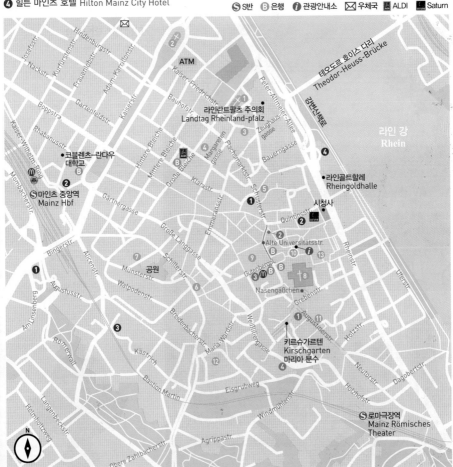

마인츠 대성당 Mainzer Dom (St. Martin Cathedral) (마인츠 돔)

쾰른, 트리어 대성당과 함께 독일의 3대 대성당으로 꼽히는 마인츠 돔. 신성
로마제국 황제의 대관권(새로 선출된 황제에게 왕관을 씌워주는 것)을 가지고
있던 마인츠 대주교의 대성당으로 당시 마인츠가 막강한 권력의 중심이었음
을 알려주는 상징이다. 구시가지 건물들 사이에 산처럼 자리 잡은 거대한 규
모의 대성당은 975년부터 1011년까지 건설된 로마네스크 양식의 교회. 붉은
사암으로 지어진 웅장한 건물은 수차례 화재와 폭격을 겪으며 오랜 기간 동안
증축과 보수공사가 이루어지면서 로마네스크 양식부터 고딕, 바로크 등 다양
한 양식이 혼재된 독특한 외관을 선보이고 있다.
대성당의 내부는 고딕 양식(13~15세기)으로 지어졌고, 첨탑 일부는 바로크와
로코코 양식(17~18세기)으로, 중앙 첨탑은 신로마네스크 양식으로 재건했다.
높은 고딕 양식의 홀 아래 눈에 띄는 화려한 장식이 없는 내부는 엄숙한 분위
기고 정교한 조각과 벽화, 로코코 양식의 성가대석 등을 눈여겨볼 만하다. 대
성당의 주요 보물들은 박물관에서 따로 전시하고 있다. 여러 대주교의 유골
이 안치되어 있다.

Access	마르크트 광장
Open	월~토 09:00~17:00,
	일 · 공휴일 13:00~17:00
	(예배 시간 제외)
Cost	무료
Address	Markt 10, 55116 Mainz
Tel	+49 (0)61 312 53 412
Web	bistummainz.de/mainzer-dom

대성당 박물관
Dom Museum

마인츠 대성당의 1,000년 역사 속에
서 발견되고 수집된 보물과 미술작
품들을 전시하는 박물관이다. 나움
부르거 마이스터의 조각상 〈나움부
르거 마이스터Westlettner des Naumburger
Meisters〉(1240) 등 중세 종교 예술의 걸
작과 역대 대주교가 사용했던 황금 제
구 및 기타 교회용품을 비롯하여 근대
까지 이어지는 미술작품을 소장, 전시
하고 있다. 종교 예술에 관심 있다면
꼭 들러보도록 하자.

Access	성당 남쪽 회랑에 위치 `
Open	화~금 10:00~17:00,
	토 · 일 11:00~18:00, 월 휴관
Cost	성인 €5, 학생 €3, 8세 이하 무료
Address	Domstraße 3, 55116 Mainz
Web	www.dommuseum-mainz.de

마인츠 돔의
성수(聖水)반

구텐베르크 박물관 Gutenberg Museum

서양 최초로 금속활자를 발명한 요하네스 구텐베르크Johannes Gutenberg(1397~1468)를 기념하여 1900년 출생지인 마인츠에 개관한 박물관이다. 당시를 재현한 작업장과 인쇄 관련 자료들, 최초로 인쇄한 성경 등이 전시되어 있다. 박물관 내에 한국관이 있어 〈대동여지도〉와 『직지심체요절』 복사본, 한글자료 등도 볼 수 있다.

Access 마르크트 광장
Open 월·수·금~일 09:00~18:00, 목 휴관
Cost 성인 €10, 학생 €6(학생증), 청소년(4~18세) €4, 3세 이하 무료
Address Reichklarastraße 1, 55116 Mainz
Tel 49 6131-12 2640
Web www.gutenberg-museum.de

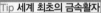

Tip 세계 최초의 금속활자
우리나라의 『직지심체요절』은 서양보다 78년 앞선 1377년에 간행되어 세계 최초의 금속활자 인쇄본으로 인정받고 있다.

마르크트 광장 Marktplatz

바로크 양식과 르네상스 양식의 건물들에 둘러싸여 있는 아름다운 광장. 대성당과 구텐베르크 박물관이 있다. 곳곳에 분수와 조각 등 볼거리가 많고 기하학적 무늬로 장식된 바닥이 인상적이다. 매주 화·금·토요일에는 아침 시장(07:00~14:00)이 열린다.

Access 시청사 관광안내소에서 도보 3분

아우구스티너 교회 Augustinerkirche

구시가지의 골목 한복판에 있는 로코코 양식의 교회로 화사하고 화려한 제단과 실내장식, 아름다운 천장 프레스코화가 감탄을 자아내게 한다. 1772년에 완공된 교회로 바로크 오르간도 유명하다.

Access 구시가지 골목
Open 월~금 08:00~17:00, 토 09:00~14:00
Cost 무료
Address Augustinerstraße 34, 55116 Mainz
Tel +49 (0)61 312 660

구시가지 & 키르슈가르텐 Altstadt & Kirschgarten

중세 마인츠의 모습을 간직한 보물 같은 장소. 전통 독일식 목조건물들이 좁은 골목에 나란히 줄을 서 있고, 마르크트 광장에서 이어지는 기하학적 바닥무늬도 이색적이다. 구시가지에서 나젠개스쉔Nasengäßchen이라고도 불리는 좁은 골목길은 독일어로 '코Nase'와 '골목Gasse'이 합쳐진 말로 '엎어지면 코 닿을 정도로 좁은 골목'이라는 귀여운 뜻이다. '체리 정원'이라는 뜻의 키르슈가르텐은 구시가지에서도 가장 낡은 주택이 모여 있는 작고 아름다운 광장으로 마리아 분수Marienbrunnen가 있다.

얼시머(Dulcimer)를 연주하는
거리 연주자

성 슈테판 교회
St. Stephanskirche

샤갈Marc Chagall이 그린 스테인드글라스, '샤갈의 창'으로 유명한 교회. 14세기에 지어진 고딕 양식의 건물로 제2차 세계대전 중 파괴된 창을 1978~1985년에 새로 제작할 때 샤갈이 참여했다. 그가 좋아하는 파란색으로 제작되어 실내 전체가 푸른빛을 띤다. 성 페터 교회St. Peterskirche, 아우구스티너 교회Augustinerkirche와 함께 마인츠의 주요 교회로 꼽힌다.

Access	구시가지에서 도보로 약 15분 소요
Open	3~10월 월~토 10:00~18:00, 일 12:00~18:00
	11~2월 월~토 10:00~16:30, 일 12:00~16:30
Cost	무료
Address	Kleine Weißgasse 12, 55116 Mainz
Tel	+49 (0)61 312 31 640
Web	www.st-stephan-mainz.de

성 크리스토프 교회
St. Christophskirche

제2차 세계대전 중 폭격으로 파괴되어 외벽만 남은 상태로 보존된 교회. 초기 고딕 양식의 교회였다. 구텐베르크가 세례를 받은 곳으로 유명하고 이를 기념하는 흔적이 남아 있다.

Address Christofsstraße, 55116 Mainz

Sightseeing

 8

크리스투스 교회
Evangelische Christuskirche

이탈리안 르네상스 양식의 개신교회로 가톨릭만큼이나 개신교의 신도가 늘어나면서 1903년에 건설되었다. 80m 높이의 중앙 돔이 인상적으로 주변 경관과 어우러져 마치 로마의 교회 같은 풍경을 보여준다.

Access 중앙역에서 카이저 거리로 직진, 가로수길 사이로 교회가 보인다.
Open 월~목 09:00~18:00,
금 12:00~18:00,
토 · 일 · 공휴일 11:00~18:00
Cost 무료
Address Kaiserstraße 56, 55116 Mainz
Tel +49 (0)61 312 34 677
Web www.christuskirche-mainz.de

Sightseeing

 9

성 페터 교회
St. Peterskirche

마인츠에서 가장 오래된 가톨릭 교회로 그 역사가 8세기까지 거슬러 올라간다. 오랜 기간 건설과 보수가 이뤄진 교회 건물은 1756년에 현재의 모습을 갖췄고, 제2차 세계대전 때 파괴된 것을 1962년에 재건했다. 양파 모양의 돔이 인상적인 2개의 타워도 이때 만들어졌다. 로코코의 우아한 스타일과 후반 바로크 양식의 교회 내부는 제단을 비롯, 천장의 프레스코화와 오르간 등에서 화려함과 정교함의 끝을 보여준다.

Access 주 의회(Landtag) 건너편
Cost 무료
Tel +49 (0)61 312 22 035
Open 09:00~18:00(겨울 ~17:00)
Address Petersstraße 3, 55116 Mainz
Web www.sankt-peter-mainz.de

Sightseeing

 10

주립 박물관
Landesmuseum Mainz

독일 최초의 공립 박물관. 선사 시대부터 중세와 현대에 이르는 방대한 작품과 로마유적 등을 전시하고 있다. 원래 선제후 궁전의 마구간이었던 박물관의 입구에는 '황금말' 조각상이 있어 눈길을 끈다.

Open 화 10:00~20:00,
수~일 10:00~17:00, 월 휴관
Cost 성인 €6,
학생 €5,
청소년(7~17세) €3
Address Große Bleiche 49-51, 55116 Mainz
Tel +49 (0)61 312 8570
Web www.landes museum-mainz.de

Food

 1

아이스그룹
Eisgrub

1989년 문을 연 브로이하우스로 마인츠는 물론 독일에서도 손꼽히는 학센 맛집이다. 직접 생산하는 맥주도 일품이고, 천장에 맥주관이 지나가는 실내에서는 양조기계와 맥주의 숙성과정도 볼 수 있다. 0.2ℓ씩 12잔이 나오는 맥주 샘플러(€24.9)로 다양한 맥주를 시음할 수 있다.

Access 마인츠 대성당에서 도보 9분, Mainz Roman Theater역에서 도보 6분
Open 11:30~24:00
Cost 맥주 0.4L €4.9, 학센 €16.9
Address Weißliliengasse 1A, 55116 Mainz
Tel +49 (0)61 312 21 104 Web www.eisgrub.de

03

온천이 흐르는 고급 휴양도시 **비스바덴**

Wiesbaden

여행 Tip
- 도시명 비스바덴 Wiesbaden
- 위치 독일 중서부 헤센주
- 인구 약27만2천4백명 (2024)
- 홈페이지 www.wiesbaden.de
- 키워드 온천, 휴양, 카지노

비스바덴은 로마제국 시대부터 개발된 온천으로 유명한 고급 휴양도시로 오랜 역사만큼이나 고풍스러운 구시가지와 널찍하게 정돈된 거리, 푸른 공원과 호수 등이 여유롭고 평화로운 풍경을 보여준다. 뜨거운 온천수가 샘솟는 원천原泉이 시내 곳곳에 있어 바닥에서 김이 모락모락 피어오르는 모습도 볼 수 있고 거리에서 맡는 온천 냄새도 색다른 즐거움으로 다가온다. 특히 일반에 개방된 배커 원천Bäckerbrunnen과 코흐 원천Kochbrunnen에서 비스바덴의 온천수를 경험해 볼 수 있다. 복합 문화 공간인 쿠어하우스는 웅장한 외관과 카지노로 시민들의 자랑이다. 프랑크푸르트 암마인에서 서쪽으로 약 40km에 있으며, 헤센의 주도이기도 하다.

ⓘ 관광안내소
Information Center

마르크트 광장 관광안내소
Open   월~토 10:00~18:00, 일 휴무
Address Marktplatz 1, 65183 Wiesbaden
Tel   +49 (0)61 117 29 930
Web   tourismus.wiesbaden.de

✚ 비스바덴 들어가기 & 나오기

기차로 이동하기
프랑크푸르트와 마인츠에서 연결되는 S반 노선이 있으며, 프랑크푸르트 공항의 기차역에서도 비스바덴으로 바로 오갈 수 있다.

Cost **프랑크푸르트 중앙역–비스바덴 중앙역**
      성인 €10.55, 어린이 €6.2
      프랑크푸르트 공항역–비스바덴 중앙역 성인 €6.3, 어린이 €3.7

★ 주요 도시별 이동 소요시간
· 프랑크푸르트 S반/RE ▶ 약 45분/35분
· 마인츠 S반 ▶ 약 15분(성인 €3.55)

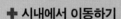

> **Tip.**
> 비스바덴 관광
>
> 중앙역에서 온천과 관광지가 모여 있는 구시가지까지는 도보 10분 정도 소요된다. 시간적 여유가 있다면 공원과 거리 풍경을 즐기며 걸어가도 좋고 구시가지까지 버스를 이용해도 좋다.

✚ 시내에서 이동하기

시내교통 이용하기 (S반, 버스)
중앙역에서 1번, 8번 버스를 타면 쿠어하우스와 마르크트 광장에 갈 수 있다. 네로탈 공원까지 일정에 있다면 1일권을 이용하는 게 좋다.

Cost **1인권** 성인 €3.55, 어린이(6~14세) €2.05
      1일권 성인 €7.1, 어린이 €4
      단거리권(3정거장까지) 성인 €2.2, 어린이 €1.3

✚ 추천 여행 일정 (반나절 3~5시간 소요)

마르크트 광장을 중심으로 한 구시가지와 온천을 돌아보고 쿠어하우스와 공원에서 휴식을 취하는 일정이라면 넉넉하게 3시간 정도 걸리고 온천욕을 즐기면 1~2시간 더 소요된다. 네로탈까지 다녀온다면 2시간 정도가 일정에 더 추가된다.

중앙역 ⋯▶ 루이제 광장 ⋯▶ 마르크트 광장 ⋯▶ 배커 원천 ⋯▶ 카이저 프리드리히 온천 ⋯▶ 코흐 원천 ⋯▶ 쿠어하우스 ⋯▶ (버스 이동, 네로탈)

비스바덴

Ⓢ S반 DB DB ⓘ 관광안내소 ✉ 우체국 dm DM ALDI

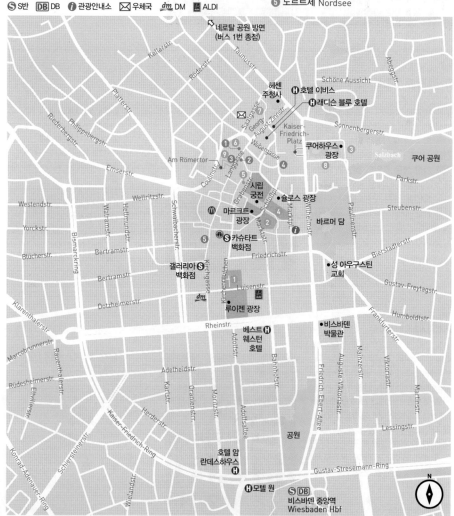

①

성 보니파티우스 교회 St. Bonifatiuskirche

비스바덴에서 가장 오래되고 큰 가톨릭 교회. 고딕 양식에 로마네스크 양식도 찾아볼 수 있다. 1849년에 지어졌고 65m 높이의 첨탑은 1866년에 완성되었다. 성당 앞에 시원하게 펼쳐진 루이젠 광장Luisenplatz에는 나폴레옹의 마지막 전쟁인 워털루 전쟁(1815년) 당시 희생된 사람들을 기리는 워털루 오벨리스크 The Waterloo Obelisk(1865년)가 있다.

Access	중앙역에서 도보 10분, 루이젠 광장
Open	08:00~19:00
Cost	무료
Address	Luisenstraße 27, 65185 Wiesbaden
Tel	+49 (0)61 115 7537
Web	www.bonifatius-wiesbaden.de

②

마르크트 교회 Marktkirche

붉은 벽돌로 지어진 신고딕 양식의 개신교회로 비스바덴이 나사우 공국 Nassau의 주요 도시였던 당시 가장 큰 건물이었다. 5개의 첨탑이 높게 솟아 있고 가장 높은 중앙의 첨탑은 98m 로 비스바덴에서 가장 높다. 1852년 부터 10년에 걸쳐 완성되었다. 아름 다운 중앙 제단이 유명하고 교회 앞 에 윌리엄 1세Wilhelm I (1533~1584) 의 동상이 있다.

Access	슐로스 광장 시청사 옆
Open	**1·2월** 화~토 12:00~17:00, 일 13:00~17:00, 월 휴무
	3~11월 화~금 12:00~18:00, 토 12:00~17:00, 일 13:00~17:00, 월 휴무
	12월 12:00~17:00 (12월 25일부터는 불규칙), 12월 31일 휴무
Address	Schloßplatz 5, 65183 Wiesbaden
Tel	+49 (0)61 190 01 611
Web	marktkirche-wiesbaden.de

③

시청사 Rathaus

신고딕 양식의 마르크트 교회와 대 비되는 신르네상스 양식의 건물로 1887년에 지어졌다. 뮌헨의 신 시청 사를 설계한 게오르그 폰 하우베리서 Georg von Hauberrisser가 설계했고 건축 물 자체로도 가치가 높다. 제2차 세계 대전 때 파괴된 것을 복구하면서 규 모가 축소되었다고 한다. 온천도시 답게 건물의 난방을 온천수로 이용 한다고 한다.

Access	슐로스 광장과 마르크트 광장에 걸쳐 있다.
Open	24시간
Cost	무료
Address	Schloßplatz 6, 65183 Wiesbaden
Tel	+49 (0)61 1310
Web	www.wiesbaden.de/rathaus

쿠어하우스 Kurhaus

비스바덴의 랜드마크이자 시민들의 자존심인 쿠어하우스는 주요 문화행사가 열리는 홀과 연회장, 레스토랑, 카지노가 있는 복합 문화 공간이다. 신고전주의 양식의 웅장한 건물은 카이저 빌헬름 2세의 요청으로 지어졌으며, 건물 정면에 보이는 이오니아식 기둥 회랑 위에는 도시의 문양인 세 송이의 백합꽃이 장식되어 있다. 로비의 21m 높이의 돔을 비롯하여 웅장한 실내장식도 볼거리. 바로 앞 공원의 분수도 이곳의 명물이다.

Access	중앙역에서 버스(1 · 8번) 이용
Address	Kurhausplatz 1, 65189 Wiesbaden
Tel	+49 (0)61 117 29 290
Web	www.wiesbaden.de/kurhaus

헤센 주립 극장 Hessisches Staatstheater

19세기 말 빌헬름 2세의 명으로 당시 최고로 명성을 날리던 비엔나의 건축가 2명이 지었다. 로코코 양식의 웅장한 건물로 비스바덴의 높은 문화 수준을 상징한다. 메인 홀은 1,040석 규모이고 매해 5월에 열리는 국제 음악페스티벌 '마이페스트슈필레'Maifestspiele'의 주요 무대이기도 하다. 극장 앞에는 극작가 쉴러Schiller의 동상이 있다.

Access	쿠어하우스 옆
Open	매표소 화~금 11:00~19:00, 토 11:00~14:00, 일 · 공휴일 11:00~13:00
Address	Christian-Zais-Straße 3, 65189 Wiesbaden
Tel	+49 (0)61 113 2325
Web	www.staats theater-wiesbaden.de

하이덴의 성벽 & 로마 문
Heidenmauer & Römer Tor

카이저 프리드리히 온천 옆에 있는 로마 시대의 유적으로 비스바덴이 고대 로마 시대부터 온천이 개발되었음을 증명한다. 서기 364년부터 375년까지 지어졌다고 알려진 가장 오래된 건축물로 1900년대에 복구하면서 성벽 주변은 공원으로 조성되었고 성벽을 따라 로마 문이 세워졌다.

Access	카이저 프리드리히 온천 옆

온천
Therme

독일에서 손꼽히는 고급 휴양지인 비스바덴의 구시가지는 바닥 곳곳에서 솟아오르는 온천 분수와 모락모락 피어나는 수증기가 흔한 풍경으로 다가온다. 은근히 풍겨오는 온천 냄새까지 맡게 되면 당장이라도 탕속으로 뛰어들어 가고 싶어진다. 로마 시대부터 발달한 이곳의 온천수는 68도나 되는 식염천으로 피부병이나 류머티즘 등에 효과가 있는 것으로 알려져 유명인들의 방문도 꾸준하다고 한다. 대부분의 온천이 남녀 혼욕이어서 문화적 충격이 있지만 목욕과 사우나를 좋아하는 사람이라면 놓치기 아까운 경험이기도 하다. 온천욕을 즐길 시간이 없다면 일반에 개방된 원천原泉에서 온천수를 체험해 보도록 하자.

Therme

❶ 코흐 원천 Kochbrunnen

원천 공원에 있는 코흐 원천은 비스바덴에서 가장 큰 원천이기도 하다. 68.75도의 온천수를 1분당 약 880L를 공급하는 샘이 15개가 있다. 공원에는 작은 화산 같은 조형물에서 솟아오르는 온천수도 자리한다. 공원 한편에 물을 마실 수 있도록 파빌리온을 지어 놓았는데 음용치료제로 쓰이기는 하지만 오랜 기간 복용하거나 하루 5잔(1L) 이상은 마시지 말라는 경고문이 붙어 있다. 참고로 쇳물 맛이 난다.

Access 코흐브룬넨 광장
Address Kochbrunnenplatz, 65183
Wiesbaden

Therme

❷ 배커 원천 Bäckerbrunnen

18세기부터 있었던 배커 원천은 소유주가 제빵업자여서 빵집을 뜻하는 배커 Bäcker라는 이름을 갖게 되었다. 건물 안쪽으로 들어가면 49도 정도의 뜨거운 온천수가 나오는 수도꼭지가 있는데 적은 양이기는 하지만 비소 성분이 들어 있어 마시기를 권장하지는 않는다. 살짝 맛을 보는 정도는 괜찮다. 심신의 안정에 효과가 있는 힐링워터라고 한다. 바로 옆에 같은 이름의 레스토랑이 있다.

Access 카이저 프리드리히 온천에서
　　　　도보 3분
Address Grabenstraße 28, 65183
　　　　Wiesbaden

Therme

❸ 카이저 프리드리히 온천 Kaiser-Friedrich-Therme

1913년에 문을 연 비스바덴에서 가장 유명한 온천으로 로마 시대의 대욕장 같은 웅장한 실내가 인상적이다. 냉탕이 있는 메인 욕장은 수영도 즐길 수 있는 규모이다. 독일 대부분의 온천이 그렇듯 이곳도 남녀 혼탕이지만, 이용자들은 전혀 거리낌 없이 목욕을 즐긴다. 사우나 이용 시 수건을 깔고 앉는 것이 예의이므로 큰 수건을 준비해 가거나 입구에서 대여해야 한다. 매주 화요일은 '여성 전용'으로 혼욕이 부담스러운 여성들은 이 날에 방문하도록 하자. 그러나 이 날에도 남성 직원들은 일하고 있다. 옷을 입고….

Access 버스 18번 Thermalbad 하차
Open 10:00~22:00
Cost *16세 이상만 입장 가능
　　　 월~목 €15, 금~일 · 공휴일 €17
　　　 (2시간 이용, 15분당 €2.5 추가)
　　　 수건 대여 €4.5, 가운 대여 €8.5
Address Langgasse 38-40, 65183
　　　　Wiesbaden
Tel +49 (0)61 131 7060
Web www.mattiaqua.de/thermen
　　　/kaiser-friedrich-therme/

> Tip
> 이른 오전에는 어르신들이 많고, 늦은 시간일수록 젊은 층이 많아진다.

네로탈 공원
Nerotal-Anlagen

비스바덴 시가지 북쪽에 위치한 네로 산 ^{Neroberg} 정상에 있는 공원으로 시민들에게 가장 인기 있는 휴식처이자 관광지이다. 네로 산은 해발 245m 높이의 언덕에 가까운 산으로 정상에 도착하면 헤센 주에서 관리하는 포도밭이 언덕 아래로 펼쳐져 있고, 그 아래로 평화로운 비스바덴의 시내를 조망할 수 있다. 또한 원형극장, 전망 좋은 수영장, 러시아 교회 등 오락과 휴식 공간이 있다. 이 주변은 멋진 저택들이 모여 있는 부촌 지역이어서 지나는 길에 집들을 구경하는 재미도 있다. 등산으로도 오를 수 있지만, 이 지역의 명물인 기차 '네로반 ^{Nerobergbahn}'을 타고 정상에 오르도록 하자.

Access 시내에서 1번 버스를 타고 종점 Nerotal에서 내린다.
Address Wilhelminenstraße 5, 165193 Wiesbaden

1851년에 세워진
네로베르크 신전
(The Neroberg Tempel)
이곳에서 바라보는
전망도 근사하다.

Nerotal-Anlagen

❶ 오펠바트 Opelbad

비스바덴 시내를 배경으로 수영을 즐길 수 있는 야외수영장. 독일에서 가장 아름다운 수영장으로 꼽힌다. 1934년에 자동차 회사 오펠Opel의 창립자 빌헬름 폰 오펠Wilhelm von Opel의 기부로 지어졌다. 바로 옆에 역시나 멋진 전망의 레스토랑도 운영한다.

Open	07:00~20:00
	*여름 시즌에만 개장하며 기상 조건에 따라 문을 닫기도 한다.
Cost	성인 €12, 학생(3~17세) €6, 장애인 €8, 3세 이하 무료

Nerotal-Anlagen

❷ 러시아 교회
Russisch-Orthodoxekirche

언덕을 따라 5개의 황금색 돔 지붕이 눈에 띄는 러시아 정교회(1847~1855). 러시아 비잔틴 양식으로 지어졌고 교회 옆에 묘지가 있다. 나사우의 아돌프 공작이 죽은 아내를 위해 만들었다고 한다. 사진 촬영은 금지.

Open	10:00~18:00
Cost	성인 €2, 어린이 €1

Tip 네로베르크 반 Nerobergbahn

네로 산 등반열차로 산 아래부터 정상까지 연결해 준다. 1888년부터 운행을 시작하였고, 현재도 예전 방식 그대로 운행하고 있다. 온천도시인 만큼 온천수를 동력으로 이용하여 희소가치가 높다. 32명까지 탑승이 가능하고 편도는 3분 30초 정도 걸린다. 겨울(11~3월)에는 운행하지 않는다.

Open 09:00~19:00(15분마다 운행)
Cost 왕복 성인 €6, 6~14세 €3.5
　　　편도 성인 €5, 6~14세 €3
Web www.nerobergbahn.de

알렉스 Alex

카이저 프리드리히 온천 바로 앞에 있는 분위기 좋은 레스토랑 겸 바로 젊은
층에게 인기가 많은 곳이다. 세련된 분위기의 실내와 넓고 여유로운 테라스
공간을 갖추고 있는데 저녁 시간에는 자리를 찾기 어려울 정도로 인기 있다.
독일 전통 음식은 물론 웨스턴 스타일부터 아시안 메뉴까지 다양한 메뉴를 갖
추고 있고 푸짐하게 나오는 음식의 맛도 만족도가 높은 편이다. 온천을 마치
고 맥주나 와인을 곁들인 식사를 하기에 안성맞춤이다.

Access	카이저 프리드리히 온천 앞
Open	월~목 08:30~24:00,
	금·토 08:30~01:00,
	일·공휴일 09:00~24:00
Cost	요리 €13~
Address	Langgasse 38, 65183 Wiesbaden
Tel	+49 (0)61 134 12 740
Web	www.dein-alex.de

카페 라테 아트 Café Latte Art

카페라테가 맛있는 디저트 카페로 아이스크림도 유명하
다. 다양한 초콜릿 제품과 천연재료만으로 제작한 케이크
도 인기가 있고 브런치 메뉴도 갖추고 있다. 아기자기한
실내석과 야외 테라스석이 있다.

Access	구시가지 보행자 거리
Open	월~금·일 10:00~19:30, 토 10:00~20:00
Cost	아이스크림류 €8.9~, 와플류 €6.9~
Address	Langgasse 27, 65183 Wiesbaden
Web	www.cafelatteart.de

커리 마누팍투어 Curry Manufaktur

비스바덴의 커리부어스트 맛집. 본고장인 베를린의 커리
부어스트와는 차별화된 맛으로 인기를 끌고 있다. 1983년
에 시작해 30년 이상의 노하우로 만드는 맛있고 품질 좋
은 소시지와 이곳만의 벨기에 소스가 강점이다.

Access	구시가지 보행자 거리
Open	월~토 11:00~19:00, 일 휴무
Cost	커리부어스트 €5.5
Address	Am Römertor 3, 65183 Wiesbaden
Web	ⓘ @curry_manufaktur

마인츠의 성 페터 교회

로마제국의 역사와 함께하는 **쾰른**

Köln

독일에서 가장 오래된 역사를 지닌 쾰른은 서기 50년 로마제국이 라인 강에 세운 도시로 로마제국의 식민지라는 뜻의 '콜로니아Colonia'에서 유래했다. 지리적 특성으로 일찍이 상공업이 발달하여 중세에는 로마제국의 중심 도시로 유럽에서 가장 중요한 무역도시였다. 프랑스, 벨기에, 네덜란드 등과도 가까워 유럽으로 통하는 교통의 관문이며, 독일에서 네 번째로 크다. 제2차 세계대전 때에는 연합군의 폭격으로 쾰른 대성당만 남고 폐허가 되었다가 전후에 복구하였으며 라인 강 연안의 뒤셀도르프Düsseldorf와는 오랜 라이벌 관계로 알려져 있다.

문화예술의 중심지, 쾰른은 또 다른 매력을 가진다. 현대와 중세 미술을 대표하는 미술관을 비롯하여 30개 이상의 흥미로운 박물관과 고대 로마유적이 남아 있고, 쾰른의 거리에는 젊은 예술가들의 퍼포먼스로 활기가 넘친다. 베를린 못지않은 트렌디한 클럽은 이미 전 유럽에서 유명세를 타고 있고, 동성애에 대해서도 독일 내에서 가장 개방된 도시다. 물 좋기로 소문난 쾰른의 명물 '4711 향수'와 '쾰쉬 맥주'도 놓치지 말고 경험해 보자.

ⓘ 관광안내소
Information Center

각종 가이드투어와 시티투어버스, 라인 강 보트 여행 등을 이곳에서 예약할 수 있고, 무엇보다 빠른 속도의 와이파이를 무료로 이용할 수 있다.

Access 대성당 건너편에 위치
Open 월~수 · 금 09:00~18:00, 목 13:00~18:00,
토 10:00~17:30, 일 · 공휴일 휴무
Address Kardinal-Höffner-Platz 1, 50667 Köln
Tel +49 (0)221 346 430
Web www.cologne-tourism.com

여행 Tip
● 도시명 쾰른 Köln
● 위치 독일 노르트라인베스트팔렌주
● 인구 약96만3천4백명 (2024)
● 홈페이지 www.koeln.de
● 키워드 쾰른 대성당, 4711 향수, 로마유적,
쾰쉬 맥주, 나이트라이프

✚ 쾰른 들어가기 & 나오기

1. 기차로 이동하기

독일 서부의 교통 요충지이자 서유럽의 관문으로 통하는 쾰른의 중앙역 Köln Hbf은 독일뿐 아니라 유럽 주요 도시와 연결되는 기차와 버스 노선으로 가장 분주한 중앙역 중 하나이다. 고속열차의 종류와 경유지에 따라 가격과 소요시간이 달라지니 충분히 살펴보고 예약, 이용히도록 하지. 독일 철도 예약은 www.bahn.de를 참고하면 된다.

★ 주요 도시별 이동 소요시간 (고속열차)
· 프랑크푸르트 중앙역 ▶ 약 1시간 20분   · 파리 ▶ 약 3시간 45분
· 암스테르담 ▶ 약 4시간   · 함부르크 ▶ 약 4시간
· 프랑크푸르트 공항역 ▶ 약 50분   · 뮌헨 ▶ 약 4시간 40분

2. 버스로 이동하기

버스터미널(ZOB)은 쾰른 중앙역 옆에 위치해 있다. 운행사별로 경유지와 소요시간이 조금씩 다르니 확인하고 예약하도록 하자. 고속버스 예약은 p.437 참고.

★ 주요 도시별 이동 소요시간 (버스)
· 프랑크푸르트 ZOB ▶ 약 2시간 30분
· 베를린 ZOB ▶ 약 7~10시간   · 뮌헨 ZOB ▶ 약 8~10시간
· 암스테르담 ▶ 약 4시간   · 프라하 ▶ 약 10시간
· 비엔나 ▶ 약 13시간   · 취리히 ▶ 약 9시간

3. 비행기로 이동하기

쾰른/본 공항 Flughafen Köln/Bonn, Cologne/Bonn Airport
쾰른 도심에서 남동쪽으로 약 15km 떨어진 곳에 위치해 있고, 유로윙스를 비롯 저가항공사의 노선이 많아 유럽 내 다른 도시에서 이동 시 경쟁력이 있다. 한국에서는 루프트한자를 이용하면 1회 환승 후 도착할 수 있다. 쾰른 중앙역까지 지하철로 약 15분 소요.

✚ 시내에서 이동하기

시내교통 이용하기 (S반, U반, 버스)
쾰른 중앙역과 대성당이 바로 옆에 있고 주요 관광지와 편의시설이 도보로 이동 가능한 거리에 있다. 대중교통은 지하철(S반/U반)과 버스가 있다.

Cost   단거리권 €2.5, 1회권 €3.5, 1일권 €8.5,
         그룹 티켓 1일권(최대 5인까지) €17.2
Web   www.vrs.de

✚ 추천 여행 일정

★ 1일 일정
쾰른 대성당 ⋯ 로마 게르만 박물관 ⋯ 루트비히 미술관 ⋯ 발라프 리하르츠 미술관 ⋯ 라인 강변 ⋯ 초콜릿 박물관 ⋯ 호엔촐레른 다리(야경)

Tip.
❶ **쾰른 카드 Köln Card**
대중교통 무제한 이용과 주요 박물관 입장할인 등의 혜택이 있다.

Cost   24시간 €9, 48시간 €18

❷ **박물관 카드 Museums Card**
루트비히 미술관 등 8개의 주요 박물관을 입장할 수 있는 카드다. 이틀 연속 사용 가능하고 첫날은 대중교통이 무료다.

Cost   1인 €20,
         가족권(성인 2인+
         18세 이하 2인) €32
Web   www.museenkoeln.de

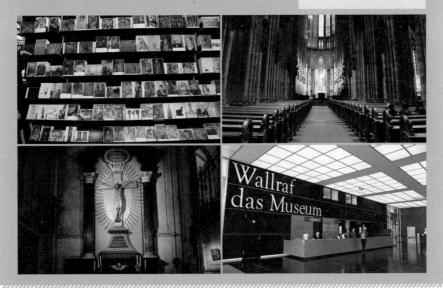

쾰른

Ⓢ S반　Ⓤ U반　ⅅⅅ DB　✚ 병원　👁 Photo Point

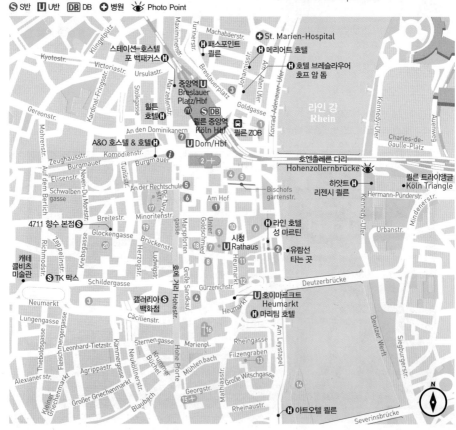

쾰른 대성당 Köln Dom 🏛️

하늘을 찌를 듯한 157m의 2개의 첨탑과 이를 따르듯 치솟은 첨탑들에 둘러싸인 쾰른 대성당은 보는 이들을 압도하는 강한 기운을 가지고 있다. 우여곡절 끝에 1880년 2개의 첨탑이 완성되면서 630년이 넘는 공사를 마친 쾰른 대성당은 고딕 건축의 걸작으로 1996년 유네스코 세계문화유산으로 등록되었다. 울름의 뮌스터 교회에 이어 독일에서 두 번째로 높고, 고딕 양식 교회로는 스페인 세비야 대성당과 이탈리아 밀라노 대성당에 이어 세계에서 세 번째로 큰 교회이다.

제2차 세계대전 당시 연합군이 대성당을 기준으로 대폭격을 감행해 큰 파손은 면했으나 외벽은 검게 그을리게 되었다. 당시 파손된 부분을 복원한 하얀색 기둥이 정문 왼쪽에 있어 원래 성당의 색을 짐작하게 한다. 오늘날에도 막대한 자금이 들어가는 보수공사에 외벽 세척작업까지 포함되었다고 하니, 후대의 언젠가는 하얀색의 대성당을 만나볼 수도 있을 것이다.

내부의 둥근 아치형 천장은 높이가 43m에 달하고, 고딕 양식이지만 르네상스, 바로크, 로코코 시대를 거치면서 여러 양식이 혼재되었다. 가장 중요한 보물은 세 동방박사의 유골함으로 1164년 로마제국 당시 대주교가 밀라노에서 가져왔는데 이에 어울리는 대성당을 짓기 시작한 것이 지금의 쾰른 대성당이다. 성서의 내용을 담고 있는 스테인드글라스의 예술성과 세계에서 가장 오래된 나무 십자가인 게로의 십자가 등 가치를 따질 수 없는 보물들이 가득하다.

Access	중앙역 바로 옆
Open	06:00~20:00
Cost	무료
Address	Dompropstei, Margarethenkloster 5D-50667 Köln
Tel	+49 (0)221 179 40 100
Web	www.koelner-dom.de

Tip 세계문화유산 취소 위기
1996년 유네스코 세계문화유산으로 등록된 쾰른 대성당은 라인 강 건너편에 새로 지어지는 고층건물이 대성당의 경관을 해친다는 이유로 2004년 위험목록에 올라 세계문화유산 등록이 취소될 위기에 놓였었는데, 쾰른 시에서 새로 짓는 건물들의 높이를 제한하면서 2년 만인 2006년에 위험목록에서 삭제되었다.

대성당, 이것만은 꼭!
Köln Dom

❶ 타워 오르기 The Tower Climb

오르는 데만 30여 분이 걸리는 '도전'의 길로 무려 533개의 계단을 올라야 약 100m 높이의 전망대에 다다를 수 있다. 오르는 중간에 7개의 종들이 있는데, 가장 큰 성 베드로 종St. Peter's Bell은 24톤의 무게로 기본음 '도(C3)'에 첫 배음 '미(E3)'의 소리를 낸다. 시간이 맞으면 각각 다른 음과 옥타브를 가지고 있는 종들의 협연도 들을 수 있다. 단, 엄청나게 소리가 크므로 귀 보호용 마개가 필요하다.

Open	11~2월 09:00~16:00,
	3 · 4 · 10월 09:00~17:00,
	5~9월 09:00~18:00
Cost	성인 €6, 학생 €3

❷ 보물실 The Treasure Chamber

대성당 지하에 있는 보물실에는 중세 시대부터 보존되어 온 예술적 가치가 높은 교회의 보물들이 전시되어 있다. 독일에서 가장 큰 규모다. 대성당 외부 오른쪽으로 타워와 보물실로 가는 입구는 따로 있다.

Open	10:00~18:00
Cost	성인 €8, 학생 €4
가이드투어	월~목 10:00, 14:00(2시간 소요)

> **Tip 콤바인 티켓 Combine Ticket**
> **(Tower & Cathedral Treasury)**
>
> 타워 오르기와 보물실 관람을 포함한 티켓이다. 입장료는 성인 €12, 학생 €6.

❸ 호엔촐레른 다리에서 대성당의 야경 즐기기

호엔촐레른 다리Hohenzollernbrücke는 쾰른으로 들어가는 모든 기차가 지나가는 철교 겸 보행자 다리로 쾰른 최고의 야경을 자랑한다. 다리에는 영원한 사랑을 염원하는 커플들의 자물쇠가 가득하다. 다리 건너편에서 보이는 대성당의 모습은 가히 환상적이므로 놓치지 말고 카메라에 담아보자.

✚ 대성당 자세히 보기

높이 157m, 내부 길이 144m, 폭 86m의 대성당은 장방형 평면의 5개의 복도가 있다. 바실리카 형식으로 위에서 보면 십자가 모양을 하고 있다.

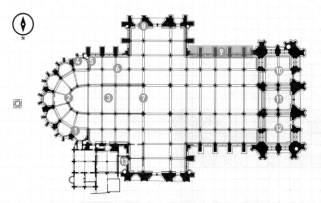

❶ 게로의 십자가 Gero Crucifix
976년 게로 대주교가 기증한 서양에서 가장 오래된 대형 나무 십자가. 이 십자가의 머리 부분에 원인 모를 균열이 생긴 것을 보고 게로 대주교가 성만찬식을 마친 후 성체 한 조각을 밀어 넣어 균열을 막았다. 이후 기적의 십자가로 여겨지고 있다. 중세 유럽의 십자가는 이 모양을 바탕으로 만들어졌다고 한다.

❷ 동방박사 3인의 성괴
Dreikönigenschrein
쾰른 대성당을 짓게 된 이유가 되는 중요한 보물. 중세 예술의 위대함을 보여주는 유물로 금세공술의 극치를 보여준다.

❸ 성가대석 Chorgestühl
독일 최대인 104석의 성가대석. 참나무로 만든 성가대석의 조각은 섬세하고 아름답다.

❹ 밀라노의 마돈나
Mailänder Madonna
동방박사의 유물과 같이 밀라노에서 온 마리아상으로 고딕 양식의 조각품. 성당 화재로 손상되었던 것을 1900년경 복원했다.

❺ 동방박사의 경배
Dreikönigsaltar
독일 고딕 회화의 거장인 쾰른의 화가 슈테판 로흐너가 1442년 무렵 그린 제단화 〈동방박사의 경배〉로 쾰른 대성당에 있는 그림 중 최고의 작품으로 꼽힌다.

❻ 성 크리스토퍼 상
Tilman van der Burch, St. Christopher
여행자의 수호신으로 아이를 업고 있는 성 크리스토퍼상. 성당을 찾는 순례객들을 보호한다는 의미를 갖고 있다.

❼ 십자가 모자이크 바닥
Mosaik in der Vierung

❽ 리히터의 창
Südquerhausfenster
남쪽 십자가 날개 부분 창에 72개의 다른 패턴을 적용한 정사각형을 컴퓨터를 이용하여 임의로 배열해 만들어진 현대적 양식의 스테인드글라스. 독일 현대 미술의 거장 게르하르트 리히터의 작품으로 2007년 제작되었다.

❾ 바이에른의 창
Bayerisches Fenster
바이에른 왕이었던 루트비히 1세가 기증한 5개의 창으로 1848년에 설치되었다. 죽은 예수를 무릎에 안고 비탄에 잠긴 마리아의 모습을 묘사한 '비탄의 창Beweinungsfenster'과 예수의 탄생과 동방박사의 경배를 담은 '동방박사 경배의 창Anbetungsfenster' 등이 있다.

❿ 성베드로 문 Petersportal

⓫ 정문, 마리아 문 Marienportal
대성당의 정문. 중앙에 천상모후의 관을 쓴 성모 마리아가 아기 예수를 안고 있는 석상이 있고 양쪽으로 12사도의 석상이 대칭적으로 배치되어 있다.

⓬ 동방박사 3인의 문 Dreikönigenportal

⓭ 슈무크 마돈나
Schmuckmadonna
은총을 받은 사람들이 바친 성물과 보석으로 장식한 화려한 마리아상이다. 소원을 비는 사람이 가장 많은 제단으로 치장한 마돈나, 기적의 성모상 등으로 불린다.

거리 & 광장 Straße & Platz

호에 거리 Hohestraße
대성당 주변에 자연스럽게 형성된 번화가로 관광객을 위한 상점과 레스토랑
이 많다.

알테마르크트 광장 & 호이마르크트 광장 Altermarktplatz & Heumarktplatz
알테마르크트 광장은 쾰른 시청사가 있는 구시가지의 중심이고 이와 이어진
호이마르크트 광장은 더 넓고 유동 인구가 많다. 광장 중앙에는 프로이센의
국왕 프리드리히 빌헬름 3세 Friedrich Wilhelm III 의 기마상이 있다.

Access	호에 거리
	대성당 입구에서
	남쪽으로 향하는 거리
	알테마르크트 광장 &
	호이마르크트 광장
	중앙역에서 도보 5분.
	트램 5번 Köln, Rathaus역

로마 게르만 박물관 Römich-Germanisches Museum

로마제국 시대부터 시작된 쾰른의 역사를 한눈에 볼 수 있는 곳으로 1974년
개관하였다. 제2차 세계대전 중인 1941년 방공호를 짓던 곳에서 로마 시대 대
저택의 유적 터와 유물이 발굴되었고 그 유적 터 위에 건물을 올려 박물관으
로 만들었다. 당시 저택의 바닥을 장식하던 〈디오니소스의 모자이크〉가 이곳
의 대표 유물. 고고학적 가치가 높은 유적과 보물이 많아 인기가 높은 박물관
으로 세계 최대 규모의 로마 시대 유리 공예 컬렉션이 있다.

Access	중앙역에서 도보 15분,
	벨기에 하우스에 위치
Open	월·수~일 10:00~18:00, 화 휴무
	(매월 첫째 주 목요일 ~22:00)
	*기존 박물관(대성당 옆)은 대대적인
	보수공사 중이고, 유물은 벨기에
	하우스 Belgischen Haus 에 전시
	중이다. 〈디오니소스의 모자이크〉 등
	이동이 불가한 몇몇 유적은 볼 수
	없다. 2028년 완료 예정.
Cost	성인 €6, 학생 €3
Address	Cäcilienstraße 46, 50667 Köln
Tel	+49 (0)221 221 24 438
Web	www.roemisch-germanisches-museum.de

루트비히 미술관 Museum Ludwig

20세기 이후 현대 미술의 대표 작가들의 작품을 전시하여 독일에서는 최고 수
준으로 꼽히는 현대 미술관이다. 1976년 현대 미술 수집가 루트비히 부부가
350점의 작품을 기증하면서 1986년 개관했다. 앤디 워홀로 대표되는 미국의
팝아트는 미국 외 지역 중 가장 많은 작품을 소장하고 있고, 900여 점의 피카
소 컬렉션은 파리와 바르셀로나에 이어 세 번째로 크다. 이 외에도 표현주의,
러시아 아방가르드 등 현대 미술의 흐름을 한눈에 볼 수 있다.

Access	대성당에서 라인 강변 방향,
	로마 게르만 박물관 옆
Open	화~일·공휴일 10:00~18:00,
	매월 첫째 주 목요일 10:00~22:00,
	월 휴관
Cost	성인 €13, 학생 €8.5,
	18세 이하 무료
Address	Heinrich-Böll-Platz, 50667 Köln
Tel	+49 (0)221 221 26 165
Web	www.museum-ludwig.de

5

발라프 리하르츠 미술관 Wallraf-richartz Museum

쾰른 최초의 미술관으로 중세부터 19세기까지의 작품을 전시하고 있다. 1824
년 프란츠 발라프^{Franz Wallaf}가 소장품을 쾰른 시에 기부하고, 요한 리하르츠
^{Johann Richartz}가 건물을 기부하면서 두 사람의 이름을 따 1861년 문을 열었다.
중세 교회 미술의 걸작들과 루벤스, 렘브란트로 대표되는 바로크 미술, 고흐,
세잔, 르누아르, 모네, 뭉크 등 19세기 거장들의 작품을 3층에 걸쳐 전시하고
있다. 렘브란트의 〈말스틱을 든 자화상〉(1668)은 가장 유명한 작품으로 100여
점이 넘는 자화상을 남긴 렘브란트가 죽기 얼마 전에 그렸다고 한다. 부와 명
예가 휩쓸고 간 자리에 골 깊은 주름만 남은 노인의 알 수 없는 미소가 많은
생각을 하게 한다.

Access	구시가지 시청 부근, 대성당에서 도보 5분
Open	화~일 · 공휴일 10:00~18:00, 매월 첫째 · 셋째 주 목 ~22:00, 월 휴관
Cost	성인 €11, 학생 €8
Address	Obenmarspforten, 50667 Köln
Tel	+49 (0)221 221 21 119
Web	www.wallraf.museum

6

초콜릿 박물관 Schokoladenmuseum

라인 강변을 따라 남쪽으로 걷다 보면 커다란 배 모양의
섬처럼 떠 있는 건물이 나오는데 그곳이 바로 초콜릿 박물
관이다. 독일의 초콜릿 기업 슈톨베르크의 창업자(임호프
^{Imhoff})가 1993년에 문을 열었다. 초콜릿 공장을 방문한 듯
제작과정을 흥미롭게 전시하고 있다.

Access	버스 133번 Schokoladenmuseum 하차, 대성당에서 도보 20분
Open	10:00~18:00
Cost	**평일** 성인 €15.5, 학생 €12, 7~18세 €9, 가족 €40 **주말** 성인 €17, 학생 €13, 7~18세 €10.5, 가족 €44.5
Address	Am Schokoladenmuseum 1A, 50678 Köln
Tel	+49 (0)221 931 8880
Web	www.schokoladenmuseum.de

7

향수 박물관 Duftmuseum im Farina-Haus

쾰른의 자랑인 오드코롱이 처음 만들어진 향수 공장(1709
년)으로 당시 증류 기계와 향수 관련 자료들을 전시하고
있다. 매일 오후 약 45분 동안 영어 가이드투어도 흥미
롭게 진행된다. 입장료에 오리지널 향수 미니어처가 포
함되어 있다.

Access	발라프 리하르츠 박물관 대각선 방향
Open	월~토 10:00~19:00, 일 11:00~17:00
Cost	입장료 €8
Address	Obenmarspforten 21, 50667 Köln
Tel	+49 (0)221 399 8994
Web	www.farina.org

쾰른의 명물
Kölner Spezialitäten

'쾰른은 대성당밖에 볼 게 없다'라고 할 정도로 대성당의 존재감이 엄청난 곳이지만 생각보다 즐길거리가 많은 곳이 또 쾰른이다. 오감을 만족시키는 전통 있는 쾰른의 3대 명물을 소개한다.

❶ 대성당
그야말로 독보적인 존재감의 쾰른 대성당. 전체가 예술작품이니 여유를 가지고 꼼꼼히 감상하자. 종교와 관계없이 성스러운 마음 탑재는 필수!

❷ 전통 맥주, 쾰쉬 Kölsch (쾰른의 자랑이자 자부심)
물이 좋은 쾰른 지역에서만 만날 수 있는 전통 맥주. 4.8%의 알코올 도수에 목 넘김이 부드럽고 깔끔한 맛이 난다. 보통 쾰쉬 맥주는 200ml짜리 쾰쉬 전용잔에 마시는데, 레스토랑에서는 쾨베스라고 불리는 웨이터가 크란츠Kranz라는 전용 캐리어에 전용잔을 꽂아서 서빙해 준다. 가펠Gaffel과 프뤼Früh, 돔Dom, 지온Sion 등의 브랜드가 있고 마트에서도 판매한다.

❸ 오드콜로뉴 4711 Eau de Cologne 4711 (물 좋은 쾰른의 또 다른 자랑)

향수를 지칭하는 명칭인 오드코롱, 오드뚜왈렛, 오드퍼퓸 중 '오드코롱'의 원조가 바로 '4711 오드콜로뉴 de Cologne'로 '쾰른의 물'이라는 뜻이다. 감귤향의 상큼함이 매력인 향수로 쾰른의 물이 기분이 상쾌해지는 신비한 효능을 가졌다고 알려지면서 18세기에 '기적의 물'이라는 이름으로 유통되었다가 1875년 4711이 정식 상표로 등록되면서 향수로 판매되었다. 18세기 쾰른을 점령했던 프랑스 나폴레옹의 군대가 프랑스로 철수하면서 이 향수를 선물용으로 많이 사갔는데, 당시 프랑스에서 큰 인기를 끌면서 유럽 전역으로 번져나갔다. 특히 나폴레옹의 향수로 알려질 정도로 그의 4711 사랑은 유명한데, 4711 없이는 외출이나 군사 활동을 하지 않았고 심지어 4711로 목욕을 했다고 알려질 정도로 애용했다고 한다. 남녀 모두에게 어울리는 가볍고 프레시한 향의 4711 향수는 호에 거리를 비롯해 쾰른 곳곳에서 구입할 수 있다. 참고로 오드코롱은 오드뚜왈렛, 오드퍼퓸보다 강도가 약한 향수로 향수 초보자들이 은은하게 사용하기 좋은 향수다.

✚ 4711 하우스 4711 Haus

1792년 나폴레옹의 프랑스군이 쾰른을 점령하면서 통제를 위해 도시의 번지수를 개편했는데, 오드콜로뉴를 생산하던 뮐헨스 부부의 집이 4711번지가 된 것에서 유래했다. 본점은 쾰른 오페라 하우스 옆에 있고 향수 박물관도 겸하고 있다.

Web www.4711.com

Food
❶

가펠 암돔
Gaffel am Dom

쾰쉬 맥주 대표 브랜드, 가펠 쾰쉬Gaffel Kölsch 레스토랑으
로 맥주도, 요리도 만족스럽다. 4~9월에는 광장에 테라
스석이 펼쳐진다. 0.2L 쾰쉬만 가볍게 즐겨도 좋고, 여유
가 있다면 요리와 함께 맛보자. 우리나라에서는 캔으로도
즐길 수 있다.

Access 중앙역 광장에 위치
Open   화~목 · 일 · 월 11:00~24:00, 금 · 토 11:00~02:00
Cost   가펠 쾰쉬 0.2L €2.3, 슈니첼 €19.9~
Address Bahnhofsvorpl. 1, 50667 Köln
Tel   +49 (0)221 913 9260
Web   www.gaffelamdom.de

Food
❷

프뤼
Früh am Dom

부드럽고 깔끔한 맛으로 유명한 프뤼 쾰쉬Früh Kölsch 맥주
의 대표 레스토랑으로 맥주와 함께 독일 전통 음식을 맛
볼 수 있다. 대성당이 보이는 야외석은 언제나 거의 만석
이고 쾰쉬 맥주를 서빙해 주는 웨이터 쾨베스Köbes의 분주
한 모습을 볼 수 있다.

Access 대성당 근처 호에 거리에 위치
Open   월~목 11:00~23:00, 금 11:00~24:00,
        토 · 일 10:00~23:00(식사는 11:00~)
Cost   프뤼 쾰쉬 0.2L €2.3, 식사류 €16.6~
Address Am Hof 12-18, 50667 Köln
Tel   +49 (0)221 261 3215
Web   www.frueh-am-dom.de

Food
❸

피쉬마르크트
Fischmarkt

그로스 성 마르틴 교회Gross St. Martin Kirche를 배경으로 강변
을 따라 형성된 식당가다. G층은 레스토랑과 맥줏집으로
위층은 미니 호텔로 운영되는 건물들이 줄지어 있다. 중
세풍의 건물들이 알록달록한 색감으로 연달아 있어 사진
이 예쁘게 나오고 강변의 정취와 더불어 분위기도 좋다.

Access 쾰른 대성당
        남쪽의 강변으로
        이어진 식당가

Food
❹

메르체니치
Merzenich-Bäckereien

호에 거리에 들어서자마자 보이는 빵집으로 먹음직스럽게
진열된 빵들에 저절로 발길이 옮겨지는 곳이다. 다양한 브
레첼Brezel과 베를리너Berliner 도넛이 가장 인기가 많다. 보
기보다 단맛은 강하지 않고 담백한 맛으로 하나씩 들고 다
니면서 뜯어 먹기 좋다.

Access 대성당 근처 호에 거리에 위치
Open   월~토 06:30~20:00, 일 08:00~18:00
Cost   빵류 €2.8~, 샌드위치 €4.4~
Address Wallrafplatz 4, 50667 Köln
Tel   +49 (0)221 257 6794
Web   www.merzenich.net

Stay : ★★★★★

하얏트 리젠시 쾰른
Hyatt Regency Köln

호엔촐레른 다리와 대성당의 전망을 감상할 수 있는 최적의 위치. 쾰른메세 전시 센터Kölnmesse Exhibition Centre와 한 정거장 거리에 있다.

Access	대성당에서 호엔촐레른 다리 건너편, U반
	Deutzer Freiheit 도보 3분
Cost	스탠더드룸 €250~
Address	Kennedy-Ufer 2A, 50679 Köln
Tel	+49 (0)221 828 1234
Web	www.cologne.regency.hyatt.de

© Hyatt Regency

Stay : ★★★★

아트오텔 쾰른
Art'otel Cologne by Park Plaza

아름다운 라인 강변에 위치한 아트 호텔. 호텔 전체가 갤러리로 꾸며진 아트오텔 쾰른은 신낭만주의 화풍으로 유럽에서 인정받는 한국 작가 세오SEO, 서수경의 작품들로 채워져 있다.

Access	초콜릿 박물관 근처, 대성당에서 도보 15분
Cost	아트 더블룸 €280~
Address	Holzmarkt 4, 50676 Köln
Tel	+49 (0)221 801 030
Web	www.artotels.com

Stay : ★★★

라인 호텔
Rhein Hotel

라인 강변, 피쉬마르크트 초입에 위치한 미니 호텔. 싱글룸부터 4인까지 숙박 가능한 아파트가 있고, 엘리베이터는 없다. 아름다운 라인 강변을 전망으로 하는 객실도 있다. 객실 가격에 조식 뷔페가 포함되어 있다. G층에 아메리칸 스타일의 펍이 있다.

Access	중앙역에서 도보 10분
Cost	더블룸 €250~
Address	Frankenwerft 31, 50667 Köln
Tel	+49 (0)221 257 7955

Stay : Hostel

패스포인트 쾰른
DJH Jugendherberge
Köln-Pathpoint

독일의 공식 유스호스텔 쾰른 지점으로 대성당까지 도보 5분 거리다. 더블룸과 여성 전용을 포함한 4~8인실의 도미토리가 있고 각 객실마다 욕실과 화장실이 딸려 있어 편리하다. 침대마다 개인 전등과 콘센트가 있고 개인별 로커도 있다. 조식은 불포함인데 따로 돈을 지불하고 먹을 수 있다. 공동욕실과 코인 세탁기도 갖추고 있고 자전거도 대여해 준다. 엘리베이터는 없다.

Access	중앙역에서 대성당
	반대 방향으로 도보 4분
Cost	도미토리 €26.4~
Address	Allerheiligenstraße 15, 50668
	Köln
Tel	+49 (0)221 130 56 860
Web	www.jugendherberge.de

Stay : Hostel

스테이션-호스텔 포 백패커스
Station-Hostel For Backpackers

쾰른 중앙역에서 단 150m 떨어진 곳에 있는 위치 좋은 호스텔로 밤늦게 도착하는 여행객들도 헤매지 않고 찾을 수 있다. 대성당과는 도보 5분 거리에 있다. 대부분의 객실은 공동욕실과 화장실을 사용하게 되고 전용욕실이 있는 객실도 있다. 시설 좋은 공동주방이 있어 음식을 만들어 먹기에 적합하다. 싱글룸부터 6인실의 도미토리를 운영하며, 도미토리에도 단층 침대가 놓여 있다. 엘리베이터도 있다.

Access	중앙역, 대성당 바로 옆
Cost	싱글룸 €35~, 도미토리 €18~
Address	Marzellenstraße 44-56, 50668
	Köln
Tel	+49 (0)221 912 5301
Web	www.hostel-cologne.de

Stuttgart &
Baden-Württemberg

슈투트가르트 & 바덴뷔르템베르크 지역

01

녹색 산업도시 슈투트가르트

Stuttgart

독일 남서부 네카어 강 유역에 자리 잡은 산업도시로 바덴뷔르템베르크 주에서 가장 큰 행정구다. 벤츠와 포르쉐 등의 본사가 이곳에 있어 자동차는 물론 서적출판, 직물, 전기, 기계 등 다양한 산업이 발달했다. 독일에서는 드문 분지 지형으로 환경문제에도 민감하여 '그린 U 프로젝트'를 비롯해 녹지 조성에 힘쓰고 있으며, 현재는 유럽의 교통 허브로 거듭나기 위한 대형 프로젝트 '슈투트가르트 21'이 진행 중이다.

선사 시대부터 기록이 남아 있는데 도시의 시작은 950년경 이 지역에 종마 사육장이 생기면서부터다. 15세기 뷔르템베르크 공국을 거쳐 19세기 뷔르템베르크 왕국의 중심지로 번영하면서 여러 궁전이 건설되었고 문화예술도 크게 발달하였다. 뷔르템베르크 왕국은 뮌헨을 수도로 하는 바이에른 왕국과는 라이벌 관계였다고 하는데, 슈투트가르트의 벤츠와 바이에른의 BMW가 자동차 라이벌로 성장한 것도 흥미롭다. 제2차 세계대전 시에는 중앙역 정도만 살아남고 도심이 거의 파괴되었다가 전후 재건되었다. 분지 지형 덕에 포도 생산지가 넓게 분포되어 포도주 생산과 무역의 중심이기도 하다.

도시명은 말 사육장이라는 뜻의 독일어 옛말인 '슈투오텐가르텐Stuotengarten'에서 유래했다고 한다.

여행 Tip
- 도시명 **슈투트가르트Stuttgart**
- 위치 **독일 바덴뷔르템베르크 주**
- 인구 **약 58만 9천 명 (2024)**
- 홈페이지 **www.stuttgart.de**
- 키워드 **벤츠 박물관, 포르쉐 박물관, 슈투트가르트 21, 메칭엔 아웃렛시티**

(i) **관광안내소**
Information Center
무료 와이파이 이용이 가능하고, 관광 정보와 각종 티켓은 물론 벤츠 박물관, 포르쉐 박물관의 기념품 등을 판매한다.

중앙역 관광안내소
Access 중앙역 건너편 쾨니히 거리에 위치
Open   월~토 10:00~18:00,
       일 10:00~15:00
Address Königstraße 1A, 70173 Stuttgart
Tel   +49 (0)711 22280
Web   www.stuttgart-tourist.de

✚ 슈투트가르트 들어가기 & 나오기

1. 기차로 이동하기
독일 남서부에 위치한 만큼 프랑크푸르트, 뮌헨, 뉘른베르크와 연결이 쉬우며, 베를린과 함부르크 등 북부 지역을 잇는 노선은 5시간 이상 소요되는 거리다.

★ 주요 도시별 이동 소요시간
· 프랑크푸르트 중앙역 ICE ▶ 약 1시간 45분
· 하이델베르크 IC ▶ 약 45분
· 하이델베르크 RE ▶ 약 1시간 30분(바덴뷔르템베르크 티켓)
· 뮌헨 ICE ▶ 약 2시간 30분
· 뉘른베르크 IC ▶ 약 2시간 10분
· 베를린 · 함부르크 ICE ▶ 약 5시간 30분

2. 버스로 이동하기
슈투트가르트로 들고 나는 고속버스 노선은 많은 편이지만 시내에 ZOB이 중앙역, 공항 등 여러 곳에 있으므로 타고 내리는 곳을 꼭 확인하고 예약하도록 하자. 중앙역의 ZOB은 공사 관계로 위치가 달라질 수 있으니 슈투트가르트를 출발하는 버스의 경우 위치를 미리 확인하자.

3. 비행기로 이동하기
인천 공항과 직항 노선은 없고 1회 이상을 경유해 슈투트가르트 공항 Flughafen Stuttgart에 도착하게 된다. 슈투트가르트 공항과 메세가 마주하고 있어서 박람회에 참석한다면 항공편을 이용하는 게 편하다. 공항역에서 중앙역까지 S반으로 연결되며 약 30분 소요된다(성인 €4.3).

Web   www.flughafen-stuttgart.de

Tip.
프랑크푸르트 입출국 시

중앙역에서 프랑크푸르트 공항역까지 열차로 1시간 15분이 소요되므로 프랑크푸르트로 입출국을 할 경우 슈투트가르트를 처음이나 마지막 일정에 넣는 것도 좋다.

Tip.
바덴뷔르템베르크 티켓
Baden-Württemberg-Ticket

바이에른 티켓처럼 특정 지역에서 당일 무제한으로 지역 교통을 이용할 수 있는 티켓이다. 하이델베르크, 바덴바덴, 튀빙겐, 울름, 만하임, 프라이부르크 등을 포함하며 스위스 바젤까지 가능하다. 최대 5인까지 이용할 수 있고 평일 오전 9시부터 다음 날 3시까지 사용 가능하다. 하이델베르크를 당일로 여행할 경우 이 티켓을 이용하는 게 경제적이다.

Cost   성인 2등석 1인 €26.5~
        (1인 추가 요금 €8,
        최대 5인까지)

✚ 시내에서 이동하기

시내교통 이용하기 (S반, U반, 트램, 버스, 택시)

슈투트가르트는 관광지가 흩어져 있는 편이라 교통편을 이용해야 한다. 지하철(S반, U반), 버스, 트램, 택시 등을 이용하게 되며, 티켓판매기나 버스 기사에게 티켓을 구입할 수 있다. 앱으로 구매하면 조금 할인된다.

Web　　www.vvs.de

시내교통 티켓의 종류와 가격(2024년 12월)

티켓 종류		성인	어린이(6~14세)
단거리권(3정거장, 5km 이내)		€2	×
1회권	1존	€3.3	€1.6
	2존	€4.3	€1.9
	3존(공항, 메세)	€5.6	€2.6
1일권	1존/2존	€6.6/€8.6	×
	3존(공항, 메세)	€11.2	×
그룹 1일권	1존/2존	€13.6/€16.8	×
	3존(공항, 메세)	€19.8	×

＊ 1일권은 다음 날 오전 7시까지 유효하다.
＊ 그룹 티켓은 5인까지 사용 가능하다(17세 이하 자녀 무료).

중앙역 Stuttgart Hauptbahnhof

독일의 중앙역 가운데 장거리 노선이 가장 많은 역 중 하나다. 제2차 세계대전의 폭격에서 살아남은 몇 안 되는 건물이지만 '슈투트가르트 21'이 완공되면 많은 부분이 사라질 운명이다. 대형 벤츠 엠블럼이 돌아가는 시계탑은 멀리서도 눈에 띄는 랜드마크이고, 엘리베이터를 타고 전망대(무료)에 오르면 도시의 전망은 물론 슈투트가르트 21에 관한 전시를 볼 수 있다.

슈투트가르트 21 Stuttgart 21

주변의 도시와 유럽을 잇는 대규모 철도 및 도시개발 프로젝트, 슈투트가르트 21로 인해 중앙역 주변은 오늘도 공사 중이다. 문화재급 건물과 환경 파괴, 부실한 준비 등으로 시공 전부터 엄청난 반대 시위가 이어져, 결국 국민투표를 통해 프로젝트를 유지하게 되었다. 2010년 2월 시작된 공사는 험난한 과정만큼 완공일도 거듭 연기되었고 예산도 엄청나게 늘어나고 있다. 현재 완공 예정일은 2026년 12월이다.

Web　　www.s21erleben.de

Tip.
중앙역 전망대 Turmforum

Open　월·화·금
　　　09:00~19:00,
　　　수·목 09:00~21:00
Cost　무료
Web　www.its-projekt.de

✚ 추천 여행 일정

자동차 박물관 등 주요 관광지가 분산되어 있어 일정이 짧을수록 효율적으로 동선을 짜야 한다. 1박 2일 이상의 여유로운 일정을 추천하고 당일 여행이라면 슐로스 광장 주변과 벤츠 박물관 등을 중심으로 다녀오자.

★ 1일 일정
중앙역(전망대) ⋯ **관광안내소** ⋯ 도보 5분 ⋯ **슐로스 광장 주변**(신 궁전, 구 궁전, 슈투트가르트 미술관 등) ⋯ **점심식사** ⋯ 도보 8분 ⋯ **슈투트가르트 국립 미술관**(수요일 무료입장) ⋯ 중앙역에서 약 30분 소요 ⋯ **벤츠 박물관**

★ 2일 일정
중앙역에서 S반 10분 소요 ⋯ **포르쉐 박물관** ⋯ 슐로스 광장에서 약 1시간 소요 ⋯ **메칭엔 아웃렛시티 쇼핑**

✚ 슈투트카드 StuttCard

박물관의 무료입장을 포함하고 있어 슈투트가르트를 여행하는 데 매우 유용한 관광카드다. 24시간, 48시간, 72시간 중 선택할 수 있고 처음 사용을 시작한 시점부터 시간이 계산된다. 대중교통 무료를 포함한 슈투트카드 플러스StuttCard Plus도 있다.

Web   일반 24시간 €24, 48시간 €30, 72시간 €35
         Plus(대중교통 포함) 24시간 €33, 48시간 €43, 72시간 €53

Tip.
❶ 대부분의 박물관이 휴관하는 월요일은 피하자.
❷ 학생이나 65세 이상은 방문할 곳의 할인 입장료와 비교해 구입하자.
❸ 첫 사용 시간을 정확히 기입하자.

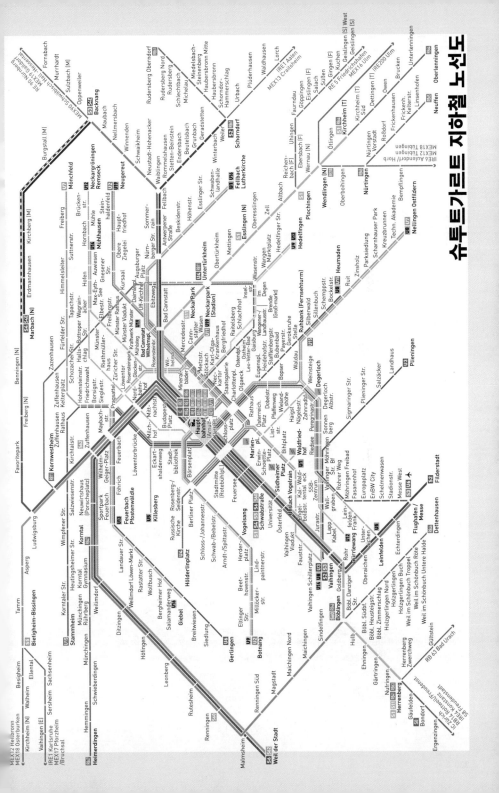

슈투트가르트 지하철 노선도

슈투트가르트

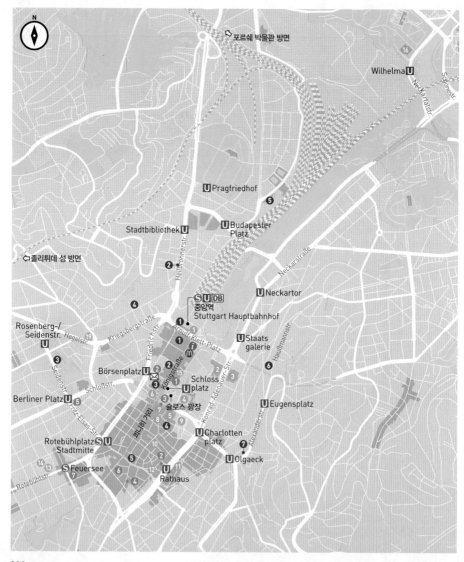

포르쉐 박물관 방면

WilhelmaU

S̲c̲h̲ö̲n̲e̲s̲t̲r̲.

16

UPragfriedhof

5

Stadtbibliothek U

UBudapester
Platz

Neckarstraße

졸리튀데 성 방면

2

UNeckartor

Rosenberg-/
Seidenstr.
U

Hegelstr.

Kriegsbergstraße

S U DB
중앙역
Stuttgart Hauptbahnhof

Arnulf-Klett-Platz

1

UStaats
galerie

Hauptmannstr.

3

Seidenstr.

Schloßstr.

Friedrichstr.

1

1

i

6

Börsenplatz U

2

15

Königstraße

M

Berliner Platz U

5

쾨니히 거리

U platz

Schloss

3

슐로스 광장

6

Konrad-Adenauer-Str.

UEugensplatz

Fritz-Elsass-Str.

3

7

8

4

9

Alexanderstr.

Rotebühlplatz S U
Stadtmitte

10

UCharlotten
platz

7

Rotebühlstr.

14 13

S Feuersee

7

5

6

12

2

4

U

11

Rathaus

UOlgaeck

S S반　U U반　DB DB　🛈 관광안내소　✉ 우체국

U Bad Cannstatt Wilhelmsplatz

S Bad Cannstatt

Mercedesstraße

U NeckarPark (Stadion)

Uferstraße

● 메르세데스 벤츠
아레나

🚏 벤츠 박물관 버스정류장

메르세데스 벤츠
전시장 & 공장

Schlachthof
U
Talstraße

17

Wangenerstraße

18

다임러 본사 & 공장

슈투트가르트 공항 & 메세 방면
⇩

관광명소 & 박물관
❶ 중앙역 전망대 Turmforum
❷ 슈투트가르트 국립 극장 Staatstheater
❸ 슈투트가르트 국립 미술관
　Staatsgalerie Stuttgart
❹ 신 궁전 Neues Schloss
❺ 뷔르템베르크 주립 박물관, 구궁전
　Landesmuseum Württemberg
❻ 슈투트가르트 미술관 Kunstmuseum Stuttgart
❼ 쉴러 광장 Schillerplatz
❽ 슈티프트 교회 Stiftskirche
❾ 칼스 광장 Karlsplatz (토요벼룩시장)
❿ 시청사 Rathaus Stuttgart
⓫ 성 레온하르트 교회 Leonhardskirche
⓬ 헤겔하우스 Museum Hegel-Haus
⓭ 포이어 호수 Feuersee
⓮ 요하네스 교회 Johanneskirche
⓯ 성 에버하르트 성당 Domkirche St. Eberhard
⓰ 빌헬마 Wilhelma
⓱ 벤츠 박물관 Mercedes-Benz Museum
⓲ 돼지 박물관 SchweineMuseum Stuttgart
⓳ 린덴 박물관 Linden-museum Stuttgart

레스토랑 & 나이트라이프
❶ 칼스 브라우하우스 Carls Brauhaus
❷ 올드 브리지 아이스카페 Eiscafe Old Bridge
❸ 알테 칸츨라이 Alte Kanzlei
❹ 도스 베트남 DO's Vietnam Street Food
❺ 만두 Mandu (한식당)
❻ 한스 임 글뤽 Hans im Glück
❼ 잔발트 Sanwald

쇼핑
❶ 갤러리아 백화점 Galeria Kaufhof
❷ TK 막스 TK Maxx
❸ 쾨니히바우 파사겐 Königsbau Passagen
❹ 마르크트할레 Markthalle
❺ C&A

숙소
❶ 인터시티호텔 Inter City Hotel Stuttgart
❷ 아르코텔 카미노 슈투트가르트
　ARCOTEL Camino Stuttgart
❸ 마리팀 호텔 슈투트가르트
　Maritim Hotel Stuttgart
❹ 크로넨호텔 Kronenhotel Stuttgart
❺ A&O 호텔 A&O Hotel and Hosterl Stuttgart
❻ 유스호스텔
　DJH Jugendherberge Stuttgart International
❼ 호스텔 알렉스 30 Hostel Alex 30

신 궁전 & 슐로스 광장 Neues Schloss & Schlossplatz

1807년 완공된 신 궁전과 슐로스 광장은 슈투트가르트의 중심이자 랜드마크다. 바로크 양식의 신 궁전은 19세기 말까지 뷔르템베르크 왕조의 마지막 궁전이었고, 제2차 세계대전 시 파괴된 것을 복구하여 현재는 정부 부처와 주의회 건물로 사용 중이다. 광장 중앙에는 조화와 평화의 여신 콘코르디아 Concordia 여신상이 우뚝 서 있는 기념탑, 유빌뢰움조일레 Jubiläumssäule가 있는데, 정부 기념 25주년과 빌헬름 1세의 60세 생일을 기념하여 1846년 세워진 것이다. 신 궁전과 구 궁전 등 고풍스러운 건물들 사이 시원하게 펼쳐진 잔디 광장은 시민들의 쉼터로 다양한 행사와 축제가 열리는 곳이다. 쾨니히 거리 쪽에 있는 파빌리온에서는 라이브 공연도 자주 열린다. 신 궁전의 뒤쪽부터 중앙역까지 이어진 슐로스 정원 Schlossgarten은 도시의 허파 역할을 하는 녹지로 '슈투트가르트 21(p.305)'과도 연계될 예정이다.

Access 중앙역에서 쾨니히 거리를 따라 도보 10분
Open 신 궁전은 내부 입장 불가
Address Schloßpl. 4, 70173 Stuttgart,
Tel +49 (0)7141 182004
Web www.neues-schloss-stuttgart.de

Tip Free Wi-fi
슐로스 광장 주변에서는 와이파이를 이용할 수 있다.

Tip 쾨니히 거리 Königstraße
중앙역부터 슐로스 광장을 거쳐 쭉 이어지는 거리로 주요 브랜드숍을 비롯해 백화점과 쇼핑몰이 모여 있는 쇼핑거리다.

뷔르템베르크 주립 박물관, 구 궁전 Landesmuseum Württemberg

신 궁전이 생기기 전 약 400년 동안 뷔르템베르크의 왕이 거주하던 르네상스 양식의 궁전이었고, 독일에서 가장 아름다운 중정으로 유명하다. 2006년부터 주정부에서 관리하는 박물관이 되어, 왕실에서 수집한 왕가의 보물과 석기 시대부터 켈트족, 고대 로마, 중세, 르네상스, 바로크 문화 및 뷔르템베르크 왕국의 19세기까지 역사를 전시한다. 지하에는 왕가의 무덤도 있다. 중정의 한쪽에 에버하르트 1세Eberhard I 의 청동상이 있다.

Access	신 궁전 옆
Open	**박물관** 화~일 10:00~17:00, 월 휴관
	박물관숍 10:00~18:00
Cost	성인 €6, 학생 · 장애인 €5,
	18세 이하 무료
	*매주 수 14:00~17:00 자유 지불
Address	Schillerpl. 6, 70173 Stuttgart
Tel	+49 (0)711 89535111
Web	www.landesmuseum-stuttgart.de

뷔르템베르크
왕의 왕관(1820)

Tip 토요벼룩시장FLOHMARKT

매주 토요일 오전부터 주립 박물관 동쪽에 있는 칼스 광장Karlsplatz에서 벼룩시장이 열린다. 중고 의상부터 예술품, 골동품, 생활용품 등 구경만으로도 재미있다.

Access	칼스 광장
Open	토 08:00~16:00(공휴일 제외)
Web	www.flohmarkt-karlsplatz.de

슈투트가르트 미술관 Kunstmuseum Stuttgart

슐로스 광장 주변의 고풍스러운 건물들과 대비되는 현대적인 건축으로 2005년 3월에 개관한 현대 미술관이다. 전면이 유리로 된 19m의 큐브형 건물은 밤에 조명이 커지면 더욱 장관이다. 1924년 이탈리아 출신의 귀족이 기증한 소장품을 비롯해 빌리 바우마이스터Willi Baumeister, 아돌프 휠첼Adolf Hölzel 등 독일과 유럽 현대 미술의 대표 작가들의 작품을 전시하고 있다. 독일 근현대 미술의 대표 작가 오토 딕스Otto Dix의 컬렉션이 가장 유명하고 실험적이고 혁신적인 젊은 예술가들의 작품을 감상할 수 있다.

Access	슐로스 광장 옆
Open	화~일 10:00~18:00
	(금 ~21:00, 1월 1일 12:00~),
	월 · 성 금요일 · 12월 24 · 25 ·
	31일 휴관
Cost	성인 €11, 학생 €8,
	17세 이하 · 중증 장애인 무료
Address	Kleiner Schloßplatz 1,
	70173 Stuttgart
Tel	+49 (0)711 21619600
Web	www.kunstmuseum-stuttgart.de

오토 딕스
〈댄서 아니타 베르버 조상〉
(1925)

슈티프트 교회 Stiftskirche

슈투트가르트 중심가에서 가장 큰 교회로 높이와 모양이
다른 두 개의 탑이 도시의 랜드마크 역할을 하는 복음주의
루터교회다. 교회의 기원은 10~11세기경으로 여겨지고 로
마네스크와 고딕 양식이 혼재돼 있다. 뷔르템베르크 왕족
의 무덤이 있고 클래식과 교회음악 공연이 자주 열린다. 바
로 옆에는 극작가 쉴러 동상이 자리한 쉴러 광장이 있다.

Access 구 궁전 뒤편의 쉴러 광장에 위치
Open 10:00~16:00
Cost **입장료 무료 첨탑 기부금 €3~5**
Address Stiftstraße 12, 70173 Stuttgart
Tel +49 (0)711 240893
Web www.stiftskirche-stuttgart.de

성 에버하르트 성당
Domkirche St. Eberhard

200년이 넘는 역사를 가진 가톨릭 성당으로 로텐부르크
슈투트가르트 교구에 속한다. 1934년 현재의 위치로 옮겨
신고전주의 양식으로 지어졌다. 제2차 세계대전 폭격으로
완파되어 재건과 보수를 거듭해 왔다. 황금 모자이크로 제
작된 예수 제단과 1982년 제작된 슈투트가르트 최대의 오
르간이 있고, 합창단과 교회음악 공연으로도 유명하다. 내
부 입장이 자유로운 편은 아니다.

Access 쾨니히 거리에 위치
Open 월·수·금
      09:00~19:00,
      화·목
      09:00~18:00,
      토 09:00~19:30,
      일 10:00~17:00
Cost 무료
Address Königstraße 7A,
       70173 Stuttgart
Tel +49 (0)711 7050500
Web www.steberhard.de

슈투트가르트 국립 미술관 Staatsgalerie Stuttgart

1843년 개관한 유럽 최고 수준의 국립 미술관이다. 구관과 신관으로 나뉘며
약 5,000점의 회화와 조각 작품이 전시되어 있다. 신고전주의 양식의 구관에
는 1300년대부터의 독일, 이탈리아, 네덜란드 중세 회화와 프랑스, 영국 작가
의 19세기 컬렉션이 있고, 포스트모던 양식의 신관에는 20세기 이후 현대 미
술을 전시한다. 오스카 슐레머, 막스 베크만, 프란츠 마르크, 파울 클레 등의
독일 화가와 피카소, 마티스, 뭉크, 몬드리안 등 시대별로 미술사에 큰 영향을
미친 작가들의 작품이 전시된 만큼 충분한 시간을 가지고 관람하도록 하자.
매주 수요일은 무료입장이다.

Access 중앙역에서 도보 7분
Open 화~일 10:00~17:00(목 ~20:00),
      월 휴관
Cost 성인 €7, 학생 €5, 수요일 무료입장
      (특별전시 추가 요금 있음)
Address Konrad-Adenauer-Straße 30-32,
       70173 Stuttgart
Tel +49 (0)711 470400
Web www.staatsgalerie.de

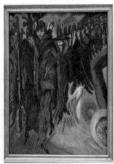

슈투트가르트 국립 극장
Staatstheater

세계적 수준의 오페라와 발레단이 소속된 곳으로 발레리나 강수진이 동양인 최초이자 최연소로 입단하여, 수석무용수를 지낸 것으로도 유명하다. 1912년 지어진 오페라 하우스는 1,400석 규모로 슈투트가르트 오페라와 발레단의 무대이며, 혁신적인 최신시설의 샤우스필하우스는 420석 규모로 다양한 공연을 올린다.

Access 중앙역에서 도보 10분
Address Oberer Schloßgarten 6,
        70173 Stuttgart
Tel   +49 (0)711 202090
Web   www.staatstheater-stuttgart.de

시청사 Rathaus Stuttgart

온통 사각형으로 지어진 왠지 독일스러운 디자인의 시청사. 제2차 세계대전 시 파괴되어 일부만 남은 시청사를 재건했고 2004년 리모델링을 통해 현대적 시설을 갖추었다. 60.5m 높이의 시계탑은 4면에 시계가 달려 있고, 30개의 종이 연주하는 슈바벤 지역의 민요를 하루 4번(11:06, 12:06, 14:36, 18:36) 들을 수 있다.

Access U반 Rathaus역 도보 2분,
        슐로스 광장에서 도보 6분
Open   월~금 08:00~18:00, 토 · 일 휴무
Cost   무료
Address Marktplatz 1, 70173 Stuttgart
Tel   +49 (0)711 2166736
Web   www.stuttgart.de

Tip
매주 화, 목, 토요일 오전에는 시장(07:00~12:30)이 열리고 크리스마스 마켓도 크게 열린다. 시청 앞 광장에서는 와이파이를 이용할 수 있다.

헤겔하우스 Museum Hegel-Haus

독일의 대표 철학자이자 관념론의 완성자인 헤겔Georg Wilhelm Friedrich Hegel(1770~1831)의 생가에 꾸며진 박물관이다. 헤겔은 이곳에서 태어나 18년간 살았다고 한다. 3층 구조의 주택에 헤겔의 일생을 엿볼 수 있는 자료와 친필 서적 등의 원고 및 그림 등을 전시하고 있다. 헤겔의 철학에 관심이 있다면 흥미롭게 볼 수 있다.

Access U반(U1 · U2 · U4 · U11)
        Rathaus역, (S1 · U4 · U14)
        Rotebühlplatz역
Open   월~토 10:00~13:00,
        14:00~18:00,
        일 · 공휴일 휴관
Cost   무료
Address Eberhardstraße 53,
        70173 Stuttgart
Tel   +49 (0)711 21696410
Web   www.hegel-haus.de

린덴 박물관 Linden-Museum Stuttgart

세계적 수준의 민족학 박물관으로 전 세계 대륙에서 수집하고 기증한 16만 점 이상의 문화유물을 전시하고 있다. 제2차 세계대전 공습으로 크게 파괴되어 재건을 위해 노력했고 1973년부터 주정부에서 운영하는 국립 박물관이 되었다. 작은 규모지만 한국관도 있다. 박물관명은 19세기 박물관을 처음 기획한 린덴Karl Graf von Linden(1838~1910)의 이름에서 기인했다.

Access 중앙역에서 버스 40번(Vogelsang 방면),
        42번(Erwin-Schoettle-Platz 방면) Linden-Museum/
        Olga-Hospital역 하차
Open   화~토 10:00~17:00, 일 · 공휴일 10:00~18:00,
        월 · 12월 24 · 25 · 31일 휴관
Cost   성인 €4, 학생 €3(영어 · 독일어 오디오 가이드 포함),
        18세 이하 무료
Address Hegelstraße 1, 70174 Stuttgart
Tel   +49 (0)711 20223   Web www.lindenmuseum.de

⑪

포이어 호수 Feuersee

도심의 작은 호수로 요하네스 교회Johanneskirche를 배경으로 한 풍경이 대충 찍어도 화보가 되는 아름다운 곳이다. '불의 호수'라는 뜻의 포이어 호수는 18세기 초 화재 등의 재난에 대비해 저수지로 지어졌다. 요하네스 교회는 19세기 후반 세워진 고딕 양식의 개신교회로 제2차 세계대전의 공습으로 거의 파괴되었다가 재건된 모습니다. 야경도 멋지다.

Access S반 Feuersee역 하차(중앙역에서 2정거장)
Cost 무료
Address Rotebühlstraße, 70176 Stuttgart

⑬

돼지 박물관 Schweine Museum Stuttgart

독일인의 돼지 사랑을 엿볼 수 있는 독특한 박물관으로 원래 도살장이었던 곳을 개조해 2010년 돼지 박물관으로 문을 열었다. 3층 구조의 박물관은 일대기, 품종, 인형 등 25개의 테마로 돼지에 관한 모든 것을 전시하고 있다. G층에는 돼지고기를 주메뉴로 하는 레스토랑이 있다.

Access U9(Hedelfingen 방향) Schlachthof역에서 도보 5분
Open 화~금 10:00~17:00, 토 · 일 · 공휴일 11:00~17:00, 월 휴관
Cost 성인 €5.9, 학생 €5, 청소년(7~14세) €3,
       어린이(4~6세) €1.5, 3세 이하 무료
Address Schlachthofstraße 2A, 70188 Stuttgart
Tel +49 (0)711 66419600
Web www.schweinemuseum.de

⑫

빌헬마 Wilhelma

독일 최대 규모의 동물원 겸 식물원이다. 축구장 40개 크기, 약 28만 평의 빌헬마에는 1,000종 이상의 동물과 약 7,000종의 식물이 있다. 19세기 초 지어진 로젠슈타인 궁의 정원에서 온천이 발견되자 빌헬름 1세가 왕실 온천을 계획하면서 당시 유행이던 무어 양식의 여름 별궁으로 지어진 것이 오늘날 동 · 식물원으로 발전했다.

Access 중앙역에서 U반(U14) Wilhelma역 하차, 도보 1분
Open 공원 08:15~20:00,
       동물원 · 식물원 09:00~18:30(수족관 ~18:00)
       *계절과 상황에 따라 변동
Cost 3~10월 성인 €22, 학생(18~28세) €14.5,
       어린이(6~17세) €8.5, 6세 이하 무료 *겨울 시즌과
       야간권(오후 4시 입장)은 할인되며, 가족 티켓도 있다.
Address Wilhelma 13, 70376 Stuttgart
Tel +49 (0)711 54020   Web www.wilhelma.de

⑭

졸리튀데 성 Schloss Solitude

18세기, 왕의 사냥을 위해 지어진 여름 별궁으로 시내가 내려다보이는 언덕에 있다. 로코코 양식의 궁전 내부는 후기 로코코 양식과 신고전주의 양식으로 디자인되었다. 돔 아래 있는 화이트 홀의 벽화가 특히 아름다운데, 내부는 가이드투어로 관람할 수 있다(매시 30분 시작, 45분 소요). 완공 후에는 군사교육학교로 이용되었고 별관은 1990년부터 젊은 예술가를 지원하는 아카데미와 박물관으로 사용되고 있다. 시청에서 지정한 결혼식장이기도 하다.

Access S반 Feuersee역에서 92역 버스를 타고
       Solitude 역에서 하차
Open 4~10월 수~일 · 공휴일 10:00~17:00
       (마지막 투어 16:30)
       11~3월 토 · 일 · 공휴일 10:00~16:00
       (마지막 투어 15:30)
Cost 성인 €6 학생 €3
Address Solitude 1, 70197 Stuttgart
Tel +49 (0)711 696699
Web www.schloss-solitude.de

자동차 박물관
Automobile Museum

명실공히 세계 최고의 자동차 벤츠와 럭셔리 스포츠카의 자존심 포르쉐! 산업도시 슈투트가르트에 본사를 둔 두 브랜드의 자동차 박물관은 슈투트가르트의 방문 목적이 되기도 한다. 마니아뿐 아니라 가족 모두에게 즐거움을 선사하는 자동차 박물관을 찾아보자.

Automobile Museum

❶ 벤츠 박물관 Mercedes-Benz Museum

메르세데스-벤츠에서 운영하는 박물관으로 2006년 개관했다. 로비 중앙에서 천장까지 뚫린 홀을 수직으로 이동하는 엘리베이터를 타고 최상층부터 관람을 시작하게 된다. 1886년 특허 받은 최초의 가솔린 엔진 구동 3륜 자동차, 벤츠 페이텐트 모터바겐Benz Patent Motorwagen을 시작으로 자동차의 과거와 현재, 미래를 엿볼 수 있는 160대의 차량과 1,500개 이상의 전시품을 만나게 된다. 자동차뿐 아니라 벽면을 따라 전시된 시대별 사건들도 흥미롭다. 남녀노소 모두를 만족시키는 벤츠 관련 기념품을 판매하는 기념품숍도 방문해 보자.

Access	S반 Bad Cannstatt역에서 버스 56번 환승, Mercedes-Benz Welt 하차
Open	화~일 09:00~18:00 (티켓 판매 ~17:00), 월 휴관
Cost	성인 €16, 청소년(13~17세) €8, 12세 이하 무료
Address	Mercedesstraße 100, 70372 Stuttgart
Tel	+49 (0)711 1730000
Web	www.mercedes-benz.com/en/mercedes-benz/classic/museum

> **Tip**
> 무료 오디오 가이드를 제공하며 반납 시 목걸이는 선물로 준다. 아쉽게도 한국어 가이드는 없다.

Automobile Museum

❷ 포르쉐 박물관 Porsche Museum

슈투트가르트 외곽에 있는 포르쉐 본사에서 운영하고 있다. 1948년 이전부터 현재까지의 포르쉐 자동차의 역사를 전시하며, 인터렉티브한 흥미로운 전시 방식이 관람객의 오감을 즐겁게 한다. 전시장 마지막 코스에는 자동차 레이싱 게임도 즐길 수 있다. 명품 스포츠카 브랜드로 유명한 포르쉐는 긴 진통 끝에 2012년 폭스바겐 그룹과 합병하면서 최강의 자동차 왕국을 완성했다. 포르쉐의 로고에는 슈투트가르트의 국장이 새겨져 있다.

Access	중앙역에서 S6(Weil der Stadt/Leonberg 방면) Neuwirtshaus/Porscheplatz역 하차
Open	화~일 09:00~18:00, 월 휴관
Cost	성인 €12, 학생 €6, 14세 이하 무료 (17:00~ 성인 €6, 학생 €3)
Address	Porscheplatz 1, 70435 Stuttgart-Zuffenhausen
Tel	+49 (0)711 91120911
Web	www.porsche.com/museum/en/

Food
❶

칼스 브라우하우스 Carls Brauhaus

슐로스 광장에 있는 오랜 역사의 브로이하우스로 슈바벤 지역의 전통 음식을 맛볼 수 있다. 학센(오후 5시부터 주문 가능)과 슈니첼도 인기 메뉴이고 마울타셴 등 슈바벤 향토음식을 고루 맛볼 수 있는 슈바벤펜늘레^{Schwabenpfännle}(€26.5)도 추천할 만하다. 주중에는 요일별 런치 메뉴(11:30~17:00)를 제공한다.

Access	슐로스 광장에 위치
Open	월~금 11:00~24:00, 토 · 일 10:00~24:00(연말연시 변동)
Cost	맥주 300ml €4.2~, 메인 요리 €15~30
Address	Stauffenbergstraße 1, 70173 Stuttgart
Tel	+49 (0)711 25974611 Web www.carls-brauhaus.de

Food
❷

알테 칸츨라이 Alte Kanzlei

16세기 건물에 있는 '옛 관청'이라는 뜻의 레스토랑으로 슈바벤 향토요리를 기본으로 스테이크와 파스타 등 대부분의 음식이 맛있기로 유명하다. 슈바벤 요리로 마울타셴과 돼지고기, 소고기 안심 요리인 Stuttgarter Filetplater(€21.8)가 인기 있다. 맥주뿐 아니라 와인 리스트도 훌륭하다.

Access	슐로스 광장에서 쉴러 광장 방향에 있다.
Open	월~금 11:00~23:00, 토 09:00~23:00, 일 09:00~22:00
Cost	마울타셴 €17.5~
Address	Schillerpl. 5A, 70173 Stuttgart
Tel	+49 (0)711 294457
Web	www.alte-kanzlei-stuttgart.de

> **Tip 마울타셴** Maultaschen
> 독일 남부의 대표적 향토음식으로 고기, 야채 등을 넣은 만두 모양의 파스타. 슈바벤식 라비올리라고 보면 된다.

Food
❸

올드 브리지 아이스카페
Eiscafe Old Bridge

로마식 레시피로 만드는 수제 아이스크림으로 인기 있다. 신선한 과일과 초콜릿으로 만드는 정통 젤라토 외에 커피와 크레페 등도 판매한다. 기호에 따라 아이스크림에 휘핑크림을 올려준다. 슐로스 광장과 시청 주변에 매장이 있다.

Access	슐로스 광장과 시청 근처에 지점이 있다.
Open	**슐로스 광장점** 월~토 11:00~23:00, 일 · 공휴일 13:00~23:00
	시청점 월~목 12:00~19:00, 금 · 토 12:00~21:00, 일 · 공휴일 13:00~19:00(계절에 따라 변동)
Cost	아이스크림 1스쿱 €3
Address	**슐로스 광장점** Bolzstraße 10, 70173 Stuttgart
	시청점 Eberhardstraße 31, 70173 Stuttgart
Tel	슐로스 광장점 +49 (0)711 50424611
Web	www.oldbridge-gelateria.de

Food+Shopping
❹

마르크트할레 Markthalle

2014년에 100주년을 맞이한 시장으로 G층에는 식료품점이, 1층에는 주방용품과 생활 소품을 판매하는 숍이 있다. 전통 시장 구경도 하고 시장 내에 있는 유럽식 레스토랑과 카페에서 식사를 해도 좋다.

Access	구 궁전(주립 박물관) 남쪽에 위치
Open	월~금 07:30~18:30, 토 07:00~17:00, 일 휴무
Address	Dorotheenstraße 4, 70173 Stuttgart
Tel	+49 (0)711 480410
Web	www.markthalle-stuttgart.de

마리팀 호텔
슈투트가르트
Maritim Hotel Stuttgart

555개 객실과 수영장 등 부대시설을
갖춘 4성급 호텔로 클래식한 디자인
과 합리적인 가격으로 비즈니스호텔
로도 인기가 높다. 2016년 최신시설
로 리노베이션을 마쳤으며, 호텔 앞
에서 메칭엔 아웃렛시티로 가는 셔
틀버스가 운행된다.

Access	중앙역에서 U반(U9 · U14)
	Berliner Platz(Liederhalle)역 하차
Cost	클래식 더블룸 €145~
	주니어 스위트 €193~
Address	Seidenstraße 34, 70174
	Stuttgart
Tel	+49 (0)711 9420
Web	www.maritim.com/en/hotels/
	germany/hotel-stuttgart/
	hotel-overview

아르코텔 카미노
슈투트가르트
ARCOTEL Camino Stuttgart

스페인의 산티아고 길에서 영감을
받아 건축된 4성급 호텔로 각 객실
은 순례의 이야기가 담겨 있다. 건
물은 오래되었지만 객실과 주요 시
설은 리모델링되었고 좋은 위치와
가성비가 좋은 숙소로 평가받는다.
친환경 호텔로 캠페인을 벌이고 있
으며, 기본 룸인 컴포트 룸부터 방
2개와 거실, 부엌이 있는 아파트먼
트가 있다.

Access	중앙역에서 도보 5분
Cost	컴포트룸 €85~,
	아파트먼트 €200~
Address	Heilbronner Str. 21,
	70191 Stuttgart
Tel	+49 (0)711 258580
Web	camino.arcotel.com

© ARCOTEL Camino Stuttgart

슈투트가르트
유스호스텔
DJH Jugendherberge
Stuttgart International

멋진 전망으로 유명한 오이겐스 공
원 언덕 근처에 자리 잡고 있는 호스
텔. 현대적 시설과 활기찬 분위기로
학생들에게 인기가 높다 1, 2인실과
도미토리가 있고 장애인을 위한 룸
(휠체어 출입 가능)도 있다. 27세 이
상은 추가 요금이 있다.

Access	1. 중앙역에서 U반(U15)
	Eugensplatz(Jugendherberge)역
	하차, Haußmannstraße 방향으로
	도보 3분, 엘리베이터가 나온다.
	2. 궁전 광장Schloßplatz에서
	42번 버스(Schreiberstraße)
	Eugensplatz(Jugendherberge)역
	하차
Cost	도미토리 €40~
Address	Haußmannstraße 27, 70188
	Stuttgart
Tel	+49 (0)711 6647470
Web	www.jugendherberge-stuttgart.de

기타 슈투트가르트의 숙소

호스텔 알렉스 30
Hostel Alex 30
싱글룸부터 5인실 도미토리가 있고 욕실과 부엌이 딸린 아
파트형 객실이 있는 호스텔이다.

Access	U반(U5 · U6 · U7 · U12 · U15)
	Olgaeck역에서 도보 2분
Cost	도미토리 €18~, 싱글룸 €45~
Address	Alexanderstraße 30, 70184 Stuttgart
Tel	+49 (0)711 8388950
Web	www.alex30-hostel.de

인터시티호텔
Inter City Hotel Stuttgart
중앙역 서쪽 건물에 있다. 대중교통 티켓을 무료로 제공
해 준다.

Access	중앙역 건물에 위치
Cost	더블룸 €120~
Address	Arnulf-Klett-Platz 2, 70173 Stuttgart
Tel	+49 (0)711 22500
Web	www.intercityhotel.com

메칭엔 아웃렛시티
Outlet City Metzingen

휴고보스의 고향으로 알려진 메칭엔에 위치한 독일 대표 아웃렛이다. 휴고보스의 본사가 있는 메칭엔에 휴고보스의 아웃렛이 생기면서 지금의 대규모 아웃렛이 되었다. 70개가 넘는 명품, 하이패션 브랜드와 주방 & 생활용품 브랜드 매장이 있고, 연간 4백만 명 이상이 다녀가는 인기 아웃렛이다. 프라다, 구찌, 버버리 등 명품 브랜드의 플래그십 스토어가 단독 건물에 자리 잡고 있어 쇼핑의 편의와 만족도를 높인다. 최고 70%의 할인 혜택이 있고 주요 브랜드의 특별 할인 코너도 눈여겨볼 만하다. 단연 인기 브랜드는 '휴고보스'로 전 세계에서 가장 저렴한 가격으로 제품을 구매할 수 있다. 아웃렛시티 내에서 무료 와이파이를 이용할 수 있다.

Open	월~금 10:00~20:00, 토 09:00~20:00, 일 휴무
Address	Reutlinger Str. 63, 72555 Metzingen
Tel	+49 (0)7123 1789978
Web	www.outletcity.com

✚ 들어가기 & 나가기

❶ 자동차
자동차를 이용할 경우 슈투트가르트 시내에서 1시간 이내 거리며, 뮌헨이나
프랑크푸르트에서 약 2시간 30분이 소요된다.

❷ 슈투트가르트 출발 셔틀버스
슈투트가르트 시내의 호텔과 슐로스 광장, 공항/메세 등을 경유해 메칭엔 아
웃렛시티까지 운행하는 셔틀버스가 있다. 매주 월, 목, 금, 토 하루 3회 운행
하며 약 1시간이 소요된다. 슈투트가르트 내 출발지와 시간은 홈페이지를 참
고하자.

Cost	**사전 구매(온라인)** 왕복 €10
	현장 구매(버스) 편도 €8.5, 왕복 €12
Web	www.outletcity.com/en/metzingen/shopping-shuttle/

❸ 기차로 이동하기
지역열차(RE, RB)나 IC로 약 40분이 소요된다. 메칭엔역에서 아웃렛시티까
지는 도보로 10분 이내 거리다.

Tip 1
Tax Refund

관광객은 쇼핑(최소 구매액 €50)을 마치
고 바로 세금(VAT)을 환급받을 수 있다.
매장에서 서류를 받아 작성 후 아웃렛 내
에 있는 웰컴센터에 제출하면 카드로 환
급을 받을 수 있다. 여권 지참은 필수. 관
련 서류는 한국으로 출국하는 유럽연합의
마지막 공항에서 세관 도장을 받아 우편
으로 발송해야 한다.

Tip 2
키즈 캠프

어린이(3~12세)를 동반한 성인을 위
해 금요일과 토요일에는 키즈 캠프를 운
영한다. 영어와 독일어로 다양한 프로
그램을 진행하며 최대 4시간까지 이용
이 가능하다.

Open 금 12:00~20:00, 토 10:00~19:00
Cost 1인 1시간 €2.5, 추가 어린이 €1.5

Tip 3
OUTLETCITY 앱

앱스토어에서 OUTLETCITY 앱을
다운받아 브랜드별 최신 쇼핑 정보
와 혜택은 물론 무료 주차공간 레
스토랑 등 기타 정보도 확인해 보
자. 3D 지도도 매우 유용하다.
또 'OUTLETCITY Club'의 회
원이 되면 독점적 쇼핑 혜택을
제공받을 수 있다.

메칭엔의 대표 스파클링
와인 메제코 MESecco

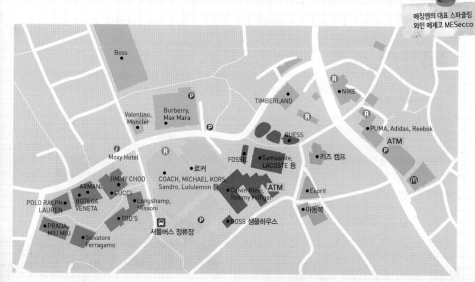

낭만적 대학도시 **하이델베르크**

Heidelberg

독일 최초의 대학이 세워진 학문의 도시 하이델베르크. 폐허로 남은 아름다운 고성과 중세 독일의 모습을 간직한 구시가지, 도시를 유유히 흐르는 네카 강과 초록의 언덕이 어우러진 그림 같은 풍경의 하이델베르크는 누구라도 시인이나 철학자로 만들 수 있을 만큼 특별한 매력이 있다. 1386년 독일 최초의 대학이 세워진 이래로 헤겔, 괴테, 헤세 등 유수의 문학가와 철학자들이 이곳에서 수학했고 노벨상 수상자를 7명이나 배출한 대학이 있는 곳이다. 독일 최고의 대학도시답게 젊음과 낭만이 가득한 하이델베르크는 영화 〈황태자의 첫사랑〉의 배경이 되기도 했다. 신구교 간 전쟁인 30년 전쟁으로 하이델베르크 성이 파손되고 제2차 세계대전 등 역사적 우여곡절을 겪은 흔적들이 남아 있다. 구시가지 곳곳에 재미난 상징과 숨은 이야기가 있으니 이 책 구석구석에서 챙겨보고 방문해 보자.

정식 명칭은 '네카 강변의 하이델베르크'라는 뜻의 하이델베르크 암 네카 Heidelberg am Neckar 로 독일 남서부 바덴뷔르템베르크 주에 속한다.

여행 Tip
- 도시명 하이델베르크 Heidelberg
- 위치 독일 남서부 바덴뷔르템베르크주
- 인구 약14만3천명 (2024)
- 홈페이지 www.tourism-heidelberg.com
- 키워드 대학, 네카강, 하이델베르크성

ⓘ **관광안내소**
Information Center

중앙역 관광안내소
Access 중앙역 앞 광장에 위치
Open 월~토 10:00~17:00,
4~10월 일 · 공휴일 10:00~15:00
Address Willy-Brandt-Platz 1

시청 관광안내소
Access 시청사 1층에 위치
Open 월~금 08:00~17:00,
토 · 일 · 공휴일 휴무
Address Marktplatz 10

네카 강변 관광안내소
Access 네카 강변 Neckarmünzplatz에 위치
Open 4~10월 월~목 · 토 09:30~17:00,
금 09:30~18:00,
일 · 공휴일 10:00~15:00
11~3월 월~토 10:00~17:00, 일 휴무
Address Obere Neckarstraße 31-33

Writer's Tip
네카 강

라인 강의 한 지류로 길이가 367km라고
한다. 고풍스러운 강변 풍경을 자랑한다.
미국 작가 마크 트웨인은 네카 강에서 보트를
탄 경험을 바탕으로 유명한 소설 『허클베리
핀의 모험』을 썼다고 한다.

Writer's Tip
하이델베르크인

1907년 하이델베르크 근교인 마우엘에서 발
견된 유럽에서 가장 오래된 화석 인류.
구석기 시대에 살았고 호모 사피엔스와 네안
데르탈인의 직접적인 조상으로 추정된다. 하
악골 전체가 크고 아래턱의 돌출이 없으며 치
아가 현대적이라 '호모 하이델베르겐시스'
라고 불린다.

✚ 하이델베르크 들어가기 & 나오기

독일 중서부의 주요 관광도시까지 기차로 3시간 이내에 도달할 수 있는 거리다. 프랑크푸르트나 슈투트가르트에서 당일 여행으로 다녀오기 적당하다.

1. 기차로 이동하기
프랑크푸르트, 슈투트가르트 등에서 1시간 정도 소요된다. 당일 여행으로 구시가지만 돌아본다면 중앙역 대신 구시가지역Altstadt Bahnhof을 이용하는 방법도 있다.

★ 주요 도시별 이동 소요시간
· 슈투트가르트 IC/RE ▶ 약 40분/약 1시간 30분
· 프랑크푸르트 공항 ▶ 약 1시간
· 만하임 ▶ 약 15분
· 뮌헨 ▶ 약 3시간

2. 버스로 이동하기
플릭스부스Flixbus 등을 이용해 슈투트가르트 공항이나 프랑크푸르트 등에서 이동할 수 있다. 아직 고속버스 노선이 많은 편은 아니고 뮌헨은 5시간 이상, 베를린은 8시간 이상 소요된다. ZOB은 중앙역 근처에 있다.

★ 주요 도시별 이동 소요시간
· 슈투트가르트 공항 ▶ 약 2시간
· 프랑크푸르트 중앙역 ▶ 약 1시간 30분
· 프랑크푸르트 공항 ▶ 약 1시간 10분

Tip.
루프트한자 공항버스

프랑크푸르트 공항에서 루프트한자 공항버스를 이용해 하이델베르크 시내까지 올 수 있다. 직행으로 약 1시간 소요되고 매일 6회 운행한다.

Access 프랑크푸르트 공항 정류장은 터미널 1 B3 출구 근처이고, 하이델베르크 정류장은 메리어트 호텔, 힐튼호텔, NH 컬렉션 호텔이다.
Cost 성인 편도 €32 왕복 €58 (루프트한자 이용객 편도 €30 왕복 €56)
Web www.frankfurt-airport-shuttles.de

Tip.
바덴뷔르템베르크 티켓
Baden-Württemberg-Tickets

하이델베르크, 슈투트가르트, 울름 등에서 자유롭게 사용이 가능한 랜더 티켓이다. 이동 경로를 고려해 사용하도록 하자. p.304 참고.

Cost 성인 2등석 1인 €26.5~

✚ 시내에서 이동하기

시내교통 이용하기 (버스, 트램)

주요 관광명소는 구시가지를 중심으로 모여 있어 도보로 이동이 가능하지만 중앙역에서 구시가지까지는 상당한 거리여서 버스나 트램을 이용하는 게 좋다. 구시가지까지 단거리권으로 충분하다.

Cost 편도 €3.2, 단거리권 €2.88

Tip.
하이델베르크 카드
Heidelberg Card

하이델베르크 성 입장료와 등반열차를 포함, 대중교통을 무료로 이용할 수 있고 여러 할인혜택이 있다. 간략한 설명이 있는 관광지 도도 제공한다.

Cost 1일권 €26 (학생 €22)
2일권 €28 (학생 €24)
4일권 €30 (학생 €26)
가족 패스 2일
(성인 2명+16세 이하
3명/성인 1명+16세
이하 4명) €60

✚ 추천 여행 일정

하이델베르크 성과 관광지가 모여 있는 구시가지를 둘러보고 네카 강을 건너 철학자의 길을 걸어보는 일정이 가장 효율적이다. 여유가 있다면 네카 강변이나 카페 등에서 한가로이 시간을 보내도 좋다.

★ 1일 일정
중앙역 ···→ 버스 33번, 산악열차 ···→ **하이델베르크 성** ···→ **하우프트 거리** ···→ **학생 감옥** ···→ **성령 교회** ···→ **카를 테오도르 다리** ···→ **철학자의 길** ···→ 트램 5번 ···→ **중앙역**

하이델베르크

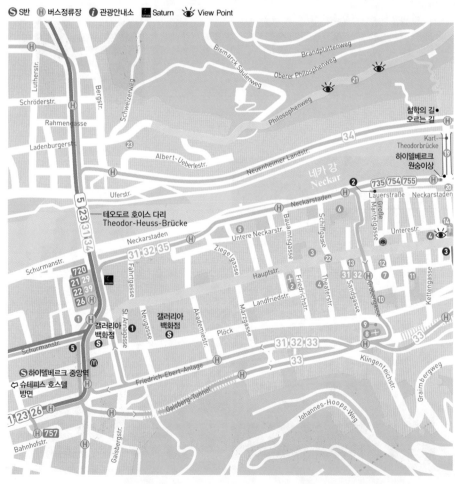

Ⓢ S반　Ⓗ 버스정류장　ⓘ 관광안내소　Saturn　View Point

관광명소 & 박물관

1. 비스마르크 광장 Bismarckplatz
2. 프로비덴츠 교회 Providenzkirche
3. 선제후 박물관 Kurpfälzisches Museum
4. 하이델베르크 극장 Theater Heidelberg
5. 시의회
   Kongresshaus Stadthalle Heidelberg
6. 마슈탈호프 Marstallhof
7. 대학 광장 Universitätsplatz
8. 페터 교회 Peterskirche
9. 대학 도서관 Bibliothek
10. 신 대학 Neue Universität
11. 하이델베르크 넥카탈 Heidelberg Neckartal
12. 학생 감옥 Studentenkarzer
13. 짐머 극장 Zimmertheater
14. 성령 교회 Heiliggeistkirche
15. 마르크트 광장 Marktplatz
16. 시청사 Stadt Heidelberg
17. 코른마르크트 광장 Kornmarktplatz
18. 하이델베르크 성 Heidelberger Schloss
19. 카를 테오도르 다리
    Karl Theodor Brücke (Alte Brücke)
20. 카를 문 Karlstor
21. 철학자의 길 Pholosophen Weg
22. 하우프트 거리 Hauptstraße
23. 하이델베르크 대학
    Universität Heidelberg

레스토랑 & 나이트라이프

1. 한국관
   Restaurant KOREA am Rathaus (한식당)
2. 춤 로텐 옥센 Zum Roten Ochsen
3. 슈니첼하우스 알테 뮌츠
   Schnitzelhaus Alte Münz
4. 소반 식당 Soban Heidelberg (한식당)

숙소

1. 알트슈타트 호텔 Altstadt Hotel
2. 빌라 마슈탈 Villa Marstall
3. 호텔 춤 리터 Hotel Zum Ritter St. Georg
4. 로테-더 백패커스 호스텔
   Lotte-The Backpackers Hostel
5. 호텔 바이리셔 호프
   Hotel Bayrischer Hof Heidelberg

하이델베르크 성 Heidelberger Schloss

하이델베르크의 구시가지와 네카 강이 내려다보이는 언덕^{Königstuhl} 위 숲 속에 빛나는 붉은색의 아름다운 성. 독일 낭만주의를 대표하는 건축물로 성벽과 정원을 둘러싸고 궁전과 저택들이 지어져 성과 요새를 겸하고 있다. 13세기에 최고의 르네상스 궁전을 시작으로 400년간 증개축이 이어지면서 고딕부터 바로크까지 다양한 양식의 건물이 성 내에 있다. 30년 전쟁(1618~1648), 팔츠계승전쟁(1689~1697)을 겪으며 파괴와 복구를 반복하다가 자연재해와 화재 등이 계속되면서 18세기에는 폐허로 남겨졌다. 이후 19세기 낭만주의의 물결로 폐허가 된 성에 매료된 사람들이 성을 원상태로 보존하려고 노력했고 프리드리히 관 등 성 내 건물들이 복원되면서 오늘날까지 많은 사랑을 받고 있다.

Access	중앙역에서 바로 갈 경우 버스 (20 · 33번) Bergbahn에서 하차하면 등반열차 타는 곳이 나온다. 내려올 때에는 성 또는 테라스와 연결된 입구를 통해 걸어 내려와도 좋다.
Open	09:00~18:00(마지막 입장 17:30)
Cost	성인 €9, 학생 €4.5 (등반열차, 성 입장료 포함)
Address	Schlosshof 1, 69117 Heidelberg
Tel	+49 (0)62 216 58 880
Web	www.schloss-heidelberg.de

> **Tip 가이드투어 & 오디오 가이드**
> 오전 11시~오후 4시까지 매시간 영어와 독일어로 가이드투어가 진행된다. 가격은 성인 €6, 학생 €3. 가이드투어와 별도로 한국어 오디오 가이드(€6)가 있다.

하이델베르크 성

네카 강

비탈길
Burweg

성곽 테라스

안뜰

비워지지
않는 탑

성문

화약 타워

투어 티켓
판매소

괴테의 벤치, 동상 •

아버지
라인 강 분수 •

(등반열차
내리는 곳)
입구

④ 프리드리히 관
Friedrichsbau

하이델베르크 성에서 가장 아름다운
건물로 꼽히는 곳으로 각 층마다 역
사 속 인물들의 조각상이 서 있다.

⑤ 엘리자베스 문
Elizabethem Tor

프리드리히 5세가 엘리자베스 왕비
의 깜짝 생일 선물로 하룻밤 만에 세
웠다는 로맨틱한 일화가 유명하다.
덕분에 사랑하는 사람과 손을 잡고
지나가면 사랑이 이루어진다는 전
설이 있다.

① 파스바우 와인술통 Fassbau

프리드리히 관 지하에 있는 세계에서 가장 큰
와인통으로 관광객들이 가장 즐거워하는 곳이
다. 8m 높이의 참나무 술통에 22만 리터가 넘
는 술이 들어간다. 여기서 나오는 와인도 꼭
맛보도록 하자(잔 포함 €5). 옆에는 파수꾼이
었던 페르케오Perkeo상이 있는데 늘 술에 취해
있어 종을 흔들어 깨웠다고 한다. 바로 옆 시
계 상자를 당겨보자. 재미난 일이 벌어진다.

② 성문의 고리
Der Hexenbiss

전설에 왕이 이것을 이로 끊는 자에
게 성을 넘겨주겠다고 공표했으나
모두 실패했고 마지막에 나타난 마
녀까지 실패했는데 그때 남겨진 자
국을 '마녀의 이빨자국'이라고 한다.

③ 독일 약학 박물관
Deutsches Apotheken Museum

중세부터 현재까지 의약의 역사
와 관련품을 전시하고 있다. 르네
상스 양식의 궁전인 오토하인리히
Ottoheinrichsbau 관에 있다.

Open 10:00~18:00(마지막 입장 17:40)

⑥ 호르투스 파라티누스
Hortus Palatinus

선제후 프리드리히 5세가 왕비를 위
해 만든 로맨틱한 이탈리안 르네상
스 양식의 정원(1616~1619)이다. 정
원 끝 테라스에서는 하이델베르크
시내와 네카 강의 풍경을 감상할 수
있다. 괴테도 즐겨 찾았다는 정원의
한쪽에는 유부녀와 아픈 사랑의 심
경을 담은 시와 기념비가 있고 괴테
의 벤치도 있다. 여름에는 시원한 물
줄기를 뿜어내는 '아버지 라인 강 분
수'도 볼 수 있다.

하우프트 거리 Hauptstraße

하이델베르크 관광의 시작점이나 도착점으로 삼기 좋은 보행자 전용도로. 거의 모든 버스와 트램이 지나가는 비스마르크 광장Bismarckplatz에서 시작해 마르크트 광장까지 이어지는 거리로 하이델베르크 성에 먼저 가지 않는다면 중간에 있는 대학 광장Universitätsplatz에서 내려 관광을 시작해도 좋다. 예쁜 상점과 레스토랑, 갤러리 등 다양한 볼거리가 있어 지루하지 않게 구경할 수 있다.

Access 중앙역에서 버스(20 · 32번)

마르크트 광장 Marktplatz

성령 교회Heiliggeistkirche와 시청사Ratshaus가 있는 광장. 기념품숍과 레스토랑이 많아 관광객이 가장 많이 모이는 장소이다. 중앙 분수에는 헤라클레스상이 있는데 항상 머리 위에 비둘기가 앉아 조금은 우스꽝스럽기도 하나 과거에는 죄수들을 공개 처형했던 무시무시한 장소였다고 한다. 크리스마스 시즌에는 시장이 열리고 시청 건물 전면에 예쁜 조명장식이 반짝인다.

Access 중앙역에서 버스(20 · 32번)

성령 교회 Heiliggeistkirche

하이델베르크를 대표하는 교회로 1344~1441년에 본당이 지어졌고 1544년 첨탑이 완성되었다. 후기 고딕 양식의 교회로 현재의 첨탑은 1709년 바로크식으로 올려진 것이다. 원래는 가톨릭 교회였으나 종교 개혁 후 개신교회로 바뀌었고, 다시 가톨릭과 개신교가 번갈아 사용하다가 1706년부터는 벽을 세워 신구교가 같이 사용했다고 한다. 1936년 이래로는 개신교회로 사용 중이다. 파이프 오르간 소리가 아름답기로 유명해서 음악연주회도 자주 열린다. 교회 건물을 둘러싸고 있는 기념품가게들은 500년 전통을 자랑한다고 한다.

Access 마르크트 광장
Open 월~토 11:00~17:00,
　　　일 · 공휴일 12:00~17:00
　　　타워 화~토 11:00~14:00,
　　　일 12:30~15:30
Cost 무료(타워 성인 €5, 14~17세 €3)
Address Marktplatz, 69115 Heidelberg
Tel +49 (0)62 212 11 17

하이델베르크 대학
Universität Heidelberg

1386년 루프레히트 1세^{Ruprecht I}가 설립한 독일에서 가장 오래된 대학으로 1803년 선제후 카를 프리드리히^{Karl Friedrich}에 의해 최초의 국립 대학으로 지정되었다. 정식 명칭은 루프레히트 카를 대학교^{Ruprecht-Karls-Universität Heidelberg}. 대학 광장^{Universitätsplatz}을 중심으로 일부를 박물관으로 쓰고 있는 옛 대학 건물^{Alte Universität}, 신관 대학^{Neue Universität}, 대학 도서관^{Universitätsbibliothek} 등의 건물이 있고 학생 감옥도 있다. 신관 대학 건너편에 있는 대학 도서관은 16세기풍의 아름다운 붉은색 건물로 대학의 지성을 느껴볼 수 있다.

Access 버스(20 · 32번) 대학 광장 하차
Open **대학 박물관 화~토 10:00~18:00,** 일 · 월 휴관(마지막 입장 17:15)
Address Grabengasse 1, 69117 Heidelberg
Web www.uni-heidelberg.de

Tip 콤비티켓 Kombi Ticket

학생 감옥Studentenkarzer + 대학 박물관Universitätsmuseum + 옛 강당Alte Aula을 모두 방문할 수 있는 콤비티켓을 판매한다.

Cost 성인 €6, 학생 €4.5
(대학 박물관 미개방 시 성인 €4, 학생 €3.5)

Tip 학생식당 Mensa

대학 광장 한쪽으로 'Zeughaus'라고 적힌 건물로 들어가면 학생식당이 나온다. 샐러드바 형식으로 원하는 음식을 담아 마지막에 계산하면 된다. 맛이 특별하지는 않지만 특별한 장소에서 학식체험을 즐겨볼 수 있다(월~목 10:00~17:00, 금 10:00~15:00).

Universität Heidelberg
학생 감옥 Studentenkarzer

중세부터 대학 자치권을 가지고 있던 하이델베르크에서는 학생이 죄를 저지를 경우 대학의 처벌에 따라 학생 감옥에 수감되었다. 비교적 가벼운 죄목으로 최소 1일부터 최대 30일까지 수감되었다. 공식 감옥은 아닌 훈육의 차원이어서 사식이 반입되고 수업에도 참여할 수 있었다고 한다. 1712~1914년까지 이곳에 수감되었던 학생들의 패기 넘치는 낙서와 그림들이 주요 볼거리다.

Open 10:00~18:00(마지막 입장 17:15)
Address Augustinergasse 2, 69117 Heidelberg
Tel +49 (0)62 215 43 554

철학자의 길 Pholosophen Weg

카를 테오도르 다리를 건너 좁고 고불고불한 언덕 계단을 오르면 하이델베르크에서 활동했던 철학자들이 명상에 잠기고 영감을 얻곤 했다는 산책로가 나온다. 이름하여 '철학자의 길'. 여러 종의 나무에서 뿜어져 나오는 신선한 공기와 한눈에 내려다보이는 네카 강과 하이델베르크 성, 구시가지의 풍경은 언덕길을 오른 고생마저 잊게 만든다. 철학자의 길을 따라 쭉 내려가면 강변 언덕의 고급 주택가와 대학이 나오고 테오도르 호이스 다리Theodor-Heuss-Brücke까지 이어진다.

Access 버스 34번 Alte Brüke Nord 하차, 또는 카를 테오도르 다리를 건너면 입구 표지가 보인다.

코른마르크트 광장 Kornmarktplatz

곡물시장이 열렸던 광장으로 코른Korn은 독일어로 곡물을 뜻한다. 뒤쪽으로 보이는 하이델베르크 성이 매우 근사하다. 하이델베르크 성으로 오르는 등반열차Bergbahn 역과도 가깝다. 금빛으로 장식된 아기 예수를 안고 있는 성모 마리아상 분수가 인상적이다.

Access 마르크트 광장 옆
Address Kornmarkt, 69117 Heidelberg

선제후 박물관 Kurpfälzisches Museum

바로크 양식의 18세기 궁전인 팔레 모라스Palais Morass를 개조해 1905년부터 박물관으로 사용하고 있다. 유럽에서 최초로 발견된 화석 인류인 '하이델베르크인'의 자료와 15~17세기 예술품이 전시되어 있다. 리멘슈나이더의 '12사도 제단Windsheim Altar'도 볼 수 있다.

Access	하우프트 거리
Open	화~일 10:00~18:00, 월 휴관
Cost	성인 €3, 학생 €1.8(일요일 성인 €1.8, 학생 €1.2)
Address	Hauptstraße 97, 69117 Heidelberg
Tel	+49 (0)62 215 83 4020
Web	www.museum-heidelberg.de

카를 테오도르 다리 Karl Theodor Brücke (Alte Brücke)

'알테 브뤼케^{Alte Brücke}(옛날 다리)'라는 애칭으로 불리는 다리로 하이델베르크 성을 배경으로 가장 멋진 사진을 찍을 수 있는 장소이자 철학자의 길과 연결되는 곳이다. 원래 목재 다리가 있었으나 화재와 홍수로 유실되어 선제후 카를 테오도르의 명으로 석조 다리로 개축되었다(1788년). 다리에는 카를 테오도르와 아테네 여신상 등이 있다.

Access 마르크트 광장에서 네카 강 방향
Address Karlstraße, 69120 Heidelberg

하이델베르크 원숭이상

다리 입구에 있는 거울을 든 청동 원숭이상으로 3가지 전설이 있는데, 첫 번째는 네카 강 주변에 거울로 사람의 선악을 구별하던 원숭이가 있어 그 원숭이 조각을 세웠다는 설과 두 번째는 전쟁 시 원숭이들에게 거울을 나눠주어 반사되는 빛을 방패로 착각하게 해 병사가 많은 것처럼 위장했다는 설, 세 번째는 늙어서 버림받은 원숭이가 '너도 늙는다'는 뜻으로 거울을 들어 사람들을 비추었다는 설이다. 이 밖에도 원숭이의 거울을 만지면 재운이 따르고, 원숭이가 뻗은 손가락을 만지면 하이델베르크에 다시 오게 되며, 아래의 쥐를 만지면 자녀를 많이 낳는다는 설이 있으니 여러모로 재미있는 원숭이상이다.

카를 문 Karls Tor

카를 테오도르에 의해 1781년에 지어진 출입문으로 원래는 방어용이었다고 한다. 이 문을 기준으로 구시가지가 시작된다.

Food
1

슈니첼하우스 알테 뮌츠 Schnitzelhaus Alte Münz

독일식 돈가스인 슈니첼 전문점으로 100가지 슈니첼 메뉴(실제로는 101개)로 유명하다. 메뉴가 많아 선택이 어렵다면 직원에게 문의해 보자. 대부분의 메뉴에 샐러드와 감자튀김이 기본으로 제공되어 푸짐한 양을 자랑한다. 버섯 크림소스(89번 등) 중에서 고르면 무난한 선택이 되고, 지역 전통 스타일을 원하면 4번이나 6번을 추천한다. 밥이 나오는 중국식 소스(19번)도 있고, 매운 소스(39번 등)의 슈니첼도 있다.

Access	강변 관광안내소 근처
Open	월~금 16:00~22:00,
	토 12:00~23:00, 일 12:00~22:00
Cost	슈니첼 €20~
Address	Neckarmünzgasse 10, 69117
	Heidelberg
Tel	+49 (0)62 214 34 643

Food
2

춤 로텐 옥센 Zum Roten Ochsen

하이델베르크에서 가장 오래된 학생 술집 중 하나로 영화 〈황태자의 첫사랑〉에 나와 더 유명해졌다. 건물은 1703년에 지어졌고, 이름은 '붉은 황소'라는 뜻이다. 하이델베르크 지역 음식과 하이델베르거 필스 Heidelberger Pils 맥주도 맛볼 수 있다. 매일 오후 7시 30분부터 이곳의 자랑인 피아노 연주를 들을 수 있다. 비스마르크와 마크 트웨인도 단골이었다고 한다.

Access	성령 교회에서
	카를 광장 방향에 위치
Open	화~토 17:30~22:00, 일·월 휴무
Cost	메인 음식 €20~
Address	Hauptstraße 217, 69117
	Heidelberg
Tel	+49 (0)62 212 0977
Web	www.roterochsen.de

Food
3

한국관 Restaurant KOREA am Rathaus (한식당)

시청사 옆에 있는 한인 레스토랑이다. 2층에 민박집을 운영하고 있다.

Access	마르크트 광장 시청사 부근
Open	월~토 11:30~14:30, 17:30~21:30,
	일 휴무
Cost	점심 메뉴 €14~
Address	Heiliggeistraße 3, 69117
	Heidelberg
Tel	+49 (0)62 212 2062

Stay : ★★★★

①

호텔 춤 리터 Hotel Zum Ritter St. Georg

마르크트 광장 주변에서 가장 눈에 띄는 멋진 건물로 1592년 지어진 후기 르네상스 양식의 건물이다. 오랜 전쟁의 역사 속에서도 손상 없이 400년 이상을 견뎌온 석재 건물로 문화재로 지정돼 관리 받고 있다. 1693년부터 10년간 임시 시청사로 쓰였고, 오늘날에는 37개의 객실을 갖춘 호텔로 사용되고 있다. 1층의 레스토랑도 지역 전통 음식으로 유명하다.

Access 성령 교회 맞은편
Cost 스탠더드룸 €172~
Address Hauptstraße 178, 69117 Heidelberg
Tel +49 (0)62 211 350
Web www.hotel-ritter-heidelberg.com

Stay : ★★★

②

호텔 바이리셔 호프
Hotel Bayrischer Hof Heidelberg

교통의 중심인 비스마르크 광장 근처에 있는 호텔로 강변과도 가까운 좋은 위치다. 19세기에 지어진 건물을 2008년에 대대적으로 수리하여 현대식 시설을 갖추고 있다. 싱글룸을 포함한 56개의 객실이 있고 6인까지 묵을 수 있는 아파트가 가까운 거리에 있다. 저렴한 객실 가격에는 푸짐한 조식이 포함되어 있다.

Access 비스마르크 광장
Cost 트윈룸 €100~
Address Rohrbacherstraße 2, 69115 Heidelberg
Tel +49 (0)62 218 72 880
Web www.bayrischer-hof-heidelberg.com

Stay : Hostel

③

로테-더 백패커스 호스텔
Lotte-The Backpackers Hostel

구시가지의 좋은 위치에 있는 호스텔. 2인실과 3인실, 여성 전용 도미토리(6인실)와 혼성 도미토리를 포함한 8개의 객실이 있다. 공용욕실과 화장실, 공동주방이 있다. 아기자기한 분위기와 깨끗한 관리로 인기가 높다.

Access 구시가지 코른마르크트 광장 주변
Cost 도미토리 €28, 더블룸 €70~
Address Burgweg 3, 69117 Heidelberg
Tel +49 (0)62 217 35 0725
Web www.lotte-heidelberg.de

Stay : Hostel

④

슈테피스 호스텔
Steffis Hostel

하이델베르크 중앙역에서 가까운 호스텔로 한국 여행객들에게도 인기가 있는 곳이다. 싱글룸부터 3인실, 4~10인 도미토리가 있고 여성 전용 도미토리(5, 8인실)가 있다. 공용욕실과 화장실이 있고 넓은 공동주방이 있다. 투숙객은 유럽의 어린 학생들이 많은 편이어서 밤에 소란스러울 때도 있다. 반려동물은 금지.

Access 중앙역에서 도보 3분, LIDL 마트와 같은 건물
Cost 도미토리 €28~, 싱글룸 €70~
Address Alte Eppelheimerstraße 50, 69115 Heidelberg
Tel +49 (0)62 217 78 2772
Web www.hostelheidelberg.de

München & Bayern
뮌헨 & 바이에른 지역

뮌헨 & 바이에른

München & Bayern

왕이 다스리던 중세도시로의 시간여행, 바이에른 주! 로맨틱 가도와 고성 가도, 알펜 가도가 지나는 아름답고 품위 있는 바이에른 주는 독일 면적의 1/5을 차지하며 스위스, 오스트리아, 체코와 국경을 맞대고 있다.

프랑켄 와인을 생산하는 아름다운 포도밭, 고딕부터 바로크, 로코코, 르네상스 등을 아우르는 다양한 양식의 건축물, 왕과 선제후가 살던 성과 궁전, 성벽 안에 잘 보존된 중세의 구시가지, 크리스마스 마켓이 열리는 아름다운 동화마을, 꿈같은 디즈니 성과 만년설이 있는 알프스 경관 등 바이에른 주는 풍부한 역사와 문화, 자연뿐 아니라 현재와 미래의 모습까지 보여주며 여행의 모든 것을 충족시켜 줄 것이다. 바이에른의 영어식 표기는 바바리아 Bavaria 다.

❺ 밤베르크
Bamberg
구 시청사,
유네스코 문화유산

❹ 뉘른베르크
Nürnberg, Nuremberg
크리스마스 마켓, 카이저부르크 성,
뒤러, 수공예, 뉘른베르크 소시지,
나치

❷ 뷔르츠부르크
Würzburg, Wuerzburg
프랑켄 와인, 레지덴츠,
마리엔부르크 요새

❸ 로텐부르크
Rothenburg ob der Tauber
동화마을, 로맨틱 가도, 중세도시,
크리스마스, 테디베어

❽ 잉골슈타트
Ingolstadt
아웃렛, 아우디

❶ 뮌헨
München, Munich
바이에른의 주도, 옥토버페스트,
맥주, BMW, 레지덴츠

❻ 퓌센
Füssen, Fussen
노이슈반슈타인 성,
루트비히 2세,
알프스 산맥, 휴양

❼ 가르미슈-파르텐키르헨
Garmisch-Partenkirchen
추크슈피체, 알프스 산맥, 스키

✚ 바이에른 즐기기

❶
바이에른의 상징 '사자'
궁전과 성을 지키는 사자상을 비롯해 관공서와 상점 등에서도 사자를 찾아볼 수 있다. 바이에른을 즐기는 색다른 재미 '숨은 사자 찾기'에 동참해 보자.

❷
오월주 (Maypole)
주로 5월 노동절 축제에 세워지는 커다란 나무기둥. 풍작 기원과 마을 수호 등 토속적이면서도 신성한 의미를 담고 있다. 독일의 오월주는 중세 시대부터 세워지기 시작했고 특히 바이에른 지역에서 많이 볼 수 있다. 바이에른의 상징인 흰색과 파란색을 칠하고 지역 산업을 묘사하는 장식이 있는 게 특징이다.

❸
간판 예술
문맹자가 많던 중세에는 그림과 상징을 통해 어떤 곳인지 알아볼 수 있도록 간판을 만들어 달았다. 정교함과 화려함에 위트까지 더해진 중세의 간판들도 눈여겨보자.

❹
중세 가정집에서의 하룻밤
구시가지가 잘 보존되어 있는 바이에른 지역에는 수백 년 된 건물에서 대대로 호텔과 레스토랑을 경영하는 가족 호텔이 많다. 작은 규모이지만 가격이 저렴하며 풍성한 아침 식사는 덤이다.

❺
전통 의상
뮌헨과 알프스 지역에서는 바이에른 전통 의상을 입은 사람들을 자주 볼 수 있다. 남자의 의상은 레더호젠Lederhosen, 여자는 드린딜Drindl이라고 부른다.

✚ 바이에른 여행에 유용한 티켓정보

1. 바이에른 티켓 Bayern-Ticket
바이에른 주 모든 도시의 지역열차(RE/RB/IRE/IR)와 대중교통수단(S반, U반, 버스, 트램)을 하루 동안 이용할 수 있는 티켓. 바이에른 지역을 알차게 여행할 수 있으며 여럿(5인까지)이 사용할수록 저렴하다.

Web   www.bahn.de/bayern-ticket

Tip.
바이에른 티켓 구입하기

❶ Bayern-Ticket 또는 Bavaria
Ticket 표시를 따라 클릭한다.
❷ 영어를 선택하면 Bavaria
Ticket으로 나온다.

❶ 구매하기
· 온라인 예매(3개월 전부터 예매 가능) www.bahn.de
· 티켓판매기에서 Bayern-Ticket 영어식으로 Bavaria-Ticket을 선택, 구매한다.
· DB Bahn 창구에서 구매하면 €2의 수수료가 붙는다.

❷ 이용 시간
월~금 09:00~03:00, 토 · 일 24:00~03:00
(밤 티켓 이용 시간) 일~목 18:00~06:00, 금 · 토 18:00~07:00
* Bayern-Ticket Nacht는 밤 티켓으로 다음 날 아침까지 사용 가능하다.

❸ 가격
2등석 1인 €29(추가 1인당 €10, 최대 5인까지)
1등석 1인 €41.5

❹ 주의사항
· 고속철(ICE, IC)은 사용할 수 없다.
· 부모나 조부모와 동행하는 15세 이하 어린이 1명 무료, 5세 이하 무료
· 티켓에 적힌 이름만 이용 가능. 검사 시 신분증을 요구할 수도 있다.
· 국경도시인 잘츠부르크까지 이용 가능. 단, 잘츠부르크 시내교통은 이용 불가!

2. 메어타기스 티켓 Mehrtages Ticket (14-days-tickets)
바이에른 지역 내에 있는 관광명소 60여 곳을 14일 동안 무제한으로 입장할 수 있는 티켓이다. 퓌센의 노이슈반슈타인 성을 비롯해 바이에른 주의 모든 궁전과 고성을 포함하고 있어 바이에른 지역을 여행하는 데 매우 유용한 티켓이다. 궁전이나 박물관 매표소에서 구매가 가능하고 첫 방문지부터 날짜가 계산된다. 1년권도 있다.

Cost   14일권 1인 €35, 가족/파트너 티켓 €66
Web   www.bsv-shop.bayern.de

★
주요 입장 가능한 곳
뮌헨
레지덴츠 뮌헨, 님펜부르크 궁전
뉘른베르크
카이저부르크 성
뷔르츠베르크
레지덴츠, 마리엔베르크 요새
퓌센 노이슈반슈타인 성
밤베르크
신 레지덴츠
린터호프
린터호프 성 외 다수

호탕하고 유쾌한 풍류의 도시 **뮌헨**

München

© Bavaria Tourism

여행 Tip
● 도시명 뮌헨München
● 위치 독일 남부 바이에른의 주도
● 인구 약126만4백명 (2024)
● 홈페이지 www.muenchen.de
● 키워드 옥토버페스트 바이에른 뮌헨, BMW

'독일 하면 맥주, 맥주 하면 뮌헨'이 떠오를 정도로 맥주로 유명한 뮌헨은 세계 최대의 맥주 축제 옥토버페스트가 열리고, 세계 정상의 축구 리그 분데스리가 최다 우승 명문팀의 고장이다. 또한 자타공인 세계 최고의 자동차 BMW의 본고장으로 명실공히 독일을 대표하는 도시다. 이곳의 사람들은 오랜 왕정을 거치며 지켜온 전통과 문화에 대한 자부심이 대단하며, 풍류를 즐길 줄 알고, 사람들은 항상 유쾌하며 힘이 넘친다. 스위스, 오스트리아와 국경이 닿아 있고 유럽 내에서도 접근성이 좋아 한국 관광객들도 즐겨 찾는 뮌헨에서 역사와 문화 체험뿐 아니라 활력과 유쾌한 에너지를 느껴보자.

Writer's Tip

'뮌헨München'이라는 발음은 현지인들이 거의 못 알아듣는다. 독일 발음은 '뮌셴'에 가깝고, 영어 표기인 '뮤니크Munich'나 독일식 발음 '뮤니히'를 쓴다.

ⓘ 관광안내소
Information Center

중앙역 관광안내소
Access 중앙역에서 도보 1분 거리에 위치
Open 월~토 09:00~17:00, 일 · 공휴일 10:00~14:00
Address Luisenstraße 1, 80333 München
Web www.muenchen.travel

신 시청사 관광안내소
Access 마리엔 광장의 신 시청사 내에 위치
Open 월~금 10:00~18:00, 토 09:00~17:00,
  일 · 공휴일 10:00~14:00
Address Marienplatz 2, 80331 München

➕ 뮌헨 들어가기 & 나오기

1. 비행기로 이동하기

뮌헨 시내에서 북동쪽으로 약 28km 떨어진 거리에 있는 국제공항으로 정식명칭은 프란츠 요제프 슈트라우스 공항Franz Josef Strauss Flughafen이다. 독일 내에서 프랑크푸르트 국제공항에 이어 두 번째로 큰 규모로, 터미널 1과 터미널 2가 뮌헨공항센터(MAC)를 중심으로 양쪽으로 가깝게 자리 잡고 있다. 인천 공항에서 뮌헨 공항까지는 프랑크푸르트나 다른 곳을 경유하는 항공 노선이 일반적이며 루프트한자(독일항공)가 직항 노선을 운행한다(약 13시간 소요). 공항과 뮌헨 시내는 S반으로 연결되어 있고, 공항 기차역에서 고속열차인 ICE나 IC를 이용해서 독일 내 도시와 유럽 주요 도시로 갈 수 있다.

> ★
> 뮌헨 공항Flughafen München
> www.munich-airport.de
> **터미널 1**
> 영국항공, 에어프랑스 등 스카이팀 항공사와 이지젯 등 저가항공사
> **터미널 2**
> 루프트한자와 스타얼라이언스 항공사

★ 공항에서 시내 이동하기

① S반 이용하기

공항과 뮌헨 중앙역 등을 연결하는 지하철 S반이 가장 편리하다. 약 40분 소요된다. 공항에서 'S' 이정표만 따라가면 S1, S8 플랫폼이 나온다.

Cost   **편도 성인 €13.6(유레일패스 사용 가능)**

② 루프트한자 공항버스 이용하기 (Lufthansa Airport Bus)

뮌헨 공항과 시내의 중앙역(북쪽 출구)과 슈바빙 지역(U6 Nordfriedhof 역)을 연결하는 공항 셔틀버스. 중앙역까지는 약 40분이 소요되고, 슈바빙 북부까지는 약 25분이 소요된다.

Open   공항터미널 2 출발 06:25~22:25, 중앙역 출발 05:15~19:55
Cost   **편도 성인 €12, 어린이(6~14세) €6.5**
        왕복 성인 €19.3, 어린이(6~14세) €13
Web   www.airportbus-muenchen.de/en

> Tip
> 에어포트 시티 데이 티켓
> The Airport-City-Day-Ticket
>
> 공항과 시내를 연결하는 S반은 물론 뮌헨 시내의 모든 대중교통을 하루 동안 이용할 수 있는 티켓이다. 5명까지 이용 가능한 경제적인 그룹 티켓도 있다. 개시한 시간부터 다음 날 오전 6시까지 이용 가능하고 어린이(6~14세)는 2명을 성인 1명으로 계산한다.
>
> Cost   싱글 티켓 €15.5,
>   그룹 티켓 €29.1

③ 택시 이용하기

공항에서 시내까지 약 40분 정도 소요되며, 요금은 €60 이상 나온다.

2. 기차로 이동하기

뮌헨 중앙역에서 기차로 뉘른베르크나 퓌센 등 바이에른의 주요 도시들과 이동이 편리하고 오스트리아나 스위스 등 국경의 나라와도 접근하기 편리하다. 배낭여행자들은 암스테르담 등 유럽 각지에서 연결되는 야간 열차를 이용해서 들어오는 경우가 많다. 이용객이 많은 만큼 출발 플랫폼도 많고 동선이 긴 편이므로 주의하자.

★ 주요 도시별 이동 소요시간
- 프랑크푸르트 ICE ▶ 약 3시간 20분
- 베를린 ICE ▶ 약 4시간 30분
- 뉘른베르크 ICE ▶ 약 1시간 10분
- 슈투트가르트 ICE ▶ 약 2시간
- 취리히 ▶ 약 4시간 30분
- 파리 ▶ 약 6시간
- 잘츠부르크 ▶ 약 1시간 30분

3. 버스로 이동하기

다른 도시에 비해 버스터미널ZOB이 잘 갖추어져 있다. S반 역인 하커브뤼케Hackerbrücke역 바로 옆에 있고, 중앙역과 1정거장 차이다. 중앙역에서 도보로 10분 소요. 로맨틱 가도를 운행하는 유로파버스도 여기에서 승하차하고 스위스나 오스트리아, 체코 등 다른 나라로 넘어가는 노선이 많이 있다.

교통 티켓은
최초 사용 시
반드시
펀칭해야 한다.

✚ 시내에서 이동하기

시내교통 이용하기 (S반, U반, 트램, 버스)

중앙역부터 마리엔 광장 주변의 관광지는 도보로 이동이 가능하다. 님펜부르크 궁전이나 BMW 박물관 등 이동 시 대중교통을 이용해 보자.

시내교통 티켓의 종류와 가격(2024년 12월)

티켓 종류		성인	어린이(6~14세)
단거리권(4정거장 이내)		€1.9	€1.8
1회권		€3.9	€1.8
1일권	뮌헨 시내	€9.2	€3.6
	뮌헨 M-1(다하우)	€10.5	
그룹 1일권 (5인까지)	뮌헨 시내	€17.8	어린이 2명을 성인 1명으로 계산한다.
	뮌헨 M-1(다하우)	€19.2	

Web   www.mvv-muenchen.de

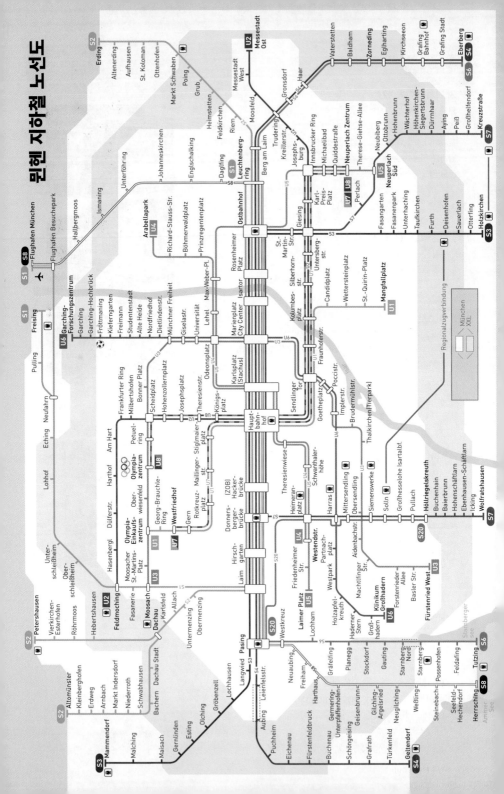

뮌헨 지하철 노선도

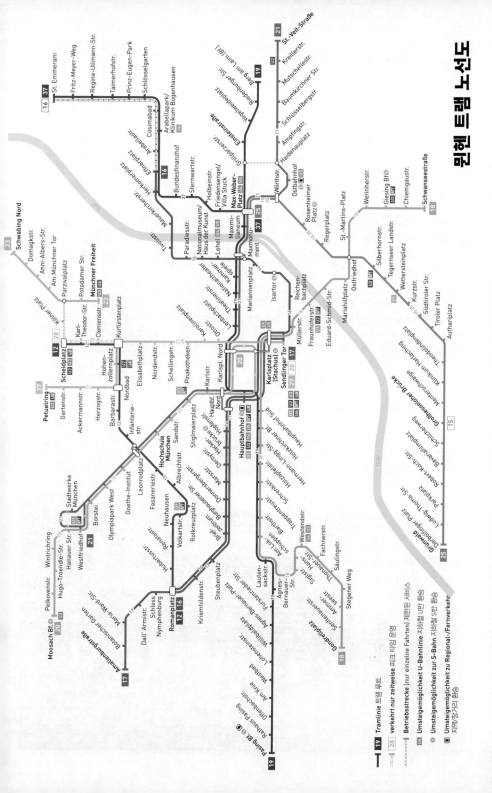

뮌헨 트램 노선도

✚ 추천 여행 일정

주요 관광지는 마리엔 광장을 중심으로 모여 있어 시내만 들른다면 하루
만에 볼 수 있지만 수많은 박물관과 님펜부르크 궁전, 다하우 지역까지
둘러본다면 최소 3박 4일은 필요하다. 가능하면 주요 박물관을 €1에 입
장할 수 있는 일요일을 박물관 투어일로 정하도록 하자. 여기서는 주요
관광지와 박물관을 포함한 3일간의 일정으로 정리해 보았다.
* 오전 일정은 도보 이동이 가능하다.

★ 1일 일정
오전 중앙역(관광안내소) ⋯ 카를 광장 ⋯ 성 미하엘 교회 ⋯ 프라우엔
교회 ⋯ 마리엔 광장(신 시청사) ⋯ 성 페트리 교회 ⋯ 성령 교회 ⋯ 빅투
알리엔 시장 ⋯ 오후 님펜부르크 궁전 or BMW 박물관 ⋯ 호프브로이하
우스

★ 2일 일정
오전 레지덴츠 궁전 ⋯ 오데온 광장 ⋯ 마리엔 광장 ⋯ 오후 다하우 수
용소

★ 3일 일정 (일요일 추천)
오전 피나코테크 3개 미술관 ⋯ 렌바흐 하우스 ⋯ 독일 과학 박물관 ⋯
오후 슈바빙 지역 ⋯ 영국 정원

✚ 옥토버페스트 Oktoberfest

세계 최대의 맥주 축제로 10월 축제(Oktober+Fest)라는 뜻이다. 매년 9월 셋째 주부터 10월 첫째 주까지 약 3주에 걸쳐 뮌헨의 테레지엔비제 Theresienwiese에서 열린다. 세계 3대 축제 중 하나인 옥토버페스트는 매년 6백만 명 이상이 모여들어 뮌헨뿐 아니라 주변의 바이에른 지역까지 들썩이게 만든다. 1810년 바이에른의 왕 루트비히 1세와 테레제 공주의 결혼을 축하하는 행사에서 유래했고, 장소명인 '테레지엔비제'는 왕비의 이름에서 따왔다.
축제 기간 중 광장에는 각 맥주 회사의 대형 텐트가 세워지고 각종 놀이기구와 공연무대가 설치된다. 많은 이들이 바이에른 민속의상을 입고 축제를 즐기며 모르는 사람과도 맥주로 대동단결해 흥겹게 어울릴 수 있다. 취객이 많아지다 보니 사고도 잦은 편이라 당국에서는 안전을 유지하기 위해 노력하고 있다. 개막일 첫날과 이튿날 펼쳐지는 퍼레이드도 놓치지 말자.

Access 중앙역 도보 15분, U반(U4 · U5) Theresienwiese 하차

Tip. 1L 마스

맥주는 '1L 마스'라고 불리는 잔으로 나오고 일반 맥주보다 도수가 높다. 가격은 €11 내외.

바이에른 전통 의상
남자는 레더호젠(Lederhosen),
여자는 드린딜(Drindl)

뮌헨

🛒 Rossmann Ⓜ Müller 🛒 ALDI
Ⓢ S반 Ⓤ U반 DB DB Ⓑ 은행 경찰서

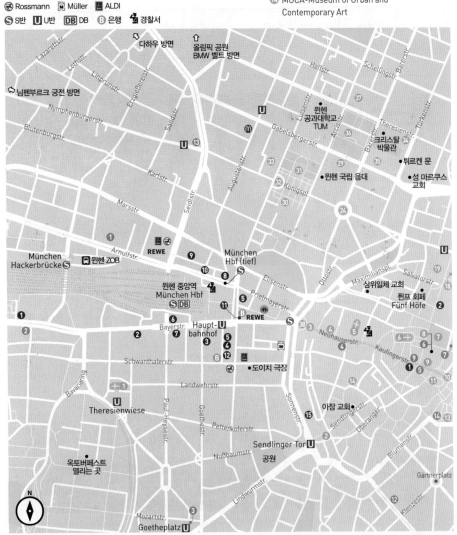

348

⑮ 독일 국립 박물관 Deutsches Museum
⑯ 바이에른 국립 극장 Bayerische Staatsoper
⑰ 레지덴츠 Munich Residenz
⑱ 펠트헤른할레 Feldherrnhalle
⑲ 테아티너 교회 Theatinerkirche
⑳ 영국 정원 Englischer Garten
㉑ 아이스바흐 Eisbach
㉒ 오데온 광장 Odeonsplatz
㉓ 예술가의 집 Haus der Kunst
㉔ 오벨리스크 Obelisk
㉕ 바이에른 국립 박물관
　　Bayerisches Nationalmuseum
㉖ 샤크 미술관 Sammlung Schack
㉗ 바이에른 주립 도서관 Bayerische Staatsbibliothek
㉘ 막시밀리아네움 Maximilianeum
㉙ 이집트 박물관 Egyptian Museum Munich

㉚ 안티켄잠룽 Antikensammlungen
㉛ 글립토테크 Glyptothek
㉜ 고대 그리스식 문 Propyläen
㉝ 렌바흐 하우스 Lenbachhaus
㉞ 브란트호스트 미술관 Museum Brandhorst
㉟ 피나코테크 데어 모데르네
　　Pinakothek der Moderne
㊱ 알테 피나코테크 Alte Pinakothek
㊲ 노이에 피나코테크 Neue Pinakothek
㊳ 카를 광장 Karlsplatz

레스토랑 & 나이트라이프

❶ 아우구스티너 켈러 Augustiner-Keller
❷ 아우구스티너 브로이슈투벤
　　Augustiner Bräustuben
❸ 한국식품점 Koreanischer Asia Shop
❹ 아우구스티너 슈탐하우스
　　Augustiner Stammhaus
❺ 카페 글로켄슈필 Cafe Glockenspiel
❻ 라츠켈러 Ratskeller München
❼ 달마이어 Dallmayr
❽ 슈나이더 브로이하우스 Schneider Bräuhaus
❾ 도니즐 Donisl München
❿ 호프브로이하우스 Hofbräuhaus
⓫ 춤 코레아너 Zum Koreaner (한식당)
⓬ 유유미 Yuyumi (한식당)
⓭ 뢰벤브로이 켈러 Löwenbräu Keller
⓮ 노르트제 Nordsee

쇼핑

❶ 갤러리아 백화점 Galeria Kaufhof
❷ 네스프레소 Nespresso
❸ 샤넬 Chanel Boutique
❹ 구찌 Gucci　　❺ 카슈타트 백화점 Karstadt

숙소

❶ 마이닝거 호텔
　　Meininger Hotel München City Center
❷ A&O 호스텔 A&O München Hbf
❸ 알로프트 뮌헨 Aloft Munich
❹ 유로 유스 호텔 Euro Youth Hotel Munich
❺ 움밧 호스텔 Wombat's Hostel Munich
❻ 소피텔 뮌헨 바이어포스트
　　Sofitel Hotel München Bayerpost
❼ 르 메르디앙 호텔 Le Méridien Munich
❽ NH 호텔 NH Hotel München Deutscher Kaiser
❾ 더 포유 호스텔 & 호텔 뮌헨
　　The 4You Hostel München
❿ 에덴 호텔 볼프 Eden Hotel Wolff
⓫ 25아워스 호텔 뮌헨 더 로열 바바리안
　　25hours Hotel München The Royal Bavarian
⓬ 머큐어 호텔
　　Mercure Hotel München City Center
⓭ 플라츨 호텔 Platzl Hotel
⓮ 호텔 피에 야레스차이텐 켐핀스키
　　Hotel Vier Jahreszeiten Kempinski München
⓯ 모텔 원 Motel One München-Sendlinger Tor

카를 광장 Karlsplatz

마리엔 광장이 뮌헨 관광의 중심이라면 그 시작은 카를 광장이다. 도심의 시작을 알리는 듯한 위용의 카를 문을 지나 마리엔 광장까지 일직선으로 이어지는 노이하우저 거리 Neuhauserstraße와 카우핑어 거리 Kaufingerstraße는 보행자 전용 거리로 뮌헨 최고의 번화가. 양쪽으로 각종 숍과 교회, 레스토랑 등이 늘어서 있고 다양한 거리 예술가들의 퍼포먼스가 활력을 더해 뮌헨 특유의 힘 있는 밝은 분위기를 느낄 수 있다.

Access 중앙역에서 도보 3분 거리,
　　　 U반 Karlsplatz역
Address Karlsplatz 10, 80335 München

성 미하엘 교회 St. Michaelskirche

교회 정면에 층마다 자리한 정교한 조각상이 인상적인 바로크 양식의 가톨릭 교회. 16세기 말 영주였던 빌헬름 5세 Wilhelm V의 지시로 건축하던 중 이유 없이 첨탑이 무너져 내리자 이를 불길하게 여겨 더 큰 교회를 짓게 되었다. 종교개혁 당시 반대 진영에 있던 대표 교회로 유명하다. 내부에 아름다운 조각상이 많고 아치형 천장은 세계에서 가장 큰 규모다. 지하에는 '비운의 왕' 루트비히 2세 Ludwig II의 무덤 등 왕족들의 묘지가 있는데 이는 유료로 개방된다.

Access 노이하우저 거리
Open 월·금 09:30~19:00,
　　　 화~목·토 07:30~19:00,
　　　 일 07:30~22:00
Cost 무료
Address Neuhauserstraße 6, 80333
　　　　 München
Tel +49 (0)89 231 7060
Web www.st-michael-muenchen.de

신 시청사 Neues Rathaus

19세기 말에 건축된 네오고딕 양식의 웅장한 신 시청사는 당시 바이에른 왕국이 얼마나 부강했는지를 보여준다. 100m에 육박하는 높은 첨탑과 정교한 조각으로 장식된 외관의 건물은 완성도 높은 건축 수준을 보여주고 내부도 궁전 못지않게 화려하게 꾸며져 있다. 건물 안쪽 정원에는 시청 레스토랑인 라츠켈러Ratskeller와 갤러리가 있어 둘러볼 만하다.

Access 중앙역에서 도보 10분, 카를 문을 지나 직진한다.
Address Marienplatz 1, 80331 München
Web www.marienplatz.de

Story **글로켄슈필 시계**Glockenspiel
1908년부터 매일 진행되는 시청사 첨탑의 시계인형극은 세계적으로 유명한 볼거리다. 두 개의 층으로 나뉘어 사람 크기의 인형들이 16세기의 이야기를 주제로 극을 펼친다. 위층은 빌헬름 5세의 결혼식을 축하하는 내용이고 아래층은 당시 전염병을 극복한 기쁨과 두려움을 표현한 쿠퍼Cooper들의 춤을 보여준다. 매일 오전 11시, 12시 오후 5시(3~10월만 진행)에 약 10분에 걸쳐 인형극이 펼쳐진다.

Tip **첨탑 전망대**
85m 높이의 중앙 첨탑에 오르면 360도 파노라마 전망을 감상할 수 있다. 엘리베이터를 타고 오르게 된다.
Open 월~토 10:00~20:00,
　　　 일 13:00~20:00
Cost 성인 €6.5, 학생 €5.5,
　　　 청소년(7~18세) €2.5,
　　　 6세 이하 무료

마리엔 광장 Marienplatz

뮌헨의 중심이 되는 광장으로 시청사, 구 시청사, 프라우엔 교회 등 뮌헨을 대표하는 건물들로 둘러싸여 있다. 언제나 사람들이 넘쳐나고 특히 늦은 시간엔 주변의 멋진 야경을 보려는 사람들로 붐빈다. 광장 한가운데 황금빛 마리아상이 있다.

Access 신 시청사 앞
Address Marienplatz 8, 80331 München
Tel +49 (0)89 233 00

프라우엔 교회 Frauenkirche

뮌헨을 대표하는 가톨릭 성당으로 후기 고딕 양식의 걸작으로 평가받는다. 뮌헨의 상징인 양파모양의 녹색 쌍둥이 첨탑과 눈에 띄는 붉은 지붕의 교회는 '뮌헨 대성당Münchener Dom'으로도 불린다. 14세기와 15세기에 걸쳐 완성된 건물은 제2차 세계대전 때 폭격으로 폐허가 된 것을 복구하여 지금의 모습이 되었다. 쌍둥이 탑의 높이는 각각 98.57m, 98.45m이고 시원한 전망을 감상할 수 있는 남쪽 탑 전망대는 새 단장을 마치고 개방되었다. 고딕 양식의 내부는 비교적 소박한 편으로 입구의 '악마의 발자국Der Teufelstritt'과 함께 동상과 호위병을 세운 루트비히 황제의 검은색 석관 등 인상적인 작품들이 있다. 앞서 교황을 지낸 265대 교황 베네딕트 16세의 흔적도 찾아볼 수 있다.

Access	신 시청사 옆
Open	**교회** 08:00~20:00
	남쪽 탑 전망대 월~토 10:00~17:00, 일·공휴일 11:30~17:00
Cost	**남쪽 탑 전망대**(현징 구매) 성인 €7.5, 학생·청소년(7~18세) €5.5, 6세 이하 무료
Address	Frauenplatz 12, 80331 München
Tel	+49 (0)89 290 0820
Web	www.muenchner-dom.de

Story 악마의 발자국

프라우엔 교회를 건설하다가 재정난이 닥치자 건축가는 악마와 거래를 하게 되었는데, 악마의 조건은 창을 만들지 말라는 것. 이를 수락하고 입구에 있는 자리까지는 창이 안 보이도록 설계를 했는데 나중에 속은 걸 깨달은 악마가 화가 나 분노의 킥을 날리며 만들어진 발자국이라고 한다. 아직도 화난 악마가 교회 주변에 바람을 일으킨다는 믿거나 말거나 한 이야기가 전해진다.

구 시청사 Altes Rathaus

위엄이 느껴지는 신 시청사와 묘한 대비를 이루는 동화 같은 매력의 구 시청사. 700년 이상의 역사가 있는 건물로 제2차 대전 때 완전히 파괴되었다가 복원한 신고딕 양식의 건물이다. 현재도 관공서 건물이고 탑에는 장난감 박물관Spielzeugmuseum이 있다.

Access	마리엔 광장
Open	장난감 박물관 10:00~17:30
Cost	**장난감 박물관** 성인 €6, 어린이(17세 이하) €2, 가족 티켓(성인 2인+어린이 3인) €12
Address	Marienplatz 15, 80331 München
Tel	+49 (0)89 233 96 500

Tip 줄리엣 동상

구 시청사 건물 앞에는 이탈리아 베로나의 '줄리엣의 집'에 있는 줄리엣 동상 복제본이 있다. 가슴을 만지면 사랑이 이루어진다고 전해지며 꽃을 헌화하기도 한다.

성 페트리 교회 St. Petrikirche

뮌헨에서 가장 오래된 성당으로 현지인들은 알테 페터^{Alter Peter}라고 부른다. 11세기에 완공된 후 화재로 소실되어 14세기에 로마네스크와 고딕 양식을 추가해 증축되었고, 17세기에 르네상스 스타일의 첨탑이 더해졌다. 이 역시 제2차 세계대전 때 파괴된 것을 민간의 기부로 2000년에 보수공사를 마쳤다. 내부는 바로크 스타일의 제단과 화려한 로코코 장식으로 꾸며졌다. 천장의 화려한 프레스코화가 유명하다.

Access	신 시청사에서 도보 1분
Open	탑 전망대 4~10월 09:00~19:30
	11~3월 월~금 09:00~18:30,
	토·일·공휴일 09:00~19:30
Cost	교회 무료
	탑 전망대 성인 €5, 학생 €3,
	청소년(6~18세) €2, 6세 이하 무료
Address	Rindermarkt 1, 80331 München
Tel	+49 (0)89 210 23 7760
Web	www.erzbistum-muenchen.de

Tip 1 첨탑 전망대
299개의 계단을 올라 91m 높이의 전망대에 오르면 뮌헨에서 가장 아름다운 파노라마 전망을 감상할 수 있다. 날씨가 좋으면 알프스까지도 볼 수 있다고 한다.

Tip 2 성 문디타^{St. Mundita} **유골**
황금과 보석으로 치장된 바로크식 유골함으로 기독교 순교자인 성 문디타의 유골이다(유리관 안으로 보이는 모습이 섬뜩하지만 묘하게 눈길을 사로잡는다). 로마에 있던 것을 17세기에 이곳으로 옮겨왔다.

성령 교회 Heilig Geist Kirche

성 페트리 교회^{St. Petrikirche} 바로 옆에 있는 교회로 1382년 완공되었다. 외관은 고딕 양식이고 내부는 화려한 천장 프레스코화가 유명한 로코코 양식으로 네오 바로크 양식도 찾아볼 수 있다. 제2차 세계대전 때 심하게 파괴되었다가 재건되면서 내부 장식이 많이 줄었다. 화려한 주변 모습 때문에 그냥 지나치기 쉬우나 내부 장식이 매우 아름다우니 들러보도록 하자.

Access	마리엔 광장에서 도보 1분
Open	월~금 09:00~20:00,
	토·일·공휴일 08:30~20:00
Cost	무료
Address	Prälat-Miller-Weg 3, 80331
	München
Tel	+49 (0)89 242 16 890
Web	www.heilig-geist-muenchen.de

9

빅투알리엔 시장 Viktualienmarkt

그야말로 없는 게 없는 뮌헨 최대의 재래시장. 19세기 초에 농산물 위주의 작은 시장이 점점 커져서 오늘날의 규모가 되었다. 단순한 시장을 넘어 미식 천국이자 문화가 된 시장은 7천 평 규모에 140여 개의 가판이 있고 신선한 농산물은 물론 가공식품, 공예품까지 먹거리, 볼거리로 가득하다. 가격도 저렴한 편. 특히 1천 명이 한끼번에 맥주를 즐길 수 있다는 비어가르텐Biergarten은 이곳의 자랑이고 2012년 200주년을 맞아 세운 37m의 오월주Maypole도 빅투알리엔 시장의 명물이 되었다.

Access 마리엔 광장에서 도보 3분
Open 월~토 08:00~20:00, 일 휴무
(상점마다 상이)
Address Viktualienmarkt 9, 80331 München
Tel +49 (0)89 291 65 993
Web www.viktualienmarkt.de

 10

MUCA 뮌헨
MUCA-Museum of Urban and Contemporary Art

2016년 12월 개관한 현대미술관으로 거리예술과 그라피티 등 어반아트와 실험적인 현대미술 작품을 전시한다. 뱅크시Banksy, 데미안 허스트Damien Hirst, 카우즈Cowes, 셰퍼드 페어리Shepard Fairey 등의 작품을 소장하고 있으며, 전 세계 유수의 도시에서 〈Icons of Urban Art〉 전시회를 열고 있다. 서울에서는 2025년 초까지 전시가 열린다.

Access S반 Marienplatz역에서 도보 6분
Open 수~일 · 공휴일 10:00~18:00(목 ~20:00), 월 · 화 휴관
Cost 성인 €12, 학생 €9
Address Hotterstraße 12, 80331 München
Tel +49 (0)89 215 524310   Web www.muca.eu

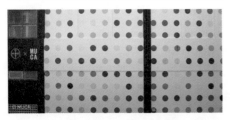

 11

오데온 광장 & 펠트헤른할레
Odeonsplatz & Feldherrnhalle

오데온 광장 가운데 이탈리아 신전 같은 건물이 '펠트헤른할레(1841~1844)'이다. 루트비히 1세에 의해 세워졌고 매년 정기 연주회가 열리는 공연무대이자 시민들의 만남의 장소이다. 나치 정권 당시는 나치 친위대가 지키고 있어 시민들은 지날 때마다 강제 경례를 해야 했다고 한다. 오데온 광장 너머부터는 슈바빙Schwabing 지구가 시작된다.

Access 테아티너 교회 앞
Address Residenzstraße 1, 80333 München

레지덴츠 Residenz München

옛 바이에른 왕국의 통치자였던 비텔스바흐^{Wittelsbach} 왕가의 궁전(1508~1918)이다. 당시 왕실의 부와 권력을 자랑하듯 엄청난 규모에 놀라움을 금치 못하게 된다. 르네상스부터 초기 바로크, 로코코 시대를 거쳐 신고전주의 시대까지 수세기에 걸쳐 확장해 온 궁전은 특히 여러 양식의 실내장식과 보물들이 눈여겨볼 만하다. 박물관, 보물관, 극장은 유료이고 각각 입구가 따로 있다. 르네상스 양식의 정원 등은 무료로 둘러볼 수 있다. 규모가 방대하기 때문에 박물관과 보물관, 퀴빌리에 극장까지 모두 관람하려면 3시간 이상 소요된다.

Access	U반(U3 · U4 · U5 · U6) Odeonsplatz, 버스 Odeonsplatz, 트램 Nationaltheater 하차
Open	폐관 1시간 전까지 입장 가능
	박물관+보물관 4월~10월 중순 09:00~18:00, 10월 중순~3월 10:00~17:00
	극장 4~7월 · 9월 중순~10월 중순 월~토 14:00~18:00, 일 · 공휴일 09:00~18:00
	8월~9월 중순 09:00~18:00
	10월 중순~3월 월~토 14:00~17:00, 일 · 공휴일 10:00~17:00
Cost	**박물관** 성인 €9, 학생 €8
	보물관 성인 €9, 학생 €8
	극장 성인 €5, 학생 €4
	콤비 티켓(박물관+보물관) 성인 €14, 학생 €12
	콤비 티켓(박물관+보물관+극장) 성인 €17, 학생 €14.5
Address	Residenzstraße 1, 80333 München
Tel	+49 (0)89 290 671
Web	www.residenz-muenchen.de

레지덴츠 자세히 보기

박물관 Residenz Museum
1920년 일반에 공개되었고 건물 전체가 보물로 휘감겨 있다고 해도 과언이 아닐 만큼 화려하고 아름답다. 유럽에서 가장 훌륭한 궁전 박물관으로 꼽힌다. 르네상스 양식의 연회홀, 안티콰리움^{Antiquarium}은 이곳의 하이라이트로 길이가 66m에 달한다.

보물관 Treasury
비텔스바흐 왕가에 대대로 내려오는 왕실의 보물들을 전시하고 있다. 왕과 왕비의 왕관, 보석, 검 등 1,250여 점의 보물을 감상할 수 있다.

퀴빌리에 극장 Cuvilliés Theater
1750년대에 지어진 극장으로 주로 오페라가 상연되었다. 큰 규모는 아니지만 로코코 양식의 화려한 실내장식이 볼 만하다. 현대식 조명과 음향시설이 갖춰져 있다.

막스 요제프 광장 & 바이에른 국립 극장 Max-Joseph-Platz & Bayerisches Staatstheater
레지덴츠로 들어가는 관문으로 중앙에는 바이에른 왕국의 첫 왕이었던 막시밀리안 1세 요제프^{Maximilian I. Joseph}의 동상이 있고 동상 뒤로 바이에른 국립 극장이 있다.

행운의 청동 사자상
레지덴츠 각 입구에는 네 마리의 청동 사자상이 있는데 방패에 있는 사자의 얼굴을 만지면 소원이 이뤄진다는 이야기가 전해진다.

테아티너 교회 Theatinerkirche

17세기 말 완공된 가톨릭 교회로 막시밀리안 2세의 탄생을 축하하기 위해 지어졌다. 로마의 '산 탄드레아 델라 발레 성당Sant' Andrea della Valle'을 모태로 건축된 교회는 유럽 바로크 건축물 중 가장 아름답다고 손꼽히며 독일 바로크 건축에도 큰 영향을 미쳤다. 순백의 로코코 양식의 실내는 화려하면서도 경건하다. 막시밀리안 2세를 비롯한 왕가의 무덤이 있다.

Access	오데온 광장 펠트헤른할레 옆
Open	월 · 수 · 금 08:30~16:00,
	화 08:30~14:00, 목 08:30~18:00,
	토 · 일 휴관
Cost	무료
Address	Salvatorplatz 2a, 80333 München
Tel	+49 (0)89 210 6960
Web	www.theatinerkirche.de

렌바흐 하우스 Lenbachhaus

19세기 말에 활약한 화가 렌바흐의 저택에 1929년 설립된 미술관이다. 노란색 로마식 2층 건물을 수차례 확장, 수리하면서 2013년 5월 새롭게 문을 열게 되었다. 렌바흐와 동시대의 작품뿐 아니라 칸딘스키로 대표되는 청기사파의 작품들을 대거 전시하고 있다. 청기사파는 20세기 초의 표현주의 화풍으로 칸딘스키, 프란츠 마르크, 파울 클레 등의 작품을 이곳에서 만날 수 있다.

Access	U반(U2 · U8) Königsplatz,
	(U1 · U7) Stiglmaierplatz 하차,
	트램 27번 Karolinenplatz,
	버스 100번 Königsplatz 하차,
	중앙역에서 도보 5분
Open	화~일 · 공휴일 10:00~18:00
	(목 ~20:00), 월 휴관
Cost	성인 €10, 학생 €5, 18세 이하 무료
Address	Luisenstr. 33, 80333 München
Tel	+49 (0)89 233 32 000
Web	www.lenbachhaus.de

로비에 거꾸로 매달린
유리 조각품은 현대 설치작가
엘리아손(Olafur Eliasson) 작,
〈소용돌이(Wirbelwerk)〉다.

> **Tip 프란츠 폰 렌바흐**
> 유명한 초상화가였던 프란츠 폰 렌바흐Franz von Lenbach(1836~1904)는 뛰어난 묘사로 황제 빌헬름 1세, 바그너, 리스트 등 당대 거물급 인사들을 그렸다. 특히 80여 점이나 그렸다는 비스마르크의 초상화가 유명하다.

피나코테크 Pinakothek

뮌헨 미술관 관람의 하이라이트인 세 곳의 피나코테크에서는 고대부터 근현대의 명작들을 감상할 수 있다. 피나코테크는 '미술관'이라는 뜻으로 그리스어에서 유래했다. 주변의 브란트호스트 미술관과 글립토테크까지 추가한다면 유럽의 미술사를 한눈에 볼 수 있다.

Access U반(U2) Königsplatz/
Theresienstrasse,
(U3 · U4 · U5 · U6) Odeonsplatz,
버스 100번 트램 27번
Pinakotheken 하차

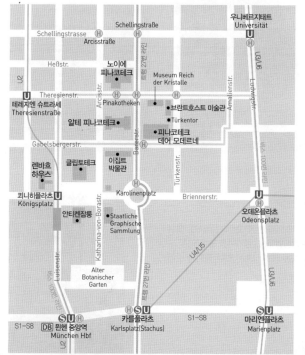

Tip 알아두면 유용해요~

1. 일요일은 박물관 데이!
뮌헨의 일정을 정할 때 가능하면 일요일을 포함시키자! 3곳의 피나코테크를 비롯한 주요 미술관을 €1에 입장할 수 있다.

Web www.museen-in-muenchen.de

2. 100번 버스
일명 '박물관 노선Museenlinie'으로 중앙역을 출발해 23개의 박물관 근처를 지나는 버스 노선. 주요 지하철역들도 지나므로 유용하다.

3. 데이 티켓
1인 €12, 5인 그룹 €29(피나코테크 3곳, 브란트호스트 미술관, 샤크 미술관)

① 알테 피나코테크 Alte Pinakothek

14세기부터 18세기까지 유럽의 중세 회화들을 전시하며 르네상스 회화의 걸작들을 감상할 수 있다. 열광적인 미술수집가였던 루트비히 1세의 명으로 19세기에 지어졌다.

Open	화 · 수 10:00~20:00, 목~일 10:00~18:00, 월 휴관
Cost	성인 €9, 학생 €6, 일요일 €1, 18세 이하 무료
Address	Barerstraße 27, 80333 München
Tel	+49 (0)89 238 05 216
Web	www.pinakothek.de

② 노이에 피나코테크 Neue Pinakothek

피나코테크의 미술관 중 한국인이 가장 좋아할 만한 시대와 화가들의 명작들을 전시한다. 고흐, 마네, 모네, 르누아르, 마티스, 클림트 등 주로 19세기의 작품을 감상할 수 있으며 고흐의 〈해바라기〉 중 하나가 이곳에 있다. 역시 루트비히 1세가 지은 미술관으로 왕가의 소장품을 다수 포함한다.

Open	2024년 12월 대대적인 보수공사로 임시 휴관 중이며 19세기 명작들은 알테 피나코테크와 샤크 미술관에서 전시하고 있다.
Address	Barerstraße 29, 80799 München
Tel	+49 (0)89 238 05 195
Web	www.pinakothek.de

Tip 고흐 〈해바라기〉

인상파 화가 고흐의 〈해바라기〉는 전 세계 5곳의 미술관에서 볼 수 있다. 1888년부터 2년에 걸쳐 그린 〈해바라기〉는 비슷한 구도로 그려졌는데 뮌헨 노이에 피나코테크와 필라델피아 미술관에 있는 것만 배경이 푸른색이고 나머지 세 곳(런던 내셔널 갤러리, 암스테르담 고흐 뮤지엄, 동경 솜포 미술관)은 노란색이다.

③ 피나코테크 데어 모데르네 Pinakothek der Moderne

2002년 문을 연 현대 미술관으로 20세기 이후의 미술에서는 유럽에서도 최고로 인정받는다. 그래픽 아트, 디자인, 건축, 상업미술, 설치미술 등 다양한 분야의 작품을 전시하고 있다. 피카소, 앤디 워홀 등의 작품도 있다. 중앙 로비의 25m 높이의 유리돔이 인상적이다.

Open	화~일 10:00~18:00(목 ~20:00), 월 휴관
Cost	성인 €10, 학생 €7, 일요일 €1, 18세 이하 무료
Address	Barerstraße 40, 80333 München
Tel	+49 (0)89 238 05 360
Web	www.pinakothek.de

브란트호스트 미술관 Museum Brandhorst

2009년 개관한 신생 미술관으로 23색, 3만 6,000개의 도자기가 뒤덮고 있는 직사각형의 외관이다. 헹켈Henkel사 설립자의 증손녀 부부가 소장 작품들을 뮌헨에 기증하면서 만들어졌다. 앤디 워홀의 팝아트 작품을 비롯하여 현대 미술과 디자인 관련 작품이 주를 이룬다.

Access 피나코테크 데어 모데르네 옆
Open 화~일 10:00~18:00(목 ~20:00), 월 휴관
Cost 성인 €7, 학생 €5, 일요일 €1
Address Theresienstraße 35a, 80333 München
Tel +49 (0)89 238 05 2286
Web www.museum-brandhorst.de

글립토테크 Glyptothek

고대 조각 미술관으로 루트비히 1세의 명으로 1830년에 완공되었고 그가 소장한 고대 그리스와 로마의 조각품들을 전시하고 있다. 건너편에 마주한 건물은 고대 회화 미술관인 안티켄잠룽Antikensammlungen이고 두 박물관 사이에는 그리스식 통행문Propyläen이 있다.

Access U반(U2) Königsplatz 하차
Open 화~일 10:00~17:00(목 ~20:00), 월 휴관
Cost 성인 €6, 학생 €4, 일요일 €1
Address Königsplatz 3, 80333 München
Tel +49 (0)89 286 100

샤크 미술관
Sammlung Schack

독일의 시인이자 화가인 아돌프 프리드리히 폰 샤크Adolf Friedrich von Schack 백작이 수집한 19세기 낭만주의 회화 작품을 전시하는 박물관. 2009년이 개관 100주년이었다.

Access U반(U4·U5) Lehel, 트램 18번 Nationalmuseum/
        Haus der Kunst, 버스 100번 Reitmorstraße/
        Sammlung Schack 하차
Open 수~일 10:00~18:00(첫째 · 셋째 수 ~20:00), 월 · 화 휴관
Cost 성인 €4, 학생 €3, 일요일 €1
Address Prinzregentenstraße 9, 80538 München
Tel +49 (0)89 238 05 224

바이에른 국립 박물관
Bayerisches Nationalmuseum

막시밀리안 2세에 의해 1855년 설립된 국립 박물관으로 유럽에서 가장 큰 규모의 역사와 문화예술 관련 박물관이다. 바이에른과 팔츠Pfalz를 통치했던 비텔스바흐 왕가의 보물과 수집품을 주요 전시로 하고 있어 부강했던 바이에른 왕국의 진면목을 볼 수 있다. 고딕부터 르네상스, 19세기 바로크, 아르누보 시대를 아우르는 조각과 회화 등 예술품을 전시하고 있으며, 특히 'Nativity Scene'으로 불리는 예수 탄생 장면의 세계적인 컬렉션을 보여준다.

Access 버스 100번, 트램 18번 Nationalmuseum/
        Haus der Kunst 하차
Open 화~일 10:00~17:00(목 ~20:00),
        월 휴관
Cost 성인 €7, 학생 €6, 일요일 €1
Address Prinzregentenstraße 3, 80538
        München
Tel +49 (0)89 211 2401
Web www.bayerisches-
        nationalmuseum.de

영국 정원 Englischer Garten

1789년 선제후 카를 테오도르^{Karl Theodor}에 의해 이자르 강을 따라 조성된 영국식 정원이다. 도시 정원으로 세계적인 규모이며 뮌헨 시민들에게 큰 사랑을 받는 휴식처이기도 하다. 78km에 달하는 조깅과 사이클 도로, 축구 등의 필드 경기를 펼칠 수 있는 공간과 아름다운 호수가 있고 일본 찻집도 있다. 25m 높이의 중국식 탑 옆에는 7,000석 규모의 비어가르텐이 있다.

Access 트램 18번 Tivolistraße 하차,
아이스바흐 서핑 포인트가
영국 정원 남쪽에 속한다.

아이스바흐 Eisbach

강에서 즐기는 서핑! 뮌헨에서 만날 수 있는 가장 흥미롭고 이색적인 장소로 이자르 강의 지류인 아이스바흐 강 남쪽 끝에 있는 서핑 포인트다. 여름은 물론이고 겨울에도 서퍼들이 찾아오는 유명한 곳으로 유유히 서핑을 즐기는 서퍼들과 이에 눈을 떼지 못하는 구경꾼들의 모습이 재미있다.

Access 버스 100번, 트램 18번
Nationalmuseum/
Haus der Kunst 하차
Web www.eisbachwelle.de

독일 과학 박물관 Deutsches Museum

세계 최대 규모의 과학 기술 박물관으로 1903년 독일공학자협회에서 설립했다. 과학의 전 분야를 다루며 50개의 전시실에 2만 8,000여 전시물이 있다. 실제 크기의 모형에서 직접 체험할 수 있으며 재미있고 유익한 전시가 많다. 제대로 즐기려면 하루를 다 투자해도 모자랄 정도로 방대한 규모이니 계획을 잘 세우고 방문하자. 주말에는 가족 단위의 관람객이 많은 편이다.

Access S반, 트램 16번 Isartor,
U반(U1·U2) Fraunhoferstraße,
트램 17번 Deutsches Museum 하차
Open 09:00~17:00
Cost 성인 €15,
학생·청소년(6~17세) €8,
가족(성인 2인+17세 이하 1인) €29,
5세 이하 무료
Address Museumsinsel 1,
80538 München
Tel +49 (0)89 217 91
Web www.deutsches-museum.de

알리안츠 아레나 Allianz Arena

세계에서 가장 멋진 축구 경기장. 2006 독일 월드컵을 앞둔 2005년에 개장했고 분데스리가 FC 바이에른 뮌헨과 TSV 1860뮌헨(2부)의 홈구장이다. 독특한 외관 덕분에 '고무보트'라는 애칭으로 불린다. 전 세계에서 유일하게 외벽의 색을 자유자재로 바꿀 수 있는데 바이에른 뮌헨의 홈경기 때는 빨간색, 1860뮌헨은 파란색, 독일 대표팀의 경기 때는 하얀색으로 변한다. 엄청난 인파가 몰리는 경기일은 물론, 평일에도 전 세계 축구팬들이 방문하고 있다. FC 바이에른 뮌헨 박물관과 최대 규모의 팬숍, FC 바이에른 메가 스토어가 있다.

Access	U반(U6) Fröttmaning역에서 도보 10분
Open	10:00~18:00
Cost	콤비 티켓 성인 €25, 학생 €22, 어린이(6~13세) €11, 5세 이하 무료
Address	Werner-Heisenberg-Allee 25, 80939 München
Tel	+49 (0)89 699 31 222
Web	www.allianz-arena.de

© Bavaria Tourism

Tip 아레나 콤비투어 Arena Kombi Tour
경기장과 FC 바이에른 박물관을 포함한다. 경기장 투어는 독일어나 영어 가이드투어로 60분간 진행되며 선수 로커룸, 프레스룸 등 곳곳을 둘러본다. 자유롭게 진행되는 FC 바이에른 박물관 관람까지 약 2시간 정도 소요된다.

슈바빙 Schwabing

뮌헨 북쪽에 위치한 젊음과 예술의 마을로 릴케, 토마스만, 칸딘스키, 클레 등 예술가들이 작품 활동을 했던 곳이다. 슈바빙의 상징인 조나단 보로프스키 작 〈워킹 맨Walking Man〉이 있고 뮌헨 대학교Universität Ludwig Maximilians도 이곳에 있다. 관광객으로서 슈바빙 지역을 즐기고 싶다면 U반 대학역Universität의 개선문Siegestor을 시작으로 기젤라 거리역Giselastraße과 뮌쉐너 프라이하이트역Münchner Freiheit까지 둘러보도록 하자. 저녁 시간에는 뮌헨 젊은이들이 모여드는 나이트 스폿이다.

Access	U반(U3·U6) Universität역, Giselastraße역, Münchner Freiheit역

25

BMW 박물관 BMW Museum

BMW 본사인 4실린더 빌딩 옆에 은색 우주선 모양의 빌딩이 BMW 박물관이다. BMW의 역사와 미래가 모두 담겨 있고 BMW의 명차와 미래 콘셉트 카들이 전시되어 있는 매우 흥미로운 공간이다. 1972년 올림픽 공원이 조성되며 설립된 박물관은 BMW 벨트가 생기면서 리모델링 후 2008년 재개관했다.

Access   U반 Olympiazentrum역
Open   화~일 10:00~18:00, 월 휴관
Cost   성인 €12, 학생 €8
Address Am Olympiapark 2,
         80809 München
Tel   +49 (0)89 125 01 6001
Web   www.bmw-welt.com

Tip BMW Bayerische Motoren Werke
바이에른 자동차 회사라는 뜻이다. 1916년 항공기 엔진 제조사로 출발해 오토바이와 승용차를 생산하면서 세계적 명성의 자동차 회사가 되었고 바이에른과 뮌헨의 대표적인 자랑거리다. 본사 건물은 4기통 엔진 모양을 하고 있어 '4실린더 빌딩'으로 불린다. 엠블럼은 비행기의 프로펠러를 이미지화했고, 흰색은 알프스 산, 늘색은 바이에른의 하늘을 의미한다.

 26

BMW 벨트 BMW Welt

BMW 본사와 올림픽 공원 사이에 위치한 BMW 전시장으로 2007년 개관했다. 구매자에게 차를 넘기는 인도장이자 BMW, MINI, 롤스 로이스 등을 전시하고 시승할 수 있는 공간이다. 또한 레스토랑, 콘서트 홀, 캐릭터숍 등 복합 문화 공간으로의 역할도 하고 있다. 무료로 누구에게나 공개되는 충분히 흥미로운 전시 공간이므로 자동차 마니아들은 꼭 방문해 보자.

Open   월~토 07:30~24:00, 일 09:00~24:00

 27

올림픽 공원 Olympiapark München

1972년 뮌헨에서 개최된 하계 올림픽을 위해 조성된 공원. 50m가 넘는 올림픽 타워와 텐트 지붕으로 유명한 메인스타디움 등의 경기장이 이곳의 상징이다. 뮌헨 시민들이 즐겨 찾는 휴식처로 호수 주변에서는 무료 야외콘서트가 열리고 시라이프 수족관Sea Life도 있다.

Access   BMW 박물관 부근, U반 Olympiazentrum역
Address Spiridon-Louis-Ring 21, 80809 München
Tel   +49 (0)89 306 70
Web   www.olympiapark.de

님펜부르크 궁전 Schloss Nymphenburg

옛 바이에른 왕국을 다스렸던 비텔스바흐 왕가의 여름 별궁. 1662년 막시밀리안 2세의 탄생을 기념해 이탈리아식 저택을 지었고, 18세기에 확장하면서 바로크와 로코코 양식이 공존하는 궁전의 모습을 갖추게 되었다. 이름은 궁전의 연회장Festsaal 천장 프레스코화에 그려진 '님프(요정)'에서 유래되었다. 궁전은 루트비히 1세가 모아둔 당대 미인들의 초상화 갤러리 등이 유명하다. 바로크 양식의 정원에는 수렵용 별채로 유명한 아말리엔부르크Amalienburg와 목욕탕인 바덴부르크, 중국풍 장식의 파고덴부르크가 있고, 왕실 마구간 박물관인 마르슈탈 박물관Marstallmuseum과 유명한 님펜부르크 도자기 갤러리가 있다. 궁전과 정원이 대칭 구조로 되어 있고 다 둘러보려면 반나절 정도의 시간과 체력이 필요하다.

Access	트램 17번, 버스 51번 Schloss Nymphenburg 하차, 도보 5분
Open	4월~10월 15일 09:00~18:00 10월 16일~3월 10:00~16:00
Cost	**궁전** 성인 €8, 학생 €7, 18세 이하 무료 **박물관 (마구간 박물관+도자기 박물관)** 성인 €6, 학생 €5, 18세 이하 무료
Address	Schloss Nymphenburg, Eingang 19, 80638 München
Tel	+49 (0)89 179 080
Web	www.schloss-nymphenburg.de

다하우 수용소 Dachau KZ Gedenkstätte

1933년 3월 이후 아돌프 히틀러의 나치는 독일 곳곳에 강제 수용소를 세워 정치범 등을 투옥해 강제 부역을 시키며 무자비한 폭력을 자행했는데, 그중 최초의 수용소가 이곳이다. 정치범 외에 동성애자, 전쟁 포로, 유대인 등 일반인까지 12년 동안 20만 명 이상이 수감되었고 4만 1,500명이 살해되었다고 한다. 나치의 만행이 여과 없이 전시되어 있는 박물관과 당시의 참혹함이 전해지는 각종 시설을 바라보는 일이 쉽지만은 않지만 잘못된 역사를 인정하고 반성하는 독일의 진심은 많은 생각을 하게 한다. 곳곳에 세워진 추모비에서는 절로 고개가 숙여진다.

Access	S반(S2) Dachau역에서 버스 726번 Dachau, KZ Gedenstatt 하차
Open	09:00~17:00, 12월 24일 휴관
Cost	무료
Address	Pater-Rothstraße 2a, D-85221 Dachau
Tel	+49 (0)81 316 69 970
Web	www.kz-gedenkstaette-dachau.de

'노동이 자유롭게 하리라 (Arbeit Macht Frei)' 라고 적혀 있다.

Food

맥주와 소시지의 나라 독일에서도 가장 유명한 맥주의 도시 뮌헨은 그야말로 식도락 천국이다. 학세Haxe와 바이스부어스트Weisswurst도 뮌헨의 지역 음식이고 품질 좋은 맥주를 제조하는 맥줏집이 많기 때문에 어느 곳에 들어가도 만족감을 느낄 것이다. 중세 분위기의 맥줏집에서 전통 의상을 입은 점원들의 서빙을 받는 것도 즐거운 경험이다.

> **Tip 바이스부어스트 Weisswurst**
> 식도락 뮌헨의 흰색 소시지 바이스부어스트. 1857년 마리엔 광장의 한 식당에서 원래 쓰던 양의 창자가 떨어져 돼지 창자로 소시지를 만들었는데, 구우면 찢어지는 돼지 창자의 특성상 삶아서 조리한 것이 뛰어난 맛을 내면서 뮌헨의 명물이 되었다. 송아지고기가 51% 이상 들어가는 게 특징인 이 소시지는 브레첼과 달콤한 겨자 소스를 곁들여 브런치로 즐겨 먹는다.

Food
①

호프브로이하우스 Hofbräuhaus

세상에서 제일 유명한 맥줏집이자 뮌헨의 필수 관광지로 꼽히는 호프브로이하우스는 1589년 왕실에 맥주를 공급하는 '왕실양조장'으로 시작되었다. 아치형 천장의 대형 홀은 늘 붐비기 때문에 합석이 자연스럽고 주문부터 음식이 나오기까지 시간도 걸리는 편이다. 품질이 좋기로 유명한 맥주와 음식 맛은 명불허전이지만 서비스까지 기대하기는 어렵다. 전통 의상을 입고 브레첼을 파는 미녀들이 돌아다니고 흥겨운 브라스밴드의 연주가 정신없으면서도 즐겁다. 입구 쪽에 기념품숍도 있다.

Access   마리엔 광장에서 도보 3분
Open   11:00~24:00(부엌은 ~22:00)
Cost   호프브로이 맥주 1L €10.8~,
        500ml €5.4~,
        바이스부어스트 €7.2~,
        주메뉴 €16.5~
Address Platzl 9, 80331 München
Tel   +49 (0)89 290 13 6100
Web   www.hofbraeuhaus.de

아우구스티너 슈탐하우스
Augustiner Stammhaus

1328년에 오픈한 유서 깊은 양조장으로 뮌헨에서 가장 오래된 곳이다. 매년 옥토버페스트의 개막을 알리는 '술통 오픈'도 이곳에서 맡는다. 중앙역 근처 등 시내에 분점이 있으니 '아우구스티너Augustiner' 간판을 찾아보자.

Access	카를 광장에서 도보 2분, 노이하우저 거리
Open	월~토 11:00~24:00(식사 주문 ~22:30), 일 · 공휴일 11:00~22:00
Cost	주메뉴 €15.8~
Address	Neuhauserstraße 27, 80331 München
Tel	+49 (0)89 231 83 257
Web	www.augustiner-restaurant.com

도니즐
Donisl München

뮌헨에서 가장 오래된 레스토랑 중 하나로 1715년에 문을 열었다. 바이에른 지역에서 생산되는 식재료로 만드는 전통 요리법에 대한 자부심이 대단하다. 학센을 비롯한 돼지고기 요리가 유명하고 채식주의 메뉴도 다양하다.

Access	시청사 옆
Open	월~목 11:00~22:00, 금 · 토 11:00~23:00, 일 10:30~16:00
Cost	맥주 500ml €5.9~, 주메뉴 €14.9~
Address	Weinstraße 1, 80333 München
Tel	+49 (0)89 242 9390
Web	www.donisl.com

뢰벤브로이 켈러
Löwenbräu Keller

바이에른의 상징인 사자의 양조장이라는 뜻으로 1883년에 문을 열었다. 성 같은 외관이 인상적인 이곳의 맥주는 뮌헨 최고라고 자부하며 병맥주까지 시판 중이다. 비어가르텐에서 비교적 여유롭게 식사를 즐길 수 있다.

Access	중앙역에서 도보 12분, U반(U1) Stiglmaierplatz 하차
Open	월~목 · 일 11:30~23:00, 금 · 토 11:00~24:00 (식사 주문 ~21:30)
Cost	뢰벤브로이 맥주 1L €11.2~, 500ml €5.6~, 주메뉴 €11.8~
Address	Nymphenburgerstraße 2, 80335 München
Tel	+49 (0)89 547 26 690
Web	www.loewenbraeukeller.com

슈나이더 브로이하우스
Schneider Bräuhaus

독일 밀맥주의 대표 주자이자 목 넘김이 부드러운 '슈나이더 바이세Schneider Weisse' 맥주를 맛볼 수 있다. 관광객보다는 현지인들에게 사랑받는 맛집이다. 독일 전통 요리도 맛있고 저렴한 조식 메뉴가 별도로 있다.

Access	마리엔 광장에서 도보 2분
Open	09:00~23:30
Cost	주메뉴 €12.9~, 맥주 500ml €4.9~
Address	Tal 7, 80331 München
Tel	+49 (0)89 290 1380
Web	www.schneider-brauhaus.de

Food
6

달마이어 Dallmayr

독일의 대표 커피 브랜드 달마이어의 뮌헨 지점으로 고급스러운 노란색 건물이다. 1700년 이래로 최상급의 커피를 생산하였고, 독일 황실로부터 인정받은 브랜드다. 프로도모^{Prodomo} 커피는 위의 부담을 덜어주는 특허 받은 커피로 달마이어의 대표 커피지만 다소 싱거운 맛이다. 1층은 식료품 백화점, 2층은 카페와 레스토랑으로 실내장식이 아름답고 특히 커피를 보관하는 님펜부르크 도자기가 인상적이다. 예쁜 포장의 초콜릿 등은 선물용으로 좋다. 추천 커피는 프렌치프레스에 서빙되는 에디오피안 크라운^{Ethiopian Crown}과 산 세바스티안^{San Sebastian}이다.

Access	S/U반(U3·U6) Marienplatz역, 신 시청사와 루트비히벡 백화점 사잇길로 도보 2분
Open	월~목 09:30~19:00 (금·토 ~19:30), 일·공휴일 휴무
Cost	커피 €4.5~
Address	Dienerstraße 14, 80331 München
Tel	+49 (0)89 213 51001
Web	www.dallmayr.de, www.dallmayr.com

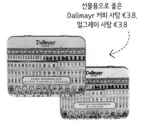

선물용으로 좋은
Dallmayr 커피 사탕 €3.8,
얼그레이 사탕 €3.8

Food
7

라츠켈러
Ratskeller München

시청사의 레스토랑으로 바이에른의 전통 음식은 물론 수준 높은 프랑켄 와인도 맛볼 수 있다. 웅장하고 클래식한 지하 레스토랑과 귀여운 사자상이 맞아주는 안마당에 야외석도 있다.

Access	신 시청사 지하와 안마당
Open	11:00~23:00
Cost	맥주 500ml €6~, 학센 €26
Address	Marienplatz 8, 80331 München
Tel	+49 (0)89 219 98 90
Web	www.ratskeller.com

Food
8

카페 글로켄슈필
Cafe Glockenspiel

카페, 레스토랑 겸 바. 조식부터 디너까지 식사 메뉴와 와인 리스트까지 갖추고 있다. 신 시청사의 글로켄슈필 인형극을 눈높이에서 볼 수 있고 야경도 근사하다.

Access	마리엔 광장 신 시청사 맞은편 5층
Open	월~토 09:00~23:00, 일·공휴일 10:00~18:30
Cost	조식 €14.9~, 맥주 €5~
Address	Marienplatz 28, 80331 München
Tel	+49 (0)89 264 256
Web	www.cafe-glockenspiel.de

Food
9

한국식품점
Koreanischer Asia Shop

한국 식료품을 주로 판매하는 마트와 한식 임비스^{Imbiss}를 겸하는 곳이다. 작은 규모지만 웬만한 한국 식료품을 갖추고 있고, 다른 아시아 국가들의 식료품도 판매한다. 비빔밥, 김밥, 제육볶음 등 간단하게 식사(€10 내외)도 할 수 있다.

Access	U반(U3·U6) Goetheplatz 하차, Mozartstraße 방향 도보 1분
Open	월~금 10:00~19:00
Address	Mozartstraße 3, 80336 München

Food ⑩

추어 브레츤 Wirtshaus Zur Brez'n

바이에른 전통 요리집으로 슈바빙 거리에 있다. 이 지역 전통 음식을 경험하고 싶다면 아르간 오일에 재운 로스트 비프나 그릴에 구운 오리를 추천할 만하다. 영어 메뉴판이 있으며 맥주는 파울라너 뮌헨을 판매한다.

Access U반(U3·U6) Muenchener Freiheit역 도보 1분
Open 월~목 11:00~01:00, 금·토 11:00~03:00,
　　　일 11:00~23:00
Cost 맥주 500ml €5.5~, 주메뉴 €13.9~
Address Leopoldstraße 72, 80802 München
Tel +49 (0)89 390 092   Web www.zurbrezn.de

Food ⑪

춤 코레아너 Zum Koreaner (한식당)

현지인에게 더 인기 있는 한식 임비스다. 제육덮밥, 김치찌개, 비빔밥 등 간단한 메뉴가 있고 저렴한 가격에 한국의 맛 그대로 즐길 수 있다. 김치 등 반찬은 따로 판매하고, 물도 판매하니 준비해 가도록 하자.

Access U반(U3 · U6) Universität 하차, 도보 3분
Open 10:00~22:00
Cost 식사류 €9.9~
Address Amalienstraße 51, 80799 München
Tel +49 (0)89 283 115
Web www.zum-koreaner.de

스페셜 쇼핑

잉골슈타트 빌리지 Ingolstadt Village

뮌헨과 뉘른베르크에서 차로 약 50분 거리의 잉골슈타트에 있는 아웃렛이다. 프라다, 구찌, 휴고보스 등 120여 개의 명품 브랜드가 입점해 있고 30~60%까지 할인된 가격으로 구입할 수 있다. 규모가 크지 않아 쉽게 돌아볼 수 있고 연중 다양한 쇼핑 이벤트가 펼쳐진다. 유럽에만 9개의 지점이 있으며 프랑크푸르트 근교의 베르트하임 빌리지 Wertheim Village도 그중 하나다. 잉골슈타트는 아우디의 본사가 있는 도시로 아우디 박물관과 연계해 다녀와도 좋다.

Access **1. 쇼핑 익스프레스 버스**
　　　뮌헨의 카를 광장을 출발해 BMW 벨트를 경유하여 잉골슈타트 빌리지까지 운행하는 버스다. 월요일부터 토요일까지 왕복으로 운행하며 티켓은 온라인으로 미리 예매하는 게 좋다.
　　　※ Schedule
　　　뮌헨 출발 09:30 카를 광장(Stachus 11-12) → 09:45 BMW 벨트
　　　아웃렛 출발 15:30
　　　2. 뮌헨 · 뉘른베르크 등에서 기차로 다녀오기
　　　잉골슈타트 중앙역에서 22번 버스로 약 25분, 북역 Ingolstadt Nord에서 20번 버스로 약 15분 소요. 잉골슈타트 빌리지행을 확인하자!
Open 월~토 10:00~20:00, 일 휴무
Cost 월~금 €10, 토 €20, 12세 이하 무료
Address Otto-Hahn-Straße 1, 85055 Ingolstadt
Tel +49 (0)841 886 3100
Web www.ingolstadtvillage.com

Stay

대도시인 만큼 특급 호텔 체인과 고급 부티크 호텔부터 미니 호텔, 경제적인 호스텔까지 다양하며 많은 수의 숙소가 있다. 중앙역 주변의 숙박은 경제적이고 이동이 편리한 장점이 있지만, 주변에 이민자들이 모여 있고 상업 지구가 발달해 여성 여행객들은 불안감을 느낄 수도 있다. 되도록 중앙역에서 최대한 가까운 곳을 선택하자.

Stay : ★★★★☆

플라츨 호텔 Platzl Hotel

시내 중심에 있는 4.5성급 호텔. 클래식 싱글룸부터 바바리안 스위트룸까지 고풍스러운 객실과 비어가르텐이 있는 브로이하우스 Wirtshaus Ayingers가 있다. 싱글룸은 좁은 편이다. 조식이 훌륭하고 사우나 시설 등을 갖추고 있다.

Access	마리엔 광장에서 2분, 호프브로이 하우스 옆
Cost	클래식 더블룸 €210~
Address	Sparkassen- straße 10, 80331 München
Tel	+49 (0)89 237 030
Web	www.platzl.de

Stay : ★★★★

25아워스 호텔 뮌헨 더 로열 바바리안
25hours Hotel München The Royal Bavarian

154개의 감각적인 객실과 레스토랑, 사우나 등 부대시설을 갖춘 디자인 호텔로 방 크기에 따라 스몰, 미디움, 라지로 구분된다. 중세와 현대적 감각이 혼합된 Swan과 Peacock 스위트는 여행의 또 다른 즐거움을 선사할 것이다. 자전거를 대여해 준다.

Access	중앙역 바로 건너편에 위치
Cost	미디움 €188~, 라지 €210~
Address	Bahnhofpl. 1, 80335 München
Tel	+49 (0)89 904 0010
Web	www.25hours- hotels.com

Stay : ★★★★★

호텔 피에 야레스차이텐 켐핀스키
Hotel Vier Jahreszeiten Kempinski München

수영장을 갖춘 5성급 호텔로 최고급 시설과 서비스를 제공한다. 아름다운 명화가 그려져 있는 객실에서 휴식을 취할 수 있다. 명품 거리인 막시밀리안 거리에 있다.

Access	마리엔 광장에서 도보 5분
Cost	슈페리어룸 €351~
Address	Maximilian- straße 17, 80539 Munich
Tel	+49 (0)89 212 52 799
Web	www.kempinski. com/en/munich/ hotel-vier- jahreszeiten

Stay : ★★★★

에덴 호텔 볼프 Eden Hotel Wolff

1890년 문을 연 호텔로 214개 객실이 있다. 오래된 만큼 고풍스러운 실내장식이 돋보이는데 객실은 현대적이다. 좋은 위치와 함께 시설, 서비스 어느 하나 빠지지 않는다.

Access	중앙역 북쪽 출구
Cost	스탠더드룸 €129~
Address	Arnulfstraße 4, 80335 München
Tel	+49 (0)89 551 150
Web	www.eden-hotel-wolff.de

유로 유스 호텔 Euro Youth Hotel Munich

젊은 감각의 유스호스텔로 한국인에게도
인기 있는 곳이다. 도미토리부터 싱글룸,
4인실 객실까지 있고 전용욕실을 갖춘
객실도 있다. 요금에 간단한 조식이 포
함된다. 로비에서 나눠주는 지도가 매우
쓸 만하고, 로비층에 있는 유로 바Euro Bar
는 투숙객뿐 아니라 주변에 묵는 젊은 여
행자들이 즐겨 찾는 아지트 같은 곳이다.

Access	중앙역 남쪽 출구에서 도보 3분
Cost	€24~131
Address	Senefelderstraße 5, 80336 München
Tel	+49 (0)89 599 0880
Web	www.euro-youth-hotel.de

움밧 호스텔 Wombat's Hostel Munich

활기차고 유쾌한 분위기의 호스텔. 나란히 자리 잡은 유로 유스 호텔과 함께
한국인에게 가장 인기 있는 호스텔이다. 베를린에도 지점이 있고 뷔페식 조
식(€6.2)은 별도다. '여행자에 의한 여행자를 위한 호스텔'이라는 슬로건 아래
세심한 서비스를 제공한다. 자유롭고 편안한 휴식 공간이 인상적이다.

Access	중앙역 남쪽 출구에서 도보 3분
Cost	10인실 도미토리 €25~
Address	Senefelderstraße 1, 80336 München
Tel	+49 (0)89 599 89 180
Web	www.wombats-hostels.com/ munich

더 포유 호스텔 & 호텔 뮌헨 The 4You Hostel München

4~12인실의 도미토리와 싱글룸에서 가족룸까지 갖춘 인기 호스텔로 환경을
고려해 설계된 객실과 운영 방식을 자랑한다. 객실 요금에는 독일식 조식 뷔
페를 포함하고 호프브로이 맥주가 나오는 바와 라운지가 있다. 공용부엌은
없고 다른 호스텔과 비교해 차분한 분위기다.

Access	중앙역 북쪽 출구
Cost	4~12인실 도미토리 €24~, 2인실 €98~, 수건 대여 €5
Address	Hirtenstraße 18, 80335 München
Tel	+49 (0)89 552 1660
Web	www.the4you-hostels.com

02

중세 제국도시의 위엄 **뉘른베르크**

Nürnberg

황제의 관할하에 있던 중세 제국도시, 상공업이 발달한 산업도시, 히틀러가 사랑한 나치의 도시, 그 전범들을 심판하고 처벌한 인권의 도시…. 독일의 도시 중에서 이처럼 독특한 이력을 가진 곳이 또 있을까?

성벽 안에 잘 보존된 구시가지를 가로지르는 페그니츠 강Pegnitz River은 이곳을 한없이 평화롭고 고즈넉한 분위기로 만들어 준다. 겉모습만 반나절 정도 둘러봤다면 그저 예쁜 동화 같은 마을로 기억할 수도 있겠지만 수백 년을 살아낸 중세도시의 수많은 '진짜' 이야기와 함께한다면 누구라도 뉘른베르크의 매력에 빠지게 될 것이다.

 관광안내소
Information Center

* 뉘른베르크 관광청 홈페이지 www.tourismus.nuernberg.de

하우프트 마르크트 광장 관광안내소
Access   하우프트 마르크트 광장 쇠너브루넨 근처에 위치
Open   09:30~17:00
Address Hauptmarkt 18, 90403 Nürnberg

수공예인 광장 관광안내소
Access   수공예인 광장 내에 위치
Open   10:00~15:30
Address Königstraße 82, 90402 Nürnberg

여행 Tip
● 도시명 뉘른베르크 Nürnberg
● 위치 독일 바이에른 주
● 인구 약 49만 9천 명 (2024)
● 홈페이지 www.nuernberg.de
● 키워드 중세도시, 나치의 수도, 크리스마스 마켓,
수공예

✚ 뉘른베르크 들어가기 & 나오기

1. 기차로 이동하기
독일 전역으로 고속열차(ICE · IC)가 연결되어 있어 기차로 이동하기 편하다. 바이에른 지역 간 이동은 바이에른 티켓이나 VGN 1일권을 이용하면 경제적이다.

2. 버스로 이동하기
뉘른베르크 ZOB은 중앙역 부근에 있고, 독일 내 각 지역과 프라하, 비엔나, 암스테르담, 취리히 등의 노선이 있다. 플릭스부스, 유로라인 등이 운행한다. 뉘른베르크에서 프라하까지 버스로 약 3시간 30분 소요된다.

3. 비행기로 이동하기

뉘른베르크 공항 Flughafen Nuernberg
독일 내 도시와 파리, 이스탄불 등 유럽 내 도시를 연결하는 노선이 있다. 공항역에서 중앙역까지 U반(U2)으로 12분 소요된다.
Web   www.airport-nuernberg.de

> ★
> **주요 도시별 이동 시간
> (고속열차 기준)**
> **뮌헨 ▶** 약 1시간 10분
> (지역열차 약 1시간 40분)
> **뷔르츠부르크 ▶** 약 52분
> (지역열차 약 1시간 10분)
> **슈투트가르트 ▶** 약 2시간 10분
> **프랑크푸르트 ▶** 약 2시간 20분
> **베를린 ▶** 약 3시간 20분
> **함부르크 ▶** 약 5시간

> Tip.
> VGN 1일권 플러스
> Tages Ticket Plus
>
> 밤베르크나 로텐부르크 등 VGN 구역 내 이동 시에는 VGN 1일권(p.384)을 이용하자.
>
> Cost   1일권 €23.9

✚ 시내에서 이동하기

시내교통 이용하기 (S반, U반, 트램)
주요 관광지가 성벽 안 구시가지에 모여 있어 걸어서 둘러보는 데 무리가 없다. 나치 전당대회장 이동 시 배차시간이 긴 S반보다는 트램을 이용하는 게 좋다. 바이에른 티켓 이용 시 시내교통까지 무료로 이용 가능.

> ★
> Cost   1회권
>   성인 €3.7, 어린이 €1.8

> Tip.
> 뉘른베르크 카드
> Nürnberg Card
>
> 주요 박물관을 포함한 30개 이상의 관광지의 입장과 대중교통을 포함하는 카드다. 퓌르트Fürth까지 사용 가능하고 48시간 유효하다.
>
> Cost   성인 €33,
>   어린이(6~11세) €11,
>   5세 이하 무료
>   *어린이는 보호자 동반

✚ 추천 여행 일정

쾨니히 문을 통과해 그 길(Königstraße)을 따라 쭉 걸어 강을 건너가면 마르크트 광장이 나온다. 대부분의 박물관이 월요일은 휴관이므로 관람을 원하는 사람은 참고하도록 하자.

중앙역 ⋯ 쾨니히 문 ⋯ 수공예인 광장 ⋯ 로렌츠 교회 ⋯ 뮤지엄 다리 (성령 양로원 사진 찍기) ⋯ **마르크트 광장**(프라우엔 교회, 쇠너브루넨) ⋯ **성 제발두스 교회 ⋯ 카이저부르크 성 ⋯ 뒤러 하우스 ⋯ 바이스게르버가세 ⋯ 장난감 박물관 ⋯ 중앙역**

뉘른베르크

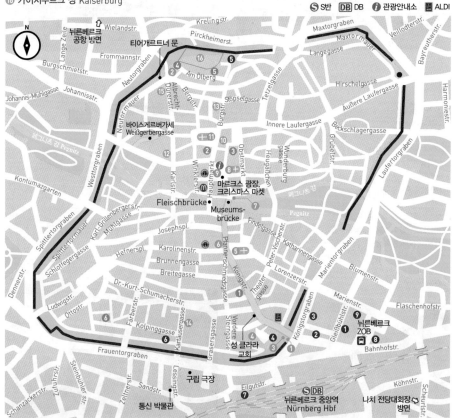

Sightseeing

쾨니히 문 Königs Tor

쾨니히 문은 '왕의 문'이라는 뜻으로 구시가지 전체를 둘러싸고 있는 성벽의 출입문 중 하나다. 보존 상태가 좋은 편이다. 높이가 약 40m로 중앙역에서 나오면 바로 건너편에 보이는데 지하도를 이용해 건너도록 하자. 뉘른베르크 관광의 출도착점이 되는 지점이다.

Access   중앙역 건너편

Sightseeing

신 박물관
Neues Museum

독특한 설계의 신 박물관은 3,000평이 넘는 공간에 다양한 현대 미술작품을 전시하고 있다. 1590년대부터의 바이에른 미술작품이 눈길을 끌며 정원은 조각 공원으로 꾸며 놓았다. 2000년 개관했다.

Access   쾨니히 문 옆 관광안내소에서 도보 3분
Open   화~일 10:00~18:00(목 ~20:00), 월 휴관
Cost   성인 €7, 학생 €6, 18세 이하 무료, 일요일 €1
Address Luitpoldstraße 5, 90402 Nürnberg
Tel   +49 (0)911 240 2069
Web   www.nmn.de

Sightseeing

수공예인 광장 Handwerkerhof

뉘른베르크의 자랑인 뛰어난 수공예품을 장려하고 보존하기 위해 조성해 놓은 단지이다. 수공예 장인들의 공방과 레스토랑이 모여 있다. 아기자기하게 꾸며져 있어 구경하기 좋다. 예술성만큼 가격도 높은 편이다.

Access   중앙역 건너편 쾨니히 문 바로 아래
Open   **공방 & 숍** 월~토 11:00~18:00
             레스토랑 & 펍 월~토 11:00~22:00, 일 11:00~17:00
Cost   무료
Address Königstraße 82, 90402 Nürnberg
Tel   +49 (0)911 321 79831
Web   www.handwerkerhof.de

Sightseeing

게르만 국립 박물관
Germanisches Nationalmuseum

선사 시대부터 현대까지 독일어 문화권의 문화와 역사를 전시해 놓은 곳으로 독일 최대 규모를 자랑한다. 박물관 앞 '인권의 길'에는 나치 폭압의 중심이었던 과거를 사죄하는 의미에서 UN의 인권선언문을 적은 기둥이 서 있다.

Access   중앙역에서 도보 10분
Open   화~일 10:00~18:00(수 ~20:30), 월 휴관
Cost   성인 €10, 학생 €6
Address Kartäusergasse 1, 90402 Nürnberg
Tel   +49 (0)911 133 10   Web www.gnm.de

⑤

성 로렌츠 교회 St. Lorenzkirche

예술성 높은 고딕 양식의 교회로 1250년경 짓기 시작해 1477년 완공됐다. 현재는 루터교회. 내부도 고딕 양식이며 돌과 나무로 된 정교한 조각 장식과 스테인드글라스 등 예술작품이 아름답다. 각각 80m, 81m의 첨탑은 지붕의 모양이 다르니 눈여겨보자. 교회 앞에는 7명의 여신상에서 물줄기가 뿜어져 나오는 '미덕의 분수'라는 뜻의 투겐트브루넨Tugendbrunnen이 있다.

Access	Königstraße로 직진하다 보면 오른쪽에 있다.
Open	월~토 09:00~17:30, 일 · 공휴일 13:00~15:30
Cost	자발적 헌금 €1
Address	Lorenzerplatz 10, 90402 Nürnberg
Tel	+49 (0)911 244 69 914
Web	lorenzkirche.de

⑥

나사우 하우스
Nassauer Haus

중세 귀족의 저택 중 가장 잘 보존된 곳 중 하나로 제2차 세계대전 때에도 파괴되지 않아 역사적인 의미뿐 아니라 방어적 건축물로 가치가 높다. 현재는 레스토랑과 숍 등 상업적 용도로 이용되고 있다.

Access	성 로렌츠 교회 건너편
Address	Karolinenstraße 2(An der Lorenzkirche), 90402 Nürnberg

⑦

성령 양로원
Heilig-Geist-Spital

중세 시대에 세워진 가장 큰 병원 중 하나로 현재는 레스토랑 겸 양로원이다. 박물관 다리Museumbrücke 위에서 바라보면 '안경 쓴 아저씨 얼굴'처럼 보인다.

Access	Königstraße 끝에서 강 건너 보이는 건물
Address	Spitalgasse 16, 90403 Nürnberg
Tel	+49 (0)911 221 761
Web	www.heilig-geist-spital.de

프라우엔 교회 Frauenkirche

14세기 황실 교회로 지어진 뉘른베르크 최초의 가톨릭 성당이다. 다른 곳에서는 볼 수 없는 독특한 외관의 고딕 양식 건물로 큰 규모는 아니지만 곳곳에 섬세한 조각과 장식이 아름답다. 중세 시대에는 주변에 거주하던 유대인의 성전이었으나 유대인을 강제로 쫓아낸 후 지은 교회라고 한다. 매일 낮 12시에는 특수 장치가 있는 시계탑 Männleinlaufen이 열리고 인형극이 진행된다. 로마제국 황제 카를 4세가 금인칙서 Goldene Bulle를 발표하는 내용으로 1356년 제작되었다. 비슷한 형식의 시계탑 중 최초로 제작되었다고 한다.

Access	중앙역에서 도보 10분
Open	월 · 화 10:00~17:00,
	수 · 목 09:00~18:00,
	금 · 토 10:00~18:00,
	일 12:00~18:00
Cost	무료
Address	Hauptmarkt 14, 90403 Nürnberg
Tel	+49 (0)911 206 560
Web	www.frauenkirche-nuernberg.de

쇠너브루넨
Schönerbrunnen

'아름다운 분수'라는 뜻을 지닌 쇠너브루넨은 14세기 만들어진 고딕 양식의 분수이다. 19m 높이의 황금빛 분수탑에는 7명의 선제후를 포함해 중세의 영웅 40명이 조각되어 있다. 분수탑의 철제 난간에는 유명한 황금 고리가 걸려있는데 이것을 세 번 돌리면 소원이 이루어진다고 하여 항상 관광객이 줄을 서 있다.

Access 하우프트 마르크트 광장
Address Hauptmarkt 90403 Nürnberg

뉘른베르크 크리스마스 마켓
Nürnberg Christmas Market

가장 유명한 크리스마스 마켓이 열리는 곳이 바로 뉘른베르크의 하우프트 마르크트 광장이다. 일찍이 수공업이 발달한 만큼 뛰어난 품질의 기념품을 살 수 있고 크리스마스 천사, 크리스트킨트 Christkind도 만날 수 있다. 마켓은 크리스마스 2주 전부터 시작해 이브까지 열린다.

Access 하우프트 마르크트 광장
Open   12월 25일 2주 전~12월 24일까지

성 제발두스 교회 St. Sebalduskirche

성인 제발두스^{St. Sebalds}를 기리는 교회로 고딕 양식의 아름다운 청동 조각 안에 그의 유해가 안치돼 있다. 1255년부터 1300년대 말까지 지어진 고딕 양식의 건축물에 후기 로마네스크 양식이 혼합되어 있다. 뉘른베르크에서 가장 오래된 교회로 제2차 세계대전 중 파괴된 것을 1957년 재건했다. 〈캐논 변주곡〉의 작곡가인 요한 파헬벨^{Johann Pachelbel}이 말년에 이곳에서 연주했다고 한다.

Access	마르크트 광장에서 도보 1분, 구 시청사 앞
Open	교회 1~3월 09:30~16:00, 4~12월 09:30~18:00
	타워투어 4~12월 목·토 16:30
Cost	교회 무료
	타워투어 성인 €7, 어린이 €2
Address	Albrecht-Dürer-Platz 1, 90403 Nürnberg
Tel	+49 (0)911 214 2500
Web	www.sebalduskirche.de

구 시청사
Altes Rathaus

뉘른베르크에 처음 지어진 르네상스 건물. 원래 수도원이던 건물을 1332년부터 개조해 시청사로 사용하면서 몇 차례 증개축을 거쳤다. 바로크 양식의 입구 세 곳이 있고 중앙 입구에 조각된 제국의 독수리상이 인상적이다. 중세의 감옥을 그대로 재현해 놓은 중세 지하 감옥은 가이드투어(약 45분)로 방문이 가능하다.

Access	마르크트 광장 신 시청사 뒤쪽
Open	중세 지하 감옥 11:00~18:00
Cost	중세 지하 감옥 성인 €10, 학생 €5
Address	Rathausplatz 2, 90403 Nürnberg
Tel	+49 (0)911 231 2690

시립 박물관 펨보하우스
Stadtmuseum Fembohaus

르네상스 양식의 상가 건물인 펨보하우스를 시립 박물관으로 개조해 2000년 문을 열었다. 950년의 도시 역사를 전시하고 있다. 노리카마^{Noricama}라고 불리는 멀티비전 쇼와 2층의 바로크 양식의 화려한 천장이 유명하다.

Access	구 시청사에서 도보 3분, 성 제발두스 교회 부근
Open	화~금 10:00~17:00, 토·일 10:00~18:00, 월 휴관
Cost	성인 €7.5, 학생 €2.5
Address	Burgstraße 15, 90403 Nürnberg
Tel	+49 (0)911 231 2595

⑭ 카이저부르크 성 Kaiserburg

신성로마제국의 비공식적인 수도로 불릴 만큼 중요한 도시였던 뉘른베르크에 로마 황제를 위해 만든 성이다. 구시가지에서 가장 높은 지대에 지어져 도시의 요새 역할을 했고 시내의 전경이 한눈에 내려다보인다. 1050년경부터 성에 대한 자료가 남아 있고 제2차 세계대전 때는 궁전과 타워를 제외한 대부분이 파괴되었던 것을 원래 모습대로 복구한 것이다. 황제의 침실과 유물, 중세의 무기들이 전시된 박물관과 50m 이상 깊이의 깊은 우물Tiefenbrunnen, 13세기 중반에 지어진 385m 높이의 전망대 진벨 타워Sinwellturm 등은 유료로 관람이 가능하다. 황실 마구간은 유스호스텔로 개조해 사용 중이다.

Access 트램 4번 Tiergärtnertorplatz, 버스 36번 Burgstraße 하차
Open 4~9월 09:00~18:00, 10~3월 10:00~16:00
Cost **정원 무료**
콤비 티켓(궁전+박물관+깊은 우물+진벨 타워) 성인 €9, 학생 €8
궁전+박물관 성인 €7, 학생 €6
깊은 우물+진벨 타워 성인 €4, 학생 €3
Address Burg 13, 90403 Nürnberg
Tel +49 (0)911 244 6590
Web www.kaiserburg-nuernberg.de

⑮ 뒤러 하우스 Albrecht-Dürer-Haus

독일의 르네상스를 이끈 뉘른베르크 출신의 화가 알브레히트 뒤러Albrecht Dürer(1471~1518)의 박물관이다. 뒤러가 20여 년을 살다가 생을 마감한 곳으로 당시의 생활공간과 작업실을 잘 복원해 놓아 15세기 뉘른베르크의 생활상을 엿볼 수 있다. 섬세한 판화가 완성되었을 판화 작업실이 인상적이다. 이곳에 전시된 뒤러 작품은 거의 복제품이다.

Access 알브레히트 뒤러 거리
Open 화~금 10:00~17:00, 토·일·공휴일 10:00~18:00, 월(7~9월·크리스마스 마켓 기간만 개관) 10:00~17:00
Cost 성인 €7.5, 학생 €2.5
Address Albrecht-Dürer-Straße 39, 90403 Nürnberg
Tel +49 (0)911 231 2568
Web www.museen.nuernberg.de/duererhaus

> **Tip 토끼der Hase**
> 뒤러 하우스에서 내려다보이는 광장에 뒤러의 유명작 〈토끼〉를 기리기 위해 만든 거대한 청동 토끼상이 있다.

바이스게르버가세 Weißgerbergasse

중세 시대에 수공예 장인들이 모여 있던 곳으로 뉘른베르크에서 가장 예쁜 거리로 꼽힌다. 길 양옆으로 전통적 양식의 반목조건물들이 아기자기한 골목 풍경을 만들어 낸다. 전쟁의 피해 없이 보존된 곳으로 현재 예쁜 카페, 부티크숍, 수공예 공방들이 있다.

Access 뒤러 하우스에서 알브레히트 뒤러 거리를 따라 직진
Address Weißgerbergasse, 90403 Nürnberg

장난감 박물관 Spielzeugmuseum

수공업의 도시답게 수공예 장난감도 이곳의 자랑이다. 매년 열리는 장난감 박람회Spielwarenmesse도 유명하다. 중세부터 현재까지 시대별로 다양한 장난감이 전시되어 있고, 장난감의 역사와 발전 과정도 볼 수 있다.

Access 하우프트 광장에서 도보 3분
Open 화~일 09:00~17:00,
　　　 월(크리스마스 마켓 기간만 개관) 10:00~17:00
Cost 성인 €7.5, 학생 €2.5
Address Karlstraße 13-15, 90403 Nürnberg
Tel +49 (0)911 231 3164
Web www.museen.nuernberg.de/spielzeugmuseum

나치 전당대회장 Reichsparteitagsgelände

히틀러가 사랑했던 나치의 수도에서 그의 광기와 야욕이 드러나는 중요한 유적이다. 로마제국의 콜로세움을 능가하는 제국의 상징을 원했던 그는 거대한 원형 경기장을 만들어 나치의 전당대회를 치르며 힘을 과시하고자 했다. 그러나 완공 전에 나치가 패망하는 바람에 건물의 외관은 완성되었으나 내부는 미완성인 채 남게 되었다. 나치 관련 자료가 고스란히 남아 있는 전시관Dokumentationszentrum도 둘러보도록 하자. 히틀러의 또 다른 광기가 느껴지는 체펠린 비행장Zeppelinfeld도 주변에 있다.

Access 트램 9번(추천), 버스(36 · 55 · 65번)
　　　 Doku-Zentrum 하차, S반(S2)
　　　 Dutzendteich Bahnhof역
Open 2024년 12월 현재 보수공사 중
Cost 성인 €6, 학생 €1.5
Address Bayernstraße 110,
　　　 90478 Nürnberg
Tel +49 (0)911 231 7538
Web www.reichsparteitagsgelaende.de

> **Tip 나치의 도시 뉘른베르크**
>
> **뉘른베르크 법**Nürnberger Gesetze
> 1935년 나치에 의해 제정된 반 유대인 법으로 독일 내 유대인의 국적과 기본권을 박탈한 법령.
> **뉘른베르크 재판**Nürnberger Prozesse
> **(1945~1949)**
> 제2차 세계대전 직후에 나치 독일의 전범과 유대인 학살 관련자를 심판한 연합국 측의 국제 군사 재판.

Food

뉘른베르크 먹거리 뉘른베르크의 명물이자 자랑인 뉘른베르크 소시지(뉘른베르거 브라트부어스트^{Nürnberger Bratwurst})는 독일에서도 가장 맛있다고 명성이 자자하다. 다른 지역보다 작고 짧은 것이 특징으로 길이가 7~9cm, 무게는 25g 정도다. 흰 소시지라는 뜻의 브라트부어스트는 구워 먹는 게 가장 맛있으며 겉은 바삭하고 속은 육즙이 가득하다. 보통 자우어크라우트와 감자샐러드가 곁들여 나오고, 브라트부어스트 세 개를 빵에 꽂아 먹는 소시지버거(€3.5 내외)도 있다. 글뤼바인(데운 와인)과 궁합이 가장 좋고 이 지역 맥주인 투허^{Tucher}와 같이 먹어도 좋다.

Food

브라트부어스트 호이슬레
Bratwursthäusle

뉘른베르크에서 가장 유명한 뉘른베르크 소시지 맛집. 1313년 문을 연 곳으로 14세기 모습 그대로의 외관을 하고 있다. 소시지 개수에 따라 가격이 달라진다.

Access 성 제발두스 교회 옆
Open 11:00~22:00(일 ~20:00)
Cost 맥주 500ml €5.3~,
　　　주메뉴 €11.1~
Address Rathausplatz 1, 90403 Nürnberg
Tel +49 (0)911 227 695
Web www.die-nuernberger-
　　　bratwurst.de

Food

②

가스트슈태테 부르크베히터
Gaststätte Burgwächter

카이저부르크 성의 정원이 이어진 듯한 자연친화적 분위기의 레스토랑. 다양한 뉘른베르크 소시지와 지역 전통 요리를 맛볼 수 있다.

Access 카이저부르크 성 입구 근처
Open 화~토 11:00~22:00,
　　　일 11:00~19:00, 월 휴무
Cost 주메뉴 €9.5~
Address Am Ölberg 10, 90403 Nürnberg
Tel +49 (0)911 222 126
Web burgwaechter-nuernberg.de

Food

③

춤 굴든 슈테른
Zum Gulden Stern

1419년부터 영업을 시작해 약 600년의 역사가 있는 곳이다. 이곳만의 노하우가 있는 구운 소시지^{Röstla}가 인기 메뉴이다. 현지인보다는 관광객들이 많이 찾는 곳이다.

Access 중앙역에서 도보 10분
Open 11:00~22:00
Cost 소시지 메뉴 €9.9~
Address Zirkelschmiedsgasse 26,
　　　90402 Nürnberg
Tel +49 (0)911 205 9288
Web www.bratwurstkueche.de

뉘른베르크 소시지

아트 & 비즈니스 호텔
Art & Business Hotel

모던 아트와 디자인적 요소로 가득 차 있는 아트 호텔이다. 지역 아티스트들의 오리지널 작품을 객실을 포함한 호텔 곳곳에서 감상할 수 있다. 49개의 객실이 있고 객실 요금에는 조식이 포함되어 있다.

Access 중앙역 도보 3분
Cost 싱글룸 €74~, 더블룸 €105~
Address Gleißbühlstraße 15, 90402 Nürnberg
Tel +49 (0)911 232 10
Web www.art-business-hotel.com

호텔 빅토리아
Hotel Victoria

모던한 부티크 호텔. 4성급 수준의 2개의 스위트룸을 포함한 62개의 객실이 있다. 1896년에 지어진 건물로 100년이 넘게 호텔로 운영되고 있다. 풍성한 조식을 제공한다.

Access 중앙역 도보 3분 수공예인 광장 근처
Cost 스탠더드룸 €100~
Address Königstraße 80, 90402 Nürnberg
Tel +49 (0)911 240 50
Web www.hotelvictoria.de

B&B 호텔 뉘른베르크
B&B Hotel Nürnberg-Hbf

135개 객실이 있는 비즈니스호텔. 기본에 충실한 실속 있는 호텔로 베를린, 함부르크, 뮌헨 등 독일 전역에 체인이 있다.

Access 중앙역에서 도보 5분. ZOB과 가깝다.
Cost 트윈룸 €72~, 패밀리룸 €94~
Address Marienstraße 10, 90402 Nürnberg
Tel +49 (0)911 367 760
Web www.hotelbb.de

뉘른베르크 유스호스텔
DJH Jugendherberge Nürnberg

1490년대 지어진 성의 왕실 마구간을 현대적 시설의 유스호스텔로 개조해 2013년 문을 열었다. 93개 모든 객실에 욕실이 딸려 있다. 도미토리를 비롯 4명이 묵을 수 있는 객실이 있다.

Access 구시가지 카이저부르크 성 부근
Cost 도미토리 €28.9~   Address Burg 2, 90403 Nürnberg
Tel +49 (0)911 230 9360
Web www.jugendherberge.de

파이브 리즌스 호스텔
Five Reasons Hostel Hotel Nürnberg

깨끗하고 여유로운 객실이 있는 인기 호스텔. 공용욕실과 공용주방을 사용한다. 더블룸부터 여성 전용 8인실 도미토리가 있고 가족이 머물 수 있는 아파트도 있다.

Access 중앙역 도보 5분
Cost 도미토리 €28~, 더블룸 €74~
Address Frauentormauer 42, 90402 Nürnberg
Tel +49 (0)911 992 86 625
Web www.five-reasons.de

03

로맨틱한 중세 프랑켄의 로마 **밤베르크**

Bamberg

© Tourismusverband Franken

중세 시대의 모습이 잘 보존된 바이에른 주의 소도시 중에서도 아름다운 구시가지로 손꼽힌다. 레그니츠 강과 마인 강의 합류점에 위치한 지리적 요건으로 10세기경부터 도시가 형성되었다. 신성로마제국의 하인리히 2세가 1007년 가톨릭 주교구를 설치하였고, 이후 주교령이 형성되어 1802년까지 이어졌다. 오늘날에도 독일 가톨릭의 중심도시 중 하나로, 수도원과 성당 등 중세의 건물이 잘 보존된 구시가지는 1993년 유네스코 세계문화유산에 등재되었다.

강 한가운데 지어진 구 시청사는 밤베르크를 대표하는 건축물로 주변 운하를 따라 평화롭고 로맨틱한 풍경이 이어지면서 '작은 베네치아'로 불린다. 구시가지 골목골목 동화 같은 풍경을 감상할 수 있으며, 밤베르크의 특산물인 훈제맥주 '라우흐비어'의 풍미는 밤베르크의 또 다른 기억으로 남는다. 도시의 공원에서는 유명 현대 조각가들의 작품도 볼 수 있다.

여행 Tip

- 도시명 밤베르크 Bamberg
- 위치 바이에른 북부 프랑켄 지역
- 인구 약 7만 명 (2024)
- 홈페이지 www.bamberg.info
- 키워드 중세도시, 구시청사, 가톨릭, 구시가지, 유네스코 세계문화유산, 훈제맥주

 관광안내소
Information Center

Access	구시가지 구 시청사 주변에 위치
Open	월~금 09:00~18:00(3~10월),
	09:30~17:00(11~2월), 토 09:30~15:00,
	일·공휴일 09:30~14:00
	1월 1일·성 금요일·12월 24~26일 휴무
Address	Geyerswörthstraße 5, 96047 Bamberg
Tel	+49 (0)951 297 6200
Web	www.bamberg.info

✚ 밤베르크 들어가기 & 나오기

뉘른베르크나 뷔르츠부르크에서 당일 여행으로 다녀오기 좋다. 열차편을
이용하는 게 가장 편하고 시간도 단축된다.

1. 기차로 이동하기
뉘른베르크와 뷔르츠부르크에서 1시간 이내의 거리에 있다. 바이에른 티
켓(p.339)이 있으면 주변 다른 소도시와 연계해 다녀오기 좋다. 뮌헨에서
출발할 경우 뉘른베르크 등을 경유해 밤베르크에 도착하게 되고 약 3시
간 15분이 소요된다. ICE 직행열차(약 2시간 소요)도 있다.

뉘른베르크 출발
뉘른베르크와 밤베르크만 다닐 예정이라면 바이에른 티켓보다 VGN 1일
권을 이용하자. 지하철 S반은 약 57분 소요되며 1시간 간격으로 운행되
고, RE는 약 43분 소요된다.

Cost   **VGN 1일권** €23.9 **편도** 성인 €13.42, 어린이 €6.7(앱 예약 시)

뷔르츠부르크 출발
바이에른 티켓으로 지역열차(RE)를 타면 약 1시간이 소요된다.

2. 버스로 이동하기
고속버스 노선은 많지 않은 편이고 플릭스부스Flixbus 등을 이용하면 밤베
르크역 근처에서 내리게 된다. 밤베르크 ZOB은 시내버스의 종점 겸 출발
지이고 구시가지 근처에 있다.

Tip.
VGN 1일권 플러스
Tages Ticket Plus

뉘른베르크 주변에 있는 바이에
른 소도시의 대중교통과 지역열
차를 하루 동안 이용할 수 있는
교통티켓이다. 18세 이상 성인 2
명을 포함 6명까지 이용 가능(6
세 이하 무료)하며, 다음 날 새벽
3시까지 유효하다. 토요일에 구
매하면 일요일까지 사용할 수 있
다. 밤베르크, 로텐부르크, 안스
바흐 등을 포함하며, 뮌헨과 뷔
르츠부르크는 이용할 수 없다.

Cost   €23.9

✚ 시내에서 이동하기

시내교통 이용하기 (버스)
밤베르크의 대중교통 수단은 버스가 유일하다. 구시가지는 역에서 약간
떨어져 있는데, 걸어서 이동해도 아기자기한 재미가 있고 바이에른 티켓
이나 대중교통 1일권이 있으면 버스를 이용해도 좋다. 성 미하엘 수도원
까지 가려면 버스(910번)를 타야 한다.

Cost   1회권 €2.4, 1일권 €5.1,
        1일권 플러스(그룹 티켓, 성인 2인 포함 6인까지) €8.3
Web   www.vgn.de

Tip.
밤베르크 카드 BAMBERGcard

2시간의 시티투어, 대중교통과
지정 박물관 입장을 포함하며 3
일간 유효하다.

Cost   3일권 €22(6세 이하
        3인까지 포함)

밤베르크

S반 DB DB 관광안내소 우체국 dm DM

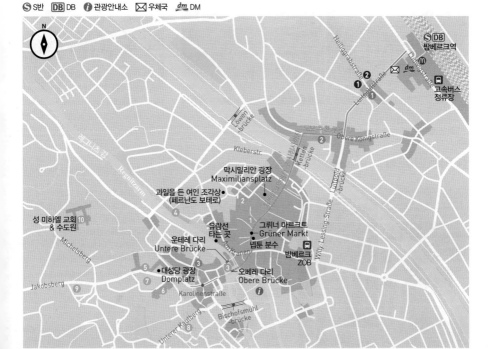

➕ 추천 여행 일정 (3~4시간 소요)

유네스코 세계문화유산에 빛나는 구시가지를 중심으로 둘러보자. 주요 관광명소와 호텔, 레스토랑은 밤베르크역에서 약 2정거장 거리에 있는 구시가지 주변에 모여 있다. 역에서 버스를 타고 밤베르크 ZOB에서 내려 관광을 시작하거나 걸어서 이동해도 괜찮은 거리다. 3시간 정도면 충분히 주요 관광지를 돌아볼 수 있고, 성 미하엘 수도원을 포함해 여유롭게 반나절 이상 둘러봐도 좋다.

Web   밤베르크 세계문화유산 재단 www.stiftung-weltkulturerbe.de

밤베르크역 ⋯ **밤베르크 ZOB** ⋯ **시청사** ⋯ **대성당** ⋯ **신 궁전** ⋯ **슐렝케를라**(훈제맥주 맛보기) ⋯ **구시가지 골목 둘러보기** ⋯ **성 미하엘 교회 & 수도원**

Sightseeing

그뤼너 마르크트 Grüner Markt

'녹색 시장'이라는 뜻의 광장으로 중앙에 넵튠 분수가 있다. 월요일부터 토요일까지 과일과 야채 시장이 열리는 것으로 유명하고 넵튠 분수는 시민들의 만남의 장소다. 케텐 다리Kettenbrücke를 건너 막시밀리안 광장을 지나 그뤼너 마르크트까지 차가 다니지 않는 보행자 거리다.

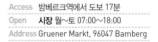
Access 밤베르크역에서 도보 17분
Open   **시장** 월~토 07:00~18:00
Address Gruener Markt, 96047 Bamberg

Sightseeing

성 마르틴 교회 St. Martin

17세기 지어진 천주교 성당으로 밤베르크에서 유일한 바로크 양식의 교회다. 예수회의 주도하로 지어진 교회 외관에는 예수, 마리아, 성 세바스티아누스, 라우렌티우스 등 8인의 조각상이 있다. 교회 내부는 20세기에 완전히 개조되었고, 돔 천장과 14세기 초에 제작된 피에타가 있다.

Access 그뤼너 마르크트에 위치
Open   여름 09:00~18:00(금 ~18:30),
        겨울 09:00~17:00(금 ~18:30)
Address Jesuitenstraße 1,
        96047 Bamberg
Tel   +49 (0)951 981 210
Web   www.st-martin-bamberg.de

386

③

구 시청사 Altes Rathaus

밤베르크를 대표하는 중세 건축이자 레그니츠 강 가운데 지어진 독창적인 시청사다. 15세기 처음 고딕 양식으로 지어졌고, 18세기 중반에 외벽의 벽화를 비롯해 바로크와 로코코 양식으로 개조되었다. 15세기 당시 최고 권력자였던 주교가 시민들을 위한 시청사 부지를 제공하지 않자, 오베레 다리^{Obere Brücke}와 운테레 다리^{Untere Brücke} 사이에 인공 섬을 만들어 시청사를 지었다. 구 시청사의 하이라이트인 외벽 벽화는 원래 1755년 요한 안반더^{Johann Anwander}가 그린 이후 수차례 복원되었고 현재는 1962년 안톤 그라이너^{Anton Greiner}가 새로 그린 것이다. 건물의 양쪽으로 입체감이 살아 있는 환상적인 벽화는 주위 풍경과 어우러져 보는 이의 감탄을 자아낸다. 내부에는 유럽에서 가장 큰 도자기 컬렉션인 루트비히 미술관이 있고, 오베레 다리 쪽에 붙어 있는 반목조 주택이 경비원의 숙소였던 로트마이스터 하우스^{Rottmeisterhaus}다. 구 시청사를 포함한 구시가지는 1993년 유네스코 세계문화유산에 등재되었다.

Access 그뤼너 마르크트에서 도보 3분. 오베레 다리 위
Address Obere Brücke, 96047 Bamberg
Tel +49 (0)951 297 6200

Tip
벽화 속 숨은 천사 조각상 찾기
동쪽의 벽화에는 튀어나온 아기천사 조각과 한쪽 다리만 벽화 밖으로 내민 천사가 있다. 위트 있는 두 아기천사를 찾아보도록 하자.

Tip 루트비히 미술관^{Sammlung Ludwig}
Open 2024년 12월 현재 보수공사로 휴관 중. 일부 유물은 신 궁전에서 전시 중이다.
Cost 성인 €6, 학생 €2.5, 18세 이하 청소년 €1, 6세 이하 무료

Sightseeing

작은 베네치아 Klein Venedig

구 시청사 북서쪽으로 강변을 따라 중세 시대 반목조 주택들이 늘어서 있다. 이곳을 다녀간 어느 기자가 1842년 여행서적에 '작은 베네치아'라고 소개하면서 굳어진 명칭이다. 15~16세기부터 어촌 마을이었던 곳으로 지금도 발코니에 그물과 낚시 장비들을 말리는 풍경을 볼 수 있다.

Access 구 시청사 운테레 다리에서 내려다본다.
Address Am Leinritt 96047 Bamberg

밤베르크 유람선
유람선을 타고 운하의 도시 밤베르크를 여유롭게 즐겨보자. 레그니츠 강을 따라 작은 베네치아와 대성당, 성 미하엘 수도원 등 구시가지의 풍경을 감상하며 마인 강 합류 지점까지 다다른다. 약 80분이 소요된다.

Access 구 시청사 운테레 다리 근처의
        Am Kranen 선착장
Open   4~10월 11:00~16:00(매시간 출발)
Cost   성인 €13, 학생(14~17세) €8,
        어린이(3~13세) €6
Web   www.personenschiffahrt-bamberg.de

Sightseeing

신 궁전 Neue Residenz Bamberg

1703년 대주교의 거주지로 지어진 르네상스 양식과 바로크 양식의 궁전이다. 웅장하고 화려한 내부는 40개가 넘는 객실이 있고 특히 황제 홀의 프레스코화는 바로크 미술의 진수를 보여준다. 제2차 세계대전에도 피해가 없었던 궁전은 2012년부터 시작된 대대적인 보수공사로 현재의 모습이 되었고 내부에는 밤베르크 주립 미술관과 도서관이 있다. 신 궁전 안뜰에는 분수를 중심으로 조성된 작은 규모의 장미 정원Rosengarten이 있는데, 길목을 지키는 로마 신들의 동상이 인상적이다. 장미 정원은 성 미하엘 수도원 등 아름다운 전망으로 유명하다.

Access 버스(910번) Bamberg Domplatz
        하차
Open   4~9월 09:00~18:00,
        10~3월 10:00~16:00
Cost   성인 €6, 학생 €5, 18세 이하
        무료, 장미 정원은 무료입장
Address Domplatz 8, 96049 Bamberg
Tel   +49 (0)951 519 390
Web   www.residenz-bamberg.de

대성당 Bamberger Dom

11세기 초 신성로마제국의 황제 하인리히 2세가 지은 대성당으로 웅장한 4개의 첨탑(약 81m)이 있는 건축물이다. 원래 건물은 큰 화재로 소실되고 13세기에 로마네스크 양식과 초기 고딕 양식으로 재건되었다. 메인 출입구 쪽이 로마네스크, 다른 쪽이 초기 고딕 양식의 첨탑이다. 대성당 전체가 역사적 가치가 있는 보물이고, 가장 유명한 것은 1230년경 만들어져 중세 독일에서 가장 오래된 조각품으로 알려진 밤베르크의 기병Bamberger Reiter과 하인리히 2세 부부의 무덤이다. 대리석과 석회암으로 제작된 하인리히 2세와 아내의 무덤은 틸만 리멘슈나이더Tilman Riemenschneider의 작품으로 14년에 걸쳐 제작되어 1513년 완성했으며, 하인리히 2세 부부의 모습과 일생을 묘사했다. 대성당의 주요 보물은 주교구 박물관에 모아 전시하고 있다.

로마네스크, 고딕, 르네상스, 바로크, 로코코까지 모든 시대의 건축 양식을 만날 수 있는 대성당 광장Domplatz은 유네스코 세계문화유산에 빛나는 구시가지의 핵심지구다. 밤베르크 최초의 정착지였던 광장에 하인리히 2세가 주교구를 설치하고 대성당과 궁전을 만들면서 도시의 중심이 되었다.

Access	버스(910번) Bamberg Domplatz 하차
Open	**4~10월** 월~수 09:00~18:00, 목·금 09:30~18:00, 토 09:00~16:15, 일 13:00~18:00 **11~3월** 월~수 09:00~17:00, 목·금 09:30~17:00, 토 09:00~16:30, 일 13:00~17:00
Cost	**성당 입장** 무료 **대성당 가이드 투어**(90분, 월~토 10:30, 14:00, 일 14:00) 성인 €12, 학생 €9
Address	Domplatz 2, 96049 Bamberg
Tel	+49 (0)951 502 2512
Web	www.bamberger-dom.de

밤베르크의
기병

> **Tip 주교구 박물관Diözesanmuseum**
> Open 월·화·목~토 10:00~17:00, 일 12:00~17:00, 수 휴관
> Cost 성인 €7, 학생 €5
> Web dioezesanmuseum-bamberg.de

대성당

구 궁전

구 궁전 Alte Hofhaltung

11세기 하인리히 2세의 궁전으로 지어졌고, 16세기에 독일 르네상스 양식의 건물로 다시 지어졌다. '아름다운 문'이라는 뜻의 입구로 들어가면 중세의 반목조 건물이 인상적인 안뜰이 있고 이곳에서 교구의 행사나 콘서트, 연극 등의 이벤트가 자주 열린다. 구 궁전 내에는 성 카타리나 교회Katharinenkapelle와 선사 시대부터 21세기까지 세계문화유산 도시의 문화와 역사를 엿볼 수 있는 역사 박물관 Historische Museum이 있다.

Access	버스(910번) Bamberg Domplatz 하차
Open	역사 박물관 **3~11월** 10:00~17:00, 월 휴관
Cost	**역사 박물관** 성인 €8, 학생 €4, 18세 이하 무료
Address	Domplatz 7, 96049 Bamberg
Tel	+49 (0)951 871 142

성 미하엘 교회 & 수도원 Kloster St. Michael 🏛

하인리히 2세 시절 에버하트 주교가 1015년 설립한 베네딕도 수도회 건물이 지진으로 철거된 후, 1121년 오토 주교가 로마네스크 양식으로 새로 건축하면서 성 미하엘 교회가 되었다. 17세기 화재 이후 바로크 양식의 교회 외관과 웅장한 실내 장식으로 18세기까지 재건되었는데, 578개의 꽃과 약초를 묘사한 천장 프레스코화 〈하늘 정원Himmelsgarten〉도 이때의 작품이다. 교회의 설립자인 오토 주교의 무덤은 낮고 좁은 통로를 지나 참배하면 병이 낫는다는 전설로 유명하다. 바로크, 로코코, 로마네스크 등 여러 양식이 혼재된 아름다운 본당 내부는 현재 구조적 안정성 문제로 대대적인 보수공사 중이어서 관람이 불가하다. 교회 뒤쪽 정원에서 내려다보는 구시가지의 전망이 아름답고 대성당까지 이어지는 산책로도 놓치기 아까우니 교회 내부 관람이 어려워도 방문해 보자. 미하엘 언덕에서 재배된 포도로 만든 질바너Silvaner 와인도 추천할 만하다.

Access	버스(910번) Michelsberg 하차, 대성당까지 도보 10분
Cost	보수공사로 내부 출입 금지, 정원은 무료
Address	Michelsberg 10, 96049 Bamberg
Tel	+49 (0)951 872 410

천장 프레스코화 〈하늘 정원〉

오베레 성당 Obere Pfarrkirche

밤베르크에서 유일하게 고딕 양식으로만 지어진 가톨릭 교회로 1375년 건축됐다. 본당 내부는 18세기에 바로크 양식으로 개조되었고 성모마리아의 제단이 인상적이다. 이탈리아 화가 틴토레토Jacopo Tintoretto의 〈성모 승천〉도 볼 수 있다.

Access 대성당에서 도보 5분, 버스(901·908번) Schulplatz역 하차
Open 여름 09:00~18:00, 겨울 09:00~17:00
Cost 무료
Address Frauenpl., 96049 Bamberg
Tel +49 (0)951 520 18
Web www.obere-pfarre-bamberg.de

성 야곱 교회 St. Jakob, Jakobskirche

대성당 광장과 성 미하엘 수도원 사이에 있는 로마네스크 양식의 교회다. 11~12세기 초에 지어져 거의 1,000년의 역사가 교회 주변에 고스란히 남아 있다.

Access 대성당에서 도보 4분, 버스(910번) Jakobsplatz역 하차
Open 09:00~16:00   Cost 무료
Address Jakobsplatz 96049 Bamberg
Tel +49 (0)951 299 5590

슐렝케를라 Schlenkerla

밤베르크 전통 맥주, 라우흐비어로 유명한 레스토랑이다. 1405년 지어진 건물은 멀리서도 눈에 띄고, 저렴한 가격에 요리도 만족스럽다. 유명세만큼 대기 시간도 긴 편인데, 맛만 보고 싶다면 안으로 들어가 왼쪽에 있는 전용 창구에서 맥주만 주문해 보자. 맥주 0.5L €3.9, 컵 보증금 €2는 반납 시 돌려준다.

Access 구 시청사에서 도보 3분
Open 09:30~23:30(식사 12:00~22:00)
Cost 훈제맥주 0.5L €4.1~, 주메뉴 €12.2~
Address Dominikanerstraße 6, 96049 Bamberg
Tel +49 (0)951 560 60   Web www.schlenkerla.de

라우흐비어 Rauchbier

밤베르크를 대표하는 특별한 맥주로 일명 '훈제맥주'다. 짙은 갈색과 스모키한 풍미가 일품인데, 우연히 연기가 스며든 상태의 맥아로 맥주를 만든 것이 좋은 반응을 얻으면서 개발됐다. 밤베르크 구시가지에 위치한 슐렝케를라Schlenkerla와 슈페치알Brauerei Spezial이 라우흐비어를 양조하는 곳으로 유명하다.

로맨틱 가도
Romantisch Straße

독일 가도 관광의 하이라이트로 가장 유명하고 인기 있는 여행 코스. 독일 중부 마인 강 유역의 와인과 대학 도시 뷔르츠부르크를 시작으로 남부 독일 알프스 자락의 퓌센에 이르기까지 로맨틱 가도는 아름다운 자연 풍경을 배경으로 풍부한 유럽의 문화와 예술, 역사를 보여주고 있다. 성벽으로 둘러싸인 시가지에서는 마치 중세도시로 돌아간 듯 시간 여행을 즐길 수 있고 알프스 기슭에 세운 그림 같은 성의 비현실적 아름다움은 마치 꿈을 꾸는 듯하다. 원래는 이탈리아와의 교역을 위한 '로마로 가는 길'이라는 뜻이었으나 이름과 완벽히 일치하는 '로맨틱'을 주제로 하는 여행지가 되었다.

Web   www.romantischestrasse.de

✚ 로맨틱 가도 여행하기

① 렌터카 이용

아름다운 로맨틱 가도를 제대로 여유롭게 즐길 수 있는 방법이다. 이동 시 각 도시를 연결하는 갈색 표지를 따라가면 편리하다.
*자전거 여행자들은 녹색 표지의 장거리 자전거 루트를 이용하도록 하자.

② 기차로 이동

몇 지역을 제외하고 DB 열차를 이용해 방문할 수 있다. 뷔르츠부르크, 뉘른베르크, 뮌헨을 기점으로 하는 게 좋고 1~2회 환승이 필요한 경우도 있다. 유레일 패스를 이용하거나 바이에른 티켓이나 VGN 1일권 플러스 티켓을 이용하자.

③ 로맨틱 가도 버스

Romantic Road bus

프랑크푸르트와 퓌센을 연결하는 독일에서 가장 오래된 장거리 노선으로 티켓은 6개월간 유효하며 노선별 예약도 가능하다. 현재는 장거리 노선 전체보다 프랑크푸르트나 뷔르츠부르크에서 출발해 주요지역을 경유하여 로텐부르크를 다녀오는 데이 투어가 인기가 있다.

Web   romanticroadcoach.com

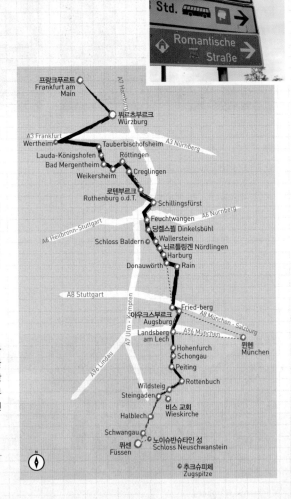

✚ 로맨틱 가도 주요 도시

① 뷔르츠부르크 Würzburg

프랑켄 제2의 도시, 독일 와인을 대표하는 고장. 유네스코 세계문화유산으로 빛나는 레지덴츠와 아름다운 마리엔베르크 요새를 놓치지 말자.

② 로텐부르크 Rotenburg

1년 365일 크리스마스 같은 아름답고 로맨틱한 동화마을. 구시가지의 골목골목에 옹기종기 모여 있는 중세 건물은 마치 시간이 멈춘 듯하다.

③ 딩켈스뷜 Dinkelsbühl

전쟁의 피해 없이 중세의 모습이 그대로 보존된 중세도시. 쉽게 닿기 어려운 교통 여건이지만 유로파버스를 이용한다면 짧은 시간이라도 둘러볼 수 있다.

④ 아우크스부르크 Augsburg

로마인의 흔적이 남아 있다. 그중 최초의 사회 공동주거시설인 '푸거라이'는 16세기로 거슬러 올라간다.

⑤ 비스 교회 Wieskirche

파펜빙켈 지역에서 가장 유명한 로코코 양식 건축물 중 하나로 꼽힌다.

⑥ 호엔슈반가우 Hohenschwangau

세계적으로 유명한 바이에른 왕 루트비히 2세의 노이슈반슈타인 성은 바이에른 알프스의 끝자락에서 로맨틱 가도의 끝이다.

⑦ 퓌센 Füssen

로맨틱 가도의 마지막 여정으로 디즈니 성 노이슈반슈타인에 가는 길목에 있다. 깨끗하고 맑은 공기와 초록의 시골 마을은 힐링 그 자체다.

04

풍요로운 문화유산과 프랑켄 와인의 도시 **뷔르츠부르크**

Würzburg

로맨틱 가도가 시작되는 기점으로 오래전부터 주교가 직접 다스리며 종교와 문화, 산업이 발전해 온 도시다. 프랑크푸르트에서 이어지는 마인 강이 흐르는 뷔르츠부르크의 역사는 켈트족이 살았다는 기원전 1,000년 전까지 거슬러 올라간다. 유네스코 세계문화유산인 레지덴츠 궁전을 비롯해 화려한 바로크 건축물들이 곳곳에 자리하고, 중세와 현대의 모습이 잘 어우러진 구시가지와 도시의 상징인 마리엔베르크 요새 등 기품 넘치는 도시는 사람들을 매료시키기 충분하다. 골목마다 마주치는 와인의 물결도 프랑켄 와인의 주산지다운 풍요로움을 느끼게 한다. 또한 노벨상 수상자들을 배출한 수준 높은 대학의 도시로도 유명하다.

 관광안내소
Information Center

Access 중앙역에서 도보 12분, 마르크트 광장에 위치
Open   **5~11월** 월~금 10:00~18:00,
        토 · 일 · 공휴일 10:00~14:00
        11~4월 월~수 · 금 10:00~16:00,
        목 10:00~18:00, 토 10:00~14:00, 일 · 공휴일 휴무
Address Falkenhaus on Market Square
Tel   +49 (0)931 372 398
Web   www.wuerzburg.de

관광안내소는 마르크트 광장에서도 눈에 띄는 노란색 로코코 양식의 건물(시립 도서관 Stadtbücherei)의 G층에 있다.

여행 Tip
● 도시명 뷔르츠부르크Würzburg
● 위치 독일 남부 바이에른주
● 인구 약13만3천7백명 (2024)
● 홈페이지 www.wuerzburg.de
● 키워드 프랑켄 와인, 레지덴츠, 중세도시

✚ 뷔르츠부르크 들어가기 & 나오기

뷔르츠부르크는 바이에른 주의 도시 중 다른 도시와의 이동이 비교적 수월한 편이고 프랑크푸르트와도 가까운 위치에 있다. 고속철도(ICE · IC)를 이용하면 프랑크푸르트와 뮌헨을 당일로 다녀올 수 있는 거리이기도 하다. 뷔르츠부르크에 거점을 두고 주변 도시인 로텐부르크나 뉘른베르크를 당일로 다녀와도 괜찮은 선택이 된다.

1. 기차로 이동하기

프랑크푸르트와 뉘른베르크 가운데 위치한 뷔르츠부르크는 주변 도시와 기차 노선이 잘 되어 있는 편이다. 바이에른 지역 내 이동은 바이에른 티켓을 이용할 수 있고, 슈투트가르트 구간은 바덴뷔르템베르크 티켓(약 2시간 10분, p.304)을 이용할 수 있다.

> ★
> **주요 도시별 이동 시간**
> **프랑크푸르트** ▶ 약 1시간 30분
> **뉘른베르크** ▶ 약 50분
> **로텐부르크** ▶ 약 1시간 10분
> (슈타이나흐Steinach 경유)
> **뮌헨** ▶ 약 2시간 10분
> **함부르크** ▶ 약 5시간

2. 버스로 이동하기

고속버스나 로맨틱 가도 버스로 이동할 경우 중앙역 주변의 정류장에서 내리게 된다. 운행 회사별로 위치가 다르니 잘 확인할 필요가 있다.

> ★
> **주요 도시별 이동 시간**
> **프랑크푸르트 · 뉘른베르크** ▶
> 약 1시간 40분
> **뮌헨** ▶ 약 4시간

✚ 시내에서 이동하기

시내교통 이용하기 (버스, 트램)

주요 관광지는 도보로 이동이 가능하고, 다소 먼 거리인 마리엔베르크 요새는 시내와 레지덴츠에서 9번 버스로 이동할 수 있다. 바이에른 티켓으로 무료 이용 가능.

Cost   1회권 €3.1 단거리권(4정거장까지) €1.6
       1일권 €5.2 1일권 플러스(성인 2인+자녀 2인까지) €7.4

Web   www.wvv.de

✚ 추천 여행 일정 (반나절 소요)

마르크트 광장을 중심에 두고 마리엔베르크 요새와 레지덴츠를 양축으로 루트를 짜면 된다. 주요 관광지는 마르크트 광장에 모여 있어 도보 이동으로 충분하고, 체력적 부담이 있는 마리엔베르크 요새와 마르크트 광장 또는 레지덴츠 간의 이동은 9번 버스를 이용해도 좋다.

★ A코스
중앙역 ···▶ **마르크트 광장**(관광안내소, 마리엔카펠레) ···▶ **뷔르츠부르크 대성당** ···▶ **노이뮌스터** ···▶ **알테 마인교** ···▶ **마리엔베르크 요새** ···▶ **레지덴츠**

★ B코스
중앙역 ···▶ **레지덴츠** ···▶ **뷔르츠부르크 대성당** ···▶ **노이뮌스터** ···▶ **마르크트 광장**(관광안내소, 마리엔카펠레) ···▶ **알테 마인교** ···▶ **마리엔베르크 요새**

뷔르츠부르크

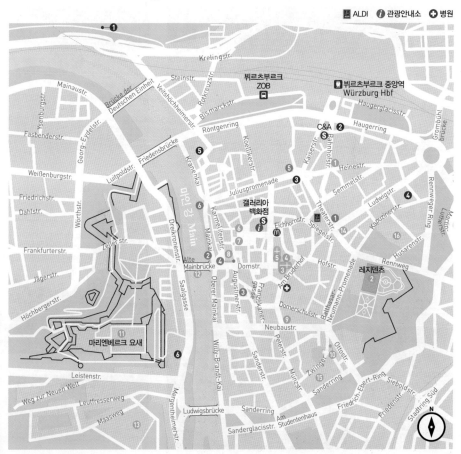

레지덴츠 Residenz 🏛

1981년 유네스코 세계문화유산으로 등재된 레지덴츠 궁전은 바로크 건축의 최고 걸작으로 꼽힌다. 1720년 당시 마리엔베르크 요새에 살던 주교가 지낼 새 궁전을 짓기 시작해 1744년에 완성됐다. 당대의 수많은 건축가와 예술가들의 예술혼이 집대성되었고 대표 건축가였던 발타자르 노이만^{Balthasar Neumann}은 이후에 최고의 명성을 얻게 되었다. 나폴레옹은 유럽에서 가장 아름다운 주교의 궁전이라고 평했다고 한다. 이 역시 제2차 세계대전 시 폭격으로 완전히 파괴되었고 1980년대 말까지 심혈을 기울인 복구 작업이 이어졌다.

궁전에 들어서자마자 볼 수 있는 계단 위 천장에는 약 600평방미터로 세계 최대 규모의 프레스코화가 그려져 있다. 이탈리아의 화가 티에폴로^{Gibvanni Battista Tiepolo}의 작품으로 전 세계 대륙의 전설과 신화를 담고 있다. 이 밖에도 'ㄷ'자 형태로 지어진 궁전의 각 방마다 놀랍도록 아름답고 화려한 작품이 가득하다. 아쉽게도 내부 사진 촬영은 금지. 궁전 중앙 광장에는 프랑코니아 분수^{Frankoniabrunnen}가 있고, 관람 후에는 뒤편에 조성된 아름다운 정원에서 휴식을 취해보도록 하자.

Access	버스(6 · 9 · 12 · 14 · 16 · 20 · 28번) Mainfranken Theater역 하차, 중앙역에서 트램(1 · 3 · 5) Dom 하차
Open	4~10월 09:00~18:00, 11~3월 10:00~16:30 (30분 전까지 입장 가능), 정원은 해 질 녘까지(여름엔 ~20:00)
Cost	성인 €10, 학생 €9, 18세 이하 무료
Address	Residenzplatz 2, 97070 Würzburg
Tel	+49 (0)931 355 170
Web	www.residenz-wuerzburg.de, www.schloesser.bayern.de

> **Tip 가이드투어**
> 영어와 독일어로 약 50분가량 진행되며 가이드투어 시에만 방문할 수 있는 곳(The Southern Imperial Apartment with Mirror Cabinet)이 있으므로 참여해 보자.
> **Open 영어** 11:00, 15:00
> **독일어** 4~10월 20분 간격, 11~3월 30분 간격 (폐관 1시간 전 마감)

마리엔카펠레 Marienkapelle

흰색 벽과 붉은 기둥의 외관이 한눈에 들어오는 후기 고딕 양식의 가톨릭 교회. 노이뮌스터와 더불어 뷔르츠부르크에서 가장 중요한 교회로 꼽힌다. 1377년에 짓기 시작해 약 100년에 걸쳐 완공했다. 아치형 입구에는 틸만 리멘슈나이더의 조각상 〈아담과 이브〉의 복제본이 있는데 원본은 마인프랭키쉬스 뮤지엄에 있다. 제2차 세계대전 시 폭격으로 전소된 것을 전후에 복구한 교회 내부에는 〈아름다운 성모Beautiful Madonna〉(1420년경)와 〈은색 성모Silver Madonna〉(17세기)가 있다.

Access	마르크트 광장
Open	월~토 08:30~18:30, 일 휴관
Cost	무료
Address	Marktplatz, Marienplatz, 97070 Würzburg
Tel	+49 (0)931 372 335

마르크트 광장 Marktplatz

마리엔카펠레와 시청사가 있는 뷔르츠베르크의 중심 광장으로 크리스마스 마켓 등 연중 많은 이벤트가 열리는 곳이다. 1808년 세워진 오벨리스크 분수가 있다. 뷔르츠부르크 관광의 중심축이며 거의 모든 대중교통이 여기를 지난다. 노란색 로코코 양식의 관광안내소가 예쁘다.

Access	중앙역에서 도보 5분
Web	www.wuerzburger-markt.de

슈티프트 하우크 Stift Haug

두 개의 첨탑과 웅장한 돔이 인상적인 전형적인 바로크 양식의 로마 가톨릭 교회. 원래는 1000년경 현 중앙역 뒤쪽 산에 있던 수도원이었고 17세기 말에 이곳으로 이전했다. 이탈리아 건축가 안토니오 페트리니Antonio Petrini의 건축으로 유명하다.

Access	중앙역에서 도보 3분
Cost	무료
Address	Haugerpfarrgasse 14, 97070 Würzburg
Tel	+49 (0)931 541 02
Web	www.stift-haug.de

Sightseeing
⑤

노이뮌스터 Neumünster

11세기에 로마네스크 양식으로 지어진 뷔르츠부르크 최초의 성당으로 바로크 양식의 외관과 거대한 돔은 18세기 초에 완성되었다. 689년 이곳에서 순교한 세 명의 성인, 성 킬리안, 성 콜로나트, 성 토트난을 기리기 위해 세웠고 지하에 성 킬리안의 유해함이 있다. 하얀색 벽으로 된 내부에는 중앙의 황금빛 제단을 비롯해 거대한 천장 프레스코화와 조각상 등 화려하면서도 성스러운 예술품들이 많다.

Access	중앙역 도보 8분,
	뷔르츠부르크 대성당 옆
Open	월~토 08:00~17:00,
	일·공휴일 10:00~17:00
	(예배나 공연일은 휴무)
Cost	무료
Address	Domerpfarrgasse 10, 97070
	Würzburg
Tel	+49 (0)931 386 62 800
Web	www.neumuenster-wuerzburg.de

Sightseeing
⑥

뷔르츠부르크 대성당 Würzburger Cathedral

독일에서 4번째로 큰 로마네스크 양식의 대성당으로 약 200년의 건축 기간을 걸쳐 13세기에 완공되었다. 성 킬리안St. Kilian에게 봉헌된 교회다. 내부도 로마네스크 양식이나 정교한 조각과 황금빛으로 장식된 제단은 바로크 양식이다. 중앙 제단 앞에는 성 킬리안과 성 콜로나트, 성 토트난의 유해함이 있다. 성 킬리안 대성당Dom St. Kilian으로도 불린다.

Access	중앙역 도보 8분, 노이뮌스터 옆
Open	월~토 09:30~17:00, 일·공휴일 휴무
Cost	무료
Address	Domstraße 43, 97070 Würzburg
Tel	+49 (0)931 386 62 800
Web	www.dom-wuerzburg.de

Sightseeing
⑦

대성당 박물관 Museum am Dom

2003년 개관한 박물관으로 약 700여 점의 작품이 있다. 틸만 리멘슈나이더로 대표되는 고전적 작품과 캐테 콜비츠로 대표되는 현대 미술작품들이 대조를 이룬다.

Access	뷔르츠부르크 대성당 옆
Open	화~일 12:00~17:00, 월 휴관
Cost	성인 €5, 학생 €4, 18세 이하 무료
Address	Domerschulstraße 2D, 97070 Würzburg
Tel	+49 (0)931 386 65 600
Web	www.museum-am-dom.de

알테 마인교 Alte Mainbrücke

마리엔베르크 요새와 마인 강을 배경으로 운치 있는 풍경을 감상할 수 있는 곳으로 뷔르츠부르크에서 가장 오래된 다리다. 돌로 지어진 보행자 전용다리 양쪽에는 이곳의 주교, 성자를 모델로 한 12개의 석상이 있다. 입구의 바에서 산 프랑켄 와인을 한 잔씩 들고 풍경을 즐기는 사람들의 모습도 풍경과 어우러져 평화롭게 느껴진다.

Access 뷔르츠부르크 대성당에서 직진하여
        2분 거리
Address Alte Mainbrücke, 97070
        Würzburg
Tel   +49 (0)931 372 335

마리엔베르크 요새 Festung Marienberg

마인 강변 언덕에 자리한 마리엔베르크 요새는 레지덴츠 건축 전까지 주교가 머물렀던 곳으로 뷔르츠부르크의 상징 같은 곳이다. 기원전 켈트족의 궁전이 었던 언덕에 교회Marienkirche가 들어서고(AD 706), 13세기경부터 요새의 형태를 갖추게 되었다. 그 후 확장과 보수가 이뤄지면서 1600년경 르네상스 궁전으로 완성되었다가, 17세기 스웨덴의 정복 시기에 바로크 양식으로 재건되었다. 구석기 시대부터의 프랑켄 유물과 회화, 조각, 도자기 컬렉션 등 방대한 유물과 예술품을 전시하고 있는 '프랑켄 박물관Museum für Franken'도 시간적 여유를 가지고 방문해 보자. 알테 마인교를 건너 성에 오르기까지 약 30여 분이 소요되는데, 위에서 내려가 보는 뷔르츠부르크의 전경은 모든 것을 보상해 준다. 9번 버스를 타고 성에 도착한 뒤 박물관 관람 후 풍경을 감상하며 내려오는 것도 추천할 만하다.
현재 대대적인 보수공사로 인해 일부는 비공개 중이고 산책로와 프랑켄 박물관은 방문이 가능하다(2026년 완공 예정).

Access 버스 9번(4~11월 초 운행)
        Schönborntor 하차
Open   4~10월 09:00~18:00,
        11~3월 10:00~16:30
        (30분 전까지 입장 가능).
        박물관은 월 휴관
Cost   박물관 성인 €5, 학생 €4
Address Festung Marienberg Nr. 239,
        97082 Würzburg
Tel   +49 (0)931 355 1750

①

뷔르거 슈피탈 Bürger Spital

프랑켄 와인의 유서 깊은 양조장 중에서도 가장 유명한 곳. 1316년 시민병원으로 처음 문을 열었고 자체 브랜드의 와인과 고급 요리를 맛볼 수 있는 레스토랑과 다양한 가격의 와인을 판매하는 와인숍이 있다. 간단하게 프랑켄 와인만 즐길 수 있는 바도 있다. 매년 6월경에는 정원에서 와인 페스티벌이 열린다.

Access	레지덴츠에서 도보 3분
Open	11:00~24:00
Cost	주메뉴 €19.5~
Address	Theaterstraße 19, Würzburg
Tel	+49 (0)931 352 880
Web	www.buergerspital-weinstuben.de

Food
②

바쾨펠레 Backöfele

유명한 프랑켄 전통 요리 전문점이다. 가정집 같은 편안한 분위기이고 가족 전통의 레시피로 만드는 요리도 푸짐하고 맛있다. 시원하고 상큼한 바쾨펠레산 프랑켄 와인도 꼭 곁들여 보자. 2인 이상 주문 가능한 바쾨펠레만의 특별 디저트도 유명하다. 영어 메뉴판이 있다.

Access	알테 마인교에서 도보 4분
Open	월~목 17:00~23:00,
	금 · 토 17:00~24:00,
	일 12:00~23:00
Cost	프랑켄 전통 요리 €10~26,
	와인 250ml €6.2~
Address	Ursulinergasse 2, 97070
	Würzburg
Tel	+49 (0)931 590 59
Web	www.backoefele.de

more info &

프랑켄 와인 Franken Wein

레지덴츠 궁전Residenz과 더불어 뷔르츠부르크를 대표하는 프랑켄 와인!
지리적 조건으로 백포도의 생산이 90%인 프랑켄 지방의 대표 와인이다. 독일 와인 중 가장 남성적인 와인으로 꼽히며 단맛이 적고 깊으면서도 부드러운 넘김이 특징이다. 둥글고 넓적한 복스보이텔Bocksbeutel에 담겨 나온다. 뷔르츠부르크산이 최고 품질을 자랑하고, 전형적인 프랑켄 와인의 맛을 느껴보고 싶다면 질바너 트로켄Silvaner Trocken을 선택해 맛보도록 하자.

알테 크라넨 Brauerei-Gasthof Alter Kranen

1773년 지어진 옛 기중기^{Alter Kranen}가 있던 자리에 문을 연 양조장 겸 레스토랑으로 저렴한 학센 맛집으로도 유명하다. 마인 강변의 풍경과 함께 프랑켄 전통 요리와 맥주를 즐길 수 있다. 호텔도 경영한다.

Access	알테 마인교에서 약 500m, 마인 강변에 위치
Open	12:00~23:00
Cost	주메뉴 €11.9~, 맥주 0.5L €4.6~
Address	Kranenkai 1, 97070 Würzburg
Tel	+49 (0)931 991 31 545
Web	www.alterkranen.de

라츠켈러 Würzburger Ratskeller

현지인에게 '그라페네카르트^{Grafeneckart}'라고 불리는 뷔르츠부르크 시청에 있는 레스토랑이다. 1200년에 지어진 역사적인 건물인 만큼 입구에 들어서는 순간 중세 프랑켄으로 시간 여행을 떠나게 된다. 프랑켄 가정식을 합리적인 가격에 제공한다.

Access	대성당과 알테 마인교 사이, 시청에 위치
Open	10:00~24:00(주방 11:00~21:45)
Cost	주메뉴 €18.2~
Address	Langgasse 1, 97070 Würzburg
Tel	+49 (0)931 13 021
Web	www.wuerzburger-ratskeller.de

호텔 뷔르츠부르크 호프
Hotel Würzburger Hof

노란색의 바로크식 외관이 눈에 띄는 호텔로 1911년부터 운영해 오고 있다. 고전적 스타일의 깔끔한 컴포트 객실로 싱글룸부터 스위트룸까지 갖추고 있다.

Access	중앙역에서 도보 5분, 율리우스 슈피탈 맞은편
Cost	스탠더드룸 €135~
Address	Barbarossaplatz 2, 97070 Würzburg
Tel	+49 (0)931 53 814
Web	www.hotel-wuerzburgerhof.de

바벨피쉬 호스텔
Babelfish Hostel

중앙역 바로 앞에 위치한 깨끗하고 경쾌한 분위기의 호스텔. 4인, 6인, 10인용 도미토리가 있고 싱글룸부터 3인까지 묵을 수 있는 객실이 있다.

Access	중앙역 부근
Cost	더블룸 €99~, 도미토리 4인실 €33~
Address	Haugerring 2, 97070 Würzburg
Tel	+49 (0)931 304 0430
Web	www.babelfish-hostel.de

05

시간이 멈춘 듯한 중세 동화마을 **로텐부르크**

Rothenburg ob der Tauber

여행 Tip

- 도시명 로텐부르크 Rothenburg ob der Tauber
- 위치 독일 남부 바이에른 주
- 인구 약 4만 3천 명 (2024)
- 홈페이지 www.rothenburg.de
- 키워드 중세도시, 동화마을, 크리스마스

로맨틱 가도의 하이라이트가 되는 살아 있는 중세도시. 성벽과 탑으로 둘러싸인 시가지는 중세의 모습을 그대로 간직한 아름다운 건물과 아기자기한 골목이 이어지고 잘 가꿔진 정원과 광장, 크리스마스 숍이 그림 같은 풍경으로 마치 동화 나라에 온 듯하다. 오랜 역사만큼 많은 전설과 실화가 곳곳에 숨겨져 있어 호기심을 자아내는 마법 같은 도시이기도 하다. 로텐부르크는 '로텐부르크 옵 데어 타우버Rothenburg ob der Tauber' 즉, '타우버 계곡Tauber Valley 위에 있는 로텐부르크'를 줄여서 부르는 이름이다.

 관광안내소
Information Center

마르크트 광장Marktplatz에 위치하며, '마이스터트룽크' 인형시계가 매시 울린다. 한국어 지도와 안내서가 있다.

Access 마르크트 광장
Open **5~9월 초** 월~금 09:00~17:00,
　　　　토 · 일 · 공휴일 10:00~17:00
　　　　9월 초~10월 월~금 09:00~17:00,
　　　　토 · 일 · 공휴일 10:00~15:00
　　　　11월~4월 월~금 09:00~17:00,
　　　　토 10:00~13:00, 일 · 공휴일 휴무
Address Marktplatz 2, 91541 Rothenburg ob der Tauber
Tel +49 (0)986 140 4800
Web www.tourismus.rothenburg.de

➕ 로텐부르크 들어가기 & 나오기

1. 기차로 이동하기
뷔르츠부르크Würzburg나 안스바흐Ansbach에서 슈타이나흐Steinach를 경유하는 지역열차로 갈아타고 로텐부르크까지 온다.

2. 로맨틱 가도 버스로 이동하기
❶ 프랑크푸르트 또는 뮌헨에서 출발(08:00)하여 중앙역 또는 슈라넨 광장Schrannenplatz에 정차한다.

❷ 데이 투어
프랑크푸르트(성인 €99)나 뷔르츠부르크(성인 €54)를 출발해 타우버벨리 등 주요 지역을 경유하는 데이 투어가 있다. 와인 시음을 추가하는 투어도 있으니 확인해 보자. 4인 이상인 경우 미니버스를 이용한 투어도 고려해 보자.

Web   romanticroadcoach.com

거리에서
만나는 예쁜 우체통.
실제로 사용하고 있다.

➕ 추천 여행 일정 (4~5시간 소요)

아래 일정대로 마르크트 광장을 중심으로 둘러봐도 좋고, 지도 없이 발길 닿는 대로 걸어도 엽서 같은 골목 풍경을 만날 수 있다.

뢰더 문 ⋯▸ **마르크트 광장** ⋯▸ **시청사 탑** ⋯▸ **성 야곱 교회** ⋯▸ **부르크 문** ⋯▸
캐테 볼파르트 ⋯▸ **중세 범죄 박물관** ⋯▸ **플뢴라인**

> Tip.
> 크리스마스 마켓
> Christmas Market
>
> 시청사 앞 마르크트 광장에 열리는 크리스마스 마켓은 독일 내에서도 유명하다. 11월 말부터 12월 23일까지 열린다.

로텐부르크

관광명소 & 박물관

① 뢰더 문 Röder Tor　② 플뢴라인 Plönlein
③ 성 볼프강 교회 St. Wolfgangskirche
④ 로텐부르크 박물관 Rothenburg Museum
⑤ 프란치스카너 교회 Franziskanerkirche
⑥ 부르크 정원 Burggarten
⑦ 중세 범죄 박물관
　Mittelalterliches Kriminalmuseum
⑧ 슈피탈바슈타이 Spitalbastei
⑨ 지버스 탑 Siebersturm　⑩ 시청사 Rathaus
⑪ 마르크트 광장 Marktplatz (마이스터트룽크)
⑫ 성 야곱 교회 St. Jakobskirche
⑬ 슈란넨 광장 Schrannenplatz

레스토랑 & 나이트라이프

① 추어 휠 Zur Höll
② 레스토랑 알터 켈러 Restaurant Alter Keller
③ 브로트 & 차이트 Brot & Zeit
④ 추커 베커라이 Zuckerbäckerei

쇼핑

① 디 바펜카머 Die Waffenkammer (중세무기점)
② 캐테 볼파르트 Käthe Wohlfahrt
③ 테디스 로텐부르크 Teddys Rothenburg
④ 테디랜드 Teddyland

숙소

① 호텔 가스트호프 포스트 Hotel-Gasthof Post
② 바이에리쉐르 호프 Bayerischer Hof
③ 가스트호프 뢰더 토어 Gasthof Röder Tor
④ 프린츠 호텔 Prinz Hotel Rothenburg
⑤ 빌라 미테마이어 Villa Mittermeier
⑥ 부르크 호텔 Burg Hotel
⑦ 로텐부르크 유스호스텔
　DJH Jugendherberge Rothenburg o.d.T
⑧ 호텔 아이젠헛 Hotel Eisenhut
⑨ 가스트호프 부츠 Gasthof Butz
⑩ 로만틱 호텔 마르쿠스투름
　Romantik Hotel Markusturm
⑪ 펜션 엘케 Pension Elke

기타

① 마리엔 아포테케 Marien-Apotheke

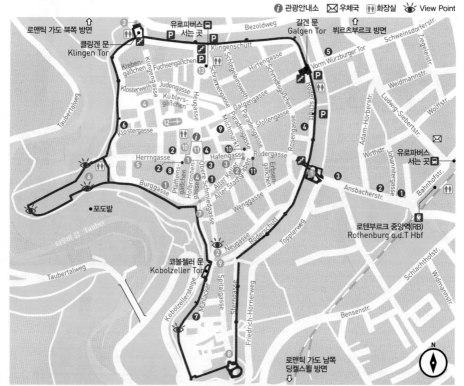

마르크트 광장 & 시청사 Marktplatz & Rathaus

로텐부르크 관광의 중심이며 도시의 모든 행사가 진행되는 마르크트 광장과 시청사는 시민과 관광객들에게 만남의 장소이자 휴식처로 사랑받고 있다. 르네상스 양식의 시청사 건물은 1570년대에 지어졌고 고딕 양식의 시청사 탑은 14세기에 지어졌다. 220개의 오래된 계단을 올라 시청사 탑의 전망대(52m)에 오르면 아름다운 시내와 멀리 타우버 계곡의 풍경까지 감상할 수 있다. 좁은 계단을 등산하듯 오르게 되지만 그만큼 보람이 있다. 돈 내는 곳은 꼭대기에 있다. 마르크트 광장 관광안내소에는 매시 열리는 '마이스터트롱크' 인형시계가 있다.

Access 마르크트 광장
Open 시청사 전망대
    4~10월 09:30~12:30,
    13:00~17:00
    1~3 · 11월 토 · 일 12:00~15:00
Cost 성인 €2.5(탑에 올라가서 지불)
Address Marktplatz 1, 91541
    Rothenburg ob der Tauber

> **Tip 나이트 투어** Night Watcher
>
>
>
> 매일 저녁 8시 시청 앞에는 검정 모자와 망토에 긴 창을 든 중세 시대 마을의 파수꾼이 나타나는데, 이 파수꾼을 따라 마을 골목골목을 다니며 이야기를 듣는 특별한 밤 투어다. 영어와 독일어로 진행되며 알아듣지 못해도 색다른 재미가 있다. 4~12월에만 진행되니 미리 확인해보자.
> Cost 성인 €9, 청소년(12~18세) €4.5

> **Story 위대한 음주, 마이스터트룽크** Meistertrunk
>
>
>
> 신구교 간 종교전쟁인 30년 전쟁(1618~1648)이 한창이던 1631년, 신교도 편이던 로텐부르크를 점령한 구교도의 틸리 장군이 커다란 와인 잔을 보고 그것을 단숨에 들이켜면 철수하겠다고 제안했는데, 전 시장 누쉬 Nusch 가 와인 3.25L를 단숨에 들이켜면서 도시를 구했다고 한다. 관광안내소 벽시계탑, '마이스터트룽크 Meistertrunk'가 매시 이 장면을 재연하고 있다(10:00~22:00). 매년 5월 말에는 이를 기념한 마이스터트룽크 축제가 열린다.

성 야곱 교회 St. Jakobskirche

로텐부르크의 상징적 교회로 1485년 완공된 고딕 양식의 루터교 교회. 틸만 리멘슈나이더 Tilman Riemenschneider 작 〈거룩한 피의 제단 Heilig-Blut-Altar〉을 보기 위해 많은 순례자들이 방문하고 있다. 〈최후의 만찬〉을 묘사한 이 작품에서 예수로부터 빵을 받은 유다의 모습이 생생히 조각되어 있고, 상단 십자가 중앙의 수정 안에는 예수님의 피가 들어 있다고 한다. 이 외에도 12사도의 제단, 스테인드글라스, 파이프 오르간 등 예술적 종교적 가치가 높은 보물들이 많다. 교회 앞에 지팡이를 든 순례자상도 있다.

Access	마르크트 광장에서 도보 2분
Open	**4~10월** 10:00~18:00
	*동절기에는 개장 시간이 짧아진다.
Cost	성인 €3.5, 학생 €2,
	12세 이하 무료
	(영어, 독일어 오디오 가이드 €2)
Address	Klostergasse 15, 91541
	Rothenburg ob der Tauber
Tel	+49 (0)986 170 0620
Web	www.rothenburgtauber-evangelisch.de

프란치스카너 교회 Franziskanerkirche

1309년 지어진 700년이 넘는 역사를 가진 고딕 양식의 교회로 도시에서 가장 오래된 교회다. 틸만 리멘슈나이더의 초기작인 〈프란치스카너 제단〉(1490)이 있다.

Access	구시가 서쪽 방향
Open	14:00~16:00
Address	Herrengasse, 91541 Rothenburg ob der Tauber
Tel	+49 (0)986 170 0620

부르크 정원 Burggarten

구시가지의 서쪽 끝 언덕에 있는 정원. 성벽을 따라 이어진 산책로에서는 구시가지와 타우버 계곡의 그림 같은 풍경을 감상할 수 있다. 조용하고 한적하게 시간을 보낼 수 있는 곳으로 사진 찍기에도 좋다.

Access	구시가의 서쪽 끝 Herrngasse
Address	Alte Burg, 91541 Rothenburg ob der Tauber
Tel	+49 (0)986 140 4800

로텐부르크 박물관
Rothenburg Museum

로텐부르크의 역사 박물관. 미술작품. 중세 유대인의 생활
상 등을 전시하고 있다. 원래는 도미니칸 수도회의 수녀원
건물로 현존하는 가장 오래된 수도원 부엌이 있다. 주요
무기를 전시해 놓은 컬렉션이 볼만하다.

Access 마르크트 광장 도보 5분. 북쪽 골목에서 왼쪽 Kirchplatz 방향
Open   4~10월 10:00~18:00, 11~3월 14:00~17:00,
        크리스마스 마켓 10:00~16:00
Cost   성인 €6, 학생 €7, 7~18세 €4, 6세 이하 무료
Address Klosterhof 5, 91541 Rothenburg ob der Tauber
Tel   +49 (0)986 193 9043
Web   www.reichsstadtmuseum.rothenburg.de

중세 범죄 박물관
Mittelalterliches Kriminalmuseum

중세 시대의 법과 형벌에 대한 전시를 하는 박물관이다.
12~19세기까지 법학의 발전상을 보여주는 자료를 비롯해
단두대, 못의자, 정조대, 범죄자용 철제 마스크 등 고문과
사형기구 등을 전시하고 있어 등골이 오싹해지기도 한다.

Access 마르크트 광장에서 남쪽으로 도보 4분
Open   10:00~18:00(마지막 입장 17:15)
Cost   성인 €9.5, 학생 €6, 6~18세 €5, 5세 이하 무료
Address Burggasse 3, 91541 Rothenburg ob der Tauber
Tel   +49 (0)986 153 59
Web   www.kriminalmuseum.rothenburg.de

플뢴라인 & 지버스 탑 Plönlein & Siebersturm

중세 동화마을. 로텐부르크에서도 가장 아름다운 풍경을 보여주는 작은 골목
으로 엽서에 단골로 등장하는 명소다. 플뢴라인부터 길이 양 갈래로 나뉘는데
오른쪽 내리막길로 가면 코볼첼러 문Kobolzeller Tor이 있고 왼쪽으로 가면 예쁜
시계탑이 있는 지버스 탑Siebersturm을 지나게 된다.

Access 마르크트 광장에서 남쪽으로
        도보 5분
Address Plönlein 91541 Rothenburg ob
        der Tauber

Food
①

추어 휠
Zur Höll

로텐부르크에서 가장 유명한 레스토랑 추어 휠. '지옥 속으로'라는 재미난 뜻으로 웨이터가 '악마가 있으니 조심하라'는 유쾌한 경고를 해준다. 900년이 넘는 예쁜 전통 건물에 실내는 중세의 음산한 분위기지만 곳곳에 유머가 넘치고 음식도 분위기 못지않게 맛있다. 프랑켄 와인이나 맥주를 곁들이는 것도 잊지 말자.

Access 마르크트 광장에서 도보 4분. 중세 범죄 박물관 근처
Open 월~토 17:00~23:00(여름 시즌 ~24:00), 일 휴무
Cost 메인 요리 €16~, 프랑켄 와인 €7~
Address Burggasse 8, 91541 Rothenburg ob der Tauber
Tel +49 (0)986 142 29
Web www.hoell-rothenburg.de

Food
②

가스트호프 부츠 Gasthof Butz

프랑켄 지역에서 흔히 볼 수 있는 민박을 겸하는 식당으로 소박한 가정집 분위기다. 지역에서 생산되는 재료로 만든 프랑켄 가정식 요리는 프랑켄 와인(질바너 와인)과 최고의 궁합을 보여준다. 모든 요리는 테이크아웃이 가능하다.

Access 시청사와 가깝다.
Open 화·수·금~일 11:30~14:00, 18:00~21:00, 월·목 휴무
Cost 주요리 €12~
Address Kapellenpl. 4, 91541 Rothenburg ob der Tauber
Tel +49 (0)986 122 01
Web gasthof-butz.de

Food
③

추커 베커라이 Zuckerbäckerei

로텐부르크의 명물 슈니발렌의 전통 있는 맛집이다. 작은 크기의 슈니발렌도 있고 맛은 한국에서 파는 것보다 부드럽고 담백하다. 로텐부르크 골목 곳곳에서 전통 과자인 슈니발렌을 만날 수 있는데 맛은 거의 비슷하다. 입구에서 슈니발렌을 만드는 영상을 볼 수 있다.

Access 마르크트 광장에서 남쪽으로 도보 3분
Open 08:00~18:00
Cost 슈니발렌 작은 것 €2.7~
Address Obere Schmiedgasse 10, 91541 Rothenburg ob der Tauber
Tel +49 (0)986 193 4112

> **Tip 슈니발렌** Schneeballen
> '눈덩이'라는 뜻의 슈니발렌은 독일 로텐부르크의 전통 과자로 국내에서도 꽤 인기를 끌고 있다. 원래는 축하용 과자로 축제나 결혼식 등의 행사에서 먹는다고 한다. 밀가루 반죽을 얇고 길게 늘여서 동그랗게 말아 튀긴 후 하얀 슈거파우더를 뿌려먹은 데서 유래했고, 초콜릿, 견과류 등 다양한 파우더를 뿌려 먹는다.

캐테 볼파르트 Käthe Wohlfahrt

산타클로스도 이 매장에서 쇼핑을 한다는 세계적 규모의 크리스마스 전문숍, 캐테 볼파르트의 본점이다. 입구에서부터 색색의 다양한 크리스마스 제품들이 가득해 마치 크리스마스 동화나라에 온 듯한 환상까지 들게 한다. 매장의 규모도 커서 둘러보는 시간도 꽤 걸린다. 사진 촬영은 금지. 특별한 볼거리가 있는 독일 크리스마스 박물관(유료)이 숍 내에 있다.

Access	마르크트 광장 시청 방향 골목
Open	**숍** 10:00~18:00 **박물관** 10:00~17:00
Cost	**숍** 무료 **박물관** 성인 €5, 학생 €4, 어린이(6~11세) €2, 가족 €11
Address	Herrngasse 1, 91541 Rothenburg ob der Tauber
Tel	+49 (0)800 409 0150
Web	www.wohlfahrt.com, www.christmasmuseum.com

쇼윈도 너머 찍은 사진들.
실내는 촬영금지예요.

테디스 로텐부르크
Teddys Rothenburg

테디베어의 100년 역사를 같이해 온 명품 테디베어 브랜드 슈타이프Steiff와 헤르만Hermann 제품을 판매하는 테디베어 전문점으로 오리지널 한정판 제품도 만날 수 있다.

Access	마르크트 광장 시청 대각선 방향
Open	월~금 09:00~20:00, 토 09:30~20:00, 일 10:00~18:00
Address	Obere Schmiedgasse 1, 91541 Rothenburg ob der Tauber
Tel	+49 (0)986 193 3444
Web	www.teddys-rothenburg.de

테디랜드
Teddyland

작은 소품부터 큰 제품까지 다양한 종류의 테디베어를 만날 수 있는 독일 최대의 테디베어 전문점이다. 바로 옆 테디스 로텐부르크보다 저렴한 편이다.

Access	마르크트 광장
Open	월~토 09:00~18:00, 일(4~12월) 10:00~18:00
Address	Herrngasse 10, 91541 Rothenburg ob der Tauber
Tel	+49 (0)986 189 04
Web	www.teddyland.de

호텔 아이젠헛 Hotel Eisenhut

중세 로텐부르크의 중심이었던 헤른 가세Herrngasse에 있는 호텔로 중세 시대에는 고급 저택이었다. 위치도 좋고 클래식하고 고급스러운 분위기로 한국인에게도 인기가 있고 유명인사들도 자주 이용하는 호텔이라고 한다. 4성급 호텔로 4개의 빌딩에 78개의 룸이 있으며 일부 객실은 평화로운 타우버 계곡을 전망으로 한다.

Access	캐테 볼파르트 근처
Cost	클래식 싱글룸 €112~, 클래식 더블룸 €122~
Address	Herrngasse 3-5/7, 91541 Rothenburg ob der Tauber
Tel	+49 (0)986 170 50
Web	www.eisenhut.com

빌라 미테마이어 Villa Mittermeier

독일 최고의 셰프로 화려한 수상경력을 자랑하는 크리스티안 미테마이어Christian Mittermeier가 운영하는 호텔 겸 레스토랑이다. 독일 가정식 정찬을 맛볼 수 있는 레스토랑이 호텔보다 유명하다. 3성급의 호텔은 소박하고 정갈한 27개의 객실이 있고 레스토랑이 유명한 호텔답게 조식도 풍성하게 차려진다.

Access	중앙역 도보 7분, Würzburger Tor 부근
Cost	더블룸 €170~
Address	Vorm Würzburger Tor 7, 91541 Rothenburg ob der Tauber
Tel	+49 (0)986 194 540
Web	www.villa mittermeier.de

펜션 엘케 Pension Elke

한국 여행객에게도 많이 알려진 게스트하우스로 동화 속에 나오는 예쁜 시골집을 체험하게 된다. 위치도 좋고 가격도 저렴한 펜션 엘케는 과일과 후식까지 푸짐하게 차리는 조식으로도 유명하다. 가족이 경영하고 1층에는 슈퍼가 있다. 싱글룸, 더블룸, 패밀리룸이 있는데 욕실이 딸려 있는지에 따라 가격이 달라진다.

Access	뢰더 문에서 도보 3분
Cost	싱글룸 €65~70 (욕실이 있는지 여부에 따라 가격이 다르다)
Address	Rödergasse 6, 91541 Rothenburg
Tel	+49 (0)986 123 31
Web	www.pension-elke-rothenburg.de

가스트호프 부츠 Gasthof Butz

1894년부터 대대로 이곳에 살고 있는 가족이 운영하는 게스트하우스다. 로텐부르크의 맛집으로 통하는 1층의 레스토랑부터 계단과 복도에는 여러 진귀한 앤티크 소품들이 진열되어 있어 구경하는 재미가 있다. 아기자기하게 꾸며진 12개의 객실이 있고 모든 객실에는 욕실이 딸려 있다. 싱글룸부터 4인실까지 있다.

Access	마르크트 광장에서 도보 2분
Cost	싱글룸 €70~, 트윈룸 €100~
Address	Kapellenplatz 4, 91541 Rothenburg ob der Tauber
Tel	+49 (0)986 122 01
Web	www.kreisel meier.de

06

중세 모습 그대로 한적한 시골 마을 **딩켈스뷜**

Dinkelsbühl

로맨틱 가도의 도시 중 중세의 모습을 가장 잘 보존한 도시로 두 차례 세계대전의 포화가 비껴간 도시다. 400년이 훨씬 넘은 전통 가옥들이 골목골목 자리 잡고 있어 동화마을 로텐부르크 못지않은 아기자기한 모습이다. 중세 성곽이 거의 온전히 남아 있고 성곽 밖으로 다뉴브 강의 지류인 뵈르니츠 강이 흐르고 로텐부르크 연못 등이 있어 성 안팎으로 그림 같은 풍경을 보여준다.

딩켈스뷜

✚ 딩켈스뷜 들어가기 & 나오기

바로 연결되는 노선이 없어 뉘른베르크나 로텐부르크 등에서 안스바흐 Ansbach까지 열차로 가서 805번 버스(1시간 소요)로 딩켈스뷜까지 올 수 있다. 일일 운행 편수도 제한적이다. 로맨틱 가도를 달리는 로맨틱 가도버스를 이용할 경우 약 45분간 정차한다.

✚ 추천 여행 일정

제크링거 문을 시작으로 제크링거 거리를 따라 성 게오르크 교회까지 신 시청사를 비롯해 길 양쪽으로 멋진 색감의 중세 건물들이 늘어서 있다. 성 게오르크 교회까지는 약 5분 소요되며 천천히 왕복해도 10~15분 정도 걸린다. 시간적 여유가 있으면 성곽을 따라 걸어도 좋고 로텐부르크 문 밖에 있는 연못과 공원에서 시간을 보내도 좋다.

> **Tip.**
> 관광안내소
> Information Center
>
> Access 성 게오르크 교회
> 부근 구 시청사 건물
> Open 월~금
> 09:00~17:30,
> 토·일·공휴일
> 10:00~16:00
> Address Altrathausplatz
> 14·D, 91550
> Dinkelsbühl
> Tel +49 (0)9851 902 440
> Web www.dinkelsbuehl.de

제크링거 거리 Segringerstraße

딩켈스뷜의 중심 거리로 길 양쪽으로 상점, 카페, 레스토랑, 호텔 등이 자리 잡고 있다. 제크링거 문은 전쟁으로 한 번 무너졌던 것을 1655년 바로크 스타일로 다시 지은 것이다. 알록달록한 색감의 400년도 넘은 전통 목조건물들을 구경하는 게 관광의 포인트. 그림 같은 집들을 열심히 카메라에 담아보자.

Access	제크링거 문부터 성 게오르크 교회까지 이어진 거리

성 게오르크 교회 Münster St. Georg

1499년 지어진 후기 고딕 양식의 가톨릭 교회로 13세기에 세워진 로마네스크 양식의 첨탑 옆에 교회 본당이 연결되어 세워졌다. 남독일에서 가장 아름다운 홀 양식의 교회로 꼽힌다. 여름 동안 개방되었던 첨탑 전망대는 2024년 12월 현재 일시 폐쇄 중이다.

Access	제크링거 거리의 서쪽 끝에 위치
Open	**교회**
	여름 09:00~19:00,
	겨울 09:00~17:00
	첨탑 전망대 일시 폐쇄
Cost	**교회** 무료
	첨탑 전망대 성인 €1.5, 학생 €1
Address	Kirchhöflein 6, 91550 Dinkelsbühl
Tel	+49 (0)9851 2245
Web	www.st-georg-dinkelsbuehl.de

구 시청사 Altes Rathaus

1361년 돌로 만들어진 건물로 '스톤 하우스'라는 별칭이 있다. 독일에서 가장 잘 보존된 중세 후기 도시인 딩켈스뷜의 역사를 전시하고 있는 딩켈스뷜 역사 박물관Haus der Geschichte Dinkelsbühl과 관광안내소가 있다. 주홍색 건물의 신 시청사는 1733년 당시 시장의 저택으로 지어졌고 1855년부터 시의회 건물로 사용되었다(입구 맨 위에 제국의 상징인 독수리가 그려져 있다).

Access	뵈르니츠 문 성 안쪽
Open	**딩켈스뷜 역사 박물관**
	5~10월 09:00~17:00, 11~4월 10:00~17:00, 토 · 일 · 공휴일 10:00~18:00
Cost	**딩켈스뷜 역사 박물관** 성인 €5, 어린이(6~16세) €2
Address	Altrathausplatz 14, 91550 Dinkelsbühl
Tel	+49 (0)9851 902 180

제크링거 거리에 있는 신 시청사

07

로맨틱 가도의 피날레 **퓌센**

Füssen

여행 Tip
- 도시명 퓌센 Füssen
- 위치 독일 남부 오스트리아 국경
- 인구 약 1만 4천 2백 명 (2024)
- 홈페이지 www.fuessen.de
- 키워드 알프스, 노이슈반슈타인 성, 루트비히 2세

독일의 알프스 퓌센은 산과 호수, 레히 강Lech의 목가적인 풍경과 로맨틱 가도의 종착지다운 아름다운 시가지를 볼 수 있는 고급 휴양지이다. 맑은 공기와 치료 효과가 높은 온천, 겨울 스포츠 등은 퓌센을 힐링을 위한 최고의 장소로 만들어 준다.

하지만 아쉽게도 대부분의 관광객들에게 퓌센은 세계에서 가장 유명한 노이슈반슈타인 성이 있는 호엔슈반가우Hohenschwangau로 가기 위한 거점 정도로 여겨져 잠깐 지나치게 되는 도시에 그친다.

(i) **관광안내소**
Information Center

중앙역 버스정류장에서 바로 노이슈반슈타인 성 매표소로 가는 버스를 타기 때문에 도보 5분 정도 걸리는 시내의 관광안내소를 먼저 찾게 되지는 않는다. 한국어 안내서가 있다.

Access 중앙역에서 시내 방향으로 직진, 로터리 건너에 위치
Open 월~금 09:00~17:00, 토 09:00~13:00,
일 · 공휴일 휴무
Address Kaiser-Maximilian-Platz 1, 87629 Füssen
Tel +49 (0)806 293 850
Web www.fuessen.de

✚ 퓌센 들어가기 & 나오기

뮌헨에서 기차로 이동하기

뮌헨–퓌센 구간은 지역열차(RB · RE)만 운행하며 직행으로 약 2시간 소요된다. 경유하면 10분 정도 더 걸린다. 철로도 기차도 낡은 편이어서 불편할수도 있지만 퓌센에 가까워질수록 보이는 창밖 풍경은 감탄을 자아낸다. 뮌헨에서 주로 당일 여행으로 다녀오기 때문에 비이에른 티켓을 이용하는 게 현명하다. 평일에 바이에른 티켓을 이용한다면 9시 이후 기차를 이용해야 한다. 주말에는 이용객이 많아 자리를 차지하기는 쉽지 않다.

노이슈반슈타인 성으로 이동하기

퓌센역에서 노이슈반슈타인 성 매표소까지는 다시 버스로 이동한다. 자세한 내용은 p.419 참고.

뮌헨에서 고속버스로 이동하기

플릭스버스Flixbus로 뮌헨 중앙역에서 노이슈반슈타인 성 매표소, Schwangau, Colomanstraße(Neuschwanstein Castle)까지 이동할 수 있다(뮌헨 출발 08:20, 변동 가능).

✚ 추천 여행 일정

당일 여행의 경우 호엔슈반가우에 있는 노이슈반슈타인 성만 둘러보고 정작 퓌센은 역만 찍고 오는 경우가 많다. 기차 시간이 빠듯하긴 하지만 부지런히 움직여서 관광안내소 주변과 대표 번화가인 라이헨 거리Reichenstr. 정도는 둘러보도록 하자.

★ 당일 여행
기차역 ⋯ 성 매표소 ⋯ 마리엔 다리 ⋯ 노이슈반슈타인 성 ⋯ 호엔슈반가우 성 ⋯ 알프 호수 ⋯ 바이에른 황제 박물관 ⋯ 퓌센 시내 ⋯ 기차역

✚ 노이슈반슈타인 성 가는 길

디즈니랜드 성의 모델인 노이슈반슈타인 성은 그 명성에 걸맞게 매일 엄청난 관광객이 몰려든다. 따라서 매표소에서 입장권을 구입하는 일도, 성에 오르는 버스를 타는 일도 기다림의 연속이 될 것이다. 되도록 이른 시간에 부지런히 움직이도록 하자.

★
노이슈반슈타인 성 가는 법
퓌센역 ⋯ (73 · 78번 버스) ⋯ 매표소 ⋯ (버스 · 마차 · 도보) ⋯ 노이슈반슈타인 성

> **Tip.**
> 성 관람을 마치고 내려오는 길은 내리막길이라 걷기 수월하므로 삼림욕하듯 천천히 걸으며 내려와도 좋다. 마차가 다니는 길과 같다. 말똥 주의!

1. 퓌센역~매표소 73 · 78번 버스

매표소까지 약 7분 소요. 버스는 30분 혹은 1시간 간격으로 운행된다.

Cost   편도 €2.8, 바이에른 티켓으로 이용 가능

2. 매표소

성 내부까지 볼 경우 입장권을 사야 한다. 줄이 길기 때문에 미리 온라인 예매를 하면 시간을 줄일 수 있고 별도의 창구에서 표를 받아 가면 된다. 성의 외관만 볼 경우는 들를 필요가 없다.

Open   4월 1일~10월 15일 08:00~16:00,
       10월 16일~3월 31일 08:30~15:30

3. 매표소~노이슈반슈타인 성

❶ 버스

마리엔 다리에서 성을 조망한 후 내리막길로 성까지 가는 코스로 체력적 부담이 적다. 단, 오래 기다리고 만차로 올라가는 일이 많다. 약 10분 소요. 20분 간격.

Cost   편도 **올라갈 때** 성인 €3,
       어린이(7~12세, 6세 이하 무료) €1.5,
       내려올 때 성인 €2, 어린이 €1
       왕복 성인 €3.5, 어린이 €2
       (바이에른 티켓 불가)

❷ 마차

다소 불편하지만 중세의 낭만을 느낄 수 있다. 약 20분 소요되며 내려서 성까지 15분 정도 걸어 올라간다.

Cost   올라갈 때 €8, 내려올 때 €4

❸ 도보

시간과 체력이 허락된다면 아름다운 숲길을 따라 등산하듯 올라가도 좋다. 성까지 40분 이상 소요.

노이슈반슈타인 성 입장권 예매하기

가이드 투어가 필수인 성의 입장권은 온라인으로 미리 예약하도록 하자.
현장 매표소에서는 온라인 예매 후 남은 입장권을 판매하며 당일 입장만
가능한데, 대기 시간도 긴 편이다. 사전 예약 후 교환창구에서 티켓을 교
환하도록 하자.

온라인 예약하기

노이슈반슈타인 성, 호엔슈반가우 성, 바이에른 황제 박물관의 티켓을 판
매하고 두 곳 이상을 방문하는 콤비티켓도 있다. 선택한 언어의 오디오
가이드를 들으며 가이드투어에 참가하게 되는데 노이슈반슈타인 성만
한국어 오디오 가이드가 있다. 관람 시간은 30분.

예약사이트		www.hohenschwangau.de(영어와 독일어 페이지)		
티켓명(영어)	포함내용	가격(2025년 1월 25일~)		
		일반	학생 & 65세 이상	청소년(7~17세)/ 어린이(0~6세)
① 노이슈반슈타인 성		€21	€20	x
② 호엔슈반가우 성		€21	€18	€11/x
③ 바이에른 황제 박물관		€14	€13	x
Prince Ticket	①+③	€33	€31	x
King's Ticket	①+②	€41	€37	€11/x
Wittelsbach Ticket	②+③	€33	€29	€11/x
Swan Ticket	①+②+③	€53	€48	€11/x

＊Notice

1. 온라인 예약 시 티켓당 €2.5 추가(콤비 티켓은 €5~7.5 추가)
2. 예약 시간을 놓치면 환불도 관람도 안 되니 최소 2시간 전에는 퓌센역에 도착해야 한다.
3. 방문 2일 전(독일 시간 15:00)까지 예약 가능하다.

Story 영원한 신비 루트비히 2세 Ludwig II

1845년 님펜부르크 궁전에서 태어나 1886년 슈타른베르크 호수에서 사
망하기까지 영화 같은 삶을 살다간 비운의 왕이다. 환상을 현실로 이뤄낸
노이슈반슈타인 성과는 거의 동일시되는 인물로 오늘날까지 큰 사랑을 받
고 있다.
바이에른의 국왕 막시밀리안 2세의 아들로 태어나 18세의 어린 나이에 즉
위했으나 정치보다는 몽상과 예술을 사랑했다. 190cm의 키에 출중한 외모
로 선망의 대상이었지만, 작곡가 바그너Wagner에 대한 지나친 애정과 재정
지원은 신망을 잃게 했다. 주변 정세와 정권 다툼에 지쳐 은둔생활을 시작
한 그는 바그너의 오페라를 주제로 직접 설계한 성을 짓도록 했다. 베르사유
궁전을 모티브로 한 헤렌킴제 성, 바그너의 오페라를 주제로 한 린더호프 성
(1869~1878)과 노이슈반슈타인 성이 그것이다. 이후 재정파탄과 기이한
행동을 문제 삼은 정적들이 그를 정신병자로 몰아 베르크 성에 감금했고 사
흘 만에 근처 호수에서 주치의와 함께 시체로 발견됐는데 이해할 수 없는 그
의 죽음에 대한 의문점들은 여전히 미스터리로 남아 있다.

노이슈반슈타인 성 Schloss Neuschwanstein

전 세계에서 가장 유명한 성으로 디즈니랜드 신데렐라 성의 모티브가 된 백조의 성이다. 루트비히 2세가 은둔의 목적으로 1869년부터 1886년까지 지었다. 외관은 고딕과 로마네스크, 비잔틴 등의 양식으로 지어졌고 내부는 바그너의 오페라를 주제로 꾸몄다. 그를 위한 전용 오페라 극장까지 설계했으나 미완으로 끝났다. 키가 190cm였던 루트비히 2세의 침대 길이는 210cm이고 문고리도 키에 맞게 높이 달려 있다. 그는 성이 완성되기 전부터 살기 시작했지만 고작 6개월밖에 살지 못했다. 성의 내부 관람은 유료 가이드투어로만 가능하며 약 30분이 소요된다. 사진 촬영은 금지이고 한국어 오디오 가이드가 있다.

Open   4~10월 15일 08:00~16:00,
          10월 16일~3월 08:00~15:30
          (1월 1일 · 12월 24·25·31일 휴무)
          *날짜 변동 가능
Address Neuschwansteinstraße 20,
          87645 Schwangau
Tel   +49 (0)836 293 0830
Web   www.neuschwanstein.de

마리엔 다리 Marienbrücke

노이슈반슈타인 성의 그림 같은 풍경을 가장 잘 조망할 수 있는 다리. 다리 위에서 보는 환상적인 풍경은 말로 표현이 안 된다. 매표소에서 버스를 타고 올라가 마리엔 다리를 먼저 보는 게 체력적 부담이 없다. 마리엔 다리부터 성까지는 내리막길이다. 날씨(겨울)와 보수공사로 폐쇄되는 경우가 있으니 미리 확인해 보자.

❷ 호엔슈반가우 성 Schloss Hohenschwangau

노이슈반슈타인 성과 알프 호수가 보이는 언덕에 세워진 신고딕 양식의 노란색 성. 루트비히 2세의 아버지인 막시밀리안 2세가 지은 성(1832~1836)으로 루트비히 2세가 어린 시절을 보낸 성이다. 북유럽의 전설이자 바그너의 오페라 〈로엔그린〉에 나오는 백조를 상징하는 조각과 작품들을 성 곳곳에서 볼 수 있다. 3층에는 왕과 바그너가 함께 연주했다는 피아노가 전시되어 있고 동양의 예술작품도 볼 수 있다.

Access 매표소에서 마차 10분 소요,
등산 20분 정도
Open 4월~10월 15일 09:00~16:30,
10월 16일~3월 10:00~16:00
Address Alpseestraße 30, 87645
Schwangau
Tel +49 (0)836 293 0830
Web www.hohenschwangau.de

❸ 바이에른 황제 박물관
Museum der Bayerischen Könige

2011년 9월 개관한 독일 최고의 황제 박물관. 바이에른 왕국의 역사 자료와 비텔스바흐 Wittelsbach 가문의 보물들을 전시하고 있다. 호엔슈반가우 성을 지은 왕, 막시밀리안 2세와 노이슈반슈타인 성을 지은 루트비히 2세의 자료가 많다.

Access 알프 호수의 호반에 위치
Open 09:00~16:30, 1월 1일·12월 24·25일 휴관
Address Alpseestraße 27, 87645 Hohenschwangau
Tel +49 (0)836 292 64 640
Web www.hohenschwangau.de/museum_der_
bayerischen_koenige.html

❹ 알프 호수
Alpsee

독일 알프스 산자락에 자리한 아름다운 호수. 산을 그대로 비추는 투명한 호수는 한 폭의 수채화 같은 풍경을 보여준다. 여름에는 수영도 할 수 있고, 호수 풍경을 감상하며 식사를 즐길 수 있는 식당도 있다.

Access 호엔슈반가우 성 앞에서 호수가 바로 보인다.
매표소의 반대편 방향으로 길을 따라 조금만
가면 호수에 도착한다.

퓌센 시내 Füssen

노이슈반슈타인 성을 돌아보고 기차 시간이 여유가 있다면 퓌센 시내를 돌아
보자. 중앙역에서 한 블록 떨어진 곳에 관광안내소가 있고, 대각선 방향에 퓌
센의 대표적인 보행자 거리이자 번화가인 라이헨 거리Reichenstr.가 있다. 기념
품숍과 카페, 레스토랑이 줄지어 있다.

Tip 퓌센 관광안내소
관광안내소에는 퓌센과 로맨틱 가도
의 한국어 안내서가 있다.

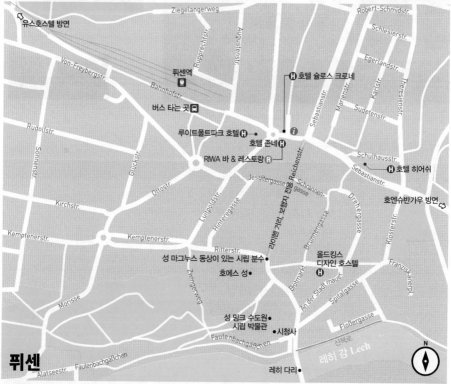

퓌센

로열 캐슬 투어
Royal Castle Tour

루트비히 2세의 노이슈반슈타인 성과 린더호프 성으로 떠나는 일일 투어!

예술을 사랑한 몽상가, 루트비히 2세의 꿈을 실현하기 위해 지은 세 곳의 성 중 두 곳을 하루에 다녀오는 일일 투어다. 뮌헨 중앙역을 출발해 성 두 곳과 오버아머가우 마을을 둘러보는 코스이며 2층 구조의 고급 리무진버스로 편하게 이동한다. 전 세계인이 참여하는 투어여서 영어 가이드로 진행하며 궁전 내부투어를 원하면 투어 옵션으로 입장권을 구입하면 된다. 개별로 이동하는 것보다 경제적이고 편리한 동선이어서 만족감이 높다.

Cost   성인 €81~, 학생(15~26세) €62~, 어린이(4~14세) €41~

※ **예약 팁** 'Neuschwanstein Castle and Linderhof Palace Day Tour'로 검색하면 여러 예약사이트가 나오는데 가격이 조금씩 다르고 여름 극성수기를 제외하면 '성인 1+1' 가격으로 예매가 가능하다.

Web   www.grayline.com, www.viator.com

일일 투어 스케줄(현지 사정에 따라 변동 가능)

시간	일정
08:00	뮌헨 중앙역 출발(Karstadt 백화점 앞 정류장)
08:30	버스 출발(가이드의 재량에 따라 10~20분 일찍 출발 가능)
09:45	린더호프 성
11:15	오버아머가우 타운 도착
12:00	오버아머가우 타운 출발
13:00	노이슈반슈타인 성 도착
자유시간(개별 점심식사)	
14:30	노이슈반슈타인 성(p.421)
16:30	버스 출발
18:45	뮌헨 중앙역 도착

❶ 린더호프 성 Schloss Linderhof

아버지인 막시밀리안 2세의 사냥을 위한 별궁이 있던 곳에 지은 루트비히 2세의 궁전으로 그의 생전에 완공된(1886년) 유일한 궁전이다. 궁전의 규모는 작은 편이나 비너스의 동굴, 무어인의 정자Maurischer Kiosk 등 독특한 볼거리가 풍부하다. 베르사유 궁전을 모델로 지었으나 프랑스와 스페인, 영국의 양식을 혼합해 완성한 정원은 바로크 양식의 가장 훌륭한 예로 꼽힌다. 성 내부는 가이드투어(독일어나 영어, 약 25분)로 관람 가능하며 내부 사진 촬영 금지다.

Access	뮌헨에서 Oberammergau역까지 약 1시간 40분 소요(Murnau 경유), Oberammergau역에서 버스 9622번
Open	**린더호프 성** 4월~10월 15일 09:00~18:00, 10월 16일~3월 10:00~16:30 1월 1일 · 12월 24 · 25 · 31일 휴관
Cost	**궁전+정원** 성인 €10, 학생(15~26세) €9, 18세 이하 무료 **정원** 성인 €5, 학생(15~26세) €4, 18세 이하 무료 *겨울철은 궁전만 방문 가능 (성인 €9, 학생 €8)
Address	Linderhof 12, 82488 Ettal
Tel	+49 (0)8822 920 30
Web	www.schlosslinderhof.de

❷ 오버아머가우 Oberammergau

독일 알프스에 있는 아름다운 소도시로 10년마다 공연하는 '예수 수난극Passionsspiel'으로 유명하다. 목가적인 알프스의 풍경과 아름답고 고전적인 벽화가 그려진 건물이 인상적인 동화마을이다. 유명한 '파라디소 카페Eiscafé Paradiso'의 젤라또를 맛보자!

&

헤렌킴제 성 Neues Schloss Herrenchiemsee

바이에른 남부 프린 지역, 헤렌킴제 섬에 있는 루트비히 2세의 마지막 성이다. 베르사유 궁전과 정원을 모델로 1878년 짓기 시작했으나 1886년 루트비히 2세의 죽음으로 궁전 내부는 미완성으로 남았다. 화려하고 품격 있는 정원과 프랑스 로코코 양식의 화려한 실내 장식이 루트비히 2세의 성 중 최고로 꼽힌다. 내부는 가이드투어(독일어나 영어, 약 30분)로 볼 수 있고 한국어 안내서가 있다. 루트비히 2세 박물관도 있다.

Access	뮌헨에서 프린 암 킴제Prien am Chiemsee역까지 약 60분 소요, 역에서 섬Herreninsel으로 가는 선착장까지 도보 30분 소요 (여름철에는 기차 운행)
Open	4월~10월 말 09:00~18:00(마지막 투어 17:00), 10월 말~3월 09:40~16:15, 10:00~16:45 1월 1일 · 12월 24 · 25 · 31일 휴관
Cost	**콤비 티켓**(궁전+루트비히 2세 박물관 등) 성인 €11, 학생 €10
Address	83209 Herrenchiemsee
Tel	+49 (0)8051 688 70
Web	www.herrenchiemsee.de

© Chiemgau_Tourismus

© Chiemgau_Tourismus

08 만년설이 있는 독일의 최고봉 **추크슈피체**
Zugspitze

독일의 최고봉 추크슈피체는 독일, 스위스, 오스트리아, 이탈리 아가 걸쳐 있는 알프스 산맥의 산봉우리 중 독일에 해당하는 곳 이다. 해발 약 3,000m의 추크슈피체 정상에서는 날씨가 좋으면 알프스 4개국까지 한눈에 보이는 알프스 파노라마 전망을 즐 길 수 있다. 4계절 내내 만년설을 볼 수 있고 빙하고원에서는 5 월까지 스키나 썰매를 탈 수 있다. 독일에서 가장 높은 곳에 작 은 교회가 있고 빙하가 녹은 아름다운 호수도 있다. 독일에서 가장 높은 비어 가든에서 알프스를 바라보며 마시는 맥주 한잔 의 짜릿한 맛도 기다리고 있다. 알프스 최고의 휴양도시인 가르 미슈-파르텐키르헨에서 산악열차를 타고 들어간다.

추크슈피체

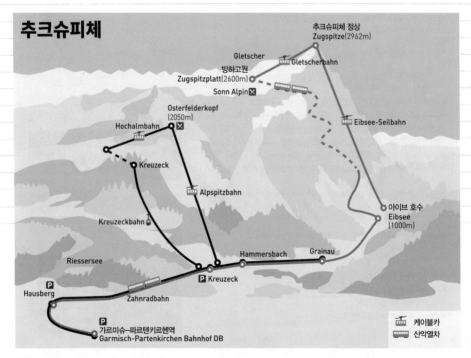

- 추크슈피체 정상 Zugspitze(2962m)
- Gletscher
- Gletscherbahn
- 빙하고원 Zugspitzplatt(2600m)
- Sonn Alpin
- Osterfelderkopf (2050m)
- Hochalmbahn
- Eibsee-Seilbahn
- Kreuzeck
- Alpspitzbahn
- 아이브 호수 Eibsee (1000m)
- Kreuzeckbahn
- Riessersee
- Hammersbach
- Grainau
- Kreuzeck
- Hausberg
- Zahnradbahn
- 가르미슈-파르텐키르헨역 Garmisch-Partenkirchen Bahnhof DB

🚟 케이블카
🚌 산악열차

© Bavaria Tourism

✚ 추크슈피체 들어가기 & 나오기

추크슈피체로 이동하기
뮌헨에서 가르미슈–파르텐키르헨Garmisch-Partenkirchen역까지 기차로 이동
해 산악열차와 케이블카로 추크슈피체까지 오른다. 총 3시간 정도 소요
된다. 뮌헨과 가르미슈–파르텐키르헨 구간은 지역열차만 다니므로 바이
에른 티켓을 구입하는 게 경제적이고, 가르미슈–파르텐키르헨역에서 추
크슈피제까지 가는 산악열차 티켓은 별도로 구매해야 한다.

뮌헨 ··· 기차 ··· **가르미슈–파르텐키르헨역** ··· 산악열차 · 케이블카 ···
추크슈피체

1. 뮌헨~가르미슈–파르텐키르헨역
매시간 직행열차가 있다. 1시간 20분 소요.

2. 가르미슈–파르텐키르헨역~추크슈피체
산악열차와 케이블카를 이용해 정상의 전망대까지 다녀올 수 있다. 아래 두
가지 루트 중 선택하면 된다.

① **역에서 산악열차 탑승** ··· 1시간 10분 소요 ··· 2600m 추크슈피체 빙하
고원 ··· 케이블카 ··· 2962m 정상 전망대 ··· 케이블카, 4분 소요 ··· **아이
브 호수** ··· **산악열차 타고 역으로 회귀**

② **역에서 산악열차 탑승** ··· **아이브 호수** ··· 케이블카, 10분 소요 ···
2962m 정상 전망대 ··· 케이블카 ··· 2600m 추크슈피체 빙하고원 ···
산악열차 타고 역으로 회귀

Tip 1.
산악열차 예약

웹에서 산악열차와 케이블카를
포함한 '추크슈피체 티켓Zugspitze
Ticket'을 예약하면 이메일로 픽업
코드나 바코드 티켓이 전달된다.
픽업 코드는 매표소에서 티켓으로 교환하고 바코드 티켓은 바로
사용 가능하다.

Cost   성인 €72,
        청소년(16~18세) €57.5,
        어린이(6~15세) €36
        *계절에 따라 달라짐
Web   www.zugspitze.de

Tip 2.

유레일패스나 독일패스, 바이에
른 티켓 소지자의 경우 산악열차
요금이 10% 가까이 할인된다.

Tip 3.

만년설이 있는 곳이므로 한여름
에도 두툼한 외투를 준비하고,
등산에 적당한 신발을 신고 가
는 게 좋다.

Tip 4. 여행사 데이 투어 이용
뮌헨에서 출발하는 일일 가이드투어 상품을 이용해 추크슈피체 정상에 다
녀올 수 있다. 오전 9~10시경에 뮌헨을 출발해 도착까지 약 8시간이 소요
되는 투어다. 식사는 포함되지 않고 케이블카 요금이나 호텔 픽업 등 투어
조건이 조금씩 다르니 확인하고 예약하자. 투어는 대부분 영어로 진행되며
가격은 계절별로 달라진다.

Cost   성인 €115,
        청소년 €99,
        어린이 €79
        (모든 교통 포함)
Web   www.viator.com,
        www.munich-
        daytrips.com

Sightseeing : (1000m)

아이브 호수 Eibsee

알프스 산이 그대로 비치는 맑은 물은 빙하가 녹은 것이다. 아름답고 평화로운 풍경을 감상하고 여름에는 수영도 즐길 수 있다.

Sightseeing : (2600m)

마리아 하임주홍
Maria Heimsuchung

독일에서 가장 높은 교회로 하늘과 맞닿은 특별한 결혼 장소로 예약자가 줄을 서 있다. 1989년 지어진 아주 작은 교회다. 주일에 실제로 예배도 본다.

Sightseeing : (2600m)

빙하고원 Zugspitzplatt

4계절 만년설을 볼 수 있는 추크슈피체의 빙하고원. 정상에서 약 300m 아래 위치하고 있다. 겨울에는 스키와 스노보드를 즐기는 사람들로 북적이고 5월경까지 겨울 스포츠를 즐길 수 있다. 장비가 없는 관광객들은 눈썰매를 대여해 아쉬움을 달랠 수 있으며, 여름에도 눈썰매를 즐길 수 있을 정도의 눈이 있다. 레스토랑 존알핀Sonnalpin과 빙하 가든 Gletschergarten이 있다. 전망대까지 케이블카로 오를 수 있고 등산으로는 30분 정도 소요된다.

Sightseeing : (2962m)

정상 전망대 Zugspitze

독일과 오스트리아 국경에 걸친 추크슈피체 최정상 전망대에서 360도 파노라마 전망을 즐길 수 있다. 1820년부터 현재까지 추크슈피체의 역사를 한눈에 볼 수 있는 전시관이 있고, 독일에서 가장 높은 비어가르텐, 기펠알름Gipfelalm에서 시원한 생맥주도 마시고 파노라마 라운지 2962에서 기가 막힌 전망도 즐기자. 산악열차와 케이블카 덕에 특별한 등산장비 없이 갈 수 있으니 좋지 아니한가!

© Bavaria Tourism

Special Chapter

독일의 **교통**

1 | 독일 철도 시스템

철도의 나라 독일은 유럽 내에서도 열차 시스템이 잘 되어 있기로 첫손에 꼽힌다. 잘 정비된 철도망과 역의 시설, 체계적인 요금제 등으로 독일 여행에서 가장 먼저 고려하게 되는 교통수단이 바로 열차다. 특히 독일인의 자존심과 같은 고속철도 ICE는 독일 내뿐 아니라 주변 유럽 도시들과도 연결되어 있어 ICE 노선을 잘 알아두면 여행에 도움이 된다. 독일의 열차는 다른 유럽 국가들처럼 비싼 편인데 출발 직전 당일 티켓을 구매하려면 높은 가격을 그대로 지불해야 한다. 그러므로 유레일패스나 독일패스 소지자가 아니라면 미리미리 예약해 두자. 최소 3일 전에 예약하면 20~50%까지 할인된 티켓(Savings Fares, Sparpreis)을 구매할 수 있다.

✚ 열차의 종류

독일철도청(DB)의 열차는 초고속열차인 ICE와 그 다음 단계인 고속열차 IC와 EC, 지역열차 RE와 RB로 크게 나눌 수 있고, 야간열차인 CNL과 지하철인 S반도 DB 에서 운영하고 있다.

각 열차마다 화장실이 있고 개인 선반과 콘센트 등이 있는 좌석도 갖추고 있다. 신형 열차일수록 최신 설비를 갖추고 있으며 열차 내 와이파이가 가능한 핫스팟이 늘어나고 있다. 1.5배가량 비싼 1등석은 공간이 여유롭고 2등석도 일부 구간을 제외하면 불편함이 없다. CNL을 비롯한 야간열차들은 침대칸*Sleeping Bed* 또는 4인, 6인의 쿠셋*Couchette*을 갖추고 있다.

독일 철도는 약자로
DB(데베, Deutsche Bahn)
라고 한다.

ICE(이체-) Inter City Express
최고 속도가 300km 이상인 고속열차. 우리나라에 KTX 도입 시 프랑스의 TGV와 최후까지 경합을 벌였던 초고속열차이다. TGV가 최종 선정되었으나, 기술력과 안정성은 ICE가 한 수 위라고 인정받고 있다.

IC(이체) Inter City & EC(에체) Euro City
독일 내 장거리 여행에서 가장 많이 타게 되는 ICE 아래 단계의 고속열차. 최고 속도는 200km 내외로 일정 구간만 최고 속도로 달리는 ICE와 소요시간에서 큰 차이는 없는 편이고 가격도 ICE보다 저렴하다.

RE(에르에) Regional Express
지역의 주요 도시를 연결하는 지역열차. 정차역이 많은 만큼 소요시간은 길지만 독일 내 구석구석을 연결하는 가장 대중적인 열차다. 2층 구조의 열차가 많은 편이고 다양한 스타일의 좌석이 있다. 대부분 깨끗한 화장실과 좌석에 따라 테이블도 갖추고 있으나 구형 열차가 다니는 일부 구간은 승차감과 시설이 떨어지는 편이다. 가격은 ICE나 IC보다 훨씬 저렴하다.

RB(에르베) Regional Bahn
지역의 거의 모든 역에 정차하는 지역열차로 가장 낮은 수준의 열차다.

구분	열차명		
초고속열차	ICE	Inter City Express	세계 최고 수준의 초고속열차
고속열차	IC	Inter City	독일 내 주요 도시를 연결한다.
	EC	Euro City	독일과 유럽 주요 도시를 연결한다.
야간열차	CNL	City Night Line	독일과 유럽 주요 도시를 연결하는 장거리 야간열차는 특히 배낭여행객에게 인기가 있다. 사전 예약 필수!
	EN	Euro Night	
	NZ	Nacht Zug	
지역열차	RE	Regional Express	랜더 티켓을 사용하는 경우 이 두 열차를 이용하면 된다.
	RB	Regional Bahn	

✚ 온라인/앱 티켓 예약

1-1 온라인: 독일철도청(DB Bahn) www.bahn.de → English Ver. (영어 버전으로)
1-2 앱: DB Navigator 앱 다운
2 검색창에 출발·도착지/왕복 or 편도/날짜, 시간/인원/열차등급 입력 → Search
3 소요시간/경유횟수와 경유지/열차 종류/요금을 확인하고 원하는 열차를 선택한다.
4 좌석 선택 시 추가 비용이 들고, 좌석 선택을 안 해도 별 무리는 없다. 가족여행자의 경우는 테이블 있는 좌석으로 예약하는 게 편리하다.
5 신용카드 결제
6 온라인 티켓(출력)과 모바일 티켓 중 선택. 앱 티켓은 바로 사용 가능
＊ 종이 티켓 지참 시 반드시 결제한 신용카드를 가져가야 한다. 검표 시 확인!!

예약된 좌석은 '예약된 구간 있음 GGF.RESERVIERT'라고 적혀 있다.

구체적 예약 구간이 적혀 있기도 하다.

✚ 중앙역의 코인로커 이용 (24시간 사용)

1 녹색불이 켜져 있는 로커를 찾아 문을 열고 짐을 넣는다.
2 문을 '꽉' 닫고, 표시된 금액을 동전 투입구에 넣는다(크기에 따라 €3~7).
3 신형 로커는 코인을, 구형 로커는 해당 로커에 꽂혀 있는 열쇠를 보관하면 된다.
＊ 독일의 열차는 연착이 많아 의도치 않게 스케줄이 꼬이는 경우가 발생하기도 한다. 당황하지 말고 DB Information에서 연착 내용을 확인하고 기다리거나 다른 교통편을 안내받아 이용하자.

> **Tip.**
> 한국어 예약 사이트
> 독일철도 한국 공식인증 대리점
> **Web** https://db.bookingrails.com

큰 역은 대부분 짐을 올리는 벨트기 있어 편리하다.

2 | 각종 교통 패스

✚ 유레일패스 *Eurail Pass*

유럽 배낭여행의 필수 티켓으로 유효기간 내 유럽의 기차를 자유롭게 이용할 수 있는 열차 패스. 유레일패스 소지자라도 국가와 구간에 따라 예약비가 추가되거나 미리 예약해야 하는 경우도 있으니 탑승 전 확인이 필요하다. 유레일패스로 독일의 철도를 이용할 경우 추가 예약비는 없으며 대부분 구간을 예약 없이 탑승할 수 있다. 시내에서는 지하철 S반을 무료로 이용할 수 있다(U반은 불가).
* 야간열차나 독일 외 지역으로 이동 시에는 사전 예약은 필수!
* 독일만 여행할 경우는 다소 효율성이 떨어진다.
Web *www.eurail.com/ko*
App *Eurail / Rail Planner*

✚ 독일 철도 패스 *German Rail Pass*

독일철도청 도이치반(DB)이 운영하는 모든 열차를 유효기간 내 무제한으로 이용할 수 있는 패스로 연속 이용 패스(3·4·5·7·10·15일) 또는 1개월 내 선택 이용(3·4·5·7·10·15일) 패스가 있다. 독일 지역 외에도 오스트리아 잘츠부르크, 벨기에 브뤼셀, 스위스 바젤, 이탈리아 트렌토, 베로나, 볼로냐, 베네치아 등 연결 구간에서 이용 가능하다. 예약 시 성인, 청소년(만 12~27세), 어린이(만 4~11세) 패스 중 선택하면 되는데 성인 패스 이용자 1인에 최대 2인의 어린이가 무료로 이용할 수 있다. 만 4세 이하는 패스 없이 여행할 수 있다. 좌석은 1등석과 2등석으로 구분된다. 모바일 패스로만 이용이 가능하고 여행 시작 시 유레일이나 레일플래너 앱에서 패스를 활성화시키면 된다(야간열차 이용 불가).
App *Eurail / Rail Planner*

✚ 랜더 티켓 *Länder-Tickets*

베를린 등 대도시를 포함해 16개 주로 나뉜 독일에서 각 주별로 유효기간 내 지역 열차와 대중교통을 무제한으로 이용할 수 있는 티켓이다. 5인까지는 인원이 늘수록 1인당 요금이 줄어들어 근교로 당일 여행을 계획하는 경우 유용한 티켓이다. 고속 열차(ICE, IC, EC)는 이용불가!

이용 시간		월~금 09:00~다음 날 03:00, 주말 24:00~다음 날 03:00
이용 가능 열차		지역열차(RE, RB), 대중교통(S반, U반, 트램, 버스)
요금		2등석 기준 1인 €26.5~(1인 추가 시 +€6~8, 5인까지 이용 가능)
티켓 종류	니더작센 티켓 **Niedersachsen-Ticket**	주요 이용 가능 지역 → 하노버, 브레멘, 함부르크, 힐데스하임, 괴팅엔 등. 1인 €27(1인 추가 €6~7)
	쇠너탁 티켓 **Schöner Tag Ticket** (노르트라인 베르트팔렌 티켓)	쾰른, 뒤셀도르프, 도르트문트, 에센, 뮌스터, 본 등. €52.2(1~5인까지)
	작센 티켓 **Sachsen-Ticket**	라이프치히, 드레스덴, 마이센, 바이마르 등. 1인 €30(1인 추가 €8)
	바덴뷔르템베르크 티켓 **Baden-Württemberg-Ticket**	하이델베르크, 슈투트가르트, 프라이부르크, 울름, 스위스 바젤(Basel Bad) 등. 1인 €26.5(1인 추가 €8)
	바이에른 티켓 **Bayern-Ticket** -p.339	뮌헨, 뉘른베르크, 밤베르크 등. 1인 €29(1인 추가 €10)

3 | 국외 철도 연결 루트

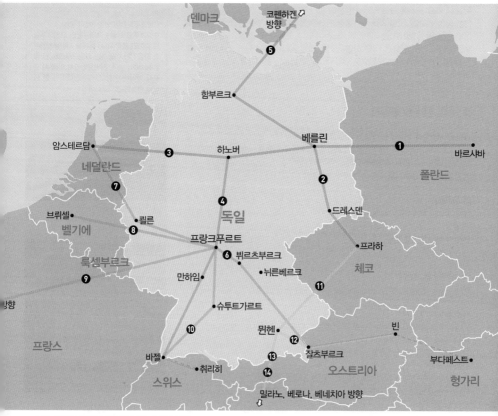

* 소요 시간은 차종과 경유에 따라 차이가 있다.

베를린 출발
❶ 베를린 ⋯▸ **바르샤바** EC 6시간 20분
❷ 베를린 ⋯▸ (드레스덴 경유 가능) ⋯▸ **프라하** EC 4시간 39분
❸ 베를린 ⋯▸ (하노버 경유 가능) ⋯▸ **암스테르담** ICE, IC 약 6시간 20분
❹ 베를린 ⋯▸ (하노버, 프랑크푸르트 만하임 경유 가능) ⋯▸ **바젤** ICE 7시간 15분
❺ 베를린 ⋯▸ (함부르크 경유 가능) ⋯▸ **코펜하겐** ICE 7시간 30분

프랑크푸르트 출발
❻ 프랑크푸르트 ⋯▸ (뷔르츠부르크, 잘츠부르크 경유 가능) ⋯▸ **빈** ICE 6시간 30분
❼ 프랑크푸르트 ⋯▸ (쾰른 경유 가능) ⋯▸ **암스테르담** ICE 4시간
❽ 프랑크푸르트 ⋯▸ **브뤼셀 북역** ICE 약 3시간 10분
❾ 프랑크푸르트 ⋯▸ **파리 동역** ICE 3시간 50분
❿ 프랑크푸르트 ⋯▸ (슈투트가르트, 바젤 경유 가능) ⋯▸ **취리히** ICE 4시간

뮌헨 출발
⓫ 뮌헨 ⋯▸ **프라하** IC버스 4시간 38분
　(뮌헨) ⋯▸ **뉘른베르크** ⋯▸ **프라하** IC버스 3시간 38분
⓬ 뮌헨 ⋯▸ (잘츠부르크 경유 가능) ⋯▸ **빈** RJ 3시간 56분
⓭ 뮌헨 ⋯▸ (베로나 경유) ⋯▸ **밀라노** EC 7시간 17분
⓮ 뮌헨 ⋯▸ (베로나 경유 가능) ⋯▸ **베네치아** EC 6시간 32분

4 | 독일 내 주요 공항

독일 내 주요 도시에 크고 작은 공항들이 많다. 프랑크푸르트 암마인 공항(FRA)과 뮌헨 공항(MUC)은 독일 국내선은 물론 전 세계를 연결하는 허브공항의 역할을 하는 큰 규모의 공항이고 한국과도 직항노선이 있다. 오랜 공사 끝에 2020년 베를린 브란덴부르크 공항(BER)이 개항하면서 기존 테겔 공항은 문을 닫고 쇠네펠트 공항은 베를린 브란덴부르트 공항으로 편입되었다. 아쉽게도 한국과의 직항 연결 소식은 아직 없다.

Tip.

프랑크푸르트에 있는 2개의 공항
프랑크푸르트에는 국제공항인 프랑크푸르트 암마인 공항(FRA) 외에도 저비용항공사와 화물기가 이용하는 프랑크푸르트 한 공항(HHN)이 있다. 저비용항공사 이용 시 구분해 예약해야 한다. 라이언에어가 한 공항을 이용한다.

✚ 유럽 저비용 항공사

유럽을 거점으로 하는 저비용 항공사들을 이용해 독일 내는 물론 독일 외 국가의 도시와 연계 시 이용할 수 있다. 예약이 빠를수록 저렴한 티켓을 구할 수 있으므로 이를 잘 활용하자. 보통 수하물은 개수와 무게에 따라 추가금이 발생하며 간혹 오버부킹 이슈가 발생하기도 한다.

라이언에어
아일랜드의 저비용항공사로 더블린에 본사가 있다. 유럽의 저비용 항공사 중 가장 규모가 크다.
Web www.ryanair.com

이지젯
영국의 저비용 항공사
Web www.easyjet.com

유로윙스
독일의 저비용 항공사. 뒤셀도르프에 본사가 있으며 루프트한자의 계열사다.
Web www.eurowings.com

부엘링 항공
스페인 카탈루냐 바르셀로나를 거점으로 하는 저비용 항공사
Web www.vueling.com

함부르크 공항
Hamburg Airport (HAM)

브레멘 공항
Bremen Airport (BRE)

하노버 공항
Hannover-Langenhagen
Airport (HAJ)

뮌스터/오스나브뤼크 공항
Münster Osnabrück International Airport (FMO)

베를린 브란덴부르크 공항
Berlin Brandenburg Airport (BER)

베체 공항
Weeze Airport (NRN)

파더본 립슈타트 공항
Paderborn Lippstadt
Airport (PAD)

라이프치히/할레 공항
Leipzig/Halle Airport (LEJ)

도르트문트 공항
Dortmund Airport (DTM)

드레스덴 공항
Dresden Airport (DRS)

뒤셀도르프 공항
Düsseldorf Airport (DUS)

쾰른/본 공항
Cologne Bonn Airport (CGN)

에르푸르트-바이마르 공항
Erfurt-Weimar Airport (ERF)

프랑크푸르트 암마인 공항
Frankfurt am Main Airport (FRA)

프랑크푸르트 한 공항
Frankfurt-Hahn Airport (HHN)

뉘른베르크 공항
Nuremberg Airport (NUE)

자르브뤼켄 공항 독일 국경도시
Saarbrücken Airport (SCN)

칼스루에-바덴바덴 공항
Baden Airport (FKB)

슈투트가르트 공항
Stuttgart Airport (STR)

뮌헨 공항
Munich Airport (MUC)

프리드리히스하펜 공항
Friedrichshafen Airport (FDH)

5 | 장거리 고속버스 *Fernbusse*

독일의 자랑 아우토반을 달리는 장거리 고속버스가 2013년부터 본격적으로 운행되고 있다. 2012년 9월 교통법이 개정되면서 독일철도청이 독점적으로 운행해 오던 독일 내 장거리 노선에 여러 고속버스 회사가 뛰어들어 운행을 시작하였고, 철도 중심의 상호보완적이던 관계가 업체 간 치열한 경쟁관계로 바뀌었다. 이에 따라 가격 경쟁력과 서비스의 질도 좋아질 것으로 기대되고 다소 부족했던 관련 인프라가 갖춰지면서 이용객도 늘어나고 있다.

고속버스의 가장 큰 장점은 기차보다 50% 이상 저렴한 가격이다. 버스는 승차감이 좋은 2층 버스 형태로 화장실은 물론 작은 주방을 갖추고 있어 간단한 음료와 간식을 사 먹을 수 있고, 스크린이나 콘센트 등 비행기 못지않은 편의시설을 갖춘 버스도 있다. 만족스럽진 못해도 와이파이가 가능한 버스도 있다.

다만 거리에 따라 휴게소에 정차하기도 하는데 아직 휴게소 시설은 미비하다. 가장 큰 단점은 장거리일수록 소요시간이 길어진다는 점이다. 또 안내방송이 거의 독일어로 나오기 때문에 경유지에서 내릴 경우 기사에게 꼭 확인해야 한다. 아직은 연착이 많아 제시간에 출발하는 경우가 드문 것도 큰 단점인데 기반 시설과 ZOB이 완벽해지면 해결될 것으로 기대된다.

고속버스터미널인 ZOB은 베를린을 제외하고 대부분 중앙역과 가까운 곳에 위치하고 있으며, 작은 도시의 경우 특별한 표지가 없는 곳이 있으니 ZOB의 위치를 '꼭' 확인하도록 하자. 고속버스는 일찍 예약할수록 저렴한 가격의 티켓을 구입할 수 있다. 기차로 1~2시간 소요되는 거리는 고속버스로 가도 30분 정도밖에 차이가 나지 않으므로 고속버스를 이용하는 게 경제적일 수 있다.

✚ 대표 업체

플릭스부스 Flixbus
독일을 대표하는 고속버스 회사로 독일 내는 물론 유럽 전역을 연결하는 노선을 가지고 있다. 고속버스 산업이 활기를 띠면서 경쟁하던 다른 업체들과 합병하여 독일의 고속버스 시장을 평정했다. 2021년에는 미국의 그레이하운드*Greyhound*까지 인수하면서 초대형 모빌리티 회사로 성장하고 있다. 다양한 노선과 젊은 층에게 어필할 만한 저렴한 가격, 서비스를 제공하고 있다.
Web www.flixbus.com
App Flixbus

✚ 예약하기

독일 내 여행과 독일 외 주변 도시와 연결하는 노선의 대부분은 플릭스부스에서 예약이 가능하다. 스마트폰 앱으로 예약하는 게 가장 편리하며 아래의 비교 예약 사이트를 이용해도 좋다.

OMIO
구 GoEuro의 새 이름으로 독일 베를린에 본사를 둔 온라인 여행 비교 예약 웹 사이트다. 고속버스뿐 아니라 비행기나 기차 등 유럽 전역을 운행하는 교통편을 비교하고 예약할 수 있다. 한국어도 지원하고 할인 코드도 자주 발행한다.
Web www.omio.com   *App* Omio

6 | 렌터카

독일은 유럽에서 렌터카로 여행하기 가장 좋은 나라다. 운전자들의 꿈의 도로인 아우토반Autobahn을 달릴 수 있고 주차도 다른 유럽 국가에 비해 편리하며 상대적으로 렌트비도 저렴하다. 아우토반은 기본적으로 톨케이트(통행료)가 없어서 정체나 지체 구간이 거의 없고, 속도 무제한으로 알려져 있지만 실제로는 속도제한 구간이 있다. 그래도 보통 150km/h 내외로 달릴 수 있는 조건을 갖추고 있다. 고속도로의 경우 1차로는 추월차선, 마지막 차로는 트럭이나 느린 차량이 이용하고 추월은 무조건 왼쪽 차선으로 진행해야 한다. 일반 도로의 경우 중앙선이 흰색이고 차선변경 점선에서 가능하고 실선은 차선변경이 불가하다.
예약 시 트렁크의 크기와 수량을 고려해 차종을 고르는 게 좋고 수동차량인지 자동차량인지도 확인하도록 하자. 보험은 되도록 모든 옵션을 포함(Full Protection)하는 걸 추천한다. 내비게이션은 기본 옵션인 경우가 많고, 차 인도 시 언어 설정법(영어)을 문의해 익혀 두도록 하자. 구글맵을 같이 이용해도 좋다.

Tip.
차량 수령 시 준비물
-여권
-한국 운전면허증
-국제 운전면허증
-운전자 명의 신용카드(차 인도 시 보증금 결제)

➕ 노상 주차

❶ 도로에 주차선을 확인하고 셀프 요금 정산기가 있는 곳에 주차하면 된다. 요금은 미리 결제(1h=약 €1)하고 받은 티켓을 차 앞 유리에서 보이도록 올려두면 된다.
❷ 독일은 주차 규정이 엄격하고 지역마다 다르므로 렌터카 업체에서 제공하는 정보와 주의사항을 꼭 숙지하자!
❸ 위반사항이 생겨 딱지를 발급받았을 경우 업체에 사실을 알리고 가이드를 따르는 것이 안전하다.

➕ 주요 렌터카 업체

가격비교 사이트(익스피디아Expedia www.expedia.co.kr / 카약KAYAK www.kayak.co.kr 등)에서 검색 후 비교하고 예약하자.
허츠Hertz www.hertz.com
식스트Sixt www.sixt.com
유럽카Eurocar www.europcar.com
에이비스AVIS www.avisrentacar.kr

주차 정산기

7 | 대중교통 이용

독일 시내교통은 지하철인 S반과 U반, 버스, 트램, 택시가 있다. 해당 도시의 교통 패스로 택시를 제외한 모든 대중교통수단을 이용할 수 있어 편리하다. 모든 교통 티켓은 최초 사용 시 펀칭을 꼭 해야 한다. 지하철의 경우 개찰구가 따로 없으며 불시검문으로 티켓을 확인한다. 무임승차가 발각되면 벌금 €60와 함께 나라 망신이 추가된다.

Tip.

각 도시별로 대중교통과 관광지 할인혜택 등을 포함하는 지역카드를 선보이고 있으나, 대부분의 도시가 관광지가 모여 있어 도보 관광만으로도 충분하기 때문에 크게 유용하지 않다. 대중교통을 많이 이용하게 되는 베를린의 웰컴카드나 박물관 무료입장까지 포함하는 슈투트가르트의 슈투트카드 등은 추천할 만하다.

지하철 S반(에스반, S-bahn)과 U반(우반, U-bahn)
독일 내 대도시를 운행하는 지하철은 S반과 U반이 있는데 이 중 S반은 독일철도청에서 운행하는 지하철로 지역열차인 RE, RB와 같은 역사를 이용하게 된다. U반은 민간 기업이 운행하는 지하철로 S반과 역사가 분리되어 있다. 노선별로 S1, S2…, U1, U2…로 표시한다. 유레일패스와 독일 철도 패스 소지자는 S반만 무료로 탑승할 수 있다.

버스 Bus
기차역과 주요 관광지를 비롯 시내 곳곳을 연결한다. 베를린의 경우 100번, 200번 버스가 주요 관광지를 관통하고 있어 투어버스 역할을 톡톡히 하고 있다. 버스 기사에게 티켓을 구입할 수 있다.

트램 Tram
2~4개의 객차로 운행되는 전차로 대도시나 중소도시에 있다. 티켓은 정류장과 트램 내에 설치된 자판기에서 구입할 수 있다.

택시 Taxi
우리나라에서처럼 거리에서 택시를 잡을 수 있는 경우는 거의 없고 택시정류장을 이용하거나 콜택시를 불러야 한다. 레스토랑이나 호텔에 부탁하면 불러준다.

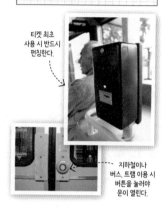

티켓 최초 사용 시 반드시 펀칭한다.

지하철이나 버스, 트램 이용 시 버튼을 눌러야 문이 열린다.

✚ 교통티켓의 종류

프랑크푸르트 1회권

베를린 AB존 1일권

베를린 7존 1일권

Tip.

택시 이용 시 유용한 App

프리 나우 FreeNow　　우버 Uber

종류	독일어	영어	비고
단거리권	Kurzstrecken	Short Ticket	2km 이내, 3~4정거장 이하를 이용할 수 있다.
1회권	Einzelfahrt	Single Ticket	2시간 동안 한 방향으로 여러 번 이용할 수 있다.
1일권	Tageskarte	Day Ticket	개시한 시간부터 다음 날 새벽 3시까지 유효
7일권	7-Tage-Karte	7-Day-Ticket	7일간 유효한 티켓. 마지막 날 자정까지 유효
그룹 티켓	Kleingruppen-Tageskarten	Group Ticket	5인까지 사용 가능한 일일티켓. 다음 날 새벽 3시까지 유효

주의! 독일의 대중교통은 검표장치가 따로 없다. 그렇다고 무임승차를 했다가는 큰코다친다. 수시로 불시검문이 있고 무임승차 발각 시 경찰에 인계돼 €60의 벌금을 물게 된다. 변명은 통하지 않는다.

독일의 **식당**

독일의 식당은 한국과 비슷하다. 들어가서 자리를 안내받고 주문하고 자리에서 돈을 지불하면 된다. 크게 다른 점이 있다면 독일의 레스토랑에서는 한국의 '빨리빨리'가 통하지 않고 흔히 말하는 친절한 서비스를 기대하기 어렵다는 것. 그들의 문화를 100% 받아들여 맞출 필요는 없지만 우리와 다른 문화를 알고 가면 기분 좋게 맛있는 식사를 마칠 수 있다.

1 | 독일의 식당예절

❶ 유명 맛집일수록, 사람이 많을수록 기다림은 길다.
자리를 잡고 메뉴판을 받고 주문을 하고 음식이 나오기까지의 시간이 꽤 걸린다. 큰 규모의 식당일수록 웨이터를 부르기도 쉽지 않으니 필요한 것을 정해두었다가 웨이터가 오면 주문하도록 하자. 웨이터를 부를 때는 눈을 마주치고 손짓을 하면 된다. 레스토랑에서 식사할 경우 최소 1시간 정도의 여유는 두도록 하자. 일정 때문에 시간이 부족하다면 음식이 바로 나오는 임비스나 패스트푸드점을 이용하는 게 좋다.

❷ 음료를 먼저 주문한다.
유럽에서는 식사를 주문할 때 음료 주문이 기본이다. 음료를 먼저 주문하고 음료가 오면 주메뉴를 주문하는 게 일반적이다. 물도 따로 주문해야 하는데 식당에서는 물보다 맥주가 싸다. 물론 한꺼번에 주문해도 무방하다.

❸ 웃지 않는다고 친절하지 않은 건 아니다.
우리나라처럼 웃으면서 응대를 해주는 식당은 독일에서 흔하지 않다. 필요 이상의 친절을 베풀지 않을 뿐이지 손님에게 필요한 서비스는 다 챙겨주고 있다. 때론 음식을 던지듯 놓는 경우도 있지만 그들은 그냥 놓는 것이니 오해하지 말자. 또 깨끗한 테이블에서 대화를 하게 하려고 빈 그릇을 빨리 치워주는 것은 그들의 매너다. 빨리 나가라는 것은 아니니 오해하지 말자. 포크와 나이프를 오른쪽에 나란히 놓으면 '다 먹었으니 치워 달라'는 표시로 알고 웨이터가 달려올 것이다.

❹ '팁'은 필수다.
레스토랑에서 팁은 내 테이블을 담당한 서버에 대한 배려와 감사의 뜻을 전하는 문화다. 보통 식대의 5~10% 정도로 거스름돈을 안 받는 정도라고 생각하면 된다. 예를 들어 가격이 €9.2가 나오면 €10을 내거나 하는 식이다. 카드 결제 시에는 팁을 합해서 얼마를 결제해 달라고 얘기하면 되고 잔돈이 있으면 따로 줘도 좋다.

❺ 기타
· 겉옷이나 가방은 옆에 있는 옷걸이에 걸어두도록 하자.
· 남은 음식은 포장해 달라고 하자.

Tip.

여유로운 아침 식사, 프뤼스튁
독일에서는 아침 식사를 프뤼스튁*Frühstück*이라고 부르며 카페에서는 점심시간까지 느긋하게 즐길 수 있다. 우리나라에서 유행하는 브런치의 개념과 비슷하다. 독일식 빵인 브뢰첸*Brötchen*에 치즈와 햄, 채소가 곁들여지는 게 프뤼스튁의 기본 구성이고 호텔에서 제공하는 독일식 아침 식사도 이 구성이 기본이다. 카페에서는 보통 오후 2~3시경까지 프뤼스튁을 즐길 수 있다.

2 | 독일 식당의 종류

레스토랑 Restaurant
주로 이탈리아나 프랑스식 코스 요리를 메뉴로 하는 고급 레스토랑을 의미하며 일반적인 카페 겸 레스토랑도 많이 있다. 최고급 레스토랑 외에는 굳이 예약할 필요는 없다.

비어할레 Bierhalle
맥주와 함께 식사를 즐길 수 있는 곳으로 지역 대표 소시지와 향토음식을 즐길 수 있다. 여름철에 정원에 열리는 비어가든*Biergarten*도 독일에서만 볼 수 있는 식당이다. 비어할레 중 자체 맥주를 생산하는 양조장이 있는 곳을 브로이하우스*Bräuhaus*라고 한다.

가스트슈태테 Gaststätte
일반적인 레스토랑을 말한다. 그 지역의 향토요리를 잘하는 곳이 많고 가격도 저렴한 편이다. 대대로 가족이 경영하는 곳이 많다.

임비스 Imbiss
가볍게 식사나 간식을 즐길 수 있는 음식점으로 커리부어스트나 케밥 등 간단한 분식류를 판다. 배낭여행 중이라면 가장 많이 이용하게 되는 곳으로 서서 먹는 스탠드가 있는 곳도 있다.

켈러 Keller
원래는 지하 저장실이라는 뜻으로 대부분은 와인켈러가 있어 와인이 잘 갖춰진 레스토랑을 말한다. 주로 지역 요리와 독일 전통 요리를 메뉴로 하고 다양한 맥주도 구비하고 있다.

라츠켈러 Ratskeller
시청사 지하에 있는 켈러로 레스토랑 선택이 어렵다면 그 지역의 라츠켈러를 선택해도 괜찮다. 가격도 저렴한 편이고 음식 수준도 평균 이상이다.

멘사 Mensa
대학교 학생식당. 대학 도시가 많은 독일에서 저렴하고 맛있는 '학식'을 맛보는 것도 기억에 남는 경험이 될 것이다. 대부분 뷔페식으로 차려진 음식 중 원하는 것을 골라 돈을 지불하고 먹는 형식이다.

슈투베 Stube
보통은 와인슈투베를 의미하는 술집으로 와인과 술안주를 판매한다. 혼자 가도 부담되지 않는 분위기이고 맥주 위주의 비어슈투베도 있다.

크나이페 Kneipe
대중적인 선술집으로 저렴하게 음주를 즐길 수 있다. 여자 혼자 가기는 부담스러운 분위기다.

음식점에서는 일반적으로 맥주보다 비싼 고급 생수를 판다.

독일의 **호텔**

유럽 국가 중에서 독일은 비교적 호텔 가격이 저렴하고 선택의 폭이 넓은 편이라 여행 준비를 하면서 예상 밖의 즐거운 고민을 하게 된다. 특급 호텔을 고려한다면 크게 고민하지 않고 선택할 수 있겠지만 예산에 제한이 있는 여행객이라면 위치, 서비스, 청결도, 시설 대비 만족할 만한 '밸류 포 머니Value for Money' 호텔을 찾게 되는데, 독일의 호텔은 여기에 지역별로 독특한 개성까지 갖추고 있다. 실속파 여행객들을 위한 3성급 호텔의 경우 1박이 10만 원대로 가격이 합리적이고, 공용욕실을 선택할 수 있는 저렴한 2성급 호텔도 꽤 만족할 수준이다. 구시가지가 발달한 도시의 경우 오랜 역사의 건물을 호텔로 개조해 사용하고 있어 이용객들은 중세 건물에서의 하룻밤이라는 특별한 경험을 할 수 있다.

✚ 호텔 예약 시 Check Point!

❶ 호텔의 위치를 확인한다.
초행길일수록 역과 가까운 곳, 특히 중앙역과 가까운 곳이 좋고, 대부분의 관광지가 도심에 모여 있는 편이므로 관광지 주변으로 예약하는 것도 나쁘지 않다. 호텔 예약 시 사이트 내의 지도를 확인하면 역과 관광지가 같이 표시되어 있으므로 체크해 보자.

❷ 가격 조건을 확인한다.
사이트에 제시된 금액은 부가세와 수수료 등을 포함하기 전 가격이어서 최종 결제 금액은 확인한 금액보다 높아진다. 또, 특가 상품의 경우 환불이나 변경이 불가한 상품이 대부분이니 꼭 확인해 보자. 예약 변경과 환불조건 확인도 필수!

❸ 침대의 형태를 확인하자.
호텔 사이트에는 가장 저렴한 싱글룸부터 가격이 표시되고, 싱글룸의 경우 1인 요금이다. 간혹 호스텔 예약의 경우 2인실이나 3인실도 1인 요금으로 표시된 경우가 있으니 체크하도록 한다. 2인실의 경우 더블베드와 트윈베드도 확인하고 예약하자.

❹ 조식 포함 여부를 확인하자.
조식이 포함되지 않은 경우 필요하면 옵션으로 신청하자. 호텔의 경우 예약 시 결제하는 게 더 저렴하다.

❺ 체크인과 체크아웃 시간을 확인하자.
개인 소유의 작은 호텔은 프런트를 24시간 운영하지 않을 수도 있으므로 본인의 체크인, 체크아웃 시간을 고려해 봐야 한다.

❻ 'Non Smoking Room'인지 확인하자.
대부분의 호텔이 금연실이지만 흡연에 예민한 사람들은 한 번 더 확인할 필요가 있다.

✚ 호텔 등급 구분

호텔 등급은 세계 공통의 표준화된 기준이 있다기보다 나라별로 나름의 기준으로 정하고 있다. 두바이의 경우 세계 최고의 럭셔리 호텔을 자처하며 7성급의 등급을 매긴 호텔도 있다. 다소의 차이가 있지만 1~5성급까지 공통된 분류 기준은 다음과 같다.

1성급 | 기본 객실, 공용화장실
2성급 | 컬러 TV를 갖춘 기본 객실, 바와 레스토랑
3성급 | 다양한 객실타입, 레스토랑, 운동시설, 비즈니스 공간
4성급 | 다양한 객실타입과 스위트 룸, 레스토랑 등 부대시설, 수영장과 짐,
　　　　 키즈클럽 구비, 안내서비스
5성급 | 위의 모든 조건을 갖춘 럭셔리한 공간

> **Tip.**
>
> **호텔 예약 사이트**
> **호텔스닷컴** www.hotels.com
> **아고다닷컴** www.agoda.co.kr
> **부킹닷컴** www.booking.com
>
> **도시세**
> 독일 유명 관광도시의 경우 숙박 시 시티택스City Tax를 현장에서 추가로 지불해야 한다. 도시별로 차이가 있으며 1인 1박당 €2~10 정도다. 보통 체크인 시 지불한다.

1 | 세계적인 호텔 체인

세계적으로 유명한 호텔 체인의 브랜드는 안정적이고 체계적인 서비스와 시설로 믿고 선택할 수 있으므로 여행 시 우선적으로 고려하게 된다. 대부분의 호텔이 좋은 위치에 자리 잡고 있고 등급별로 다양한 브랜드가 있어 여행목적과 예산에 맞게 선택할 수 있다. 각 호텔 체인별로 멤버십 프로그램이 있어서 이용에 따른 포인트 적립도 가능하며 등급(티어Tier)별 다양한 혜택을 누릴 수 있으므로 주 이용 호텔 체인을 정해두는 것도 좋다.

아코르 호텔 Accor Hotel www.accorhotels.com

럭셔리 호텔 5성급 이상	소피텔	독일 내에도 많은 지점을 두고 있는
럭셔리 호텔 4~5성급	풀만 호텔, M갤러리, 그랜드 머큐어	호텔 체인. 노보텔, 머큐어 호텔은 비즈니스호텔로도 훌륭하고 3성급 호텔인 이비스와 이비스 버짓 호텔은 실속여행자에게 추천한다.
중급 호텔 3~4성급	노보텔, 머큐어 호텔, 아다지오	
실속 호텔 3성급	이비스, 이비스 스타일, 이비스 버짓	

SPG 스타우드 호텔 SPG Starwood Hotel & Resorts www.starwoodhotels.com

럭셔리 호텔 5성급 이상	세인트레지스, W호텔, 웨스틴, 쉐라톤	글로벌 럭셔리 호텔 체인으로 안락한
럭셔리 호텔 4~5성급	르 메르디앙, ALOFT	휴식을 보장하는 침구브랜드 '헤븐리 베드'를 사용한다. 필수 서비스만을 갖춘 포 포인트 호텔도 인기 있다.
중급 호텔 3~4성급	포 포인트, 엘레멘트	

힐튼 월드와이드 Hilton World Wide www.hiltonworldwide.com

럭셔리 호텔 5성급 이상	월도프아스토리아, 콘래드	세계적인 인지도와 훌륭한 서비스
럭셔리 호텔 4~5성급	힐튼, 더블트리	및 시설을 갖춘 호텔 체인으로 조식이 훌륭하다. 합리적인 가격의 더블트리 호텔도 인기가 높다.
중급 호텔 3~4성급	햄튼	

IHG (Inter Continental Hotel Group) www.ihg.com

럭셔리 호텔 5성급 이상	인터콘티넨탈	영국에 본사를 둔 호텔. 크라운 플라
럭셔리 호텔 4~5성급	크라운 플라자	자는 비즈니스호텔로 적합하고 홀리데이인 호텔은 가족여행객에게 실속 있는 호텔이다.
중급 호텔 3~4성급	홀리데이인	
실속 호텔 3성급	홀리데이인 익스프레스	

메리어트 호텔 Marriott International Hotel www.marriott.com

럭셔리 호텔 5성급 이상	리츠칼튼, JW메리어트	리츠칼튼과 JW메리어트 호텔이 속
럭셔리 호텔 4~5성급	르네상스, 메리어트	한 럭셔리 호텔 체인으로 메리어트 호텔과 코트야드 호텔은 실속파에게 인기가 있다.
중급 호텔 3~4성급	코트야드	

칼슨 레지더 호텔 그룹 Carlson Rezidor Hotel Group carlsonrezidor.com

럭셔리 호텔 5성급 이상	쿼버스 컬렉션	한국인 여행객에게는 다소 낯선 호
럭셔리 호텔 4~5성급	래디슨 블루	텔 체인. 베를린의 래디슨 블루 호텔은 수족관의 아쿠아 돔 전망의 객실이 있고, 파크인 호텔은 베이스 플라잉체험으로 유명하다.
중급 호텔 3~4성급	래디슨 호텔, 파크인	

2 | 독일 & 유럽 호텔 체인

독일 및 유럽 지역에서 찾아볼 수 있는 호텔 체인을 소개한다. 최고급 호텔 체인인 켐핀스키를 제외하고 최신의 시설과 안정적인 서비스를 제공하고 있어 비즈니스 여행이나 실속파 여행객에게 강력 추천하는 호텔이다.

❶ 켐핀스키 Kempinski 5성급 *www.kempinski.com*
1897년 베를린에서 시작된 오랜 역사를 지닌 호텔 체인으로 켐핀스키 가문이 운영해 왔다. 고풍스럽고 화려한 디자인의 최고급 럭셔리 호텔로 유명하다. 독일 내에는 베를린과 프랑크푸르트, 뮌헨, 드레스덴, 함부르크 등에 호텔이 있다.

❷ NH 호텔 NH Hotel 3~4성급 *www.nh-hotels.com*
유럽, 미국, 아프리카 등 28개국에 약 400여 개의 호텔을 보유한 대형 호텔 체인 중 하나로 독일 전역에 계열 호텔이 있다. 비즈니스 호텔로도 각광받고 있다.

❸ 모텔 원 Motel One 3성급 *www.motel-one.com*
독일의 저가 디자인 호텔의 대표주자로 이름은 모텔 원이지만 3성급 호텔의 시설을 갖추고 있다. 독일 내 가장 큰 호텔 체인이며 오스트리아와 영국 등으로 지점을 확장하고 있다. 합리적인 가격과 안정적인 서비스로 실속파 여행객에게 사랑받는 호텔이다.

❹ 스칸딕 호텔 Scandic Hotel 4성급 *www.scandichotels.de*
스웨덴 스톡홀름에 본사를 둔 호텔 체인으로 독일 베를린, 함부르크, 프랑크푸르트, 뮌헨에 지점이 있다. 북유럽 디자인의 최신식 시설을 자랑하며 가격도 합리적이다.

❺ 25아워스 호텔 25hours Hotel 4성급
www.25hours-hotels.com
지역별 테마에 어울리는 인테리어로 젊은 층의 지지를 받고 있다. 자전거를 제공해 주고 호텔 레스토랑도 유명하다. 베를린, 프랑크푸르트, 함부르크, 뮌헨 등에 지점이 있다.

❻ 인터시티호텔 Inter City Hotel 3~4성급
de.intercityhotel.com
주요 도시의 중앙역 바로 옆에서 찾을 수 있고 가격이 합리적이다. 대중교통 티켓을 제공해 교통비도 절감된다.

❼ 마이닝거 호텔 Meininger Hotel 2~3성급
www.meininger-hotels.com
독일과 유럽 전역에 지점이 있는 호스텔 겸 호텔이다. 베를린에만 6곳이 있다. 밝고 캐주얼한 분위기에 친절한 서비스로 인기가 높다. 대부분의 객실에 욕실이 딸려 있다.

❽ A&O 호텔 & 호스텔 A&O Hotels & Hostels
www.aohostels.com
독일 주요 지역과 암스테르담에 지점이 있는 대형 호스텔 체인. 역 주변에 있고 유서 깊은 건물을 개조해 호텔로 운영한다. 탁아시설 등도 갖추고 있다.

✚ 독일식 민박 가스트호프*Gasthof*

독일식 민박이자 B&B(Bed & Breakfast)로 로텐부르크 등 소도시 여행에서 고려해 볼 만하다. 대대로 가족이 운영하는 경우가 많고 체계적인 서비스는 부족하지만 친절한 집주인과 맛있는 아침만으로도 가치가 있다. 가격도 저렴한 편이다. 보통 1층은 향토음식을 판매하는 레스토랑이고 위층을 객실로 이용하게 된다. 오래된 건물이 많은 만큼 아기자기하고 소소한 볼거리들도 많다. 단, 영업방침이 주인 마음대로이고 다소 교통이 불편한 위치일 수도 있으니 예약 전 확인해 보자. 엘리베이터는 기대하기 어렵다.

✚ 에어비앤비 *www.airbnb.co.kr*

기존 호텔 여행에서 탈피해 그 지역의 가정집에서 숙박할 수 있다는 게 장점. 숙소별 리뷰도 바로 확인할 수 있다. 비교적 믿을 만한 숙소를 소개하고 있지만 아무래도 개인이 운영하는 곳이므로 기대했던 바와 다른 경우도 있다. 도시 외곽에 위치한 곳들도 있으니 교통을 비롯한 여러 요소들을 따져보고 예약하도록 하자.

3 | 호스텔

도미토리형 객실을 갖춘 배낭여행객을 위한 숙소로 호스텔, 유스호스텔, 백패커*Backpacker* 등의 명칭이 이에 속한다. 4인실에서 10인실 이상까지 2층 침대를 갖춘 도미토리는 대부분 공동욕실과 화장실을 사용하게 되며, 침대당 숙박비가 부과되어 저렴하게 이용할 수 있다. €20~30의 가격이 일반적이다. 풍부한 여행정보를 얻을 수 있고 다양한 국적의 여행객들과 교류할 수 있는 장점이 있지만 공동욕실과 화장실 사용, 소음 등의 문제로 불편할 수도 있다. 관리가 잘 안 되는 호스텔의 경우 침대에서 '베드 버그*Bed Bug*'가 발견돼 피해를 보기도 하니 싸다고 무조건 예약하지 말고 리뷰를 잘 살펴보자. 여럿이 사용하는 만큼 기본적인 매너를 지키고, 드물기는 하지만 종종 일어나는 도난사고에 대비해 짐 보관에 신경을 써야 한다. 대부분이 공동부엌을 갖추고 있어 가족여행객이 선호하며, 도미토리 외에 1인실이나 2인실의 경우 2~3성급 호텔과 가격적 차이가 없으니 참고해서 예약하자.
주의! 도미토리 예약 시 여성 전용인지 남녀 공용인 믹스드 돔*Mixed Dom*인지 확인하자.

✚ 예약하기

일반적인 호텔 예약 사이트를 통해 예약이 가능하나 호스텔 전문 예약 사이트 호스텔월드(www.hostelworld.com)를 이용하면 더 많은 선택지를 찾을 수 있다. 각 호스텔의 홈페이지에서도 예약이 가능하다.

✚ 독일의 유스호스텔 DJH Jugendherberge

신뢰도가 높은 독일 공식 유스호스텔로 믿을 수 있는 최신의 호스텔 시설과 저렴한 가격으로 젊은이들에게 인기가 높다. 교통이 다소 불편한 지점도 있지만 주로 공기 좋은 자연과 함께하는 위치에 있다. 사실 유스호스텔 운동이 처음 일어난 곳이 독일이기도 하다. 독일어로 '유겐트헤어베르게'라고 읽는다.
Web www.jugendherberge.de

> **Tip.**
> **유스호스텔 회원증 신청**
> 세계 각국의 유스호스텔에서 사용할 수 있는 회원증으로 만 24세 이하라면 누구나 한국유스호스텔연맹에서 신청할 수 있다.
> **Web** www.hostel.or.kr

4 | 한인 민박

의사소통에 부담이 없고 내 집같이 편안한 한인 민박은 꾸준히 사랑받고 있다. 무엇보다 빠른 인터넷을 사용할 수 있는 것도 장점. 민박에 따라 공항픽업을 해주는 곳도 있고 조식으로 한식을 제공하는 곳이 있다. 일반 호스텔보다 가격이 높은 편이다. 다른 유럽 국가와 달리 독일은 한인 민박이 많지 않고, 학생이 운영하는 경우 관리가 잘 안 되거나 급작스럽게 폐업하는 경우도 종종 있다. 민박별로 서비스의 차이가 큰 편이니 꼼꼼히 살펴봐야 한다.

✚ 민박 예약 사이트

월드민박예약센터 www.whbcenter.com   민다(민박다나와) www.theminda.com

✚ 주요 도시 한인 민박 사이트

베를린 우리집 민박 www.berlin-woorizip.com   프랑크푸르트 유로맘하우스 www.euromamhaus.com
베를린 카이저하임 www.kaiserheim.com   프랑크푸르트 제이시앤블루 cafe.naver.com/jcnblue
베를린 THE테라스 하우스 (여성 전용 독채)   프랑크푸르트 수잔 한인 민박
베를린 베를리너 민박 berlinerminbak.com   프랑크푸르트 아인슈타인 하우스 blog.naver.com/kkwsok
베를린 빌콤멘 민박 blog.naver.com/berlinwillkommen   함부르크 민들레 민박 www.mindlle.de
뮌헨 훈민박 www.munchen-hoonminbak.com

독일 여행의 <u>**소소한 팁**</u>

1 | 박물관 이용 팁과 매너

박물관의 나라라고 표현해도 좋을 만큼 독일에는 다양한 장르와 최고의 시설을 갖춘 박물관이 많다. 관심분야와 전공분야가 어떤 것이든 독일에서는 그에 맞는 박물관을 찾을 수 있을 정도다. 전시 내용이 훌륭한 것은 물론이고 관람객이 체험하고 소통할 수 있는 전시 장치는 즐겁고 알차다. 창의적인 아이디어와 발상이 돋보이는 박물관은 건축물로서도 흥미로운 접근이 된다. 도시별로 박물관을 위한 패스나 여러 박물관을 이용할 수 있는 콤비티켓도 판매하고 있으니 활용하면 좋다. 베를린의 박물관 섬, 프랑크푸르트의 박물관 지구, 뮌헨의 피나코테크 등 박물관 밀집 지구도 꼭 둘러보자.

✚ 박물관 관람 매너

❶ 가방은 코인로커에 넣자.
모든 박물관에는 €1~2의 보증금으로 이용할 수 있는 코인로커가 있고 여기에 짐을 넣고 관람을 해야 한다. 옷과 가방을 보관해 주는 유인보관소도 있는데 줄이 긴 편이라 코인로커를 이용하는 게 편하다.

❷ 사진촬영은 규칙에 따르자.
보통은 플래시를 사용하지 않고 주변에 방해가 되지 않는 내에서 사진촬영이 가능하다. 사진촬영 비용을 따로 받는 곳도 있는 반면, 촬영불가인 곳도 있으니 입구의 주의사항을 잘 살펴보거나 안내 직원에게 문의해 보자.

❸ 오디오 가이드를 활용하자.
한국어 오디오 가이드가 거의 없는 게 아쉽지만, 가능하다면 오디오 가이드와 함께 관람하도록 하자. 작품의 숨겨진 이야기와 배경을 들으면 몇 배의 즐거움을 느낄 수 있다. 덧붙여서 한국어 가이드가 있는 곳이라면 꼭 이용하도록 하고, 없는 곳이라면 한국어 가이드가 있는지 문의하자. 찾는 사람이 많으면 한국어 가이드가 있는 곳도 늘어나지 않을까?

❹ 관람 순서를 지키자.
보통은 관람 순서가 표시되어 있으므로 순서대로 관람하는 게 좋다. 반대로 보고 있으면 안내 직원의 지적을 받을 수도 있다.

❺ 화장실을 이용하자.
간혹 유료인 곳도 있지만 대부분은 무료다.

편안한 관람을 위한
간이 의자를 제공하는 곳도 있다.

2 | 판트 Pfand (공병환급제도)

친환경과 재활용을 중시하는 독일은 공병환급제도가 있어 다 먹은 음료의 페트병과
플라스틱병을 가져가면 보증금을 환급받을 수 있다. '판트' 표시가 있는 병은 제품
금액에 보증금이 포함되어 있고 영수증에도 찍혀 나온다. 보통 생수 하나당 €0.25
이고 제품에 따라 €0.15~0.5까지 보증금이 꽤 높은 편이어서 그냥 버리기에는 아
깝다. 대형 슈퍼마켓과 마트에 환급기가 있고 이용법도 나름 재미있으니 빈병들을
모아두었다가 환급을 받아보자.

✚ 환급받는 방법

❶ Pfand 마크가 있는 빈병을 모아 마트의 환급기로 간다.
❷ 빈병을 하나씩 기계 안에 넣는다.
❸ 다 넣었으면 녹색버튼을 누른다.
❹ 받은 영수증을 가지고 계산대로 가서 환급금을 받는다. 다른 물건을 사고 환급영
수증을 제시하면 그만큼 할인받는다.

Writer's Tip.
간혹 거리에서 빈병을 회수하려고 쓰레기
통을 뒤지는 어르신들을 보게 된다. 이 때
문에 잠시 보증금 환급을 머뭇거렸으나 생
수병 4개면 '무려 €1'다. 남의 나라에서 외
화를 낭비할 수는 없는 일. 용기를 내어 당
당하게 환급을 받았다. 사실 환급기가 돌아
가는 게 정말 재미있다.

3 | 화장실은 유료!

거의 모든 독일의 화장실은 유료다. 심지어 레스토랑, 박물관의 화장실도 유료인 곳이 있다. 깨끗하게 관리되긴 하지만 좀 아깝다
는 생각이 들기는 한다. 비용은 €0.50~1 정도이고 입구의 직원에게 내고 들어가면 된다. 주요 역의 화장실은 입구의 기계에 €1를
넣고 입장권을 구입하면 되고 입장권은 주변 상점에서 이용할 수 있는 €0.50 쿠폰으로 쓸 수 있다.
독일의 화장실은 약자인 WC나 토일레테Toilette라고 쓰여 있고, 남성은 헤렌Herren, 여성은 다멘Damen으로 구분되어 있다.

4 | 독일에서 우편물 보내기

❶ 엽서

여행지에서 그리운 사람들에게 손글씨로 쓴 엽서는 보내는 사람에게도, 받는 사람에게도 특별하다. 다소 손발이 오그라드는 것을 참아내면 영원히 남을 추억이 될 것이다. 독일의 멋진 풍경을 담은 엽서에 짧지만 진심과 사랑을 담아 한국으로 띄워보자. 엽서는 우체국에서 부칠 수 있고, 엽서를 산 곳에서 우표를 판매하기도 하므로 바로 우체통에 넣어도 된다. 우표를 붙일 풀이 없으면 침을 발라도 잘 붙는다. 한국까지 2주 정도의 시간이 걸린다.

❷ 소포, DHL

독일에서 한국으로 소포를 보낼 경우는 무조건 DHL을 이용하게 된다. DHL 상자는 별도로 구매해야 하고, 요금은 무게로 정해지는데 2kg, 5kg, 10kg의 단위여서 2.3kg이 나와도 5kg의 요금이 나오니 무게를 잘 계산해야 한다. 배송기간에 따라 일반(Economy)과 특급(Premium)으로 요금이 나뉘는데 일반으로 신청해도 보통 일주일이면 받아볼 수 있다. 한국은 Zone 7에 해당한다. 아래 가격은 2024년 12월, 일반 배송 기준이다.

Tip.
국가명은 '영어'로 쓰자.
주소는 한글로 써도 괜찮지만 국가명은 반드시 영어 'South Korea' 또는 'Republic of Korea'로 쓰자. 우편번호도 쓰는 것이 좋다.
국제배송조회
2kg 이상은 독일 DHL 사이트와 한국 우체국 홈페이지 '국제등기'에서 배송조회가 가능하다.
독일 DHL www.dhl.de
한국우체국 www.epost.go.kr

무게	한국(Zone 8) 가격(일반)
2kg 미만	€19.99
2~5kg	€48.99
5~10kg	€64.99
10~20kg	€103.99

거리에 있는 미니 우체통 'Andere Postleitzahlen' 라고 적힌 곳에 넣으면 된다.

5 | 독일의 자전거 전용도로

독일에서 자전거 도로는 우리나라처럼 '무늬만' 자전거 도로가 아니라 문자 그대로 '자전거가 다니는 도로'를 말한다. 독일 시민들은 철저하게 자전거 전용도로와 보행자 도로를 구분해 통행하므로 안전에 크게 문제가 없고 편리해서 자전거로 출퇴근하거나 업무를 보는 사람들도 많다. 자전거의 속도도 상당한 편인데, 이 구분을 잘 모르는 관광객들 때문에 불편을 겪기도 한다. 길거리에서 사진을 찍거나 관광에 정신이 팔려 무심코 자전거 도로에 발을 들이지 않도록 주의하자. 만약 자전거 전용도로에서 사고가 나면 전적으로 보행자의 과실이 된다.

인도-자전거도로-차도의 순서다

독일 여행에서 알아두면 **유용한 용어**

영어로 일상적인 소통이 가능하다면 독일 여행에 큰 무리는 없다. 그래도 여행 중 자주 마주치게 되는 일상의 용어들을 이해하면 여행이 조금 더 풍족해진다. 가장 많이 접하게 되는 지명에는 광장이나 넓은 장소를 뜻하는 '플라츠*Platz*'와 시장을 뜻하는 '마르크트*Markt*'가 있고, 거리를 뜻하는 '슈트라세*Straße*(약자로 Str.)'도 많이 쓰이니 기억해 두도록 하자. 중앙역은 하우프트반호프*Hauptbahnhof*라고 하고, 버스는 부스*Bus*, 유로는 오이로*Euro*라고 발음한다.

+ 생수 VS 탄산수, 콜렌조이레*Kohlensäure*

독일어로 물은 '바세*Waasser*'이고 생수는 '미네랄 바세*Mineral Wasser*'라고 부른다. 독일의 수돗물은 석회 성분이 많아 식수로 사용하기에 적합하지 않기 때문에 꼭 생수를 사먹어야 한다. 그런데 독일 등 유럽에서는 일반 생수보다 탄산수를 선호하기 때문에 생수인 줄 알고 집어든 물이 탄산수인 경우가 많아 당황할 수도 있다. 친절하게 'Still'이나 'Plain'이라고 쓰여 있는 물도 있지만 대부분은 그렇지 않다. 겉모습으로는 둘의 차이를 거의 구분할 수 없으니 탄산이라는 뜻의 '콜렌조이레*Kohlensäure*'라는 단어를 알아두도록 하자. 'mit Kohlensäure'는 탄산수이고 'ohne Kohlensäure'는 일반 생수다. 탄산의 양에 따라 표기되기도 하니 일반 생수를 원하면 '오네 콜렌조이레*ohne Kohlensäure*'를 선택하자. 과일 주스와 탄산수를 혼합한 '숄레*Schorle*'는 독일 사람들이 물처럼 마시는 음료수다. 주스의 함량이 높을수록 비싸고, 사과탄산수인 아펠숄레*Apfelschorle*가 가장 인기 있다.

탄산수와 생수 구분
mit Kohlensäure는
탄산수.
ohne Kohlensäure는
생수

탄산 함량이
낮은 생수

+ 아인강*Eingang* VS 아우스강*Ausgang*

각각 입구와 출구를 뜻하는 말로 모든 건물에서 마주치게 된다. 영어와 같이 표기된 곳도 있지만 그렇지 않은 곳이 많으므로 기억해 두자.

+ 춤*Zum*

식당 이름의 맨 앞에 많이 붙는 말로 각각 전치사와 정관사인 'zu dem'의 줄임말 형태다. 'Zum+장소, 목적'을 뜻하는 말이 와서 '~로' 또는 '~를 하기 위해서'라는 의미가 된다. 특별한 뜻은 없으므로 우리말로 해석할 필요는 없다.

+ 키오스크*Kiosk*

독일의 거리와 지하철역에서 많이 볼 수 있는 가판대 형식의 간이매점으로 간단한 먹거리부터 생필품, 복권, 신문 등을 구입할 수 있다. 역 안에 있는 키오스크에서는 대중교통 티켓이나 관광패스 등도 판매한다.

+ 독일 교회의 명칭

독일에서 교회나 성당을 부르는 명칭은 여러 가지가 있다. 일반적인 의미의 교회*Church*는 '키르헤*Kirche*'이고, '돔*Dom*'과 '카테드랄*Kathedral*'은 대성당, 대사원을 뜻한다. 우리의 기준으로 교회는 개신교, 성당은 가톨릭으로 이해하면 될 것 같지만, 오랜 종교의 역사 동안 종교개혁과 30년 전쟁 등을 치르며 가톨릭 교회가 개신교회가 되고, 다시 가톨릭 교회가 되거나 공존하기도 하면서 교회명이 이어져 왔기 때문에 명칭만으로 종교를 구분하기는 어렵다. '키르헤'는 가톨릭과 기독교에서 공동으로 쓰는 명칭이고, '돔'과 '카테드랄'은 대부분 가톨릭 성당을 가리키나, 베를린 돔의 경우는 기독교회다. 이 외에도 기독교의 예배당을 뜻하는 채플*Chaple*과 같은 의미의 '카펠레*Kapelle*'와 작은 규모의 가톨릭 성당을 뜻하는 '뮌스터*Münster*'가 있는데, 카테드랄이 대주교가 있는 큰 규모의 성당이라면 그렇지 않은 곳을 뮌스터라고 부른다.

독일의 **역사**

1 | 고대~프랑크 왕국 (기원전~962)

❶ 게르만족의 대이동과 로마제국의 멸망
고대 북유럽 지역에 살던 게르만족이 375년경 중앙아시아 훈족의 침입으로 로마제국으로 대규모 이동하게 되고, 이에 따라 서로마제국이 게르만화되면서 힘이 약해져 결국 멸망하게 되었다.

❷ 프랑크 왕국
서유럽 최초의 통일국가로 서게르만계의 프랑크족*Frank*이 세운 왕국이다. 지금의 독일, 프랑스, 이탈리아 지역에 세워졌고 메로빙거 왕조(481~751), 카롤링거 왕조(751~843)를 거치며 카를 대제가 로마제국 황제의 지위를 받았다. 카를 대제 사후 왕권이 약해지고 분열이 일어나 870년 메르센*Meerssen* 조약으로 동프랑크(독일), 서프랑크(프랑스), 중프랑크(이탈리아)로 나뉘었다. 독일의 왕 루트비히가 차지한 동프랑크는 911년 콘라트 1세*Konrad I*(재위 911~918), 919년 하인리히 1세*Heinrich I*(재위 919~936), 936년 오토 대제가 국왕으로 즉위하였다. 오토 대제는 여러 차례 전쟁으로 왕권을 강화하고 주변 지역을 정복하는 등 업적을 쌓았다.

카틀루스 대제

베렝가리오 2세의 항복을 받아들이는 오토 1세

2 | 중세~신성로마제국
(독일 제1제국 962~1806)

신성로마제국은 10세기 말부터 19세기 초까지 844년 동안 이어진 제국으로 중세에서 근대에 이르는 유럽 역사에서 세력을 떨쳤다.

❶ 신성로마제국의 성립
동프랑크의 왕 오토 대제는 왕권을 강화하고 주변국을 정복하면서 카를 대제에 이어 중부 유럽의 패권을 쥐게 된다. 오토 대제는 왕권 강화를 위해 가톨릭 교회와 결합했고, 962년 교황 요하네스 12세(재위 955~963)가 오토 대제에게 신성로마제국 황제의 왕관을 씌워줌으로써 신성로마제국이 탄생했다. 이후 독일 국왕은 황제의 칭호를 받게 되었다.

오토 대제 *Otto der Große* (재위 936~973)
작센 왕가의 하인리히 1세의 아들로 신성로마제국의 첫 황제이자 독일과 이탈리아의 왕이다. 카롤링거 왕조 붕괴 이후 혼란을 수습하고 독일, 오스트리아, 이탈리아를 지배했다.

튜튼 기사단 *Teutonic Order*
12~13세기에 프로이센을 정복한 독일 십자군으로 '독일 기사단'이라고도 한다. 폴란드와 발트 3국을 비롯한 동유럽 지역을 정복해 나갔다.

튜튼 기사단의 문장

한자동맹 (1241)
13~15세기 중세 유럽의 상업 발달에 큰 역할을 한 상인들의 동맹으로 당시 발트 해 연안의 상권을 지배하던 뤼베크와 북부 독일의 도시를 주축으로 결성되었다. 최고 전성기에는 지중해에 이르는 대륙 전역을 커버하는 통상 루트를 확립하였고 16세기 이후 동맹의 세력이 약화되었다.

왕가의 문장 독수리

❷ 신성로마제국의 멸망

이후 신성로마제국의 황제들은 자국의 문제보다 이탈리아 교회 문제에 더 신경을 썼고 이에 독립을 원하는 제후들의 힘이 막강해졌다. 후세 없이 콘라트 6세가 사망하면서 제후 간 알력싸움으로 새로운 황제가 선출되지 못하는 대공위시대 *Interregnum*(1256~1273)가 17년간이나 지속됐다. 1356년, 카를 4세 *KarlIV*(재위 1347~1378)가 금인칙서를 공표하며 제국을 재정립하고 민생을 안정시키려 애썼다. 여러 왕조를 거쳐 오스트리아의 합스부르크*Habsburg* 가(家)가 왕위를 물려받았으나 계속되는 종교전쟁과 왕위싸움으로 결국 1806년 나폴레옹에 의해 해체되었다.

금인칙서 *Goldene Bulle*

1356년 신성로마제국의 황제 카를 4세가 반포한 제국법. 신성로마제국의 황제를 7명의 선제후들이 선출하도록 일임하는 법으로 교황이 독일 정치에 간섭하는 것을 막고 선제후들의 권력 확립을 목적으로 한다. 뉘른베르크의 프라우엔 교회의 시계탑에서는 매일 낮 12시 금인칙서를 발표하는 내용의 인형극이 펼쳐진다. *p.376*

선제후 選帝侯, *Kurfürst*

중세 독일, 신성로마제국 시대의 제후 가운데 황제를 선출할 자격을 가진 7명의 제후를 말한다.

루터의 종교개혁

16세기 초 로마 가톨릭 교회의 쇄신을 요구하며 일어난 종교개혁운동으로 오늘날 개신교의 시초가 되었다. 독일의 마틴 루터와 프랑스의 장 칼뱅이 본격적인 개혁운동을 이끌었다.

30년 전쟁 (1618~1648)

인류 최초의 종교 전쟁이자 영토 전쟁으로 구교인 로마 가톨릭 교회를 따르는 국가와 신교인 개신교를 따르는 국가 간에서 벌어진 전쟁이다. 많은 희생자와 재산 피해를 냈던 전쟁은 1648년 베스트팔렌 조약을 체결하면서 끝났다.

3 | 근대 프로이센 왕국

프로이센*Preußen*과 독일제국 1806~1918

프로이센은 19세기에 독일을 통일, 지배한 왕국으로 연방제이던 독일제국의 중심세력이었다. 독일 왕가인 호엔촐레른 가문이 왕위를 계승하였다. 제2차 세계대전 후 연합군에 의해 프로이센 정부는 완전히 해체되었다. 영어로는 프러시아*Prussia*라고 한다.

❶ 프로이센의 등장

고대에 프로이센인들이 살던 발트 해 남동부 해안을 13세기에 튜튼 기사단 소속의 독일인 기사들이 정복해 가톨릭으로 개종시키고 독일인들을 대거 이주시키면서 토착민들이 모두 독일인으로 동화되어 독일어를 사용하게 되었다. 1525년 독일기사단령은 프로이센 공국이 되어 호엔촐레른 왕가가 지배하게 되었고 브란덴부르크 공국을 상속받아 브란덴부르크-프로이센(1618~1701) 연합이 성립되었다. 오늘날 독일의 북동부 지역과 폴란드까지 영토를 확장했다.

프로이센의 프랑스 전쟁

프리드리히 2세

프랑크푸르트 파울 교회

❷ 프로이센의 발전

18세기 초 프리드리히 빌헬름 1세*Friedrich Wilhelm I*(재위 1713~1740)가 즉위하면서 왕권을 강화하고 관료제 정비, 군대 강화 등 절대왕정의 기초를 확립하였다. 18세기 중반 왕위를 이어받은 프리드리히 2세는 계몽전제군주를 자처하면서 강력하게 국가를 이끌고 오스트리아 왕위계승 전쟁과 7년 전쟁을 승리로 이끌면서 오스트리아, 프랑스, 러시아, 영국과 함께 유럽 5대 강국의 대열에 들어섰다. 프리드리히 2세는 대왕의 칭호를 받는다.

프리드리히 2세 *Friedrich II* (재위 1740~1786)

프로이센을 유럽 최강의 군사대국으로 이끈 호엔촐레른 가문의 왕이다. 그의 업적을 기리며 '프리드리히 대왕'으로 불린다. 호엔촐레른 왕가의 여름 궁전으로 1745년부터 포츠담에 상수시 궁전을 짓기 시작했다. *p.162*

❸ 프로이센의 독일 통일

1848년 2월 프랑스 혁명이 일어나자 독일에서도 자유주의 혁명이 발생하였으나 실패했고, 프랑크푸르트의 파울 교회에서 국민회의가 소집되어 자유주의적 통일 방안이 논의되기도 했다. 1862년에 철혈재상으로 불리는 비스마르크가 총리가 되면서 '프로이센-오스트리아 전쟁(1866)'과 '프로이센-프랑스 전쟁(1870~1871)'을 승리로 이끌어 독일의 통일을 이룩하였다. 1870년 프로이센-프랑스 전쟁의 승리로 프로이센의 왕 빌헬름 1세가 베르사유 궁전에서 즉위하면서 프로이센을 중심으로 한 독일제국이 성립하였다.

프랑크푸르트의 파울 교회 *Paulskirche*

1848년 독일 최초 국민의회의 회의가 열린 곳으로 독일 민주주의가 시작된 상징적인 장소다. *p.257*

비스마르크 *Bismarck*

1862년 빌헬름 1세에 의해 총리의 자리에 오른 프로이센의 정치가로 군사력을 키워 독일 통일을 이룩하고 철혈 정치를 펼쳤다. 독일제국의 건설자이기도 하다.

❹ 독일제국과 제1차 세계대전

1890년 비스마르크가 은퇴한 후 젊은 황제 빌헬름 2세*Wilhelm II*(재위 1888~1918)는 범게르만주의를 표방하며 팽창주의적 대외정책으로 주변국의 긴장을 고조시켰고, 1914년 오스트리아 황태자의 암살 사건으로 제1차 세계대전이 일어났다. 1918년 전쟁에서 패하면서 독일제국은 붕괴되었고 바이마르 공화국*Weimarer Republik*이 수립되었다.

❺ 프로이센의 해체

1918년 11월 제차 세계대전에서 패한 독일제국이 붕괴되면서 바이마르 공화국이 수립되었고, 나치의 출현으로 이마저 소멸되어 한 개의 주에 군부만 남아 있었는데 제2차 세계대전 패전 후인 1947년 2월 25일 연합군에 의해 프로이센은 완전히 해체되었다.

나치즘

4 | 현대 1919~

❶ 바이마르 공화국 *Weimarer Republik* 1919~1933

정식 국명이 독일국*Deutsches Reich*인 독일 역사상 최초의 공화국. 민주주의 연방 국가로 대통령제와 의회의 혼합 형태였다. 베를린을 수도로 하고 입법부는 라이히슈타크*Reichstag*였다. 출범 초기부터 좌익과 우익의 대립과 공격으로 시련을 겪었다. 1923년 히틀러의 나치당이 쿠데타를 일으켰다 실패했으나 결국 나치에 의해 사라지게 되었다.

나치즘 *Nazism*

국가사회주의, 반민주주의, 백색인종주의, 반유대주의, 민족주의 사상을 중심으로 19세기 말 유럽에서 발생한 이데올로기로 아돌프 히틀러*Adolf Hitler*(1889~1945)가 이끈 나치당(NSDAP, 국가사회주의 독일노동자당)의 공식이념이다. 현재 엄격히 금지되고 있지만 네오나치로 불리는 신나치주의자들이 활동하고 있다.

제2차 세계대전

❷ 제2차 세계대전

1933년 총통의 자리에 오른 나치당의 히틀러는 오스트리아를 합병하는 등 주변 영토를 점령하며 국제적 긴장감을 높였고, 1939년 독·소 불가침조약을 비밀리에 체결한 후 폴란드를 침공하였다. 이에 영국과 프랑스가 독일에 선전포고를 하면서 1939년 9월 3일 제2차 세계대전이 발발하였다. 인류 역사상 가장 많은 인명 피해와 재산 피해를 남긴 전쟁으로 기록되고 있다. 독일의 상승세는 1941년 말부터 1942년 봄까지 이어졌는데, 여름부터 시작된 연합군의 총반격으로 수세에 몰리기 시작했고 1945년 4월 30일 히틀러가 자살하면서 1945년 5월 8일 독일은 항복하게 된다.

1989년 베를린 장벽 붕괴

❸ 패전과 분단 1945~1990

패전 후 냉전시대의 독일의 수도 베를린은 소련, 미국, 영국, 프랑스가 분할하여 점령했고, 소련은 동독으로, 미국, 영국, 프랑스는 서독으로 재편되면서 동서분단국가가 되었다. 미국의 경제원조를 받아 시장경제체제를 근간으로 경제 발전을 이룩한 서독은 1955년 연합국의 점령이 종결되었다.

1961년 8월 베를린 장벽이 설치되고 동서독 간의 교류가 단절되었지만, 꾸준한 노력으로 1973년 UN에 동시 가입하는 등 공존관계를 유지했다. 고르바초프가 집권한 소련이 개혁, 개방 정책을 잇달아 내놓으면서 동구권에도 개혁의 바람이 불었고 1989년 11월 9일 베를린 장벽이 붕괴되면서 독일 통일의 시발점이 되었다. 이듬해인 1990년 10월 3일 역사적인 독일 통일이 이루어졌다.

독일의 전 총리 앙겔라 메르켈

❹ 독일 통일 시대

독일이 통일되고 냉전시대가 깨지면서 새로운 국제 질서가 형성되었다. 통일 후 동서 간 통합과정에서 많은 어려움이 있었지만 슬기롭게 극복하고 안정기에 접어들었다. 유럽연합인 EU가 확대 발전하면서 독일도 마르크화(DM)를 포기하고 유럽의 경제 및 화폐 통합에 적극 개입하는 활동하면서 유럽연합을 이끄는 대표국이 되었다. 2005년부터 독일 최초의 여성 총리인 앙겔라 메르켈*Angela Merkel*이 개혁적인 정책을 펼치며 정치와 외교 전반에서 좋은 성과를 냈고 2021년 퇴임했다. 현 총리는 올라프 숄츠 *Olaf Scholz*다.

독일이 자랑하는 <u>유명인사</u>

1 | 예술가 & 건축가

틸만 리멘 슈나이더
Tilman Riemen Schneider 1460~1531
독일 후기 고딕 시대의 천재 조각가. 프랑켄 지방에서 주로
활동했다. 대표작으로 헤르고츠 교회에 있는 〈성모 마리아
의 제단〉, 로텐부르크 성 야곱 교회의 〈성혈의 제단〉이 있다.

카를 프리드리히 쉥켈
Karl Friedrich Schinkel 1781~1841
19세기를 대표하는 독일의 유명한 건축가 겸 화가로 프로
이센 시대에 위대한 건축물을 많이 남겼다. 고딕 양식을 토
대로 한 합리적인 설계로 근대 건축에 큰 영향을 끼쳤다.

2 | 과학자

구텐베르크 *Johannes Gutenberg* 1398?~1468
15세기경 서양 최초로 금속활자를 발명해 인쇄기술을 혁신
했다. 마인츠에 구텐베르크 박물관이 있다. 인쇄기 개발로
'42행 성서'가 널리 퍼지면서 종교개혁에도 영향을 미쳤다.

아인슈타인 *Albert Einstein* 1879~1955
20세기 가장 위대한 과학자이자 물리학자. 1905년 현재 물
리학에 혁명을 일으킨 특수 상대성 이론을 발표했고 1921
년 노벨 물리학상을 수상했다.

3 | 음악가

바흐 *Johann Sebastian Bach* 1685~1750
음악의 아버지로 불리며 바로크 음악을 완성시킨 작곡가
겸 오르간 연주자. 왕성한 활동을 하며 말년을 보낸 라이
프치히에 바흐의 흔적이 많이 남아 있다.

베토벤 *Ludwig van Beethoven* 1770~1827
모차르트, 하이든과 함께 고전파를 대표하는 천재 작곡가
다. 27세 무렵부터 난청이 시작돼 청력을 잃게 되었지만 위
대한 작품들을 많이 남겼다. 56세로 세상을 뜬 그의 장례
식에는 2만 명이 넘는 시민이 모였다고 한다.

바그너 *Richard Wagner* 1813~1883
수많은 오페라 대작을 남긴 작곡가이자 극작가, 기획자로
독일 후기 낭만파를 대표한다. 바이에른의 왕 루트비히 2세
의 전폭적인 지원을 받은 걸로 유명하다.

브람스 *Johannes Brahms* 1833~1897
19세기 후반의 낭만주의를 대표하는 작곡가이자 피아니스
트. 유명한 피아노 협주곡을 많이 남겼다. 슈만과 그의 부
인 클라라와 브람스의 삼각관계는 유명하다.

4 | 문학가 & 철학자

괴테 *Johann Wolfgang von Goethe* 1749~1832
독일 고전주의를 대표하는 문학가이자 정치인. 『젊은 베르
테르의 슬픔』, 『파우스트』 등 대작들을 남겼다. 그가 태어
난 프랑크푸르트 본가에 괴테 하우스가 있다.

쉴러
Johann Christoph Friedrich von Schiller 1759~1805
괴테와 함께 독일 고전주의 문학의 2대 거성으로 추앙받는
독일의 시인이자 극작가.

토마스만 *Thomas Mann* 1875~1955
20세기 가장 위대한 독일의 소설가로 1929년 노벨 문학
상을 수상했다. 나치정권이 들어서자 이를 비판했고 독일
을 떠나야 했다.

헤르만 헤세 *Herman Hesse* 1877~1962
독일의 소설가이자 시인으로 1946년 노벨 문학상을 수
상했다.

그림 형제 *Grimm* 1785~1863, 1786~1859
독일의 언어학자이자 동화작가인 야코프와 빌헬름 그
림 형제는 고대 게르만의 전설과 설화를 문학으로 승화
시켰다.

칸트 *Immanuel Kant* 1724~1804
독일의 계몽주의 사상가로 가장 위대한 철학자로 인정받
는다. 『순수 이성 비판』 등 3대 비판서를 통해 근세 철학사
상에 큰 영향을 끼쳤다.

니체 *Friedrich Nietzsche* 1844~1900
'신은 죽었다'라는 주장으로 유명한 19세기 대표 철학자.

Einstein

Bach

GOETHE HAUS MUSEUM

Goethe

건축 양식 용어

❶ 로마네스크 양식 *Romanesque*
11~12세기 유럽에서 발달한 건축 양식으로 고딕 양식 이전에 주로 교회 건축에 사용하였다. 로마 건축에서 파생된 로마네스크 양식은 두꺼운 벽과 작은 창문, 반원 아치형의 기둥이 특징이다.

> **Tip.**
> 고대나 중세 시대에는 큰 규모의 건축물을 완성하기까지 오랜 시간이 걸렸고, 재건과 보수공사를 거치면서 새로운 양식의 건축기법이 첨가되어 여러 양식이 혼재하는 건축물이 많다.

❷ 고딕 양식 *Gothic*
12~15세기에 서유럽에서 주를 이루던 건축과 미술 양식. 높은 건물과 수직적으로 뻗은 뾰족한 첨탑이 가장 큰 특징으로 실내의 높은 아치형 천장과 화려한 스테인드글라스도 눈여겨볼 만하다. 쾰른 대성당, 밀라노 대성당, 영국의 웨스트민스터 사원 등이 대표적이다.

❸ 르네상스 양식 *Renaissance*
15~16세기 이탈리아를 중심으로 발달해 유럽 전역으로 퍼진 건축과 미술 양식으로 독일에서는 종교개혁과 30년 전쟁으로 크게 발전하지는 못했다. 하이델베르크 성이 대표적이다.

❹ 바로크 양식 *Baroque*
17세기 초 이탈리아에서 발전한 양식으로 18세기 전반기까지 건축과 예술 전반에 큰 영향을 미쳤다. 정확한 균형을 이루던 르네상스 양식을 의도적으로 변형하여 화려하게 표현하고 장식하였다. 때문에 후대에는 부정적인 평가를 받기도 했다. 곡선이나 불규칙한 라인을 많이 사용하여 예술학적 연구대상이 되기도 했다. 독일에서는 17세기 후반부터 궁전 건축에 많이 이용했으며 화려한 외관과 실내, 특히 궁전과 교회 천장의 프레스코화가 환상적이다.

❺ 로코코 양식 *Rococo*
18세기 초 프랑스 파리에서 시작되어 곧 독일과 오스트리아까지 유행된 실내장식과 건축 양식. 불규칙한 선이 강조된 화려한 장식이 특징이다. 포츠담의 상수시 궁전은 바로크와 로코코가 결합된 양식을 보여준다.

❻ 신고전주의 *Neoclassicism*
18세기 말부터 19세기 초까지 유행한 건축 양식으로 바로크와 로코코 양식의 지나친 장식에 대한 반발로 발전한 양식이다. 고대 그리스 로마 시대의 고전주의 예술에서 영감을 받아 단순한 아름다움을 추구했다. 독일 최고의 건축가로 칭송받는 싱켈이 이 시대에 활동했다. 이후 낭만주의, 인상주의, 표현주의 등 미술과 예술에 큰 영향을 미친 사조들이 이어졌다.

Step to Germany

쉽고 빠르게 끝내는 여행 준비

Step to Germany 1
독일 **일반 정보**

➕ 수도
베를린 *Berlin*

➕ 인구
2024년 기준 약 8,455만 명. 세계 19위

➕ 언어
독일어

➕ 민족
게르만족이 전체 인구의 71.3%, 터키인 3.4%, 기타 25.3%

➕ 총면적
한반도의 1.6배인 357,022㎢. 남북 길이 876km, 동서 거리 640km

➕ 종교
신교 31%, 구교 32%, 기타 37%

➕ 정치
연방공화제. 연방정부와 16개의 주(州)정부로 구성되어 있다. 정부는 내각책임제를 택하고 있어 국가원수는 대통령이지만 실질적인 정치는 총리에 의해 이루어진다.

➕ 총리
올라프 숄츠*Olaf Scholz* (2021년 12월~)

➕ 기후
독일은 동유럽의 대륙성 기후와 서유럽의 해양성 기후에 영향을 받는다. 지역별로 차이가 있으나 연중 기온이 한국보다 낮고, 긴 겨울과 짧은 여름의 사계절을 보낸다. 가장 추운 1월 기온은 북동부의 베를린은 평균 -0.9도, 남부의 뮌헨은 평균 -2.2도이고 바람이 강해서 체감온도는 더 내려간다. 가장 기온이 높은 7월은 베를린이 평균 18.6도, 뮌헨은 평균 24도다. 사계절 내내 비가 자주 오고 흐린 날이 많다. 최근에는 지구온난화 등 이상 기온 현상으로 예상치 못한 한파나 폭염으로 몸살을 앓고 있다. 인터넷이나 앱 등을 통해 미리 일기예보를 확인하도록 하자.
＊독일기상청(DWD) www.dwd.de

➕ 시차
서머타임이 적용되는 기간(4~10월)에는 우리나라보다 7시간 늦고 그 외 기간은 8시간 차이가 난다.

➕ 일출 & 일몰시간
다른 유럽 국가와 비슷하게 여름에는 해가 길어 북부로 갈수록 밤 10시까지 환한 백야현상이 나타난다. 베를린을 기준으로 여름은 일출이 새벽 4시, 일몰이 밤 9~10시경이고, 겨울은 일출이 오전 8시, 일몰이 오후 4~5시경이다. 날씨 앱 등을 통해 예상 시간을 확인할 수 있다.

➕ 여행하기 좋은 계절
여행하기 가장 좋은 시기는 5~9월로 한여름에도 선선하고 건조한 편이다. 단, 최근 이상기후로 인한 폭염이나 홍수에 대한 경보를 주의하자. 겨울은 오후 5시경이면 해가 저버려서 여행에 적합한 날씨는 아니지만 밤이 더 즐거운 크리스마스 마켓을 즐기기에는 딱 좋다.

➕ 전압
230V다. 우리나라 제품도 사용 가능하다.

➕ 통화와 환전
유로화(EUR)를 사용하며, 국내은행에서 환전이 가능하다. 유로화의 지폐는 5, 10, 20, 50, 100, 200, 500 단위가 있는데, 많이 쓰는 €10, €20를 포함해 환전하자. 유로화 현금과 현금카드, 신용카드 등을 적절히 이용하도록 하자. 여행자수표는 그리 유용하지 않다. 동전 중에 €1, €2는 자주 사용하게 되고 그 이하의 동전은 무게만 나가니 팁을 지불할 때 사용하는 게 좋다.

➕ ATM 현금 인출
현지에서 현금카드로 현금을 인출해 사용하는 것이 환율과 안전성 면에서 유리하다. 인출 시 수수료는 일반적으로 '$3+인출액의 1%' 정도가 붙고 1회당 많은 금액을 인출하는 게 유리하다. Cirrus나 Maestro 로고가 붙어 있는 국제 현금카드로 같은 표시가 있는 ATM 기계를 이용하면 된다.

ATM 이용 시 로고를 확인하자.

유로(Euro)는 독일어로 '오이로'라고 읽는다.

➕ 주요 기관 영업시간
계절별 지역별로 영업시간에는 차이가 있다.

은행 | 월~금 08:00~16:00
우체국 | 월~금 08:00~18:00, 토 08:00~12:00
정부기관 | 월~금 09:00~15:00
상점 | 09:00~18:00

➕ 전화와 인터넷
공중전화는 대부분 카드식이고 우체국이나 키오스크에서 카드구입이 가능하다. 동전 이용 시 기본금액은 €1다. 독일의 인터넷 환경도 좋아져 대부분의 호텔은 투숙객에게 무료 와이파이를 제공하고, 공공 핫스팟도 늘어나고 있다. 휴대전화 자동 로밍은 필수이고 통신사별로 제공하는 해외 무제한 데이터 요금제도 필요 시 사용하도록 하자.

*독일로 전화할 경우 (독일의 국가번호는 +49)
예) +49 (0)30 260 650 (주 독일 대사관, 베를린)
한국에서 독일로 | 00-49-30-260-650
독일에서 독일로 | 030-260-650

*독일에서 한국으로 전화할 경우 (한국의 국가번호는 +82)
예) 010-1234-1234
전화걸기 | 00-82-10-1234-1234

➕ 스마트폰 이용하기
국내 통신사의 해외 자동 로밍 서비스를 이용하거나 심카드를 구입해 스마트폰을 이용할 수 있다. 국내 통신사의 서비스를 이용할 경우 쓰던 번호 그대로 서비스를 이용할 수 있다는 장점이 있으나 심카드를 구입해 사용하는 것이 상대적으로 저렴하다. 이에 통신사별로 경제적으로 이용할 수 있는 로밍 요금제를 내놓고 있으니 비교해 보고 편의에 맞게 선택하자. 심카드는 자툰Saturn 등에서 현지 구입하거나 출발 전 국내 쇼핑몰이나 공항에서 구입할 수 있다.

➕ 스마트폰 유용한 앱
❶ 구글 맵 *Google Map*
현재 위치와 목적지를 가장 잘 알려주는 유용한 지도 앱으로 렌터카 운전자들의 경우 내비게이션으로 이용하기도 한다.

❷ 카카오톡 *Kakao Talk*
말이 필요 없는 필수 앱으로 보이스톡도 통화 품질이 괜찮다.

무료 영상통화가 가능한 다른 앱들도 유용하게 이용할 수 있으니 미리미리 다운받아 두자.

❸ 환율계산기 *Currency*
현지 통화에 익숙하지 않은 여행객들에게 매우 유용하다. 원하는 통화를 첫 화면에 편집해 사용하자.

환율계산기

➕ 독일 내 긴급연락처
EU 비상전화(긴급 시 무조건) | 112
경찰서 | 110

➕ 주 독일 한국대사관(베를린)
Open 월~금 09:00~12:00, 14:00~17:00,
          토 · 일 · 공휴일 휴무
Address Stülerstr. 10, 10787 Berlin
Tel 긴급 +49 (0)173 407 6943
Web overseas.mofa.go.kr/de-ko

➕ 주 프랑크푸르트 총영사관
Tel 대표(근무시간) +49 (0)69 956 7520
       긴급(근무시간 외) +49 (0)173 363 4854

➕ 주 함부르크 총영사관
Tel 대표(근무시간) +49 (0)40 650 677 600
       긴급(근무시간 외) +49 (0)170 341 0498

➕ 본 분관
Tel 대표(근무시간) +49 (0)22 894 3790
       긴급(근무시간 외) +49 (0)170 337 9105

➕ 외교부 영사콜센터(24시간)
Tel 유료 +82-2-3210-0404
       무료 +49-800-2100-0404

➕ 치안
독일은 치안과 위생 면에서 안전한 나라다. 단, 이민자가 많은 주요 기차역과 유흥가 주변은 주의하는 게 좋다. 특히 베를린은 소매치기 등 사고가 늘어나는 추세이므로 지갑이나 휴대폰 등을 겉주머니에 넣거나 탁자 위에 올려놓으면 표적이 될 수 있다.

✚ 쇼핑

독일은 일반적으로 1년에 두 차례 대대적인 세일을 한다. 이 기간에는 30~50% 또는 그 이상의 할인된 금액으로 쇼핑할 수 있고 세금 환급까지 받으면 더 큰 가격 혜택이 있다.

여름 세일 | 6월 말~8월
겨울 세일 | 12월 중순~1월 말

✚ 사이즈 조견표

의류와 신발의 일반적인 사이즈 조견표로 디자인과 브랜드별로 차이가 있을 수 있다.

❶ 의류

여성			남성		
한국		유럽	한국	미국	유럽
44	XS(85)	6	85~90	XS	44~46
55	S(90)	8	90~95	S	46
66	M(95)	12, 14	95~100	M	48
77	L(100)	16, 18	100~105	L	50
88	XL(105)	20, 22	105~110	XL	52
			110~	XXL	54

❷ 신발

여성

한국	225	230	235	240	245	250
유럽	36.5	37	37.5	38	38.5	39
미국	5.5	6	6.5	7	7.5	8

남성

한국	250	255	260	265	270	275	280
유럽	40.5	41	41.5	42	42.5	43	43.5
미국	7	7.5	8	8.5	9	8.5	10

✚ Tax Refund 면세품 부가세 환급

독일에서는 대부분의 물건 가격에 7~19%의 부가세가 포함되어 있다. EU회원국 외 국적인 관광객들은 그 금액만큼 환급을 받을 수 있는데, 실제로 100%는 아니고 70% 정도를 환급받게 된다. 환급에 관한 팁은 아래의 내용과 같다.

❶ 계산 시 여권을 제시하고 면세서류를 작성하면 알아서 영수증 및 관련 서류를 처리해 준다. 백화점의 경우는 따로 담당 창구가 있다. 상점에 따라 최저 구입금액이 다른데, 보통 세금이 19%인 경우는 €25 이상, 7%인 경우는 €50 이상을 구매해야 한다. 드럭스토어 DM에서도 원칙적으로 €25 이상 구매시 환급이 가능하나, 공항의 면세 도장이 찍힌 서류를 DM 본사에 보내야 하고, 환급액 €10 이상만 현금으로 환급받을 수 있어 현실적으로 어렵다.

❷ 체크인 전 공항 내의 'Zoll(Customs)'이라고 쓰여 있는 세관 창구에서 여권, 항공권, 택스 리펀 서류를 보여주면 면세 도장*Tax Free Stamp*을 찍어 주는데, 구매 물건을 확인하는 경우가 있으므로 수하물로 부치지 말고 따로 챙겨두어야 한다. *과정은 공항마다 약간의 차이가 있다.

❸ 현금환급과 카드환급 중 선택할 수 있는데, 현금환급 시 수수료가 붙으며 공항 내 환급 창구*Tax Cash Refund*에서 바로 환급이 가능하다. 카드환급은 수수료가 없고 확인서를 작성하고 받은 봉투에 내용을 넣어 우체통에 넣으면 일주일 이내에 환급된다.

✚ 독일 공휴일 (2025년)

각 연방주마다 별도의 공휴일이 있고, *표시는 매년 날짜가 변경된다.

설날 *Neujahrstag* 1월 1일
＊성금요일 *Karfreitag* 4월 18일, 부활절 이틀 전인 금요일
＊부활절 *Ostersonntag* 4월 20일
＊부활절 월요일 *Ostermontag* 4월 21일
노동절 *Tag der Arbeit* 5월 1일
＊예수승천일 *Christi Himmelfahrt* 5월 29일, 부활절 40일 후
＊오순절 *Pfingstmontag* 6월 9일, 부활절 50일 후
통일기념일 *Tag der Deutschen Einheit* 10월 3일
크리스마스 *Weihnachtstag* 12월 25일
크리스마스 다음 날 *Zweiter Weihnachtsfeiertag* 12월 26일

2월.

베를린 국제 영화제 Berlinale
칸, 베니스 영화제와 함께 세계 3대 영화제. 매년 2월 중순
에 열리며 2025년에 75회를 맞는다.
www.berlinale.de

카니발 Karneval
1~2월에 대도시를 중심으로 다양한 퍼레이드가 펼쳐진다.
뮌헨, 쾰른, 뒤셀도르프, 마인츠가 유명하다.

5월.

라이프치히 웨이브 고딕 페스티벌
Wave-Gothic Festival, Leipzig
중세 고딕 낭만주의 마니아들의 음악과 문화 축제. 매년 오
순절 주 4일 동안 열린다.
www.wave-gotik-treffen.de

드레스덴 딕시랜드 페스티벌
International Dixieland Festival Dresden
딕시랜드와 초기 재즈 음악의 향연이 야외무대에서 펼
쳐진다.
www.dixielandfestival-dresden.com

로텐부르크 마이스터트룽크 축제
Meistertrunk Festival
로텐부르크를 구한 '위대한 음주'를 재현한 중세문화 축제.
시청사에 이를 재현하는 시계탑이 있다.
www.meistertrunk.de

6월.

뉘른베르크 록앰링 록페스티벌
Rock am Ring and Rock im Park
유럽 최대의 록페스티벌로 매년 6월 초 3일간 열린다.
www.rock-am-ring.com

베를린 크리스토퍼 스트리트 데이
Christopher Street Day, CSD
독일 최대의 게이 축제 및 퍼레이드. 6월 마지막 주 베를
린에서 열린다.
www.csd-berlin.de

뮌헨 오페라 페스티벌 Munich Opera Festival
바이에른 국립 오페라단이 주관하는 축제. 국립 극장과 거
리 무대에서 오페라 공연을 한다.
www.staatsoper.de

10월.

뮌헨 옥토버페스트 Oktoberfest
독일의 가장 유명한 축제로 세계 최대의 맥주 축제. p.339
www.oktoberfest.de

11월.

베를린 재즈 페스티벌 Berlin Jazz Festival
유럽에서도 유서 깊은 재즈 페스티벌.
www.berlinerfestspiele.de

독일
들어가기 & 나오기

1 | 인천국제공항에서 출국하기

항공사별로 이용 여객 터미널을 확인 후 착오 없이 해당 여객 터미널로 향하자. 국제선은 출발 2~3시간 전까지 여유 있게 도착하는 게 좋다. 보통 체크인 카운터는 출발 시간 3시간 전부터 열린다.

제1 터미널	아시아나 항공, 루프트한자 독일 항공, 핀에어, 폴란드 항공 등
제2 터미널	대한항공, 진에어, KLM 네덜란드 항공, 에어 프랑스 등

＊인천국제공항 고객센터
Tel 1577-2600 *Web* www.airport.kr
＊터미널 간 무료 순환 버스
제1터미널 3층 8번 게이트~제2터미널 3층 7번 게이트, 10분 간격 운행

➕ 자동 출입국 심사
여권과 바이오 정보(얼굴 인식 또는 디지털 지문 날인)를 활용하여 출입국심사를 진행하는 시스템으로 주민등록증 소지자는 사전등록 절차 없이 바로 이용이 가능하다.
*주민등록증 미소지자는 사전등록 후 이용 가능하고, 주민등록증 발급 후 30년 이상인 경우도 사전등록을 권고한다. 인천공항과 서울역 등에 등록센터가 있다.
Web www.hikorea.go.kr

➕ 스마트패스
여권, 안면 정보, 탑승권 등을 사전 등록한 후 공항에서 출국장, 탑승게이트 등 출국 프로세스를 안면 인증만으로 통과할 수 있다. 모바일 앱으로 미리 등록해야 하며 안면정보(ID)는 5년 간 이용 가능하고 탑승권은 출국 때마다 등록이 필요하다.

➕ 일반 탑승수속 카운터 이용 과정
➊ 3층 출발 층에서 탑승할 항공사와 탑승수속 카운터(A~M)를 확인한다.

➋ 탑승수속
해당 카운터에서 예약 항공권이나 E-티켓(E-ticket)과 여권을 제시한 후, 수하물을 부치고 탑승권을 받는다. 수하물은 일반석 기준으로 1인당 약 23kg이다(항공사마다 다르다). 저가 항공사는 수하물 무게에 따라 추가 요금이 든다.
Open 월~금 09:00~12:00, 14:00~17:00

➌ 출국장
보안검색대 통과 시 주머니의 소지품과 노트북 등은 따로 바구니에 담아 통과시킨다. 액체류, 칼류 등 규정 외 물품은 압수당할 수 있으니 필요 시 미리 수하물에 넣도록 하자.

➍ 출국수속을 마치고 면세쇼핑을 즐기거나 미리 구입한 면세품을 찾은 후 탑승구(Gate)로 이동한다. 늦어도 출발 30분 전에는 탑승구에 도착해야 하며, 외국 항공사는 모노레일을 타고 탑승동으로 이동해야 하므로 시간 계산을 잘하도록 한다.

➕ 웹 체크인 Web Check-In과 셀프 체크인 Self Check-In
항공사별로 제공하는 웹 체크인과 셀프 체크인으로 원활하고 빠른 탑승수속을 할 수 있다. 웹 체크인은 보통 출발 하루 전부터 가능한데 미리 원하는 좌석을 지정할 수 있어서 편리하다. 웹 체크인을 못한 경우 공항의 셀프 체크인 키오스크에서 여권과 항공권을 스캔하면 체크인을 진행할 수 있다. 체크인을 마친 후 탑승권을 들고 항공사 카운터에서 수하물만 부치면 된다.

＊항공사별 웹 체크인 가능 시간
대한항공 | 출발 48시간 전부터
아시아나항공 | 출발 48시간 전부터
독일항공 | 출발 30시간 전부터

✚ 도심공항터미널에서 탑승 수속하기

아래 해당 항공사일 경우 서울역 도심공항터미널에서 미리 탑승수속과 수하물 위탁, 출국 심사를 마치는 걸 추천한다. 출국 심사 완료 시 인천공항 전용 출국 통로로 빠르고 편리하게 출국장으로 이동할 수 있다(KTX 광명역 도심공항터미널도 2024년 연말 재개장될 예정이다).

서울역

이용 시간	탑승수속 / 수하물 위탁	05:20~19:00 제1여객 터미널: 출발 3시간 전까지 제2여객 터미널: 출발 3시간 20분 전까지
	출국심사	05:30~19:00
이용 가능	1터미널	아시아나 항공, 루프트한자 독일항공 등
	2터미널	대한항공, 진에어

✚ 이지 드랍 Easy Drop 서비스

공항 외부 거점에서 탑승수속(체크인)과 수하물 위탁을 마치고 빈손으로 공항으로 향할 수 있는 서비스로 현재는 홍대입구역 홀리데이 인 익스프레스와 인천 인스파이어 리조트에서 유료로 이용 가능하다. 대한항공, 아시아나 항공, 제주항공, 티웨이 항공 이용객만 가능하다.
Cost 수하물 1개당 35,000원

2 │ 독일 공항 입국하기

❶ 입국심사 Immigration
공항의 입국수속 카운터에 줄을 선다. EU 국가 여권소지자와 그 외 국적(Non EU Nationals)으로 구분되어 있다. 입국심사 시 방문 목적과 일정, 숙소 등을 비교적 자세하게 물어보는 편인데 방문 목적은 Trip, Holiday 등으로 간단하게 대답하고, 숙소는 묵을 호텔 이름이나 유명 호텔을 대면 된다.

❷ 수하물 찾기 Baggage Claim
입국심사 후 본인이 탄 비행기의 편명이 표시된 컨베이어에서 수하물을 찾는다.

❸ 세관 Customs
공항 밖으로 나가는 입구에 세관이 있다. 신고할 것이 없으면 녹색 카운터 쪽으로 나가면 된다.

Tip 1.
독일 입국 시 면세범위
아래 범위를 넘을 시 반드시 신고해야 한다.
담배(궐련) 200개비(1보루), 시가 50개비 or 250g
주류 알코올 도수 22도 미만 2L, 22도 이상 1L, 일반 와인 4L, 맥주 16L,
향수 50ml
1만 유로 이상의 현찰, 주식 등 현금

Tip 2.
짐이 나오지 않을 때
공항 내 직원에게 문의해 분실물 센터(Lost & Found)로 가서 체크인 시 받은 클레임 태그*Claim Tag*를 보여준다. 짐을 잃어버리는 경우는 거의 없지만 만약 분실하면 항공사에서 피해보상을 해준다. 보상 금액은 적은 편이다.

Germany ǀ **Step to Germany**   463

독일 **여행 준비**

단체 관광이라면 여행사에서 여권 발급부터 일정까지 책임져 주겠지만, 개별 여행은
하나부터 열까지 꼼꼼히 따져 보고 준비해야 한다. 처음 준비하는 사람이라면 조금 힘들 수도 있지만
아는 만큼 보이는 여행의 즐거움을 실감하게 될 것이다.

여행 스케치 ···› 여권 만들기 ···› 항공권 예약 ···› 숙소 예약 ···› 여행 정보 수집과 예약 ···› 면세점 쇼핑 ···› 환전 ···› 짐 꾸리기 ···› 출발

1 | 여행 스케치

여행의 목적과 동행, 일정, 예산 등을 고려해 독일의 어느 지
역을 방문할지 정하자. 프랑크푸르트나 뮌헨을 제외한 다른
지역으로 바로 들어가려면 경유지를 거쳐야 하는 것도 염두
에 둬야 한다. 경유지가 있는 경우 최소 2시간의 경유 시간이
필요하고 독일 외 다른 도시를 경유한다면 1박 정도의 스톱오
버 일정도 고려해볼 만하다. 스톱오버는 비행기 예약 시 신청
해야 하고 항공권에 따라 추가요금이 들기도 한다.

2 | 여권 만들기

대한민국 국적의 국민이라면 누구나 여권을 만들 수 있다. 여
권을 발급 받으려면 필요한 서류를 구비하여 발급 기관(서울
은 각 구청, 지방은 시청)에 접수한 후 발급 받는다. 출국하려
면 여권의 유효기간이 6개월 이상 남아 있어야 한다. 2010년
부터 발급이 시작된 전자여권은 내장 IC칩에 각종 신원 정보
가 수록되어 있어 여러모로 편리하다. 미성년자의 경우 법정
대리인인 부모가 대신 신청할 수 있다. 공휴일을 제외하고 보
통 4일 정도 소요되니 여유 있게 신청해야 한다.
＊외교통상부 여권 안내 www.passport.go.kr

✚ 구비서류
일반 | 여권발급신청서, 여권용 사진 1매(6개월 이내 촬영한
사진), 신분증, 병역관계서류, 가족관계기록사항에 관한 증명

✚ 여권발급비용
전자복수여권(10년) | 47,000~50,000원
전자단수여권(1년) | 15,000원
＊쉥겐 협약에 따라 영국을 제외한 EU가입국 내 여행 시 최초
출국일 기준으로 180일 이내 90일간 무비자 여행이 가능하다.

> **Tip 3.**
> **여권을 분실했을 때**
> 현지 한국 대사관이나 영사관에 방문해 여행용 임시 증명서를 발급
> 받아야 한다. 여권 번호와 여권용 사진 2매가 필요하니, 만일의 상황
> 에 대비해 여권 복사본과 여권 사진 2매를 준비하자. 호텔이나 현지
> 여행사 등을 통해 경찰에 연락하는 것도 좋다.

3 | 항공권 예약

인천에서 독일까지 직항 노선이 있는 도시는 프랑크푸르트와
뮌헨뿐이다. 다른 도시로 이동 시 항공 연결편을 이용하거나
저가항공, 열차, 고속버스 등을 이용할 수 있다. 핀에어나 영
국항공 등 유럽 국적의 항공사도 적당한 경유시간을 두고 합
리적인 가격으로 독일까지 운항하므로 눈여겨보자. 모아두면
유용하게 활용할 수 있는 마일리지 카드는 미리미리 발급받
아 두고 적립도 잊지 말자!

✚ 주요 항공사
대한항공 | www.koreanair.com
아시아나 항공 | www.flyasiana.com
독일항공(루프트한자) | www.lufthansa.com
핀에어 | www.finnair.com
영국항공 | www.britishairways.com
에어프랑스 | www.airfrance.co.kr

✚ 항공권 예약
카약닷컴 | www.kayak.com
인터파크투어 | tour.interpark.com
웹투어 | www.webtour.com
익스피디아 | www.expedia.co.kr

> **Tip 4.**
> **여행자보험 가입**
> 여행 중 발생할 수 있는 각종 사건사고 등에 대비해 여행자보험
> 에 가입하기를 권장한다. 여행자의 나이, 여행기간, 보장 내역에 따
> 라 가격이 달라지는데 가장 저렴한 것으로 가입해도 된다. 인터넷
> 을 통하면 저렴하게 가입할 수 있고 공항의 여행자보험 부스에서
> 도 가입할 수 있다.
> **여행자보험몰 트래블러버** www.travelover.co.kr

4 | 숙소 예약

여행의 목적과 예산에 따라 호텔을 선택하고 예약 대행업체
를 통해 예약해 보자. 호텔의 사이트에서도 직접 예약이 가능
하지만 업체를 통하는 경우 더 저렴하게 예약할 수 있다. 예약
조건을 꼼꼼히 따지는 것도 잊지 말자.
＊숙소 예약 가이드 참고 *p.442*

5 | 여행 정보 수집과 예약

인터넷 검색창에 키워드만 띄우면 관련 정보가 쏟아지고 있지만, 핵심은 정보에 대한 신뢰도다. 전문 가이드북이나 관광청 등의 정확한 정보를 바탕으로 블로그와 카페의 최신 정보를 참고하고 덧붙여 활용하도록 하자.

독일 관광청 | www.germany.travel
독일 정부가 운영하는 공식 관광청 사이트로 관광지에 대한 다양한 정보를 찾아볼 수 있다.

유랑 | cafe.naver.com/firenze
유럽 여행을 준비 중이라면 빼놓을 수 없는 네이버 카페로 방대한 정보량과 최신 소식을 자랑한다. 필요에 따라 공동구매에 참여할 수도 있고 여행의 동행을 구할 수도 있다. 궁금한 점을 문의하면 경험자들의 답변도 받을 수 있다.

베를린 관광청 | www.visitberlin.de
베를린과 포츠담의 모든 여행 정보를 찾아볼 수 있고 베를린 웰컴 카드도 예약 구매할 수 있다.

베를린 리포트 | www.berlinreport.com
독일 거주 교민과 유학생들의 커뮤니티로 유학이나 이주를 준비 중이라면 매우 유용한 사이트다. 한인 민박과 한인 식당 등 한인업체의 정보를 얻을 수 있다.

마이리얼트립 | www.myrealtrip.com
기존의 천편일률적인 가이드투어에서 벗어나 현지 상황에 맞는 다양한 주제의 투어를 제공한다. 숙소와 교통 등 각종 예약 서비스도 진행한다.

해외안전여행 등록제 동행 | www.0404.go.kr
안전한 여행을 위해 외교통상부에서 운영하는 프로그램으로 해외 위급 상황 시 소재 파악과 가족과의 연락 등에 도움을 줄 수 있다. 여행 전 정보를 등록하고 독일의 안전 관련 정보도 확인하자.

6 | 면세점 쇼핑

면세점 쇼핑을 계획한다면 각 면세점의 멤버십 할인 내역과 이벤트 등을 확인하고 구매하도록 하자. 인천공항 내에는 신라면세점이 주를 이루고 있는 점도 참고하자. 사전에 구매한 내역은 물품 인도장의 위치를 확인하고 수령하도록 하자.

➕ 구매한도 & 면세한도

외국 물품 구매한도는 $3,000 이하이고, 국산품은 구매 제한이 없다. 귀국 시 적용되는 면세 한도액은 $800이며 면세 범위를 초과하는 경우 세관에 신고하고 초과금에 대한 세금을 납부해야 한다(영수증을 꼭 보관하자). 여행자 휴대품 신고서(모바일 신고 가능)를 성실히 기재하고 세금 감면 혜택도 누려보자.

＊면세 허용 범위
주류는 2L 이하 2병($400 이하), 담배 200개비(약 10갑), 향수 100ml($800 이하)

➕ 면세점 사이트
롯데 면세점 | www.kor.lottedfs.com
신라 면세점 | www.shilladfs.com
신세계 면세점 | www.ssgdfs.com
현대백화점 면세점 | www.hddfs.com

7 | 환전

시내 주요 은행에서 유로화로 환전이 가능하다. 일정에 맞춰 예산을 정하고 현지 ATM에서 출금과 신용카드 이용을 생각하여 적당히 환전하고, 많이 쓰는 €10, €20 지폐를 포함해 받는 게 좋다. 은행과 여행사에서 제공하는 환전 우대 쿠폰을 이용하면 수수료의 일부를 절약할 수 있고, 은행 방문이 어려우면 인터넷 환전 후 공항에서 돈을 받을 수도 있다.

8 | 짐 꾸리기 체크리스트

아래 목록을 살펴보고 빠진 것이 없는지 확인해보자. 짐을 꾸릴 때 리스트를 챙겨두지 않으면 꼭 빼먹는 물품이 생긴다. 아래 리스트를 기본으로 필요한 것을 적은 뒤 마지막에 체크해 보자.

필수 준비물	내용	확인
여권	여권 복사본, 여권 사진 2매(분실 시 대비), 신분증	
항공권	E-티켓(출력 or 모바일)	
바우처	열차티켓, 고속버스티켓, 공연티켓, 숙소 예약 관련 바우처, 면세품 인도장 등 (앱 이용 시 모바일 티켓이나 바우처 확인!)	
지갑	여행경비, 신용카드, 국제 현금카드	
의류	속옷, 계절별 의류, 모자, 선글라스, 잠옷, 수영복, 양말 등 (여름철에도 서늘한 날씨이므로 가벼운 겉옷은 준비하자)	
세면도구	치약, 칫솔, 비누, 샴푸, 린스, 타월, 면도기, 클렌징폼, 빗, 수건 (독일이 저렴하니 현지 구입도 고려하자)	
화장품	기초화장품, 자외선차단제, 메이크업 제품, 팩	
비상약품	진통제, 소화제, 지사제, 반창고, 연고 등의 약품, 생리용품, 모기퇴치제	
카메라	카메라, 충전기, 배터리, 메모리, 삼각대 등	
휴대폰	충전기, 보조배터리	
기타	물티슈, 비상식량(컵라면, 고추장 등), 가이드북, 메모노트, 필기구, 우산	

Step to Germany 4

서바이벌
독일어

얼핏 영국식 영어 발음과 비슷한 독일어 발음은 상당히 남성적인 느낌이다.
영어로 웬만한 의사소통이 가능하므로 짧은 일정이라면 굳이 숙지할 필요는 없겠지만 독일어 인사라도 익히고 가면
현지인들과 단 1초라도 소통하는 즐거움을 느낄 수 있다. 만날 땐 '할로!', 헤어질 땐 '취~스!' 정도는 기억해 두자.

➕ 숫자

숫자	독일어	발음	숫자	독일어	발음
0	null	눌	11	elf	엘프
1	eins	아인스	12	zwölf	츠뵐프
2	zwei	츠바이	13	dreizehn	드라이첸
3	drei	드라이	14	vierzehn	피어첸
4	vier	퓌어	16	sechzehn	젝첸
5	fünf	퓐프	17	siebzehn	집첸
6	sechs	젝스	20	zwanzig	츠반치히
7	sieben	지벤	21	einundzwanzig	아인 운트 츠반치히
8	acht	아흐트	30	dreißig	드라이시히
9	neun	노인	40	vierzig	피어치히
10	zhen	첸	100	(ein)hundert	(아인)훈더트

➕ 날짜 & 계절

월	독일어	발음	계절 · 요일	독일어	발음
1월	Januar	야누아(르)	봄	Frühling	프뤼링
2월	Februar	페브루아(르)	여름	Sommer	좀머
3월	März	매르츠	가을	Herbst	헤릅스트
4월	April	아프릴	겨울	Winter	빈터
5월	Mai	마이	월	Montag	몬탁
6월	Juni	유니	화	Dienstag	딘스탁
7월	Juli	율리	수	Mittwoch	밋보흐
8월	August	아우구스트	목	Donnerstag	도너스탁
9월	September	젭템버	금	Freistag	프라이슈탁
10월	Oktober	옥토버	토	Samstag	잠스탁
11월	November	노벰버	일	Sonntag	존탁
12월	Dezember	데쳄버	공휴일	Feiertage	파이어타게

✚ 음식

음식	독일어	발음	음식	독일어	발음
아침 식사	Frühstück	프뤼슈튁	점심 식사	Mittagessen	미탁에슨
저녁 식사	Abendessen	아번트에슨	빵	brot	브로트
쌀	reis	라이스	감자	kartoffel	카토펠
달걀	ei/er	아이	치즈	käse	캐제
생선	fisch	피쉬	쇠고기	rindfleisch	린트플라이쉬
돼지고기	schweinefleisch	슈바이네플라이쉬	닭고기	huhn/poulet	후운/뿔렛
수프	suppe	쥬페	샐러드	salat	잘라트
과일	obst	옵스트	채소	gemüse	게뮤제
설탕	zucker	추커	소금	salz	잘츠
초콜릿	schokolade	쇼콜라데	우유	milch	밀히
물	wasser	바세	주스	saft	자프트
맥주	bier	비어	와인	wein	바인

✚ 간단한 회화

간단한 회화	영어	독일어	발음
안녕	Hello	Hallo	할로
아침 인사	Good Morning	Guten Morgen	구텐 모어겐
낮 인사	Good Afternoon	Guten Tag	구텐 탁
저녁 인사	Good Evening	Guten Abend	구텐 아벤트
안녕히 주무세요	Good Night	Gute Nacht	구테 나흐트
안녕히 가세요	See you again	Auf Wiedersehen	아우프 비더젠
안녕	Bye	Tschüs	취스
고맙습니다	Thank you	Danke schön	당케 쇠엔
실례합니다	Excuse-me/I'm sorry	Entschuldigung	엔트슐디궁
만나서 반갑습니다	Nice to meet you	Schön, Sie kennen zu lernen	쇤, 지 케넨 추 레어넨
내 이름은 주디입니다	My name is Judy	Mein Name ist Judy	마인 나메 이스트 주디
한국에서 왔습니다	I'm from South Korea	Ich komme aus Südkorea	이히 코메 아우스 쥐트코레아
도와주세요	Help me	Hilfe	힐페
얼마예요?	How much is it?	Wie viel ist das?	비 피엘 이스트 다스?

INDEX

함부르크 & 독일 북부 지역

프랑크푸르트 & 라인 강 주변

Travel Note

전문가와 함께하는
프리미엄 여행

나만의 특별한 여행을 만들고
여행을 즐기는 가장 완벽한 방법, 상상투어!

#알차요　　　#친절해요　　　#맛있어요

 상상투어

예약문의 070-7727-6853 | www.sangsangtour.net
서울특별시 동대문구 정릉천동로 58, 롯데캐슬 상가 110호

전문가와 함께하는
전국일주 백과사전

N www.gajakorea.co.kr

우리나라 최초 전국일주 코스 가이드 플랫폼!
'전국일주 백과사전'과 떠나는 상상만으로도 멋진 여행

#전국일주   #코스 가이드   #친절해요

주)상상콘텐츠그룹   문의 070-7727-2832 | www.gajakorea.co.kr
서울특별시 성동구 뚝섬로 17가길48, 성수에이원센터 1205호

세상은 '뉴스콘텐츠'와 통한다

뉴스콘텐츠

http://newscontents.co.kr 🔍

콘텐츠 뉴스를 공급하고 새로운 트랜드와
콘텐츠 산업계를 연결하는 인터넷 뉴스입니다.

뉴스콘텐츠는 모바일, 영상, SNS 등 디지털 매체를 통한 브랜딩과 콘텐츠 뉴스를 전달합니다.
여행(국내여행, 해외여행, 관광정책, 여행Biz, 동향&트랜드 등),
문화(책, 전시&공연, 음악&미술, 웹툰&웹소설), 연예, 라이프, 경제 등
디지털 매체를 통한 브랜딩과 콘텐츠 뉴스를 전달합니다.

보도자료 및 기사 제보 sscon1@naver.com   광고문의 070-7727-2832